U0341142

本书为以下研究项目的成果:

教育部人文社会科学重点研究基地重大项目
"大湄公河次区域生物多样性与文化多样性及相关关系及跨国保护研究"
(项目编号: 16JJD850015);

云南省2020年博士后定向培养资助项目(项目编号: C615300502002);

2022年云南省哲学社会科学创新团队项目
"云南边屯文化研究"(项目编号: 2022CX05)。

云南大学西南边疆少数民族研究中心文库·生态人类学研究系列

罗丹 著

水善利与人相和

哈尼梯田灌溉社会中的族群与秩序

Beneficial Water Resources and Harmonious Relationship: Irrigation Order and Ethnic Relations in Hani Rice Terraces

社会科学文献出版社
SOCIAL SCIENCES ACADEMIC PRESS(CHINA)

秉承优良传统　创建一流学科

——"云南大学西南边疆少数民族研究中心
文库"总序

作为教育部人文社会科学重点研究基地，云南大学西南边疆少数民族研究中心（以下简称"西边中心"）承担着建设中国西南边疆民族研究高地的任务和创建全国民族学一流学科的使命。自2001年以来，西边中心秉承云南大学的优良学术传统、依托本校民族学学科，按照"开放、合作、竞争、流动"的原则，整合校内社会学、法学等相关学术资源，会聚国内外研究力量，深耕中国西南研究并开拓东南亚研究，以深入细致的田野调查回应国内外学术前沿论题及国家和地方的重大战略，推动学科理论方法的创新、政策措施的完善、社会治理能力的提升和优秀文化的传承，引领云南大学相关学科和边疆院校民族学学科的发展。

为了让读者了解"云南大学西南边疆少数民族研究中心文库"的背景，现将云南大学民族学学科及其相关学科做一个简略介绍。

一　优良的学术传统

云南大学的民族学、人类学和社会学学科创建于20世纪30年代末。1938年，校长熊庆来聘请曾任清华大学社会学系主任的吴文藻教授来校工作。1939年，社会学系正式成立，吴文藻担任系主任。同时获得洛克菲勒基金资助，建立云南大学－燕京大学社会学实地调查工作站（因曾一度迁往昆明郊区呈贡县的魁星阁，故学界称之为"魁阁"）。吴文藻先生广延英才，先后会聚了费孝通、许烺光、陶云逵、史国衡、胡庆钧、王康、李有义、田汝康、谷苞等学者，组织一系列调查研究，产生了《云南三村》《祖荫下》《芒市边民的摆》《汉夷杂区经济》《昆厂劳工》《内地女工》等一系列实地研究成果。与此同时，在京师大学等北京高校和中央研究院历史语言研究所求学的云南籍纳西族学者方国瑜先生返回云南大学，创办西南文化研究室，编辑出版《西南边疆》杂志和"国立云南大学西南文化研究丛书"。以吴文藻先生为代表的结构–功能学派和以方国瑜先生为代表的中国历史学派会聚于此，建构起了既具中国特色又有全球视野的学科高地，奠定了云南大学社会学、民族学与人类学悠久而优秀的学术传统。

在中国民族学与人类学恢复重建过程中，云南大学于 1981 年获批中国民族史博士学位授权，成为全国最早招收博士研究生的机构之一；1987 年获批设立人类学本科专业，是中国率先恢复人类学专业的高校之一。

20 世纪 90 年代中期以来，云南大学的民族学实现了跨越式发展，先后获批教育部人文社会科学重点研究基地——云南大学西南边疆少数民族研究中心、国家级重点学科、一级学科博士授权点、民族学博士后科研流动站，组织实施了一系列的田野调查和学科平台建设，培养出一批又一批优秀人才，形成具有凝聚力、创新力和影响力的学术团队，成为中国民族学、人类学的学术重镇，打造了国内一流、国际知名的学科。

二　多维的学科平台

经过近八十年的积累与发展，云南大学民族学已形成以西边中心为枢纽、以多个机构为支撑的功能齐全、优势互补、密切合作的学术平台。

人类学博物馆：2006 年建成，占地 4154 平方米，展览和接待服务面积近 2000 平方米，现有藏品 2000 多件，设有"民族艺术"

"云南民族文化生态村""云南大学人类学和民族学七十年回顾展"等专题展览，开展文化遗产传承保护活动与研究。

影视人类学实验室：云南大学于1998年与德国哥廷根科教电影研究所合作启动中国民族志电影摄制专业人才培养项目，于2006年建成影视人类学实验室（包括2个电影演播及讨论区域、20个视频点播终端、1个资料室和1个电影编辑室），从事影视人类学的影片拍摄制作与人才培养，征集、整理与存储民族学、人类学影视资料，组织每周一次的观摩与讨论民族志电影的"纪录影像论坛"。

云南省民族研究院：中共云南省委、省政府2006年批准设立的全省两个重点研究院之一，承担整合全省民族问题研究资源，调查研究云南民族问题和民族地区发展，特别是研究"民族团结进步边疆繁荣稳定示范区"建设的重大理论和现实问题的任务。

边疆文化多样性传承保护及其对外传播与产业化协同创新中心：于2011年获准成立的省级协同创新中心，通过整合相关高校及科研机构、各个学科、企业等的资源，促进文化多样性传承保护的研究与实践、中华文化的对外传播和文化创新产业开发，正在探索与推进"互联网＋民族文化"的民族文化传承传播模式。

边疆民族问题智库：2014年年底获批为省级高校智库，围绕边疆民族问题治理、民族关系调适及民族地区发展等重大现实问题展开调查研究，为维护边疆稳定和民族团结进步提供决策咨询。

云南大学民族学与社会学学院：2016年1月由原云南大学民族研究院和公管学院社会学系合并组建，为云南大学实体性教学科研机构，内设综合办公室、人类学系、社会学系、社会工作系、民族学研究所、宗教文化研究所、民族史研究所、边疆学研究所、图书资料室等机构，承担本科生、硕士研究生、博士研究生的培养和科学研究等任务。

三　进取的学术团队

学术队伍建设遵循"各美其美、美人之美、美美与共、天下大同"的学科理念，秉承"魁阁"时期维护学术共同体的优良传统，践行云南大学"会泽百家、至公天下"的精神，力戒文人相轻、自我封闭、师门相斥等学界陋习，围绕方向明确、结构合理、团结协作、勇于探索的团队建设目标，建构学者之间的互动机制、共享机制和协作机制，培育学术队伍的进取意识、合作精神和创新能力，促进学者的共同发展和团队的整体发展。

目前，云南大学民族学队伍已经成为国内学界为数不多的具有突出的凝聚力、创新力和整体实力的学术团队，获得省级学术创新团队称号2个、省级民族学课程群优秀教学团队称号1个，拥有担任国内外重要学术期刊编委4人次，享受国务院政府特殊津贴专家2人次，担任国务院学科评议组专家和国家社会科学基金会评委各1人。

四　鲜明的研究特色

云南大学的民族学长期坚持立足西南边疆、强调团队合作、重视田野工作、回应重要问题、开拓学术前沿的学术发展道路，不断推出问题意识明确、调查扎实深入、原创意义突出的科研成果。

以中国西南和东南亚为重点研究区域。由于地处西南边疆，创建之初云南大学民族学与人类学就以中国西南为重点研究区域，产出了一系列与国际学术界对话的重要成果。此后，这一传统得到发扬光大，不断推出具有时代特征、创新价值的研究成果，近年推出了"中国西南民族志丛书""少数民族社会文化变迁丛书""非物质文化遗产的田野图像""边疆研究丛书"等系列成果。2009年开始，为了改变中国民族学、人类学仅以国内为调查研究对象而缺乏海外研究，中国社会科学的国外研究主要以文献资料为依据的状况，同时为了适应全球化进程的深化和"中国崛起"的现实需要，并回应西方人类学重视海外"异文化"调查研究的学科脉络，云南大学人类学、民族学积极开拓东南亚新领域，组织 50 多位师生奔赴越南、缅甸、老挝、泰国等国家开展田野调查，推出"东南亚民族志丛书"，探讨中国西南与东南亚的族群互动、民族与国家、民族的认同与建构、社会文化的国家建构等前沿性论题。

学科核心内容的全覆盖和多个领域的领先优势。云南大学民族学、人类学的学术研究覆盖文化与生态、生计模式与经济体制、婚姻家庭与亲属制度、信仰与仪式、政治组织与习俗法、语言与文化、社会文化变迁、民族理论与民族政策、中国民族史、边疆问题、现代性与全球化等诸多领域，在中国西南民族史、生态人类学、经济人类学、艺术人类学、民族政治学、法律人类学、象征人类学、民族文化产业等领域具有突出优势，推出了"中国民族家庭实录""生态人类学丛书""经济人类学丛书""艺术人类学丛书""中国西南民族文化通志"等系列研究成果以及有较大影响的《中华民族发展史》《刀耕火种——一个充满争议的生态系统》《资源配置与制度变化》《民族文化资本化》《现代人类学》等著作。在教育部 2013 年颁发的第六届高等学校优秀成果奖（人文社会科学）中，云南大学民族学、人类学获得 4 项，其中一等奖 1 项、二等奖 1 项、三等奖 2 项，是"民族学与文化学"类获奖最多的高校。

研究方法创新的探索与推进。为了改变恢复重建之后的中国民族学、人类学对学科基本方法——田野调查重视不够，民族学、人类学许多师生缺乏田野调查经历和知识，"书斋"的民族学或"摇椅上的人类学家"盛行的状况，云南大学于 1999 年年底至 2000 年年初组织了"跨世纪云南少数民族调查"，该调查参与师生达 130 多人，调查范围覆盖人口在 5000 人以上的 25 个云南省少数民族。2003 年再次组织"新世纪中国少数民族调查"，调查范围扩大到全国 55 个少数民族（含台湾高山族），出版了系列调查报告，重新确立了田野调查作为民族学、人类学的核心研究方法和学生训练的必备环节的地位。同时，探索常规化和长期性开展田野调查的路径，2003 年开始在云南少数民族农村建立调查研究基地，为教师的长期跟踪调查和学生的田野调查方法训练奠定了基础，进而推动了当地少数民族撰写"村民日志"与拍摄影像的实践，回应国际人类学界后现代人类学方法论的讨论和"让文化持有者发出自己的声音"的学术实验，出版"新民族志实验丛书"，探索与实践"常人民族志"方法。此后，一方面，推进从民族研究向民族学研究的转化，开展既具有明确的前沿意识、问题意识，又具有细致深入的田野调查的民族志研究；另一方面，探索超越小型社区或小群体调查研究传统范式的路径，开展适应历史上早已存在的跨族群、跨区域，甚至跨文明的社会文化互动和全球化时代开放社会的区域研究、跨国研究、跨文明研究和"多点民族志"研究。

《西南边疆民族研究》入选"中文社会科学引文索引（CSS-CI）来源集刊"。创办于 2003 年的专业学术集刊《西南边疆民族研究》刊载民族学与人类学的理论论文、民族志文本、田野调查报告和学术评述等类型的研究成果，受到学界关注与重视，所刊登的部分成果被多种学术文摘、复印资料转载或引用，从 2008 年起连续入选"中文社会科学引文索引（CSSCI）来源集刊"。此外，还主办英文集刊《中国西南民族学与人类学评论》（*Review of Anthropology and Ethnology in Southwest China*）。

五　规范的人才培养

云南大学民族学、人类学建立了从本科、硕士到博士的完整的人才培养体系，按照知识的完整性、理论的系统性、视野的开阔性、方法的实作性、思维的探索性的人才培养目标，用正确的舆论导向引领人、用浓厚的学术氛围养育人、用严肃的纪律规范人、用严谨的实作训练塑造人的人才培养思路，制定人才培养方案和规章制度，设计教学内容和教学方法，强化田野工作、问卷调查和影视人类学拍摄等实作训练，培养了一批又一批理论基础和田野调查扎实、开拓精神和创新意识突出的优秀人才。

民族学专业本科采取小规模的精英培养模式。实行规范的导师制，按照双向选择的原则，每位指导教师每届指导 1~3 名学生，担负学生本科阶段的学习、思想、生活、田野调查和论文写作等指导任务，带领学生进入田野，吸纳学生参与科研工作。除了常规课程设置和课堂教学之外，还设置了影像拍摄技术、短期田野考察、田野工作实训、问卷调查实训等实作能力培养课程；在学术报告会、学术沙龙和学术会议之外，专门开设了以本科生为受众主体的"魁阁讲坛"；编辑印制以刊发本科生调查报告及其他类型文章为主的刊物《田野》，培育学生的思考与探索精神。近年来，近半数本科生获准主持校级及以上科研项目，其中包括省级和国家级项目，有许多学生获得各种类型的奖励和荣誉，超过半数的本科毕业生通过推荐免试和报考两条路径进入国内外著名高校攻读研究生，进入国家机关、事业单位及其他机构的毕业生获得良好评价和较好发展。

硕士研究生以学术素养和科研能力的培育为重点。除了国务院学位办颁布的民族学一级学科目录下属的五个二级学科硕士、博士授权和人类学学位授权之外，获准自主增设了民族法学、民族生态学、民族政治学、民族社会学、世界民族与民族问题、民族文化产业等二级学科，研究方向覆盖民族学学科的各个领域和诸多重要的学术前沿问题。课堂教学内容突出理论的前沿性和方法的探索性，教学方法重视学习的自主性和师生的互动性，田野调查强调时间的长期性和参与的深入性，论文写作要求问题的明确性、论述的严谨性和资料的丰富性，通过严格的学年论文、开题报告会、预答辩、匿名评审和答辩等环节确保培养质量。

教材建设和课程建设成效显著。两位学科带头人分别担任马克思主义理论研究与建设工程教育部重点教材《中国民族史》和《人类学概论》编写的首席专家，一批学者参与了国家级重点教材编写工作；"中国少数民族文化概论""中国少数民族的生态智慧"等课程成为省级精品课程。

"全国民族学与人类学田野调查暑期学校"是云南大学民族学、人类学研究生培养模式创新并已实现常规化的项目。教育部于 2008 年批准云南大学实施"教育部研究生教育教学创新计划"项目"全国民族学与人类学田野调查暑期学校"，于 2009 年暑期开始实施，至今已开办 5 期。暑期学校面向国内外高校的硕士研究生、博士研究生和青年教师，每期学员规模为 150 人左右。除了来自中国大陆高校的学员之外，每年都有来自中国香港、中国台湾、欧美、澳大利亚、东南亚、南亚等地区和国家高校的学员。每期持续时间为 20 天左右，其中，课堂培训 5 天左右，邀请国内外著名专家授课；田野工作 10 天左右，到云南少数民族农村开展调查。暑期学校已在国内外高校产生了巨大影响，部分学员将暑期学校田野调查点作为其学位论文的研究对象，比利时鲁汶大学已把暑期学校计入其研究生培养学分。

六　广泛的交流合作

云南大学民族学、人类学学科与国内外学术界有广泛而密切的学术交流和长期而深入的学术合作。

学者互访频繁。近年来，我们采取"请进来、派出去"的措施推进学术交流合作，每年邀请来云南大学访问与讲学的国内外民族学、人类学专家在 20 人次左右，其中包括美国后现代人类学代表人物马库斯（George E. Marcus）、中国台湾中研院院士黄树民和王明珂、日本著名人类学家渡边欣雄、韩国人类学学会原会长全景秀等一批国际知名专家。同时，每年应邀到北美、欧洲、澳洲、日本、韩国、东南亚、南亚以及中国台湾、中国香港访问与参加国际学术会议的专家在 20 人次左右。

主办与承办高端学术会议。近年来，主办或承办了"国际人类学与民族学联合会第十六次大会""全球化与东亚社会文化——

首届东亚人类学论坛""中国西南与东南亚的族群互动国际学术会议"等一系列大规模、高层次的学术会议,每年举办国际学术会议 2 次左右,其中,"国际人类学与民族学联合会第十六次大会"为国际人类学与民族学联合会（IUAES）首次在中国举办的学术大会,来自全球 116 个国家和地区的 4000 多名学者齐聚云南大学,参加了主旨发言、专题会议、名家讲座、人类学影片展映、学术展览、文化考察等系列活动,议题涉及文化、种族、宗教、语言、历史、都市、移民、法律、社会性别、儿童、生态环境、旅游、体育等 36 个领域和学科,仅学术专题会议就达 217 场之多。云南大学民族学、人类学学科的教师不仅承担了大量的筹备工作和会务工作,而且有 8 人次担任了专题会议主席、32 人次提交了论文并做学术演讲。

积极争取国际学术话语权。云南大学民族学、人类学努力争取国际学术话语权,于 2009 年与韩国、日本等国学者共同发起"东亚人类学论坛"并已在中国昆明、日本京都和韩国乌龙县成功举办了三次会议,又于 2011 年与韩国、日本等国学者共同发起"东亚山岳文化研究会",已在韩国、中国和日本成功举办了四次会议。

推进科学研究的国际合作。与日本国立民族学博物馆合作开展"中国西南边境的跨国流动与文化动态"项目研究,举办了国际学术研讨会,研究成果分别以中文和日文结集出版;与泰国清迈大学合作开展的"昆（明）—曼（谷）公路的人类学调查与研究"项目已经启动。

长期稳定的国际交流合作机制已经形成。目前,与比利时鲁汶大学、泰国清迈大学、英国女王大学、韩国岭南大学、联合国大学、新西兰坎特伯雷大学等近 30 所高校签订了学术交流合作协议,实施了一系列的互派教师、合作培养研究生、共同举办学术会议与开展科学研究等合作项目。

中国高等教育的重大发展战略"双一流"建设近期将正式启动,云南大学按照"一流学科"的建设目标全力推进民族学的学科建设，其中的部分调查研究成果将汇入"云南大学西南边疆少数民族研究中心文库"并交由社会科学文献出版社出版。该文库是云南大学民族学"一流学科"建设成果的展示窗口，更是云南大学民族学与学界及社会的交流与讨论平台。恳请学界名家、青年才俊和各界有识之士垂意与指教，以共襄中国民族学的发展大业！

何　明

2017 年 8 月 20 日草于昆明东郊白沙河畔寓所

前　言

　　中国境内元江水系沿岸哀牢山南段分布着总面积54700公顷的水稻梯田，其中云南省红河哈尼族彝族自治州元阳县境内集中连片密度较高的46100公顷梯田，于2013年被联合国教科文组织列入世界文化景观遗产名录，成为中国第45项世界文化遗产。红河哈尼梯田既是国家湿地公园（2007）、全球重要农业文化遗产（2010），又是世界文化景观遗产（2013），还是国家"绿水青山就是金山银山"实践创新基地（2018）。哈尼梯田是由当地世居的哈尼族、彝族、傣族等7个民族千百年来基于联合劳动摆脱生态束缚并维系再生产的产物。梯田稻作灌溉系统能够不断排除各项社会干扰并确保文化与生物多样性及民族和谐的并置，这既是人与自然协同进化的结果，也得益于集中、均衡、可持续的精细灌溉垦殖机制。其综合农业垦殖模式及水资源管理体系（specific interaction with the environment mediated by integrated farming and water management systems）既是顺应人与自然能量守恒客观定律的地方实践性知识生产，也在跨境江河水系源头水土保持、局部气候生态系统调节等方面贡献了区域性生态担当，对人类社会具有突出普遍价值意义。对哈尼梯田灌溉社会主要世居民族的典型灌溉制度、组织原则、技术结构和水知识体系进行深入研究具有重要的意义。

　　梯田灌溉社会中的哈尼族语言属汉藏语系藏缅语族彝语支，操哈雅方言，依据其自称和他称，在当地累计有十余种支系分布，内部又因地域分布差异分为多种次方言区；服饰、习俗、饮食和节庆文化也因分布地域差异而略有不同；以本民族传统民间宗教为主要信仰体系。围绕稻作灌溉农耕活动开展的较大节日和礼仪庆典有"昂玛突""矻扎扎""扎勒特"等。在居住空间选择上倾向于聚居在中高海拔山区水源林脚下，常与当地彝族毗邻而居，当地民间流传着这样一句哈尼文谚语："Haqniq Haqhhol qiqma ssaq, Zadev lapil qiq gaoq taoq。"（意为"哈尼族彝族是一家，盐巴辣子一起舂"）哈尼族以沟渠、水井、鱼塘为基本载体，因山就势开沟筑渠，引高山流水以灌田。利用木刻/石刻分水的技术结构，通过"沟头－赶沟人"等组织实现有序灌溉。精神层面上的山神水源崇拜、农耕祭祀礼俗、周期性的节日庆典等内容与其传统宇宙观相呼应，内涵独特，形式丰富。"村寨主义"在哈尼族的组织灌溉活动中发挥了重要的作用，所谓"村寨主义"是指以村寨利益而非宗族利益为最高原则来组成和维系村寨社会文化关系并运行村寨日常生活的社会文化制度。

梯田灌溉社会中的彝族语言属于汉藏语系藏缅语族彝语支，操数种南部方言和元阳次方言。根据语言的不同，有尼苏、仆拉、阿鲁、姆基四种不同的自称。当地彝族有自然崇拜和祖先崇拜的传统，信仰万物有灵，但是在祭祀礼仪和物化的自然崇拜对象方面与哈尼族有具体差别。与梯田农事生产密切相关的传统节日庆典为祭寨神"咪嘎豪"和"火把节"。在空间聚落分布上，多与哈尼族比邻而居，隔田畴水系相望，其筑居空间分布和饮食结构与哈尼族大致相似。彝族利用沟渠、水井、坝塘等载体从事梯田稻作生计活动，与哈尼族共享山地河渠灌溉系统。基于血缘宗族和"村寨主义"组织原则相结合的制度安排，利用与哈尼族近似的配水技术，通过"公房－水井"组织及形式丰富的民间社会管理组织实现合理配水。彝族的水神崇拜、农耕祭祀礼俗、节日庆典多态且独特。

梯田灌溉社会中的傣族语言属汉藏语系壮侗语族壮傣语支，有傣尤、傣倮、傣尤倮三种自称。其宗教信仰未如滇西及滇西南大部分傣族一样受南传上座部佛教的影响，是普遍信仰万物有灵的本民族民间宗教。与稻作灌溉活动相关的重要农耕礼仪庆典有"隆示"（祭寨神）和"摩潭"（灌溉水源周期性祭祀仪式）等。当地傣族主要分布在梯田灌溉水循环系统的末端——低地干热河谷地带，他们围聚在红河、排沙河、者那河、藤条江沿岸河谷地带的 21 个乡 64 个自然村内。在具体的居住格局上，傣傈不连片居住，而傣尤则通常连片居住。在饮食结构上，喜食糯米，风味食品有扁米、酸鱼和"龙粑"。他们在资源和环境相对优渥的平坝地区利用沟渠、水井、池塘等载体引水以灌田；基于传统社会管理的结构性制度安排，利用独特的锥形分水器和"伴、斤、两"技术结构，通过民间分水管水组织实现水资源的有效等分。其水神崇拜、农耕礼俗、节日庆典也非常丰富，因分布在物产相对丰富、资源优渥的河谷热区，历史上与相邻民族的物质交换频度较高，摄取蛋白质的方式和种类也相对丰富多样。

应指出的是，位于中国西南河川水系源头、崇山峻岭之间的哈尼梯田灌溉社会，与中国华北、西北、东南江河平原、低山丘陵地区的"治水社会"大相径庭。元代开始，在红河南岸地区由王朝国家任命的"十土司和十五掌寨"分区辖制，这些划片而治并实行松散"自治"的"夷官"除了在"官田"里组织佃农局部性地修筑"官沟"以引水灌田外，该地区并未发生由统治者组织多民族开展大型水利设施建设的活动。中华人民共和国成立之后，国家在完善该区域的水利设施建设方面进行了大量的投入，但也没有开展统一的全域性的大型水利工程建设。因此，哈尼梯田不是一个国家通过集权力量和公共工程实现水资源及地方事务管控的"治水社会"，而是一个有着丰富的自组织体系的"灌溉社会"。天然的水利资源禀赋和有序的灌溉行动是梯田稻作农耕生计和梯田景观得以存续的重要前提。前者指向自然生成的灌溉阶序，后者指向合理控驭和高效管理水资源而形成的社会文化结果。

流动的水与绵延的文化构成哈尼梯田灌溉社会的生态及文化基调，盈梯而下的庞大灌溉水资源将哀牢山立体筑居的稻作农耕民族串联成"民族 - 生态"命运共同体，非排他性的水资源共享共管机制使多民族在边界叙事中互嵌共生。以"驭水"和"祈生"

为表征的稻作灌溉活动和人口及社会再生产行动，是哈尼梯田灌溉社会千年赓续的母题：一方面，多民族意识到在集体领有庞大的灌溉、土地、森林等资源底数时，应充分发挥主观能动性以合理控驭和高效管理水资源并实现自我和社会发展，因而衍生了"盈梯而下，协商共管"的灌溉水资源支配技术和"梅花间竹，互嵌共生"的民族生态布局知识，使梯田稻作农耕生计长期均衡可持续；另一方面，对自然充满敬畏和崇拜的梯田垦殖者不断探索人地共生、适应自然的生计与生态知识。不同生态集合中的不同民族各有其文化逻辑内世代继替的与稻作相关的"祈雨""祭水"仪式，生之祈愿和灾害禳解的古老生态仪式体现出对自然的敬畏与交换。而衍存至今的梯田神山水源集体祭祀仪式则表达了当地各民族守望相助的结社逻辑：不同文化和信仰边界的人群因为灌溉水资源配置行动而联结在一起。在"铸牢中华民族共同体意识"当代语境中，此多族共襄的水源神山周期性群体祭祀仪式成为"共有精神家园"的在地凝识标志。

哈尼梯田灌溉系统的具体实践者基于山地立体围垦为特征的梯田复合治山理水模式，创造了肥力输送、温度控制、尾水处理三大核心生态创举。尽管在对红河哈尼梯田持续数年的田野纵深和历史梳爬中发现，因特殊自然灾变年份、特殊地域的季节性水资源稀缺问题，会在某些区域出现偶发性配水纠纷，但本论著里更多的来自田野的民族学个案表明，局部配水纠纷往往能够被历史相承的制度安排和技术结构所调适，梯田灌溉社会也在"平衡—矛盾—调适—平衡"中维持其稳定性。自上而下的灌溉水系、交错相间的梯田权属关系，以及互为前提、相互依存的纵向灌溉需求，使同一水系上的多民族意识到必须通过开展联合灌溉行动才能获得相对公平的灌溉权益。山地与河谷、高地与低地各个生态集合上的行动者，拟构了超越"族群与边界"的亲和机制，消解了自然限制，排除了社会干扰，实现了延续的等价进出和自我优化。联合灌溉行动中分工的不同，使多民族实现了相互依赖的有机团结，还使异文化群体被整合到以水系、地域为基础的中小型灌溉社会中去，多民族围绕灌溉活动开展交往、交流、交融成为可能，文化在差异中互动并层累，动态平衡也得以实现和持续。

　　总体而言，哈尼梯田灌溉社会中多民族、跨村寨的地缘联盟因灌溉诉求而结成，不同的民族、村落共同体结成了扩大范围的"区域共同体"灌溉联盟，并建构有序、稳定的灌溉组织原则且促成了地域和谐，这是哈尼梯田灌溉社会中的多民族能够较好地解决公共资源与族群关系问题的重要基点。哈尼梯田"稻作－灌溉"系统不仅是人与自然、人与人共生，历史绵延、客观存续的生产生活空间，也是民族文化、自然生态知识体系、传统地方性实践技能集中产出的富矿区。源自中国西南而超越西南经验的"山－坝"族群互动及"三交"实践，为学界贡献了多元生动的民族志深描个案和理论拓殖空间。因此，尊重诸如哈尼梯田的稻作灌溉制度安排、组织管理原则、技术结构等的当地民族的地方性知识与传统社会自组织功能，使这些能动的原生经验知识系统发挥持续的社会功能，让多民族国家中的各民族在共享国家发展的成果红利福祉的同时，也给"共同体"视域中的每个民族提供了为中华民族优秀传统文化创造性转化和创新性发展履行义务和担当责任的机会，更是重新理解国家与地方、"中华民族"这个"一体"和各少数民族这些"多元"、大传统与小传统、整体社会远端秩序与地方社群中行动者的近端秩序之间的辩证关系的一种新视野。

目　录

第一章　绪论

第一节　引言

中国古代老庄哲学对水的"善利性"和人水关系理解较深刻：老子《道德经》"上善若水，水利万物而不争，处众人之所恶几为道"① 和庄子《秋水篇》"天下之水莫大于海，万川纳之"② 等论述，阐幽发微，为后人理解人水关系、水与社会秩序观，乃至权力与统治关系提供了思辨性的逻辑基点。数千年之后，西方学者提出"治水社会""东方专制主义"③ 等概念，借此对话马克思的亚细亚生产方式④，进而探讨中国古代农业社会中庞大的水利工程与中央集权统治的关系，⑤ 这是"他者"的西方世界理解中国传统农业水利和灌溉文化，以及人水关系的一种维度，与中国发端于先秦时期的诸子百家思想对人水关系的理解形成一种跨时空、跨文化

① 陈鼓应注译《老子今注今译》，商务印书馆，2016，第102页。
② 王夫之：《老子衍　庄子通　庄子解》，中华书局，2009，第213页。
③ 关于"治水社会"与"东方专制主义"的研究，魏特夫认为东方社会的形成和发展与治水活动密不可分，出于大规模修建水利工程和有效管理工程的需要，必须建立一个遍及全国至少是遍及全国人口中心的组织，控制这一组织的人致力于行使最高统治权力，从而形成专制君主，产生东方专制主义。参见〔美〕卡尔·A. 魏特夫《东方专制主义：对于极权力量的比较研究》，徐式谷、奚瑞森、邹如山等译，邹如山校订，中国社会科学出版社，1989。
④ 马克思唯物史观认为亚细亚生产方式是东方历史上的一种特殊生产方式，国家以农村公社为基本社会组织，管理农村公社社会生活，指挥农村公社开展大型工程建设。
⑤ 持相近观点的中西方学者还有拉铁摩尔、冀朝鼎、李伯重等。史学家李伯重认为灌溉农业文明、水利工程和水利航运技术，创造了中国这个统一的政治实体和紧密联系的经济社会。参见李伯重《水造就了所有民族的历史》，《中国水利报》2016年3月31日，第6版。

意义上的对照。迄今为止，针对汉人社会人水关系、水资源配置秩序、水利控制与权力关系的研究成果汗牛充栋，但中国历史上不同地域不同少数民族的水文化①之独特鲜活性是在晚近才得到关注的。

　　中国的传统哲学宇宙观主要基于人的社会性来解读水的"善利性"，水"善利"与否取决于人水关系是否处理得当，本身并无善恶之分的水因与人密切关联而成为人与自然、人与人、人与社会关系的镜像。与汉族文化体系的上古洪水灾难及鲧禹治水传说相仿，今西南地区很多氏羌后裔少数民族的创世史诗中也有大量洪水毁天灭地和兄妹婚型传人种的故事，可见，水之于人类社会并非完全是"善利"的，因人水关系处理不当诱发冲突的历史叙事和现实个案也屡见不鲜。20 世纪八九十年代，滇西南黑树林地区②旷日持久的水资源纷争问题至今发人深省。一些学者认为黑树林问题③是同一民族围绕水资源配置权争夺所引发的内部矛盾；④ 也有人认为是多民

① 对西南少数民族水文化进行较深入研究的有郑晓云、黄龙光等学者，他们对西南少数民族水文化、水的地方性知识、水信仰系统以及人水关系有较全面和深刻的研究。后文综述中将详细介绍相关理论观点。

② 黑树林地区位于云南省南部的红河哈尼族彝族自治州、普洱市、玉溪市"一州二市"接合部。总面积为 867 平方公里，99.8% 以上属于山区、半山区。其中，曾经作为云南省民族工作及治安工作热点的原"黑树林特区"（涉及今普洱市墨江县的联珠镇、龙坝镇、那哈乡；今红河州红河县的三村乡、垤玛乡；今玉溪市元江县的因远镇、咪哩乡）所涉面积为 541 平方公里，历史上因山林水利纷争而陆续发生过规模性械斗事件。

③ 黑树林问题：黑树林地区因山林水源纷争而发生群体性械斗记录逾百年，自清乾隆十六年起有相关记录。中华人民共和国成立后，该区域发生群体性械斗 36 起，1982 年至 1992 年发生 18 起。为化解历史积怨，云南省人民政府于 1987 年设立"黑树林特区工作委员会"开展调解工作，1988 年改派省民委民族工作队进驻该地区开展长期整治工作。当前该区域呈现各民族守望相助及民族团结进步、社会稳定和谐的良好局面。

④ 石高峰认为黑树林水利纷争源于段氏家族的移民水利开发权与他郎郡属地娘浦村村民水源所有权之间的矛盾冲突；郭家骥较为谨慎地指出段氏过境开沟是黑树林地区民族纷争的导火线，但在契约和执照出现后的 50 年间并未出现相应的纠纷械斗，纠纷时间上限不应界定为契约订立时间。参见石高峰《黑树林地区发展报告》，载格桑顿珠、纳麒主编，鲁德忠、郭家骥执行主编《2003 ~ 2004 云南民族地区发展报告》，云南大学出版社，2004，第 90 页；郭家骥《从矛盾冲突到共同发展——云南黑树林地区族群关系"百年干戈化玉帛"的启示》，《思想战线》2009 年第 5 期。

族共同参与的地域性环境纠纷。① 这"百年干戈"仅仅是哈尼族争夺以水利、土地、林权等生存资源和空间而诱发的内部纷争吗？2013 年 6 月，与黑树林地区山水相连的红河哈尼梯田被联合国教科文组织列为世界文化遗产项目，一个哈尼族更加广泛聚居、水资源灌溉活动更加至关重要、民族更加多样、文化更加多元、民间信仰更加互异、生态更加立体的农耕社会进入了公众视野，在世界文化景观遗产哈尼梯田稻作空间里却鲜有大规模、持续性的水资源纷争，数百年以来，哈尼梯田都是"人与自然、人与人和谐相处的典范"，这与黑树林地区水资源纷争的"百年干戈"形成强烈反差。相较于黑树林地区，哈尼梯田灌溉社会中的"和谐"是先验的还是有某种生态机制和社会文化机制在支撑？这一问题值得深入思考。

因水而生②、逐水草而居的哈尼先民最初是沿着高原湖泊、江河水系、滨湖平原向南迁徙，③ 在之后的历史迁徙活动中哈尼人越来越远离了江河文明，但始终没有放弃稻作农耕生计方式，而是将滨湖稻作经验移植到了红河水系南岸的哀牢群山上，与当地各世居民族④一起创造了红河哈尼梯田文化。"水管理成为水稻种植

---

① 嘉日姆几否定了纠纷起源契约和段氏过境开沟的说法，他提出黑树林地区水利纷争始于当地竜宾村李姓和钱姓汉族大地主资开凿的竜宾大沟与上文段氏（包括更早拥有契约的罗氏）开凿的打洞大沟同源分流引起的纠纷。参见嘉日姆几、石吓沙《非"民族"的民族问题：黑树林水利纷争的人类学研究》，《法律和社会科学》2014 年第 2 期。

② 据哈尼族迁徙史诗《哈尼阿培聪坡坡》记载，人种最初生长在水中，水中出生的第二十四代人种塔婆孕育了包括哈尼先民在内的氐羌系统很多后裔民族的祖先。

③ 《哈尼族简史》中记载，哈尼族族源说有四种观点：一是源于北方古代氐羌族群的北来说；二是源于华东、华南、华北汉族的东来说；三是源于云南红河流域的混合土著说；四是北来游牧民族与南方稻作民族的夷越二元文化融合说。基于大量的哈尼族口述迁徙史的描述，本研究认同氐羌系统北来说。参见《哈尼族简史》编写组、《哈尼族简史》修订本编写组《哈尼族简史》，民族出版社，2008，第 19 页。

④ 红河哈尼梯田核心区（下文会明确界定）世居有哈尼、彝、汉、傣、苗、瑶、壮 7 种民族，6 种少数民族人口占总人口的 89.4%，其中哈尼族人口最多，占总人口的 70%。

中一个极其重要的因素。完全可以说，没有灌溉就没有水稻种植。"① 梯田稻作农耕生计方式不能与水脱嵌，而红河水系与哀牢山南段特殊的物候循环系统以及地貌特征，则恰好为梯田稻作方式提供了得天独厚的水利灌溉环境，为一个远离江河湖泊的灌溉社会②实体的存在提供了充分的资源条件。

在 2015 年末首次进入红河哈尼梯田核心区展开田野调查之初，笔者就切身感受到了哈尼梯田浑然天成的灌溉生态系统带来的视觉冲击：从高海拔的哀牢山系之穹汩汩流出的水源，自上而下，穿过各梯田稻作民族"梅花间竹"般互嵌筑居的村寨，再流入突破村寨物理边界而纵横交错的万亩梯田之中，继而垂直向下，在低海拔河谷热区交汇于红河水系诸支流，构成"高山流水—村寨聚落—纵横田阡—江河水系"往复循环的立体生态系统，1300 余年的哈尼梯田形制在这样的生态机制中得以存续。尽管哈尼梯田"四素同构"③ 的复合生态系统已被热议，但"四素"中至关重要的水资源是如何在立体山系中自上而下地流入梯田，如何将不同的民族串联在一个以灌溉活动为中心的稻作文化空间内的？村寨、族群内部如何支配水资源并组织灌溉活动？有哪些独具特色的民间管水用水机制和仪式信仰活动？村寨、民族之间在分配水资源和组织灌溉活动时又遵循哪些集体原则，达成何种一致性？这些

---

① 冀朝鼎：《中国历史上的基本经济区》，岳玉庆译，浙江人民出版社，2016，第27 页。

② 灌溉社会：格尔兹在《尼加拉：十九世纪巴厘剧场国家》中将灌溉社会定义为"从一条主干渠引水灌溉的所有梯田。这条作为灌溉社会共同体的财产的水渠引自一条古石坝。如果灌溉社会的规模很大，这条坝也会归全部灌溉社会所有。不过，在通常情况下，它归数个灌溉社会共有，每个灌溉社会都会在建坝中起到重要作用，在过去的很长一段时间内曾经如此，而每个灌溉社会都有一条主渠流经"。他认为"灌溉社会将一帮农民的经济资源——土地、劳力、水、技术方法，和在非常有限程度上的资金设备——组织成卓有成效的生产机器"。参见〔美〕克利福德·格尔兹《尼加拉：十九世纪巴厘剧场国家》，赵丙祥译，上海人民出版社，1999，第57、81 页。

③ "四素同构"是指哈尼梯田"森林 - 村寨 - 梯田 - 水系"共构的生态谱系，勾勒了梯田灌溉社会中人与自然物质和能量交换的自然图景。

基于自然规律和人文机制产生并发挥持续功能的"田间过水秩序"① 人们却习焉不察。申言之，前人只关注了存在本身，而未曾深究因何存在。本研究的旨趣就在于探寻梯田形制这个"存在"背后的合理性。

在近十年针对哈尼梯田农耕社会持续的田野调查中，笔者观察到从一个水源林到聚落（村寨）再到聚落（村寨）所属的田地构成一个小型灌溉社会，小型灌溉社会内部又有横向（对村寨、对族群）和纵向（对纵横交织的梯田）的制度规范（秩序）；几个相邻的小型灌溉社会围绕一条灌溉水系或一个总的水源构成一个中型灌溉社会；一个个分布在哀牢山系河沟纵横的分水岭、集水线中间的中型灌溉社会又相互嵌合成为大型灌溉社会。高山流水顺应山川形变，流经村寨梯田再汇入江河水系，构成庞大的水网系统，并有对应的民间机制、文化、秩序逻辑来联结和支撑，进而通往梯田灌溉社会的"和谐之路"。

值得注意的是，在梯田灌溉社会中，作为稀缺资源②的水的"善利性"所保证的"人水和谐""社会和谐"也并非一以贯之的，因水资源配置权而引发的纠纷也时有出现，在2016年4月的田野调查中，笔者了解到梯田缓冲区的牛角寨乡GQ村委会与GT村委会之间涉及两个村寨三种民族（傣、哈尼、壮）的灌溉用水纠纷问题；在2017年8月的田野调查中，笔者还了解了位于梯田核心区新街镇与牛角寨镇③交界处两个哈尼族村寨之间基于历史积怨而发生的水源纠纷问题。关于灌溉社会水资源配置冲突或纠纷

① 晏俊杰：《协商性秩序：田间过水的治理及机制研究——基于重庆河村的形态调查》，《学习与探索》2017年第11期。

② 水和其他大多数自然资源一样，本身只是一种"中性材料"，当它在一个社会中起到不可或缺的决定性作用时，它会变成"稀缺资源"并影响着该社会的结构和组织方式。在梯田灌溉社会中，特定的农耕时令里水的集中稀缺性比较突出，当水被大规模集中需求时，水资源的支配方式、配置秩序、规范准则成为影响灌溉社会中的族群关系和灌溉秩序的重要因素。

③ 2017年5月4日，经云南省人民政府批复，同意元阳县牛脚寨乡撤乡设镇，行政区域、隶属关系和镇人民政府驻地不变。

的问题，基于汉人水利社会的研究有多种范式。①但需要在此指出的是，梯田灌溉社会与汉人治水社会截然不同，与过去学人较多关注的集权力量或民间特定阶层和组织维持秩序的汉族聚居区的水利社会不同，多民族、多文化、多信仰、多组织方式共同维系的梯田灌溉社会，具有独特的研究价值和现实意义，表现在：首先，哈尼梯田灌溉社会是多民族共处、历史上长期处于非集权力量严格控制下的地方社会；其次，梯田灌溉社会里的各世居民族并非血缘宗族社会的组织架构，哈尼族、彝族和傣族社会组织形式各不相同，却有一种近似的"用系统的村寨性宗教祭祀活动来建构和强化村寨空间神圣性，村民的集体行动总是遵循以村寨为边界的文化逻辑"②的"村寨主义"组织形式；再次，历史上的哈尼梯田灌溉社会并不存在绅士、乡贤等乡土社会意义上的内生权威③来管理水利灌溉事务，而梯田灌溉社会里某一个民族的水秩序规束对其他民族没有约束意义；最后，因维持灌溉秩序的形式不同，哈尼梯田灌溉社会中的水秩序组织趋近于一种超越民族文化、信仰边界，突破村寨效忠，有既定秩序逻辑的独特的地域性联盟。

　　基于大量的前期田野观察，笔者认为梯田灌溉社会的"和谐"是民族内部的和谐与族际和谐之总和，小型灌溉社会中各个族群有各自的传统知识和水信仰、水文化体系；中型灌溉社会串联了多个民族的水知识、水信仰系统，达成"一致同意"的灌溉秩序；

---

① 魏特夫式的"国家集权力量主导下的对地方大型水利工程的控制与支配"模式；弗里德曼式的"由宗族组织提供并维护水利灌溉秩序"模式；张仲礼式的"由绅士、乡贤等乡土社会的内生权威管理水利灌溉事务"模式；杜赞奇式的"由民间水利组织维持的治水秩序，即由农民自发形成的水利组织来管理水利灌溉事务"模式。

② 马翀炜：《村寨主义的实证及意义——哈尼族的个案研究》，《开放时代》2016年第1期。

③ 元明清时期，红河哈尼梯田区域出现过中央皇权承认和册封的土司和掌寨等地方首领，在中央遵从"夷制"的导向下，这些土司按照原有的方式组织当地群众的生产与生活，实现地方性"自治"。当时的地方与国家严格上还是二元分离的，尽管这些地区已经纳入了集权国家历史版图，但是集权力量对当地的影响力十分有限，土司和掌寨也与士绅阶层不同。

大型灌溉社会涵盖了所有梯田稻作族群的所有水知识、水信仰体系以及灌溉技术，生动地保留着多民族集体祭祀"诸水之源"神山系统的集体仪式和历史记忆。理解梯田灌溉社会的"和谐"性，至少要从水的"善利性"和各梯田农耕族群围绕灌溉活动展开的人与自然、人与人、人与社会之间的秩序逻辑这两个层面去思考，具体又可以从内、外部性因素去界分。一是"和谐"的外部性秩序要素。一方面，流水过田的天然水资源生态机制将所有的稻作族群纵向串联起来；另一方面，以各族群传统的"父系继嗣"为基础的田产、土地继承制，跨越村寨物理边界和"族群"身份边界交错分布的梯田，也影响着梯田稻作民族的关系。二是"和谐"的内部性秩序要素。一方面，每个梯田稻作民族都在与其族群边界重合的灌溉空间里践行着他们的水信仰、水文化和水资源支配秩序；另一方面，在突破族群和村寨单位的灌溉空间里，又存在多民族共享的协商性水资源管理、分配机制和族际约定俗成的水秩序。

红河哈尼梯田成为世界文化遗产，是地方知识谱系被纳入国家话语谱系的表征，也是地方融入和服务国家文化资源谱系，为国家贡献世界性文化符号的象征。世界文化遗产地的旅游资源开发活动，在给梯田农耕民族带来发展契机的同时，也带来了一系列问题，例如，遗产区生态安全问题、遗产区突出环境问题、文化遗产地少数民族社区管理问题、新型社会风险问题、遗产保护与文化实践者主体发展问题等。与这些相对现代的问题相比，传统梯田灌溉社会中的民族关系、灌溉秩序及其在新场域中的变迁问题较少受到关注，却非常值得研究：传统梯田农耕社会的每个民族都以相近的生计方式来维系人口和社会的再生产，生态、水、环境资源呈现整体静态共享的趋势，自给自足的稻作农耕方式总体上抹平了族群间细微的发展差异。而基于世界文化遗产标签的现代旅游及其他文化产业的开发，构成了解这种固态图景的催化剂，梯田文化实践者被放到一个更加多元、开放的世界体系中，即意味着生计方式和发展契机有了更多的可能性。尽管当前哈尼梯田农耕社会的生计空间并未完全重塑，各民族间发展的差异性也不甚明显，但梯田农耕社会中的其他族群必然也会在面对差异、理解差异的基础上开始反思，对自身文化有了"自知之明"，对他者文化有了"知人之明"，差异化的发展机遇强化了族群间他我之别的意识，"文化自觉"意寓着梯田农耕社会迈向了一个全新的发展阶段。

第二节　相关理论述评

（一）国内外水利社会和灌溉社会相关研究

1. 国内关于水与文化及水利与地方社会的研究

（1）水与文化的研究

从人类传统宇宙观的朴素认知中可见，人类对水与人、水与历史的关注由来已久。国内历史学家和国外近现代汉学家对中国的水的研究往往遵循"水利与社会"的研究路径。而近现代中国人类学家/民族学家则倾向于研究水的文化性。张亚辉从水的文化性来阐释太原小站营的水利社会，认为水首先要作为一种象征，然后才能够成为一种资源，强调研究水旨在通过对宇宙观的探寻来解释当地水利史和日常用水行为，致力于从文化象征、道德观念的层面来理解地方社群传统文化道德宇宙观在山西宗祠水利社会发展过程中的作用，理论上，他将水分为"灌溉之水""生活之水""仪式之水"。① 尽管这种分类让人们清晰认知了水在人类日常生活中的功能界分，但是分类方式的局限在于，没有将水与人类具体活动中的特点、利用方式细致对应起来。李宗新认为水文化的概念得以提出，首先要论证水的文化属性，"水，本身并不是文化，而是一种自然的物质，有其自然的属性……但是，水一旦

---

① 张亚辉：《水德配天——一个晋中水利社会的历史与道德》，民族出版社，2008。

与人发生了联系，就显示出它的文化属性"①。水的文化属性则包
括善利性、危害性、辩证性等。他进一步指出"水的文化属性是
在水与人的关系中体现出来的，所以说，水文化的实质是人与水
关系的文化"②。该论点强调了水的文化属性之获得与人的能动性
的重要关联，即人在理解人与自然的关系、处理人水关系的过程
中，赋予了水以文化性。

当代人类学家/民族学家对水的研究视域则集中于少数民族地
区水文化的探讨上。在水文化理论系统之建构过程中，郑晓云于
20 世纪 80 年代初最早关注西南少数民族水文化问题，并将水文化
定义为："水文化是人认识水、利用水、治理水的相关文化。它包
括了人们对水的认识与感受、关于水的观念；管理水的方式、社
会规范、法律；对待水的社会行为、治理水和改造水环境的文化
结构等。"③ 同时他指出水具有"民族性、地方性、不同文化背景
及时代性等特征"，强调水利史研究的重要性，指出水利史是研究
人类在历史上与水互动的过程、结果及其影响的科学。郑晓云立
足于西南少数民族关于水的传统地方性知识，致力于建构水的文
化系统，其研究具有由点及面再到区域的启发性意义；黄龙光在
郑晓云水文化概念的基础上提出了少数民族水文化定义，他指出
"少数民族水文化，是各少数民族群体在长期适应自然的过程中，
在其水事活动中创造和传承的以水为载体的各种社会、文化现象
的总和，是以水为中心的社会文化综合体。其内涵主要是水信仰、
水技术与水制度的三维合一"④。黄龙光基于彝族等西南氐羌系少
数民族传统水文化体系的研究，进一步提出少数民族"水文化生
态共同体"的理念，认为云南少数民族传统水文化具有自然生态、
文化生态与社会生态三重重要生态功能，进而指出关注少数民族

① 李宗新：《水的文化属性及水文化研究的提出》，《水利天地》2013 年第 9 期。
② 李宗新：《水的文化属性及水文化研究的提出》，《水利天地》2013 年第 9 期。
③ 郑晓云：《水文化的理论与前景》，《思想战线》2013 年第 4 期。
④ 黄龙光：《少数民族水文化概论》，《云南师范大学学报》（哲学社会科学版）
    2014 年第 3 期。

传统水文化能够为边疆少数民族生态和谐社会的构建提供一个基点，他基于整体观视角对云南少数民族水文化进行综合考量，已经关注到了水资源配置与族群关系、有序社会营建之间的正向相关性。王清华围绕红河南岸哈尼梯田农业文化系统的稻作梯田形态，指出哈尼族对水资源的有效保护和管理表现在两个层面："首先，哈尼族人人都深刻认识到，水是人的生存和梯田农业的命根子。其次，（哈尼梯田农业社会中存在）由社会分工而形成的水资源分工管理。"① 他还进一步强调"梯田水资源的利用和管理是哈尼族在山区农业中的一大创举和独特的农耕模式"②。郭家骥也给出了水文化的概念："所谓水文化，就是一个民族在长期利用和管理水资源实践中，基于对周围自然环境的认知与调适而创造出来的一种文化现象。它通常包括一个民族对水资源、水环境的认识与信仰，利用水资源的技术，管理水资源的制度这样三方面的内容，是信仰、技术、制度三元结构的有机整合。"③ 他从西双版纳傣族对水的信仰与认知、水利技术和水利资源管理制度的角度来描述傣族的水文化观念，分析了傣族传统宇宙观中尚水习俗的价值意义，阐述了傣族的水对自然生态和社会制度所起的作用。虽然郭家骥在之后的研究中并未在水文化领域展开更加深入的探讨，但是，郑晓云和郭家骥两位学者都注意到了西南少数民族水文化系统中的信仰、技术和管理等要素，后两者直接决定了人围绕水展开活动时对地方社会结构的秩序之影响。此外，耿鸿江也讨论了云南纳西族、傣族、哈尼族等少数民族传统水文化中的哲学意义，他指出研究云南少数民族水文化对当代经济社会的可持续发展具有重要哲学意义。④

---

① 王清华：《梯田文化论——哈尼族生态农业》，云南人民出版社，2010，第88 页。
② 王清华：《哈尼梯田的农业水资源利用》，《红河日报》2010 年 7 月 21 日，第 7 版。
③ 郭家骥：《西双版纳傣族的水文化：传统与变迁——景洪市勐罕镇曼远村案例研究》，《民族研究》2006 年第 2 期。
④ 耿鸿江：《云南少数民族水文化的哲学意义》，《中国水利》2006 年第 5 期。

（2）水与地方社会

作为传统农业大国，古往今来，中国社会对水利都表现出极大的关注，史书不乏远古先民与洪水斗争的记载，从《吕氏春秋·孝行览·慎人》到《史记·河渠书》的相关记载可看出，自先秦时期发展到西汉王朝，"水利"的基本概念已初步成形，并包括防洪、灌溉与航运等要义。中国自秦汉时期建立了统一的中央王朝，到封建王朝后期的明清时代，水利始终是国家经济发展的重要因素，"甚至在一定程度上标识朝代的兴衰"[①]。中国学者对水利史的关注最早始于 20 世纪 30 年代兴起的明清水利史的研究，这一时期中外学者关于中国水利史的研究成果汗牛充栋，成绩斐然。出于总结水利建设的历史经验，为政府的水利建设提供决策服务的需要，当时的一批水利学者开始致力于国内诸多江河湖泊的历史变迁、工程兴废、水旱灾害与防治等课题的研究。张念祖的《中国历代水利述要》是中国近代第一部水利通史，探讨了中国古代水利事业的发展状况；堪称经典的要数郑肇经的资料性专著《中国水利史》（1939 年），详细叙述了自古以讫民国时期各地区的水利事业并附简图及统计表。新中国成立后的一段时间，中国水利史研究发展一度停滞，1978 年恢复了战前设立于南京的水利水电科学研究院水利史研究室，1982 年成立的中国水利学会水利史研究会，使得全国范围的研究活动得以展开，至今仍是中国水利水电研究领域的前沿阵地。姚汉源是 20 世纪七八十年代中国水利史研究的第一代领军人物，其在著作《中国水利史纲要》[②] 中指出"注意工程之兴废，稍及政治经济与水利之互相制约，互相影响，为社会发展的一部分，但远远不够，不能成为从经济发展看的水利史，仅能为关心这一问题的专家提供资料而已"，这也可视为对中国近代水利史研究视角和偏重的一种自省。

① 晏雪平：《二十世纪八十年代以来中国水利史研究综述》，《农业考古》2009 年第 1 期。
② 姚汉源：《中国水利史纲要》，水利电力出版社，1987。

中国传统水利与地方社会的研究发展于水利史研究，20 世纪 80 年代以来，不同领域的研究者在不同程度上都关注水利问题，水利史研究呈现多视角、多方法以及学科交融的研究趋势。从 20 世纪 90 年代开始，中国水利史研究视角出现了从"治水社会"向"水利社会"的新转型，水利社会史研究应运而生，随着经济史与社会史研究的勃兴，通过水利透视其背后的社会日益成为研究的焦点。受西方和日本相关研究的影响，这一时期中国的水利社会研究多为这些区域性的农田水利研究，研究区域广涉中国：两湖地区的垸田①，长江中下游平原地区的圩田②，南方低山丘陵地带的陂塘水利③，闽粤沿海地区的沙田④，北方半干旱地区的井灌、渠堰⑤等。总体而言，20 世纪八九十年代的区域农田水利研究涉及全国大部分地区的农田水利设施，所关注的问题主要为某地区水利发展状况、特点、原因以及与农业经济、社会发展的关系等，理论导向上已经开始注重从宏观水利史研究向微观区域水利社会研究的转型。

21 世纪以来，中国水利社会研究出现了以行龙、钱杭、赵世瑜、张俊峰等为代表的一批主力。王铭铭指出"水利社会"是以

---

① 张国雄：《江汉平原垸田的特征及其在明清时期的发展演变》，《农业考古》1989 年第 1 期；谭作刚：《清代湖广垸田的滥行围垦及清政府的对策》，《中国农史》1985 年第 4 期；梅莉：《洞庭平原垸田经济的历史地理分析》，《湖北大学学报》（哲学社会科学版）1990 年第 2 期。

② 许怀林：《明清鄱阳湖区的圩堤围垦事业》，《农业考古》1990 年第 1 期。

③ 郭清华：《浅谈陕西勉县出土的汉代塘库、陂池、水田模型》，《农业考古》1983 年第 1 期；徐海亮：《南阳陂塘水利的衰败》，《农业考古》1987 年第 2 期。

④ 吴建新：《清代垦殖政策的两难选择——以珠江三角洲沙田的放垦与禁垦为例》，《古今农业》2010 年第 1 期；黄永豪：《土地开发与地方社会》，香港：文化创造出版社，2007。

⑤ 陈树平：《明清时期的井灌》，《中国社会经济史研究》1983 年第 4 期；吕卓民：《秦汉关中郑国渠与白渠存在问题之研究》，《西北大学学报》（自然科学版）1995 年第 5 期；李令福：《论淤灌是中国农田水利发展史上的第一个重要阶段》，《中国农史》2006 年第 2 期；黄盛璋：《再论新疆坎儿井的来源与传播》，《西域研究》1994 年第 1 期。

"水利为中心延伸出来的区域性社会关系体系"①，这个定义简明扼要地传达了水利与区域社会联盟形成的机制及相互作用的关系；行龙的《从"治水社会"到"水利社会"》② 发展了王铭铭的水利社会研究思想；钱杭给出了目前关于"水利社会史"的详尽定义，指出"水利社会史是以在一个特定区域内，围绕水利问题形成的一部分特殊的人类社会关系为研究对象，尤其集中地关注于某一特定区域独有的制度、组织、规则、象征、传说、人物、家族、利益结构和集团意识形态，并考察其形成与发展变迁的综合过程的研究类型"；③ 张俊峰则通过对洪洞县"引泉""引河""引洪"三种形态的水利灌溉系统的长期研究，概括出此三种形态水利社会区域形态，即"泉域社会""流域社会""洪灌社会"。④ 新时期中国水利社会的研究有两个较大的区划范畴，第一是北方水利社会研究，以行龙为首的山西大学中国社会史研究中心是北方社会水利史研究的重镇，行龙及其研究团队的研究旨在"勾连起土地、森林、植被、气候等自然要素及其变化，进而考察由此形成的区域社会经济、文化、社会生活、社会变迁的方方面面，以实现对山西区域社会发展变迁的整体性把握"⑤；北京师范大学的王培华致力于清代河西走廊的水资源分配制度，清代滏阳河流域水资源的管理、分配与利用等领域的丰硕研究，也为"北派水利社会"研究添注了重要成果。⑥ 第二是南方水利社会研究，基于中国南方社会地域和水文形态的复杂性，南方水利社会的研究人员和研究对象相对分散，钱杭研究湘湖水利社会史并讨论了"库域社会"

---

① 王铭铭：《"水利社会"的类型》，《读书》2004 年第 11 期。
② 行龙：《从"治水社会"到"水利社会"》，《读书》2005 年第 8 期。
③ 钱杭：《共同体理论视野下的湘湖水利集团——兼论"库域型"水利社会》，《中国社会科学》2008 年第 2 期。
④ 张俊峰：《水利社会的类型——明清以来洪洞水利与乡村社会变迁》，北京大学出版社，2012。
⑤ 行龙编著《以水为中心的山西社会》，商务印书馆，2018，总序第 1 页。
⑥ 其核心观点参见王培华《清代河西走廊水利纷争与水资源分配制度——黑河、石羊河流域的个案研究》，《古今农业》2004 年第 2 期；《清代滏阳河流域的个案研究》，《清史研究》2002 年第 4 期。

这种新的水利社会类型，并致力于建构"库域社会""水利共同体"与水利社会之间的关系；① 复旦大学历史地理研究中心对水利社会史领域的研究也较侧重，如肖启荣以汉水下游为中心展开相关研究，着重探讨了国家政策对水利的影响以及国家与地方在水利管理中的互动与冲突。②

（3）文化人类学意义上的水研究

国内在文化人类学意义上论及水与地方社会的关系、关注水的社会性与村落社会空间的关联，则始于更晚的时期，费孝通在《乡土中国》中充分强调土地与中国乡土社会农民的密切联系，但是他也不否认水利对村落形成的重要性，他在阐述人们聚村而居的现象时描述到"需要水利的地方，他们有合住的需要，在一起住，合作起来比较方便"③。费孝通先生在早期的研究中就已经意识到了水、水利对中国农民社会聚落形成的重要性。王铭铭则在费孝通的基础上，直接言明水和土地在人文世界创造中并驾齐驱的地位，他认为如同土地一样，水在人创造的人文世界中，重要性不容忽视。④ 当代水与地方社会空间关系研究的视角越来越倾向于微观具象化。水井、水塘、水口等活态因素在西南少数民族地区水文化研究中的重要性日趋凸显。周大鸣、李陶红通过对湖南某侗族寨子对水的利用和维护的研究指出，河流、井、鱼塘、防渠、稻田等共同构成侗寨水资源的活性系统，并认为当地水资源的空间分布和传统利用模式是人与生态和谐共居的重要表现；⑤ 胡英泽在《水井与北方乡村社会——基于山西、陕西、河南省部分

① 钱杭：《共同体理论视野下的湘湖水利集团——兼论"库域型"水利社会》，《中国社会科学》2008 年第 2 期。
② 肖启荣：《明清时期汉水下游地区的地理环境与堤防管理制度》，《中国历史地理论丛》2008 年第 1 期；《明清时期汉水下游泗港、大小泽口水利纷争个案研究——水利环境变化中地域集团之行为》，《中国历史地理论丛》2008 年第 4 期。
③ 费孝通：《乡土中国》，人民出版社，2008，第 5 页。
④ 王铭铭：《"水利社会"的类型》，《读书》2004 年第 11 期。
⑤ 周大鸣、李陶红：《侗寨水资源与当地文化——以湖南通道独坡乡上岩坪寨为例》，《广西民族研究》2015 年第 4 期。

地区乡村水井的田野考察》中讨论了水井在空间建构、社会秩序、人口管理、村际关系中的作用，并指出传统村落社会中"汲水空间"与"行政区划空间"之间交叉不重叠的样态；[①] 管彦波则基于水井、水塘等要素，集中分析了西南民族村落水文环境的生态性，认为"对于传统的乡土社会而言，水井既是一种微型的水利设施，也是一种典型的文化器物。透视水井这种看似简单的物象，重点应该考察的是水井对围聚村落空间和构建社会秩序的作用，以及水井所蕴含的兼具生态与人文的丰富内涵"[②]，他进一步指出"水井、水塘、水口的湮废与变迁常会引发村落社会水文化环境的变化，进而影响村落结构体系的平衡与稳定"[③]；杨筑慧基于侗族生活用水的人类学考察指出，"传统村落社会中，水井体现出乡村生活的共享性和集体意识，在侗族社会，水井承载着社会文化的物质、制度与精神意义，随着自来水逐渐进入乡村社会，水井渐被废弃，村落日常生活方式也发生了变化，并改变了当地的生态环境，同时还将'集体'分割为'个体'，自我与个人主义蔓延，导致有的传统文化被逐渐消解，知识与话语、技术与伦理，在水井的物象与变迁中形成了一定的张力，博弈的结果是乡土文化渐行渐远"[④]。

　　同时，需要指出的是，由于台湾地区的自然环境区域的多样性显著，不同区域也呈现水利社会形态的多样性，台湾学界也对这些不同的水利社会表现出关注。李宗信、顾雅文、庄永忠三人的研究较有代表性，他们尝试性地提出台湾水利史研究中长期不太受重视的"水利共同体""水利秩序"等历史问题，并基于社会

---

①　胡英泽：《水井与北方乡村社会——基于山西、陕西、河南省部分地区乡村水井的田野考察》，《近代史研究》2006 年第 1 期。

②　管彦波：《西南民族村域用水习惯与地方秩序的构建——以水文碑刻为考察的重点》，《西南民族大学学报》（人文社会科学版）2013 年第 5 期。

③　管彦波：《西南民族村落水文环境的生态分析——以水井、水塘、水口为考察重点》，《贵州社会科学》2016 年第 1 期。

④　杨筑慧：《水井与自来水：一项基于侗族日常生活的人类学考察》，《云南民族大学学报》（哲学社会科学版）2016 年第 1 期。

史、环境史等研究的脉络展开论述。①

2. 国外"灌溉社会"与"治水社会"研究述评

（1）水利与灌溉社会的宏观视域

治水社会、水利社会、灌溉社会等相关概念在 20 世纪初备受西方学界关注，成为东方学界研究的"时尚"名词。虽然魏特夫的《东方专制主义：对于极权力量的比较研究》和格尔兹的《尼加拉：十九世纪巴厘剧场国家》至今仍被学界广泛讨论，但最早将灌溉活动与农业文明相关联的学者不是他们。在研究农业文明的早期时段，是经济学家们首先进行了相关概念的研究，亚当·斯密、约翰·斯图亚特·穆勒和 P. 琼斯都提出过相关的假设。关于水利航运事业与社会治理之间的关系，早在 18 世纪，圣西门及其社会理论的支持者们就强调集权力量主导下的"诸如运河、铁路和蒸汽船路线等大型社会性事业的"② 建设对社会的重要意义。

国外对中国水利社会正式、系统的研究应追溯到魏特夫的《东方专制主义：对于极权力量的比较研究》。当然，如果要对魏特夫的"治水社会""东方专制主义"再追根溯源，那么其理论源头应该始于马克思在 19 世纪 50 年代提出的"亚细亚生产方式"理念，应该说，魏特夫的"治水社会"理念批判性地发展了"亚细亚生产方式"的内容，他强调自己在方法论上杜绝了社会发展观的"单线进化论"观点，特别推崇自己的变迁和比较研究的理论方法和研究视域。魏特夫的《东方专制主义：对于极权力量的比较研究》一书核心观点认为东方社会的形成和发展与治水密不可分，由于大规模修建水利工程和有效地管理这些工程的需要，必须建立一个遍及全国至少是遍及全国人口中心的组织，因此，"控制这一组织的人总是巧妙地准备行使最高统治权力"，于是便

---

① 参见李宗信、顾雅文、庄永忠《水利秩序的形成与崩解：十八至二十世纪之初期瑠公圳之变迁》，收录于黄富三总编《海、河与台湾聚落变迁：比较观点》，中研院台湾史研究所，2009。

② 〔美〕兰德尔·柯林斯、迈克尔·马科夫斯基：《发现社会——西方社会学思想述评》（第八版），李霞译，商务印书馆，2014，第 39 页。

产生了专制君主、东方专制主义。同时他又将"治水社会"划分为"核心地区"、"边缘地区"和"次边缘地区",而中国正是这样一个"核心地区","治水社会"的一切本质特征在中国便得到集中而充分的体现。①

中西方学界对魏特夫的观点褒贬不一,英国汉学家李约瑟在其《科学与社会》(1959 年)中结合中国历史的实际评价了魏特夫的"失实"和"偏见"。弗里德曼基于中国东南宗族组织的研究,得出了与魏特夫相反的结论,他认为中国东南宗族组织的发达正是因为这个地方远离了中央集权,他归纳了中国东南宗族存在与维系的四个原因:一是发达的水利灌溉系统;二是稻作农业导致的财富剩余;三是边疆地区国家不在场;四是宗族内部社会地位分化。遗憾的是水利与灌溉行为只是弗里德曼研究中国东南宗族社会的一个抓手,因此他没有更加深入地展开相关讨论。巴博德基于中国台湾水利的田野调查,修正并继续发展了其老师弗里德曼关于"水利灌溉可以促成宗族团结"的观点,巴博德认为灌溉与团结的联系,必须视灌溉的性质及土地分布的情形而定。水利灌溉系统既可以促成宗族团结也可以促成非血缘间的联合。

基于大量的针对哈尼梯田灌溉社会的调查,在笔者看来,巴博德的这种观点是成立的,梯田农耕族群中最主要的三种民族哈尼族、彝族、傣族,其社会组织结构与汉人"宗族社会"相去甚远,各自有一套文化机制和组织结构,围绕稻作生计的灌溉活动促成了三种族群之间某种超越族群、文化、信仰、血缘意义上的团结。此外,巴博德否定了弗里德曼关于边疆地区国家不在场是促成宗族团结的影响因素的假设。但是,他为了证实弗里德曼建设的不正确而举出的关于中国台湾屏东客家人和福佬人远离集权统治却矛盾重重的例子太过于特殊,不具有普适的解释意义。

---

① 〔美〕卡尔·A. 魏特夫:《东方专制主义:对于极权力量的比较研究》,徐式谷、奚瑞森、邹如山等译,邹如山校订,中国社会科学出版社,1989。

巴博德的"水利社会学"思想成形于他的另一篇文章①，他致力于研究"一个社区的水利系统怎样影响到该地社会文化的模式，例如，冲突和合作、劳力的供给和需求以及家庭的规模和结构"。他的结论是："在其他条件相同的情况下，我们会发现依赖雨水的地区比依赖灌溉的地区更可能维持大家庭，至少，可以表明地方不同的灌溉模式能导致重要的社会文化适应和变迁。对许多形式和方面的关系的理解，可以说明社会文化的差异不仅仅在中国，而且在所有使用灌溉的社会都存在。"② 巴博德注意到了灌溉社会中的差异性，这对哈尼梯田多族群灌溉社会的研究具有重要启示意义。

杜赞奇则更加强调水利与地方社会的紧密联系，他在《文化、权力与国家：1900—1942 年的华北农村》中提出"文化权力网络"对话施坚雅的"市场体系"理论，认为华北地区的水利组织"闸会"控制着灌溉用水的分配，地方水利管理所共同维系的"文化网络"是国家权力与地方社会的黏合剂。

还有一种观点认为国内学界的水利社会史的研究路径滥觞于法国（行龙），较有代表性的是法国学者蓝克利和魏丕信，蓝克利是一位水利史家和分析地理学家，专精于研究宋代的淮河水利，他在《黄淮水系新论与 1128 年的水患》（1993 年）③ 中提出其研究意图在于"指出政治史和财政史是怎样完全得以确定可以影响环境的选择"；魏丕信的《清流对浊流：帝制后期陕西省的郑白渠灌溉系统》（1993 年）④，针对中国帝制后期陕西历届官员试图恢复郑白渠灌溉系统的努力屡屡失败的现象，敏锐地指出"那是因为几世纪以来官员们尝试驾驭不再能够'自然地'为农业服务的

① W. E. Willmott, "The Sociology of Irrigation: Two Taiwanese Villages," in *Economic Organization in Chinese Society* (Stanford University Press, 1972).
② 石峰：《"水利"的社会文化关联——学术史检阅》，《贵州大学学报》（社会科学版）2005 年第 3 期。
③ 行龙编著《以水为中心的山西社会》，商务印书馆，2018，第 4 页。
④ 行龙编著《以水为中心的山西社会》，商务印书馆，2018，第 4 页。

资源，已使环境、技术、经济、社会和政治因素的全面结合在郑白渠的等式中失去了平衡"。中国学术界对二人"未单纯就水言水，而是将水利及环境问题与历史时期的政治、经济、军事问题有机地溶合在一起进行综合考量"的研究范式给出了高度评价，同时有学者认为"中国学者的相关研究正是承续这一取向的"①。就灌溉系统对社会组织结构影响的认识，以色列学者贝威利斯特的总结比较精辟："亚洲的自然资源管理传统，对当代资源分享合作提供了值得借鉴的例子，比如在柬埔寨、中国、印度、印度尼西亚和伊朗，地方社会规范、区域共享的文化以及宗教都有益于维系长期、公平的水资源共享。许多古老的灌溉系统及其社会组织也都支持这种资源共享并一直延续至今。"② 应该说，在资源互竞中实现贡献，并维系差异性，是多族群灌溉社会的一个特征。

当然，论及国外对中国水利、水利与地方社会之研究，日本学者研究之深刻，成果之丰硕，也是值得论及和学习的。日本有关中国水利史的研究最早是围绕魏特夫的东方专制主义展开的，与此同时，日本学者木村正雄的学说"治水灌溉就是中国古代国家的基础"在日本引起强烈反响。在有关中国明清史的研究中，日本自 20 世纪 50 年代起，围绕"水利共同体"展开过激烈的讨论，20 世纪 50 年代的日本对中国的研究，总体上社会经济史仍占据主流，水利史研究也与研究传统的治水"河工"漕运等历史地理的研究一起，开始更多地关注其与社会经济的关系，其成果丰富，在汉学界影响卓著。姚汉源说过"日本的中国水利史研究会成员都为史地学者，从社会科学角度研究中国水利史，他们的力量比我国强"③，具体而言，日本的中国水利史研究始于冈崎文夫

---

① 王龙飞：《近十年来中国水利社会史研究述评》，《华中师范大学研究生学报》2010 年第 1 期。

② 李菲：《水资源、水政治与水知识：当代国外人类学江河流域研究的三个面向》，《思想战线》2017 年第 5 期。

③ 姚汉源：《黄河水利史研究》，黄河水利出版社，2003，第 8 页。

和池田静夫编写的《江南文化开发史》①，其后佐藤武敏等学者加以继承并发展了日本的中国水利社会研究，日本于 1965 年成立了中国水利史研究会，至今已取得丰厚的成果，并与中国的当代水利社会研究机构保持着良好的互动往来关系。这一阶段的重要研究学者及成果有：佐久间吉也、吉冈义信、长濑守等学者对中国魏晋南北朝、唐和两宋历史时期的水利社会进行过相关研究；20 世纪初，西冈弘晃研究了中国近世的都市与水利之间的关系。当然，这些研究者的著作中的绝大部分没有中译版发行，日本学界研究中国水利社会成果较多且最具代表性的要数森田明，其研究领域重点聚焦中国清代水利史、水利与地方社会等问题。目前有森田明的《清代水利与区域社会》② 一书中译版发行，通过该书可对日本的中国水利研究管窥一二。森田明在书中指出 20 世纪末到 21 世纪初日本学界在中国明清史研究中，利用经济史研究方法开展区域社会研究，中国水利与地方社会研究再度成为热点。

（2）格尔兹"尼加拉"灌溉社会与魏特夫"治水社会"对本研究之启示

综而观之，国外人类学/民族学层面上有关水与地方社会关系的研究，主要围绕魏特夫宏观治水社会论点的反思展开讨论。拉铁摩尔在《中国的亚洲内陆边疆》③ 一书中在论及"文化发展与灌溉起源的关系"时也持与魏特夫相似的观点；当然相反的观点也被力证，格尔兹在《尼加拉：十九世纪巴厘剧场国家》中就认为，对于与巴厘剧场结构类似的国家，王室庆典往往是国家综合实力、辉煌程度的表征，中心典范的向心力使一个国家得以维持，然而，巴厘农业灌溉的管理在很大程度上来自基层生产自治，他描述了巴厘从水坝到基本灌溉单位之间逐级分水的过程，并详细介绍了梯田组织、灌溉社会内部、灌溉社会之间各异的四级分水层次。

---

① 〔日〕冈崎文夫、池田静夫：《江南文化开发史》，弘文堂书房，1943。
② 〔日〕森田明：《清代水利与区域社会》，雷国山译，山东画报出版社，2008。
③ 〔美〕拉铁摩尔：《中国的亚洲内陆边疆》，唐晓峰译，江苏人民出版社，2005，序言第 3 页。

该田野民族志提供了一个鲜活例证，阐明了反对魏特夫国家集权治水观念的新论点——在巴厘岛的农业灌溉社会体系中，国王只是象征性的管理者，基层社会自治组织才是农业灌溉生产的核心要义。[①]

有意思的是，兰辛沿着格尔兹剧场国家的讨论继续讨论巴厘水利问题，进而对魏特夫"国家在水利中起决定支配作用"的观点做出了驳斥，兰辛关于水利与地方社会的核心观点在于，人类活动作用于水，并由此延伸出了一系列负责的社会关系。他首先回应了格尔兹的剧场国家论，认为国家的象征权力不是表演性的，而是真正参与了一整套产权的文化安排，即巴厘岛基层农业仪式是对王室诸侯的超越。他指出"巴厘岛整体灌溉仪式中涉及三种角色，即上层的王权、中层的祭司神权和基层生产单位（灌溉社会）的仪式，水庙系统中的仪式贯通于神权和底层社会，并且与王权分离。星罗棋布的水庙管理着当地的灌溉系统，形成了一套精妙的灌溉管理体系"[②]。值得一提的是，我国学者张亚辉在分析晋祠在山西水利社会中的作用时，与兰辛强调的"水庙"在巴厘基层社会中的管理作用，其研究路径是极其相似的，即都意识到了地方社会中关于水利的传统宗教信仰之仪式载体在规制地方社会秩序中所发挥的作用。

结合上述讨论，"治水社会"在中国学界有特殊的所指，传统意义上特指国家在特定地域内，通过大型公共水利工程的建设，并通过航运、水患治理、水资源配置的管控实现对地方的具体控制的，国家与地方的二元权力关系语境。笔者试图阐述的哈尼梯田灌溉社会在理论上更接近于格尔兹在《尼加拉：十九世纪巴厘剧场国家》中所描述的"灌溉社会"，而非魏特夫在《东方专制主义：对极权力量的比较研究》中的"治水社会"，笔者认为历史上西方学者所热议的"灌溉社会"和"治水社会"有着本质意义上的

---

① 〔美〕克利福德·格尔兹：《尼加拉：十九世纪巴厘剧场国家》，赵丙祥译，上海人民出版社，1999。

② J. Stephen Lansing, *Priests and Programmers*: *Technologies of Power in the Engineered Landscape of Bali* (Princeton: Princeton University Press, 1991).

差别。格尔兹认为19世纪巴厘国家（今印度尼西亚的岛屿）的"灌溉社会将一帮农民的经济资源——土地、劳力、水、技术方法，和在非常有限程度上的资金设备——组织成卓有成效的生产机器"① 并将其定义为"作为一个生产单位，一个灌溉社会可以定义为（而巴厘人也将其定义为）：从一条主干渠（telabath gde）引水灌溉的所有梯田（tebih）。这条作为灌溉社会共同体的财产的水渠引自一条古石坝（empelan）。如果灌溉社会的规模很大，这条坝也会归全部灌溉社会所有。不过，在通常情况下，它归数个灌溉社会共有，每个灌溉社会都会在建坝中起到重要作用，在过去的很长一段时间内曾经如此，而每个灌溉社会都有一条主渠流经"②。而宣称自己是治水社会理论创始人的魏特夫的确在他的《东方专制主义：对于极权力量的比较研究》一书中建立了一套极其庞大的治水理论系统，在他看来治水社会"这种社会形态主要起源于干旱和半干旱地区，这类地区，只有当人们利用灌溉，必要时利用治水的办法来克服供水的不足和不调时，农业生产才能顺利和有效地维持下去。这样的工程时刻需要大规模的协作，这样的协作反过来需要纪律、从属关系和有力的领导"③，且不论关于东方社会的极权或专制制度与灌溉农业、治水活动之间的关联性的思想是不是始于魏特夫（这一点笔者会在研究综述中详细展开讨论），魏特夫确实站在了非常宏大的叙事规模上来描述他的治水社会，他试图非常高屋建瓴地将"农业管理者的专制制度作为其社会秩序的一部分来进行研究"④，并将这种秩序称为"治水社会"⑤。此外，

---

① 〔美〕克利福德·格尔兹：《尼加拉：十九世纪巴厘剧场国家》，赵丙祥译，上海人民出版社，1999，第57页。
② 〔美〕克利福德·格尔兹：《尼加拉：十九世纪巴厘剧场国家》，赵丙祥译，上海人民出版社，1999，第81页。
③ 〔美〕卡尔·A. 魏特夫：《东方专制主义：对于极权力量的比较研究》，徐式谷、奚瑞森、邹如山等译，邹如山校订，中国社会科学出版社，1989，第2页。
④ 〔美〕卡尔·A. 魏特夫：《东方专制主义：对于极权力量的比较研究》，徐式谷、奚瑞森、邹如山等译，邹如山校订，中国社会科学出版社，1989，第19页。
⑤ 〔美〕卡尔·A. 魏特夫：《东方专制主义：对于极权力量的比较研究》，徐式谷、奚瑞森、邹如山等译，邹如山校订，中国社会科学出版社，1989，第19页。

魏特夫讨论和分析东方古代社会时，按照他对原始数据材料的理解，将这些社会进行了分层，在他看来治水社会至少可以分为"核心地区"、"边缘地区"和"次边缘地区"。当然，治水社会本身不是魏特夫的讨论核心，而只是他的立论基础，因为他更关注那些管理和控制各个层级治水社会组织网络的最高政治权力的构成和运行方式。笔者认为格尔兹笔下的尼加拉灌溉系统与魏特夫的治水社会虽然都是基于对古代东方社会的讨论，但二者是既有相似之处又严格区分的两种类型。

虽然目前还不能给出一个准确的哈尼梯田灌溉社会的定义，但是本研究的旨趣在于探讨小型社区内公共资源（尤其是灌溉水资源）的配置问题，即讨论一个地方和社群中相互依赖的异文化群体是如何实现真正有效的自我组织和治理的，他们存在哪些不同于国家和市场的、长期存续在传统社会内部的制度安排，并通过这些制度安排、组织原则实现了对某些资源的适度治理，因此，研究取向也很明确：哈尼梯田农耕社会是一个有其传统的技术结构、运行机制、秩序逻辑，但却明显区别于魏特夫式的治水社会的灌溉社会实体。

（3）灌溉社会与治水社会存在本质区别

早期致力于"东方学"研究的汉学家魏特夫研究出发点本身不在于讨论那些"小规模的农庄经济"（浇灌农业），他早早地将这种类型与"牵涉到大规模的和政府管理的灌溉及防洪工程（治水农业）的农庄经济"① 进行了区分，并明确了其研究取向，"由于突出政府的重要作用，我所命定的'治水'一词是要提醒人们注意这些文明的农业管理和农业官僚机构的性质"②。格尔兹描述的灌溉社会则"不存在任何类型的由国家占有或国家掌握的水利工程，这些水利工程也不是任何类型的超灌溉社会自主性团体的

① 〔美〕卡尔·A. 魏特夫：《东方专制主义：对于极权力量的比较研究》，徐式谷、奚瑞森、邹如山等译，邹如山校订，中国社会科学出版社，1989，第13页。
② 〔美〕卡尔·A. 魏特夫：《东方专制主义：对于极权力量的比较研究》，徐式谷、奚瑞森、邹如山等译，邹如山校订，中国社会科学出版社，1989，第13页。

财产，当然也不归他们掌管"。他认为巴厘灌溉社会"将一帮农民的经济资源——土地、劳力、水、技术方法，和在非常有限程度上的资金设备——组织成卓有成效的生产机器"[①]。同时，格尔兹非常明确地指出，"前殖民时代的印度尼西亚政治历程并非确然无疑地展现为单一的'东方专制主义'，而是地方化的、脆弱的、相互之间联系松散的小型公国不断扩散的过程"。[②]

通观哈尼梯田农耕社会的发展史，梯田灌溉社会中的三种类型——大型、小型、中型灌溉社会，也趋于一种地方化的、相互之间有某种秩序联结但又松散的社会类型，灌溉活动将异文化多族群关联在一起，但是在灌溉社会中，除了那些"一致同意"的灌溉活动组织秩序，其中任何一个族群的组织原则对其他族群都没有约束作用。在相当长的历史时段中，哈尼梯田灌溉社会中并没有集权国家直接赋权的专业化的水事和农业管理组织机构，也不存在一个地方性的集权的封建大领主来统一引导或管理梯田灌溉社会中的水资源配置和灌溉活动，而是处于一种基于多民族联合灌溉的自组织状态中。作为古老的农业文明古国，"中国先民于新石器时代开始开发水利资源和治理水患"[③]，有学者指出"元代开始王朝国家在南方进行的大规模水利工程建设，但对云南地区的水利则开发较晚。红河南岸地区在很长的历史阶段，都是像晚清时期的北方一样，靠传统的地方性知识来运用、分配和管理水资源"[④]。确切地说，哈尼梯田灌溉社会在一个相当晚近的时期才被纳入王朝国家的权力谱系之内：南诏蒙氏奴隶主政权覆灭后，大义宁（929～937年）政权更迭至杨氏手中，风雨飘摇，包括哈尼先民"和泥"在内的"三十七蛮部"响应南诏旧臣段思平的号

---

① 〔美〕克利福德·格尔兹：《尼加拉：十九世纪巴厘剧场国家》，赵丙祥译，上海人民出版社，1999，第57页。
② 〔美〕克利福德·格尔兹：《尼加拉：十九世纪巴厘剧场国家》，赵丙祥译，上海人民出版社，1999，第57页。
③ 姚伟钧：《水利灌溉对中国古代社会发展的影响——兼析魏特夫"治水——专制主义"理论》，《华中师范大学学报》（哲学社会科学版）1996年第1期。
④ 秦新林：《元代南方水利灌溉事业的成就》，《殷都学刊》1986年第1期。

召会盟石城（今云南省曲靖市），一举攻陷杨氏大义宁奴隶制政权，建立了以洱海、滇池为中心的段氏大理国封建领主政权，"三十七蛮部"中强大的因远、思陀、溪处、落恐皆属于"和泥"部落，"三十七蛮部"得到大理段氏的分封，而"哀牢山、六诏山各部和泥，距洱海、滇池均较远，大理段氏的控制权不能直达其境，实际上各部分据领地，各自为政"①。思陀、溪处、落恐等部主要分布于"哀牢山东麓下段，包括今（云南省红河哈尼族彝族自治州）绿春、红河、元阳、金平等县，面积共约二十万平方公里，西部和北部与'罗槃国'（因远部在李社江畔，今云南省玉溪市元江县境内）为邻，南接越南"②。尽管更早就被纳入了中国历史的版图，但梯田灌溉社会并未立即被集权国家的治水活动所涵盖，因而也并非"东方专制主义"性质的，它更多地呈现了"地方化"的独特的灌溉农业综合体的特征。

当然，"尼加拉"灌溉社会模式也不能说是完全独立于某种"整体社会格局"之外的自组织模式。格尔兹所讨论的前殖民时代的印度尼西亚社会本身处于"诸如（婆罗洲的实行轮耕制度的种植者，巴厘之种姓，西苏门答腊之母系制在内的）各种文化和社会模式组成的整体格局之中"，他认为，前殖民时代印度尼西亚的古代国家"塑造了印度尼西亚文明最基本最重要的制度之一（也许是最为重要的）即是尼加拉"③。格尔兹在导论中为"尼加拉"做了详细的界定："在其最广泛的意义上，这一词汇描述的是（古代）文明，描述的是由传统城市、城市所孕育的高等文化及集中在城市里的超凡政治权威体系组成的世界。"④他还指出，当时的印度尼西亚存在的"尼加拉"，"其数量至少会达到数百个，甚或

---

① 《哈尼族简史》编写组编《哈尼族简史》，云南人民出版社，1985，第41页。
② 《哈尼族简史》编写组编《哈尼族简史》，云南人民出版社，1985，第48页。
③ 〔美〕克利福德·格尔兹：《尼加拉：十九世纪巴厘剧场国家》，赵丙祥译，上海人民出版社，1999，第2页。
④ 〔美〕克利福德·格尔兹：《尼加拉：十九世纪巴厘剧场国家》，赵丙祥译，上海人民出版社，1999，第2页。

可能几千个"①。因此，以"尼加拉"为基本单位的每个灌溉社会，实质上带有完整的政治权威体系，但它并不受那个具有"整体格局"的古印度尼西亚社会中的某种"集权力量"控制，"尼加拉"灌溉社会是松散的、自组织的社会，历史上的哈尼梯田灌溉社会组织也类似，即便集中连片的梯田分布区域被王朝国家的中央统治者划片分封给了土司和掌寨，"明代在临安（今建水）府建立的十土司和十五掌寨中，有纳更、稿吾卡、纳楼、猛弄、综哈瓦渣（土司）、五亩和五邦（掌寨）都分布在今元阳县境内"②。但是在前民族国家时代，被纳入皇权治理体系中的哈尼梯田灌溉社会，集权国家的治水活动并未覆盖这些区域的梯田农业生产活动，当然，也不排除地方"夷官"土司或掌寨组织辖区内的百姓进行过规模相当大的开沟造田活动，但并非严格意义上的水利工事活动。

而魏特夫承认"大治水帝国往往包括治水程度不一的地区单位全国性单位。它们形成了松散的治水社会，这种社会常常包括紧密结合的治水小地区"③。因此，魏特夫又将他的治水世界划分为"核心地区"、"边缘地区"和"次边缘地区"，并且强调"在干旱或半干旱地区，定居的农业文明只有在治水经济的基础上才能持久繁荣下去。在干旱和半干旱地区中较为潮湿的边缘地带，农业生活却不受这种限制。在这里，东方专制主义之占上风可能很少或者没有依靠治水活动"④。应该说，格尔兹没有否认"尼加拉"这样的灌溉社会要放在前殖民时期印度尼西亚的整体社会观中来考量，而魏特夫也不否认他的"东方专制主义"集权（君主

① 〔美〕克利福德·格尔兹：《尼加拉：十九世纪巴厘剧场国家》，赵丙祥译，上海人民出版社，1999，第3页。
② 《民族问题五种丛书》云南省编辑委员会、《中国少数民族社会历史调查资料丛刊》修订编辑委员会编《哈尼族社会历史调查》，民族出版社，2009，第80页。
③ 〔美〕卡尔·A.魏特夫：《东方专制主义：对于极权力量的比较研究》，徐式谷、奚瑞森、邹如山等译，邹如山校订，中国社会科学出版社，1989，第168页。
④ 〔美〕卡尔·A.魏特夫：《东方专制主义：对于极权力量的比较研究》，徐式谷、奚瑞森、邹如山等译，邹如山校订，中国社会科学出版社，1989，第175页。

制）力量对那些远离中心的边缘、次边缘地区控制力的弱化甚至没有控制力。这两种观点对今人探讨哈尼梯田灌溉社会，同时具有极其重要的启示意义：首先，梯田灌溉社会成形于王朝国家历史时期，脱胎于现代民族国家的建构过程中，不论王朝国家集权力量真正在哪个历史时段进入了滇南红河南岸，也不论历史上集权国家的治水活动究竟有没有越过"滇东南基本经济区"① 向南位移（向红河南岸哈尼梯田文化区位移），都必须把传统梯田灌溉社会放到一个中央集权的王朝历史话语语境中去思考；其次，更值得关注的是那些在集权王朝国家治水活动（最直接的方式就是修筑水利工程）范畴之外的还具有灌溉规模的农业社会所产生并传袭至今的知识谱系。

（二） 适用于灌溉社会研究中的族群及族群关系维度述评

族群与族群关系理论是民族学/人类学研究领域的一个重要课题，本研究从研究缘起开始就反复提及民族、族群概念，因此，在这部分文献梳理中首先应该基于前人研究成果明确一下本研究使用这两个概念的理论取向及范围。潘蛟、麻国庆、马戎、王建民、周大鸣、纳日碧力戈、庄孔韶、关凯等国内知名学者都从不同角度对"民族"和"族群"概念有过相应探讨乃至对话，尤其是针对"族群"概念目前国内学术界还有争论，大的趋势是已经绕过了概念意义上的讨论，转而对族群和族群关系的实证个案进行中微观研究。由于篇幅限制，本部分仅选取其中几个视角来论述。

潘蛟教授系统梳理过族群（ethnic group/ethnicity）与民族（nation/nationality）两个概念及其衍生概念的缘起和流变性，在潘蛟看来"族群和民族的区别连带着不同的权利诉求和承认，它们之间的区别基本上是政治状态或地位上的区别"，在具体概念上，na-

---

① "滇东南基本经济区"：1889～1910 年，云南省在滇东南依托蒙自、个旧、临安、河口四地形成了一个省内的"滇东南基本经济区"，依托物流、农耕、锡矿、红河水系航运和口岸优势形成的地域经济体。参见江云岷《晚清"滇东南基本经济区"的形成》，《云南财经大学学报》2010 年第 2 期。

tion 意义上的民族"可以被看作被疆域制度化了的族群"；而 nationality 意义上的民族"是既有国家与其境内人群的民族诉求对话和商榷的产物，它被赋予区域自治权利，但也承担维护国家统一的义务"；ethnic group 意义上的族群"并不仅仅是次于民族的一个'族体'，或一个民族内部的'宗支'、'支系'或'层次'"，族群实际上"可以仅仅是一种根据世系和文化认同来区分的人群范畴（category of population）"①。

麻国庆则认为"'民族'与'族群'最基本的含义都是指人们的共同体"，他指出现代人类学研究语境中民族与族群的定义是明确的，并指出"文化这一人们的共同体的核心维度，抑或是界定'民族'或'族群'的标准"。从发展演变的过程来看，当前中国的"民族"概念"已经被赋予了明确的政治意义"，而"族群"作为学术概念则趋向于模糊性，他进一步指出两个概念各自的指述范围："'民族'主要讨论的是'社会中的民族'，即当代中国社会整体中的各民族在政治、经济、文化领域的互动，强调的是民族在社会中的单位特征。而'族群'概念主要适于讨论的是'民族中的社会'，即在某一民族内部或多民族杂居地域不同群体的人们如何展开互动。"②潘蛟和麻国庆用以界分民族和族群的标准不一致，前者强调政治地位的区分性，后者强调文化意义上的区分性，在理解族群概念时差别较大，潘蛟并不认同将族群简单地归结为某一民族的支系或分支，而麻国庆的族群概念却非常具有弹性和不确定性，既可以理解为"某一民族内部的不同群体"，又可以理解为"多民族地区的不同群体"。持政治界分观点的还有范可，他认为"今日世界上的人类群体（human collectives）认同无不受到近代以来的民族国家政治的影响"。当然范可也绕开了概念意义上的纠缠，而是从两个概念言说语境来区分二者的使

① 潘蛟：《"族群"及其相关概念在西方的流变》，《广西民族学院学报》（哲学社会科学版）2003 年第 5 期。
② 麻国庆：《明确的民族与暧昧的族群——以中国大陆民族学、人类学的研究实践为例》，《清华大学学报》（哲学社会科学版）2017 年第 3 期。

用范围，"比之于'民族'，'族群'也不是什么更妥帖的概念。两个术语体现了人口的多样性问题在不同语境里的表达，无论在学术使用和一般使用上都具有任意性的一面，也都具有具体和一般之别"①。纳日碧力戈基于"族群原生论、想象论、符号从论、族群边界论、马列族群论"等概念建立了自己的族群理论系统，他认为"同一个族群的人拥有'共识'：同文同种，血脉相连，命运相关"。同时，他强调族群心理对认同的重要性，"在他族观点推动下的内部认同，具有持久稳定的能动作用。族群成员在相互认同的基础上，可以想象、改造乃至创造族群的特征或者标志"。相较而言，他认为"民族是欧洲资产阶级革命以后的'新生事物'，它既可以根据族群的政治、政权和领土扩张而来，也可以围绕一个族群形成多族'共和'，甚至可以是重新创造和想象的共同体"②。此外，与麻国庆相似，纳日碧力戈也指出民族还有国家的意涵，而从族群范畴的讨论来看，纳日碧力戈和潘蛟都强调了"世系和文化认同"的重要意义。关于族群界分与认同相关性的讨论，庄孔韶指出"族界标志是指一个民族决定或表达成员身份的方式，用来证明或者指明群体成员身份的明显因素"③。在庄孔韶看来，族群之间强调差异性是基于个体标志身份的需要，而这种身份标志则建立在认同的基础上。

总的来说，中国的族群研究从内核来讲，大多还是来自西方，理论和方法的推介或讨论，尚未完全跳出西方的族群理论框架。民族学/人类学对民族与族群两个概念进行讨论时，谈及民族，都会有明确的国家、政治意涵和色彩；而族群意义上的讨论则更多的是与文化、心理、认同等观念相连，族群概念的界定或分析相对更加多元、众说纷纭。

综上所述，本研究所讨论的梯田灌溉社会中的"族群"，从政

① 范可：《中西文语境的"族群"与"民族"》，《广西民族学院学报》（哲学社会科学版）2003年第4期。
② 纳日碧力戈：《现代背景下的族群建构》，云南教育出版社，2000，第3~4页。
③ 庄孔韶主编《人类学通论》（第三版），中国人民大学出版社，2016，第39页。

治意义上讲，对应具有明确政治身份的多种民族（主要包括哈尼族、彝族和傣族），因此，它是指多民族地区拥有国家承认的平等政治身份的不同文化群体；从文化意义上讲，梯田灌溉社会中的族群是由持有不同文化、不同信仰的人群分别构成的共同体，他们各自有明确的集体历史记忆，在同质的稻作生计空间内有着明确的文化、心理、语言、习俗、信仰边界，这些边界在各个共同体的差别化历史表述中不断被言说，因而"他我之别"被强化并存续至今，因此，文化意义上梯田灌溉社会中的族群更接近纳日碧力戈或者说巴斯①意义上的族群②，说到这里，可以清晰地发现，本研究所谓文化之"族群"，与被国家赋予合法性身份的政治之"民族"，其内涵是近乎重叠的，但是从外延意义上讲，梯田灌溉社会中所讨论的哈尼（民族）、彝（民族）、傣（民族）等，严格来说只是几种民族中的几个支系，而并非涉及了族群文化意义上"共享在各种文化形式下的外显性中所实现的基本的文化价值观"的全部共同体（没有涵盖几种民族的全部支系）③，如果从这个意义上深究，那么，梯田灌溉社会中的族群概念也是一个无解的罗生门。

明确了本研究所使用的民族和族群概念的内涵和取向之后，需要强调，本研究的旨趣不在于讨论和梳理庞杂的族群和族群关系理论，而是通过探讨灌溉社会下的族群关系，来求解哈尼梯田

---

① 部分中国学者认为弗雷德里克·巴斯，原名应为弗雷德里克·巴特，但本研究主要参照商务印书馆 2014 年译本《族群与边界——文化差异下的社会组织》一书，概述将其名字译为"弗雷德里克·巴斯"，故本书沿用该译名，下文同。

② 巴斯在《族群与边界——文化差异下的社会组织》一书中界定"族群"通常指具有如下特征的群体："1. 从生物学角度来看具有较强的自我持续性；2. 共享在各种文化形式下的外显性中所实现的基本的文化价值观；3. 建立一个交流和沟通的领域；4. 拥有自我认同和被他人认同的成员资格，以建立与其他同一层级下的类别相区分的范畴。"参见〔挪威〕弗雷德里克·巴斯主编《族群与边界——文化差异下的社会组织》，李丽琴译，马成俊校，商务印书馆，2014，第 11 ~ 12 页。

③ 以哈尼族为例：哈尼族自称与他称加在一起有将近 40 种支系，而本研究所讨论的梯田灌溉社会中的哈尼族仅指哈尼族中的爱僾、僾毕、郭和、腊米、堕尼、阿松等几种支系。

灌溉社会中"和谐"的社会文化基础是什么，是否与相对平衡的族群关系和资源发展观有关，因此，这部分文献综述中，主要提炼适用于探讨灌溉社会中的族群关系的相关理论，此外，也涉及部分专门讨论红河哈尼梯田核心区域的水资源与族群关系的讨论。

西方族群关系理论是在现代民族国家建构过程中，基于殖民统治及种族、移民问题的研究过程逐渐成形的，殖民社会中的种族、移民问题引发了学者对族群关系的思考及讨论，随之形成多元理论系统。"20世纪，研究多民族国家内部的族群关系已成为西方学术界关注的热点问题，主要体现在以不同的研究视角探讨族群关系的存在状态及其发展指向，并形成一系列认识和把握族群关系的理论学说。其中，美国、加拿大、澳大利亚、瑞士等西方学者针对现代化进程中族群关系，提出了许多颇有见解的学术主张。"① 从理论系统来看，较典型的有族群原生论、族群现代－想象论、族群神话－符号丛论、族群边界论（下文将详细介绍），以及为大家所熟知的马克思列宁主义族群论等。② 按照不同划分依据，又可以细分各具代表性的多种族群理论。在中国本土，人类学/民族学研究意义上的族群民族志研究也层出不穷，为聚焦本研究的主题，这里不一一赘述，谨从瀚如烟海的族群理论体系中择重点介绍适用于解释梯田灌溉社会中的族群关系的族群边界论和新族群/资源冲突理论。

1. 族群边界论及其启示

挪威学者弗雷德里克·巴斯的族群理论引入中国是非常晚近的事情，20世纪末，高崇翻译了《族群与边界·序言》③ 一文，巴斯的族群理论逐渐为中国学界所知，并成为相关问题领域被引频率最高的文章。2014年，商务印书馆编译出版了巴斯主编的论

① 陈纪：《西方族群关系研究的相关理论综述》，《湖北民族学院学报》（哲学社会科学版）2014年第1期。
② 纳日碧力戈：《现代背景下的族群建构》，云南教育出版社，2000。
③ 〔挪威〕弗雷德里克·巴斯：《族群与边界·序言》，高崇译，周大鸣校，《广西民族学院学报》1999年第1期。

文集《族群与边界——文化差异下的社会组织》（1969）的中译版，该书中，巴斯与其他六位学者围绕"族群互动"展开了讨论，其重点在于强调族群认同的互联性与族群边界和文化认同的问题。

事实上，巴斯在研究的早期就对族群边界有过相应的探讨，他在早期的"生成理论"中强调在研究族群关系时，要"用动态的视角去研究事件变化、转化及其内在原因，在分析的每个阶段，都要重视人们的行动、互动和人们在实践中的选择"[①]。在巴斯看来"族群并非在共同的文化基础上形成的群体，而是在文化差异的基础上的群体建构的过程"，并明确了自己的"族群"定义，巴斯在导言中进一步指出"族群是由它本身组成成员认定的范畴，形成族群最主要的是它的边界，而不是语言、文化、血统等内涵。一个族群的边界，不一定是指地理的边界，而是其社会边界。在生态型资源竞争中，一个人群强调特定的文化特征，来限定我群的边界以排除他人"。值得注意的是，在巴斯主编的论文集中，亨宁·西弗茨的《墨西哥南部的族群稳定与边界动态》一文在探讨墨西哥南部恰帕斯高地各族群的异源性特征时指出，"从文化的角度，不同族群在相同的大致区域里互相接触并形成了一个综合的社会实体，这一实体的成员在某些生活领域，尤其在商业交易领域里不断地相互影响"[②]。恰帕斯高地是一个典型的多族群社会，生存在这里的数种族群围绕"土地"这一稀缺资源开展资源分配和生产活动，在亨宁·西弗茨看来，即便处于长期接触、军事行动、土地配置权的变更，以及国家政治经济政策等不断下沉的历史条件下，这里的"各个族群的同化程度极小而且边界保持完整"，各个族群之间"不仅在生产活动中存在巨大差异，社会形态也具有可对比性"。当然，这并不意味着族群之间是完全彼此孤立的，族群间互动形式体现在农业生产方面，构成了以"亲属和朋

---

① 〔挪威〕弗雷德里克·巴特：《斯瓦特巴坦人的政治过程——一个社会人类学研究的范例》，黄建生译，上海人民出版社，2005，第1~2页。

② 〔挪威〕弗雷德里克·巴斯主编《族群与边界——文化差异下的社会组织》，李丽琴译，马成俊校，商务印书馆，2014，第88页。

友网络为基础的庞大的劳动团队"，而维系族群边界最重要的因素在于，各个族群的内部成员必须通过"接受父系姓氏的成员资格，由此来利用他所在出生地的土地权利"，也就是说，族群身份的维系与表征，是出于对土地这种稀缺性生产资料的继承，以及破解部分生态约束的实际生存需要。这对于我们理解多族群的梯田灌溉社会具有重要的参照性意义。

对族群边界的探讨，远不止于族群边界论者们，早在巴斯之前，埃德蒙·利奇就强调过族群间社会边界的重要性，他基于缅甸高地诸政治体系的研究指出，"社会结构与文化并不具有共同的边界，特定的结构能够有各种文化解释，不同的社会结构能够由一组文化象征符号来表征"[1]；族群关系研究中持资源冲突观的李峻石，在族群概念界定上比较赞成巴斯的观点，他认为"族群性意味着，某一族群的成员意识到自己属于该族群，而且确信别人属于其他族群"[2]；结构主义大师列维－斯特劳斯在族群关系研究领域很早就探讨多族群间文化的差异性，他指出"真正的文化贡献并不在于一份特殊的发明一览表，而在于文化之间的'区别性差距'，别的文化不同于他文化，而且以最不同的方式表现出来"[3]；著名汉学家王斯福也强调边界对认同的影响力，他认为"通过边界，获得表征和认同能力，但它并不是指分开或者划定边界的事实，而是连接着两面"[4]；中根千枝基于汉藏互动的具体个案研究来讨论族群间身份认同和边界的问题，他指出"在汉藏密切接触的边缘地带，通过族际通婚，汉人家庭藏化，藏人在一定程度上吸收了汉文化，表面很难说是藏人还是汉人，但是他们对

---

[1] 〔英〕埃德蒙·R.利奇：《缅甸高地诸政治体系——对克钦社会结构的一项研究》，杨春宇、周歆红译，商务印书馆，2010。

[2] 〔德〕李峻石：《何故为敌——族群与宗教冲突论纲》，吴秀杰译，社会科学文献出版社，2017，第161页。

[3] 〔法〕克洛德·列维－斯特劳斯：《种族与历史·种族与文化》，于秀英译，中国人民大学出版社，2006，第57～58页。

[4] 〔英〕王斯福：《帝国的隐喻：中国民间宗教》，赵旭东译，江苏人民出版社，2008，第18页。

自己的身份认同很清楚"①，这一点在本研究的前期田野中也得到了证实，在中型和大型的梯田灌溉社会中，这种文化趋同、族群认同的现象在水平生态位上氏羌系统后裔的彝族和哈尼族密切接触地带中表现得尤为清晰；此外，那些热衷于研究"边缘"与"中心"的学者们也重视边界的问题，王明珂指出在"边缘地带更能观察到文化内涵和族群特征"②；而郭建勋则认为在边缘地带，族际交往呈现动态复杂的一面，文化与身份并不具有共同的边界。

本研究所要讨论的梯田灌溉社会也是一个多族群社会，不同的梯田农耕族群在大致接近的生态位里，在共同的生计空间下，构成了一个梯田灌溉社会实体，但是族群间的文化边界，甚至是物理边界③是明确的，要讨论梯田灌溉社会中族群互动及互动中的"和谐"文化机制，就绕不开族群的边界问题。综上所述，用族群边界论来理解梯田灌溉社会中的族群关系，至少能提供三点启示：一是在水和土地等自然资源配置权的竞争中，梯田稻作族群在历史上进行"他我之别"的差别化表述，对维持族群边界和平衡资源配置关系具有何种意义；二是稻作农业生产中，多族群之间基于劳动力交换等活动所形成的社会网络对族际互动关系的功能意义；三是梯田灌溉社会中的各个族群在生产生活和社会结构上的差异，以及其非宗族制的社会组织结构特征是显性的，而以父系继嗣为特征的土地（梯田）继承制是怎样在各个族群社会内部继替并影响着族际交往活动、灌溉活动的，却值得深入探讨。

2. 新族群/资源冲突理论及其启示

族群冲突理论与以巴斯为代表的族群竞争/边界理论有着千丝万缕的关联。自成系统的族群冲突理论又有传统与现代的区分，

---

① 〔日〕中根千枝：《中国与印度：从人类学视角来看文化边陲》，马戎译，《北京大学学报》（哲学社会科学版）2007 年第 2 期。

② 王明珂：《华夏边缘：历史记忆与族群认同》，社会科学文献出版社，2006，第 45 页。

③ 梯田核心区里的村寨通常与族群单位重合，即便有极少数两种以上族群杂居的村寨，其内部不同族群的文化边界也是明确的。

传统冲突理论中族群冲突的原因是多种多样的，人类学意义上，以李峻石为代表的新冲突理论则将族群冲突归结到资源配置权的竞争上。

传统冲突理论对族群冲突的理解是单线程的，更多地将冲突理解为不同文化持有群体之间的文化差异导致冲突，并且认为冲突一定威胁或破坏族群关系和谐及其良性发展。政治学最关注这种差异导致的冲突问题，美国政治学家查母·卡夫曼将族群冲突定义为"自认为拥有独特的文化传统的群体之间的争端"①。关于冲突的原因，政治学、社会学和人类学领域学者都有广泛的讨论，较著名的有美国政治学家塞缪尔·亨廷顿的"文明冲突论"，在他看来，冷战以后的"新世界里，最普遍最重要和危险的冲突不是社会阶级之间、富人和穷人之间，或其他以经济来划分的集团之间的冲突，而是属于不同文化实体的人民之间的冲突"②；虽然亨廷顿的"文明冲突论"影响较广泛并且在各个学科引发大范围讨论，但是较早对冲突原因进行界定的不是他，罗道尔夫·斯塔文哈根认为"族群冲突"的范围非常广泛，"通常情况下族群冲突包括利益的冲突或者权利的斗争，这些权利包括土地、教育、使用语言、政治代表、宗教信仰自由，保持族群认同、自治或自决的权利"③；迈克尔·E. 布朗等人关于族群冲突的分析在传统冲突理论中也具有代表性，他认为"结构性因素、政治因素、经济/社会因素、文化/认知因素"④ 是构成冲突的四组主要因素，每组因素下面又能够派生出若干要素。当然，政治学意义上的族群冲突理论，往往是在地缘、民族与国家的范畴讨论问题，比如他们指出

---

① Chaim Kaufmann, "Possible and Impossible Solutions to Ethnic Civil Wars," *International Security* 20 (1996): 138.

② 〔美〕塞缪尔·亨廷顿：《文明的冲突与世界秩序的重建》（修订版），周琪、刘绯、张立平、王圆译，新华出版社，2010，第6页。

③ Rodolfo Stavenhagen, *The Ethnic Question: Conflicts, Development, and Human Rights* (New York: United Nations University Press, 1990), p. 77.

④ Michael E. Brown, *The International Dimensions of Internal Conflict* (Cambridge: The MIT Press, 1996), pp. 13 – 22.

"一个实力较弱的国家不能确保单个群体的安全，族群就会自己给自己提供保护"，"在一个充满不安全的体系里，单个群体必须自己提供防卫，而且还要担心来自其他群体的威胁"①。传统冲突理论虽然是单线程的，被视为"不和谐"的影响因子，但是学者也不否认冲突可以在有效的制度设计中被避免，尤其是在经济领域内，有学者认为"好的制度可以缓和族群冲突，可以降低一个特定的族群对发展的破坏性，制度品质与族群多样性之间相互作用，共同影响族群冲突"②。可以说，传统冲突理论更多地关注大范围的区域、国家之间持不同文化的民族、种族之间的冲突，亨廷顿则将前人关于冲突原因的论述聚焦到了文化/文明冲突的层面上。

新族群冲突理论是从民族学/人类学意义上展开讨论的，在李峻石提出资源配置权问题产生的族群冲突理论之前，巴斯等族群边界论者就提出过族群竞争理论，族群边界论所讨论的竞争与冲突之间存在这样一种关联，"族群竞争会导致族群冲突；冲突发生在两个互动的族群之间，而不是发生在两个分离的族群之间；冲突会随着竞争的增加而增加"③，族群边界论者的竞争理论中族群竞争的内容既包括非常传统的生存资源，也包括非常现代的物质资源，还包括权力和政治资源，并认为一些民族、社会、政治运动实质就是因竞争而导致的冲突。而以德国著名民族学家李峻石为代表的新族群冲突理论就开门见山地指出"当今世界，族群与宗教层面的冲突并非冲突发生的主要原因"，也即，冷战思维影响下的"文化/文明冲突"视角在族群关系研究中未必完全具有解释力。新族群冲突理论的族群、族群性的定义显然是受到了族群边界论的影响，该理论认为：族群具有社会建构性，民族也未必是

---

① Barry R. Posen, "The Security Dilemma and Ethnic Conflict," in Michael E. Brown ed., *Ethnic Conflict and International Security* (New Jersey: Princeton University Press, 1993), pp. 104 – 111.

② William Easterly, "Can Institutions Resolve Ethnic Conflict?" *Economic Development and Cultural Change*, 49, 4 (2001): 687 – 706.

③ 陈纪：《西方族群关系研究的相关理论综述》，《湖北民族学院学报》（哲学社会科学版）2014 年第 1 期。

自然天成的社会实体，"族群成员对自身族群的界定需要以其他族群为对比参照，而其他族群的成员也会以同样的方式来界定他们自身，所以不可能出现一个包含全部人类的族群"，在这个基础上，族群性则意味着"某一族群的成员意识到自己属于该族群，而且确信别人属于其他族群"①。宗教的边界有延展性，宗教本身是政治斗争的工具而非冲突的直接原因。

应该说，这一系列概念的界定，在理论上并没有突破巴斯族群边界论的基本框架，而新族群冲突理论在理论上的进一步贡献则在于，它超越了传统的"文化/文明冲突"理论，基于非洲的实证研究指出"文化上的同质性远不足以保证人们的和平共处"②，从而明确提出了资源冲突论，但是，从资源竞争到产生冲突，中间还存在一个"敌意"问题，即冲突的基本前提是族群社会外部性与内部性综合作用叠加所形成的"敌意"，因此，在一个多族群社会"差异会造成敌意（进而引发冲突），差异也会导致融合"③。在笔者看来，这是一个非常精辟的理论视点，因为大多数可见的和谐都是冲突双方或多方达成某种妥协或平衡的结果。在《何故为敌——族群与宗教冲突论纲》一书中，作者提到一个非常有意思的生态学模型④和个案，在作者引述的那个个案中，两个非洲族群在非常同质的资源基础上实现了和平共处，尽管竞争模型也隐约可见，其原因就在于两个族群"之间有规范冲突的机制，双方各自限制自己的利益并达成妥协"，因而"曾经发生过暴力冲突，但很少达到极端化的水准"⑤，论述到这里，新族群/资源冲突理论

① 〔德〕李峻石：《何故为敌——族群与宗教冲突论纲》，吴秀杰译，社会科学文献出版社，2017，第161页。
② 〔德〕李峻石：《何故为敌——族群与宗教冲突论纲》，吴秀杰译，社会科学文献出版社，2017，第9页。
③ 〔德〕李峻石：《何故为敌——族群与宗教冲突论纲》，吴秀杰译，社会科学文献出版社，2017，第19页。
④ 该模型的大致意思是，共享同样资源基础的生物物种无法共存。
⑤ 〔德〕李峻石：《何故为敌——族群与宗教冲突论纲》，吴秀杰译，社会科学文献出版社，2017，第20页。

的启发意义就不言而喻了。

应该说，与传统的"文化/文明冲突"理论相比，新族群/资源冲突理论对研究梯田灌溉社会中的族群关系的理论意义要大得多，该理论至少为梯田灌溉社会中的族群关系研究提供了如下几点启示：第一，在一个多族群且资源基础部分相同①的社会里，族群多元化、文化差异化本身不必然引发冲突，族群之间甚至会基于资源配置而生发出一些"和解"或一致的文化机制（这就是我们下文中要讨论的秩序问题）；第二，梯田灌溉社会中，在人口数量大大少于今天的历史阶段，资源竞争会显得不那么激烈，因此一个和谐的梯田灌溉社会具有持续性，而人口数量倍增的今天，传统资源的"稀缺性"增强也意味着新的社会风险出现的潜在可能性；第三，梯田灌溉社会族群关系的外部性影响问题，即随着"自上而下"的国家权力的深度进入"行政管理单元沿着族群的界线细化"，除传统边界外，梯田灌溉社会中的各族群有了新边界，基于资源配置权的"敌意"也成为潜在的可能。

（三）社会秩序与梯田灌溉社会秩序研究的几个面向述评

1. 西方多学科背景下关于秩序的一些讨论

在西方社会，关于秩序的讨论应该是一个社会学范畴的议题，最早可以追溯到哲学层面的讨论，当然，法学层面上对秩序的讨论更加广泛并且深刻。每个学科关于秩序的讨论都是基于秩序的一个切面来展开的，而社会学意义上的秩序应该是人类学秩序的雏形。古往今来，任何时代都有关于秩序的讨论，但是西方工业社会扩张的时代所产生的社会巨变是最剧烈的，所引发的社会变迁也是最大的，这个时代所讨论的秩序就往往与冲突相关联，与古希腊、古罗马时代所漫谈的那些充满哲学和法理意味的秩序不同，"圣西门无疑就是工业社会初期最早认识到新秩序出现的人物之一"。②

---

① 如梯田灌溉社会中的水、梯田（土地）资源等。
② 〔美〕兰德尔·柯林斯、迈克尔·马科夫斯基：《发现社会——西方社会学思想述评》（第八版），李霞译，商务印书馆，2014，第36页。

圣西门甚至在他的社会理论体系中预设了他理想中的新的秩序的运作过程，基于这些假设，后来的圣西门主义者甚至在巴黎城外建立了"乌托邦社区"以期每个人都可以为公共利益而工作。与研究秩序的社会静力学不同，孔德提出的社会动力学概念基于他的社会整体观的思想，孔德的社会动力学更加关注社会的变迁和社会进步，这种思想认为：任何地方的社会变迁都要经历相同的序列；一个社会的各种因素都是共同变化的。在今天看来，这种思想有机械的单线进化论的意味，但在当时的认知领域内比静态理解社会和秩序更进了一步，孔德在这方面的贡献在于他明确了"社会是一个有机体，但它同时在某些方面不像有机体。它既内在和谐也内在地充斥着冲突"①。在某种意义上说，秩序就是"冲突"通往"和谐"之路上达成的某种"一致性"。孔德进一步阐释了这种"一致性"，为现代功能主义提供了某种根源，他的社会整体观认为社会由各组成部分共同装配而成，各部分之间互相依存，缺一不可，那么这个社会的和谐就建立在"一致同意"的基础上，这一点对我们理解多族群梯田灌溉社会中的秩序问题有较大启发。

近现代西方社会学对秩序的研究对人类学/民族学也有较大的启示意义。涂尔干认为"要治愈失范状态，就必须首先建立一个群体，然后建立一套我们现在所匮乏的规范体系"②，这种规范体系实质上也是各个群体"一致同意"的秩序；吉登斯在现代性中理解传统与秩序问题，认为"破除传统是指一种传统在其中发生了地位变化的社会秩序"③。在吉登斯看来，社会再生产过程中要涉及规则和资源两种要素，规则主要指行动者在行动时所依赖的

---

① 〔美〕兰德尔·柯林斯、迈克尔·马科夫斯基：《发现社会——西方社会学思想述评》（第八版），李霞译，商务印书馆，2014，第 46 页。

② 〔法〕埃米尔·涂尔干：《社会分工论》，渠敬东译，生活·读书·新知三联书店，2017，第 17 页。

③ 〔德〕乌尔里希·贝克、〔英〕安东尼·吉登斯、〔英〕斯科特·拉什：《自反性现代化：现代社会秩序中的政治、传统与美学》，赵文书译，商务印书馆，2014，第 1 页。

各种正式制度、非正式制度以及有意义的符号（我们将之理解为秩序）；资源可以划分为权威性资源和配置性资源（权威性资源常指行动者所拥有或追求的权威、社会资本等，配置性资源则是指各种物质实体性资源）。应该说，吉登斯清楚地看到了一个社会结构内部资源配置与配置规则（秩序）之关联的重要性。

自社会学之后，关于秩序的研究，各个学科都试图从不同的层面去理解。马赛尔·莫斯认为，秩序不同的社会群体为了和平的愿望而通过协商达成某种联盟，"人类社会各群体正是基于理智与情感，和平的愿望与瞬间失去理智的对立，通过协商而成功地用结盟、馈赠和贸易来取代战争、孤立和故步自封"①。人类学意义上的秩序研究也是多元的，而且非常重视不同民族、族群之间的秩序问题，"无论是不同民族的宗教信仰还是现代物理学或化学，在涉及宇宙哲学时，秩序都是核心问题"②；格尔兹认为"与世界观相联系的秩序在纵向上包含了群体、社会和宇宙关系，横向上包含了一个特定群体对世界的看法"③；族群边界论并没有深入地讨论秩序的问题，但是巴斯注意到了族群内部标准化问题，他认为"族群内部的差异通常必须被标准化，族群中每一个成员的身份丛或社会人必须高度模式化，从而使族群间的互动能以族群的身份为基础"④，族群内部的标准化实质就是秩序问题，在巴斯看来，内部达成标准的一致性是多族群社会中族群互动行为开展的基础；而新族群/资源冲突理论则更关注多族群社会族际的"规范"问题，并将这种调解差异性的规范理解为秩序，李峻石注意到"在一个跨族群的体系中，经由族群间的差异，存在着一种

① 〔法〕马赛尔·莫斯：《论馈赠——传统社会的交换形式及其功能》，卢汇译，中央民族大学出版社，2002，第 15 页。
② 〔美〕麦克尔·赫兹菲尔德：《什么是人类常识：社会和文化领域中的人类学理论实践》，刘珩、石毅、李昌银等译，华夏出版社，2005，第 219 页。
③ 〔英〕奈杰尔·拉波特、乔安娜·奥弗林：《社会文化人类学的关键概念》，鲍雯妍、张亚辉译，华夏出版社，2005，第 345 页。
④ 〔挪威〕弗雷德里克·巴斯主编《族群与边界——文化差异下的社会组织》，李丽琴译，马成俊校，商务印书馆，2014，第 10 页。

规范功能",在他看来,即便是在一个族群间存在"敌意"的社会体系中,不同的族群"彼此可以找到在社会中的位置,有一个由代表主导秩序和从属秩序的象征符号所组成的大文化,有足以划定界线的标记"。① 应该说,新族群/资源冲突理论中,冲突的焦点是围绕资源展开的,再回到上文讨论的问题,新族群/资源冲突理论视域中的多族群社会,面对资源尤其是"基础部分相同"的资源,冲突是不能完全避免的,但是为了维持多族群社会系统的平衡,各族群之间就会存在一系列规范冲突甚至是避免冲突的机制,这就是我们所理解的秩序。综合来讲,族群边界论关注到了多族群社会中族群内部的秩序规范问题,而新族群/资源冲突理论则关注到了不同族群通过限制一部分自身利益以达成族群之间"妥协"的规范性秩序问题。

综上所述,至少应该从以下几个层面来理解梯田灌溉社会的秩序逻辑:其一,应该从社会整体观的角度来理解梯田灌溉社会中多族群和谐共处的秩序基础;其二,梯田灌溉社会中的和谐基于多族群的"一致同意",基于各梯田稻作族群共同的逻辑、共享的观察;其三,灌溉社会中各族群围绕水和土地等资源展开配置活动时,各族群内部有规范的组织秩序,各族群之间又形成了一个统一(基于每个族群让渡一部分利益,达成一定的妥协与平衡而产生的,用以规范冲突、避免冲突)的秩序逻辑,这种秩序在灌溉活动中有规范意义,是所有梯田农耕族群一致遵循的组织原则。

2. 国内关于水利和灌溉社会秩序的研究

古代中国社会很早就关注到了社会秩序的问题,可以说"追求秩序稳定,并非中国独有,而是文化通像,存在于所有人类社会之中"②。与魏特夫的治水社会东方集权专制主义下宏大的秩序分层逻辑不同,中国学界在水利或灌溉社会中讨论秩序问题相对

---

① 〔德〕李峻石:《何故为敌——族群与宗教冲突论纲》,吴秀杰译,社会科学文献出版社,2017,第20页。
② 张德胜:《儒家伦理与社会秩序——社会学的诠释》,上海人民出版社,2008,第111页。

较中观，或是从更微观的个案层面展开讨论，关注汉人水利秩序问题的内容较多，往往是从地方民间传统村规民约、民族民间习惯法的层面切入，遍及法学、历史学、社会学、民族学、人类学等多种学科。

有从"国家权力与民间秩序"二元互动的视野中来考察民间秩序问题的，如杨国安在《国家权力与民间秩序：多元视野下的明清两湖乡村社会史研究》① 一书中从国家视野出发，探讨了特定历史阶段，国家控制和治理乡村社会的背景下，乡村水利社会的自我管理与民间秩序的建构问题。该书以历史研究方法，立足于鄂东南地区移民、宗族与地域秩序的构建，探讨了两湖地区堰塘、堤坝中的水利纠纷与水秩序，同时梳理了明清时期保甲、团练与乡村控制体系的变迁。虽然是基于汉人水利社会士绅阶层控制的民间水资源秩序研究，但是对本研究也有一定的启示意义；柴玲②以晋南农村一个扬水站区域社会为例，结合社区研究与文献研究的方法，探讨一个世纪以来现代国家建设过程中国家权力与地方道德互动所形成的水资源利用秩序及其变迁；王德福③从国家与基层组织关系的视角来探讨乡村水利治理，认为当下乡村水利治理的困境由国家缺位和基层组织弱化造成，针对这个问题，国家应积极介入乡村水利治理，着力重塑基层组织的行动能力和相应的水利治理秩序规范；廖艳彬④以赣江中游地区为中心，讨论了明清地方水利建设管理中的国家干预，并指出传统国家政权控制地方社会秩序的理念在水利领域得到了体现。

水利史研究学者在水资源与水秩序问题方面给予了较多的关

---

① 杨国安：《国家权力与民间秩序：多元视野下的明清两湖乡村社会史研究》，武汉大学出版社，2012。
② 柴玲：《水资源利用的权力、道德与秩序——对晋南农村一个扬水站的研究》，博士学位论文，中央民族大学，2010。
③ 王德福：《国家与基层组织关系视角的乡村水利治理》，《重庆社会科学》2012年第7期。
④ 廖艳彬：《明清赣江中游地区水利建设特点探析》，《农业考古》2012年第3期。

注，尤其是对明清时期地方的水资源利用与管理、水权与纠纷、国家与地方水资源控制的共构问题等的研究，成果十分丰富。较典型的是张俊峰在《水利社会的类型——明清以来洪洞水利与乡村社会变迁》一书中探讨的明清以来山西洪洞县水资源三种开发类型中的不同冲突和秩序调整问题，该研究的突出贡献在于将类型学的研究方法与水利社会史相结合，在一个水利生态空间内探讨不同用水社会的秩序与规范问题;[①] 同样基于类型学的比较研究，罗兴佐、李育珍对关中和荆门的区域、村庄和水利进行了比较研究，指出不同类型的区域和村庄之内的水利行动单位的行动逻辑、秩序规范之间存在差异性;[②] 水利史研究范式指导下，钞晓鸿基于清代关中中部的相关历史文献的分析，探讨了灌溉、环境与水利共同体[③]的关系，并指出水利组织包括水利共同体的变化，其背后存在一些根本性的机制问题，各渠道用水逻辑上的均衡性与上下游渠道区位上的差异性，以及水利共同体的内外部因素都会影响到水利社会的秩序和规范问题;[④] 梁聪基于文斗苗寨的契约文化，从民族习惯法层面研究了清水江下游村寨社会的契约规范与秩序。[⑤] 关于明清时期中国民间契约文书的研究有非常深厚的历史渊源，日本学者也做过大量的相关研究，研究范畴不仅包括水系河湖地区的契约规范，还包括土地物权等的契约规范。

地域型水秩序研究的成果层出不穷。两湖地区是国内水利社会秩序研究的主要聚焦区，吴雪梅[⑥]以明清时期两湖地区为考察对

---

① 张俊峰：《水利社会的类型——明清以来洪洞水利与乡村社会变迁》，北京大学出版社，2012。
② 罗兴佐、李育珍：《区域、村庄与水利——关中与荆门比较》，《社会主义研究》2005 年第 3 期。
③ "水利共同体"是以森田明为代表的日本明清研究学者提出的概念。
④ 钞晓鸿：《灌溉、环境与水利共同体——基于清代关中中部的分析》，《中国社会科学》2006 年第 4 期。
⑤ 梁聪：《清代清水江下游村寨社会的契约规范与秩序——以文斗苗寨契约文书为中心的研究》，人民出版社，2008。
⑥ 吴雪梅：《多中心乡村社会秩序的建构——以明清时期两湖地区为考察对象》，《华中师范大学学报》（人文社会科学版）2012 年第 6 期。

象，讨论了多中心乡村社会秩序的建构；舒瑜[①]讨论了鄂西南清江流域发展中的"双重脱嵌"问题，指出清代以来鄂西南清江流域形成了社会网络与超区域体系密切衔接的流域社会，但随着传统船工组织的解散和流域社会的瓦解，清江流域的传统社会组织秩序也面临解构的问题；晋陕地区是另一个研究侧重点，韩茂莉[②]探讨了近代山陕地区基层水利管理体系，认为山陕地区是中国历史上发展水利灌溉最早的地区之一，并指出乡绅、大户结成具有渠长人选资格的水权控制圈在水利管理中起着重要秩序规范作用；曹勇[③]讨论了1930~1949年泾惠渠与关中水利社会的关系，其中有章节专门讨论了历史上泾惠渠管理体制在相关法规的制定和管理制度的变迁方面的问题，这些制度甚至借用了同时代的西方水秩序规范内容。也不乏在一个历史时段中讨论某一河流或水系的用水秩序问题的研究。程森讨论了元以来沁河下游地区用水秩序与社会互动中所形成的"自下而上的秩序"，该研究指出"从元代开始，沁河下游地区数县之间形成了一种'自下而上'的用水秩序，即最先由下游县灌溉，之后依次而上直至最上游县。各县用水的量以时间来计算，按照最初开渠时各县所提供劳力和财力的多寡来分配"[④]。他进一步指出，这种空间秩序同时也是一种社会互动秩序，首先在民间得到表达，最后得到官方支持，进而影响到了县际关系。该研究是基于汉人社会民间用水秩序讨论的典范，讨论平面上一条水系所串联的社会互动关系，对我们讨论梯田灌溉社会中的纵向水系所串联的多族群活动关系有较多启发意义。

也有部分学者关注到了少数民族地区水资源配置的传统知识

---

① 舒瑜：《山水的"命运"——鄂西南清江流域发展中的"双重脱嵌"》，《社会发展研究》2015年第4期。

② 韩茂莉：《近代山陕地区基层水利管理体系探析》，《中国经济史研究》2006年第1期。

③ 曹勇：《泾惠渠与关中水利社会（1930~1949）》，硕士学位论文，陕西师范大学，2011。

④ 程森：《自下而上：元以来沁河下游地区之用水秩序与社会互动》，《中国历史地理论丛》2013年第1期。

与地方秩序问题；郑晓云基于云南少数民族水文化研究，讨论了少数民族水文化，尤其是水文化中的制度性规范、秩序伦理对当代水环境保护、平衡人与自然和谐等具有重要价值意义，他认为"由水的观念、使用与保护水的习俗、制度、规范、宗教等构成的水文化，是当代解决水危机、营造良好的水环境、实现可持续发展的重要基础，是从源头解决水环境问题的有效手段"[①]；耿鸿江以纳西族、傣族和哈尼族的水文化及水资源配置机制为例，讨论了云南少数民族水文化的哲学意义，他认为哈尼梯田灌溉系统中"原始自然的水权配置千年来从没有引起纠纷和受到破坏，水资源持续利用到 21 世纪的今天"[②]，应该说，该论述看到了水权配置秩序与社会结构内部和谐的关联性；周大鸣、李陶红[③]以湖南通道独坡乡上岩坪寨为个案，讨论了侗寨生态与水资源的传统利用模式，指出该侗寨的河流、井、鱼塘、消防渠、稻田等，共同构成了水资源的活性系统，并进一步论证侗寨水资源的合理利用达成的社会和谐模式基于当地少数民族的集体水资源秩序；卢勇[④]专门讨论了民国时期广西水利在边疆社会稳定与发展中的作用，该研究以水利为载体，重点考察政府力量在水利中的行政作为及相应的秩序规范，透视了水利在边疆社会稳定与发展中的保险作用；黄龙光、杨晖[⑤]基于社会变迁视域，讨论了云南少数民族传统水文化变迁中的问题，认为云南少数民族传统水文化是一个整体的水文化生态共同体，研究少数民族水技术与水制度等内在的秩序逻辑，对边疆少数民族生态和谐社会的构建具有重要意义；管彦波以西

---

① 郑晓云：《云南少数民族的水文化与当代水环境保护》，《云南社会科学》2006年第 6 期。

② 耿鸿江：《云南少数民族水文化的哲学意义》，《中国水利》2006 年第 5 期。

③ 周大鸣、李陶红：《侗寨水资源与当地文化——以湖南通道独坡乡上岩坪寨为例》，《广西民族研究》2015 年第 4 期。

④ 卢勇：《民国时期广西水利在边疆社会稳定与发展中的作用——中国特色"保险"事业的历史解读》，硕士学位论文，广西师范大学，2007。

⑤ 黄龙光、杨晖：《论社会变迁视域下云南少数民族传统水文化的变迁》，《学术探索》2016 年第 5 期。

南民族村落饮水井为研究对象，讨论了村落社会与生态伦理之间的关联，他认为，"对于传统的乡土社会而言，水井既是一种微型的水利设施，也是一种典型的文化器物"，并指出"在西南民族地区社会文化的转型与变迁中，透视水井这种看似简单的物象，重点应该考察的是水井对围聚村落空间和构建社会秩序的作用，以及水井所蕴含的兼具生态与人文的丰富内涵"①，该文章虽未直接讨论西南村落社会围绕饮水井这一公共物象所引发的族群关系，但是已经注意到了规范村落秩序的"民间法"，以及水井与村落社会秩序建构的关系；张莉、童绍玉讨论了元阳哈尼族梯田水文化传统的变迁问题，分析了元阳哈尼梯田水文化中森林资源分区管理、水神祭祀活动、护林员制度、冲肥入田法、沟渠系统、沟长制、分水制和偷水惩罚制八项内容的传统和变迁过程，认为"哈尼族梯田水文化传统及其社会、经济基础已发生了重大变化，哈尼梯田水文化的保护和开发面临经济发展和生产、生活方式现代化转型的压力"②；王云娜等讨论了云南少数民族传统文化对水资源管理的影响，认为哈尼梯田水利灌溉系统和相应民间制度规范，折射了云南少数民族的水生态文明，并认为"少数民族传统生态文化不仅对现代水资源管理具有重要的借鉴意义，而且对加强我国水资源的保护和管理，促进水资源的可持续发展也具有重大的影响"③。这些研究总体上注意到了地方水秩序经验系统对国家水资源保护与管理规范秩序的贡献意义。

　　近期的相关研究成果方面：刘思以四川省新都区常乐堰治理的历史为个案，讨论了农村水利"官引民办"的形成及其内在横向治理机制，这种横向治理机制的内在秩序逻辑可以理解为，国

---

① 管彦波：《饮水井：村落社会与生态伦理——以西南民族村落水井为例》，《青海民族研究》2013年第2期。
② 张莉、童绍玉：《云南省元阳哈尼族梯田水文化：传统与变迁》，《楚雄师范学院学报》2014年第4期。
③ 王云娜、马翡玉、田东林：《云南少数民族传统文化对水资源管理的影响研究》，《云南农业大学学报》（社会科学版）2012年第5期。

家通过构建灌区不同村落、农户之间的权威关系、权责关系及秩序关系，使原本缺乏横向联结、难以合作的跨村落农户有机地整合起来，实现了大型公共水利的有效自主治理，避免了国家自上而下的"包办"；① 晏俊杰基于重庆河村的形态调查，讨论了田间过水治理的民间协商性秩序，并指出，地位平等且相互依赖的农户通过协商的方式能够实现有序灌溉，此外，他强调了传统地方性水资源利用知识对全体村民的约束力，而当地民间过水实践的基本秩序原则还具有可协商性，因而协商出来的过水秩序更具弹性；② 傅熠华以重庆祝村水井治理为个案，讨论了公共水井的产权形态及其合作治理机制问题，认为"有－用分置"治理机制的核心是在占有权、使用权两种财产权利分置的基础上，通过不同权利拥有者之间的协调合作来实现治理，因而也是一种协商性水秩序；③ 史亚峰基于洞庭湖区湖村的调查，探讨了基层多单元水利治理的内在机制，并提出了自主性治水机制，认为自主性治水建立在自愿性和协作性基础之上，人们通过自我组织，在不同层级的水利单元完成不同的水利管理活动，在外部介入较少的情况下维系自主性治水机制。④ 这些在农业区域社会中集中讨论多主体共同用水的协商性秩序的文章，包含现代产权意识和物权思想，对我们研究梯田灌溉社会中水秩序的现代变迁具有重要启示意义。

（四）国内讨论梯田核心区水文化生态和秩序规范等相关问题的研究述评

有关红河哈尼梯田的讨论可溯及 20 世纪 80 年代甚至更早的时段，对红河哈尼梯田核心区域的早期研究，多集中于哈尼族族源

---

① 刘思：《横向治理：农村水利"官引民办"的形成及其内在机制——以四川省新都区常乐堰治理的历史个案为例》，《学习与探索》2017 年第 11 期。
② 晏俊杰：《协商性秩序：田间过水的治理及机制研究——基于重庆河村的形态调查》，《学习与探索》2017 年第 11 期。
③ 傅熠华：《有一用分置：公共水井的产权形态及其合作治理——以重庆祝村水井治理为典型》，《学习与探索》2017 年第 11 期。
④ 史亚峰：《自主性治水：基层多单元水利治理的内在机制研究——基于洞庭湖区湖村的深度调查》，《学习与探索》2017 年第 11 期。

与迁徙、文化与史诗、民俗与民间宗教、梯田文化等几个主题上，史军超、毛佑全、王清华等学者在相关领域产出了数量与质量并举的一批代表性学术作品。① 之后在哈尼梯田申遗的漫长历程中，学者们的讨论也逐渐转向梯田的申遗与保护、资源开发与族群发展问题上来，相关研究逐渐具象化、专题化。基于学科性质及本研究取向等要旨，以下主要梳理哈尼梯田核心区多族群用水秩序的相关问题。

1. 对梯田核心区水资源生态循环系统的讨论

李子贤讨论了红河流域哈尼族水神话传说与梯田稻作文化之间的关系，从哈尼族创世神话中关于"水族"与水的相关论述开始，通过对哈尼族宗教民俗中的水崇拜的诸多现象进行分析，认为"水及水族均在各类神话中占有主导地位，水族创世成了一个鲜明的主题。在哈尼族的宗教民俗中，水神占有特殊地位，鱼、贝、螺等水族佩饰物成了重要的民俗信仰"②，阐述了水在哈尼族生产生活方方面面中的重要性；王清华是较早对红河哈尼梯田核心区域展开系统性调查研究的学者之一，他在研究哀牢山自然生态与哈尼族生存空间格局时，注意到了水对梯田农业生产的重要

---

① 囿于篇幅，在此不将前人成果一一罗列，仅在各项分类中列举部分学术作品。①族源、迁徙与文化史诗类。如史军超：《读哈尼族迁徙史诗断想》，《思想战线》1985 年第 6 期；史军超：《哈尼族与"氐羌系统"》，《民族文化》1987 年第 5 期；王清华：《哈尼族的迁徙与社会发展——哈尼族迁徙史诗研究》，《云南社会科学》1995 年第 5 期；毛佑全：《哈尼族原始族称、族源及其迁徙活动探析》，《云南社会科学》1989 年第 5 期。②民俗与民间宗教类。如毛佑全：《哈尼族的神灵类型》，《西南民族学院学报》（哲学社会科学版）1990 年第 2 期；王清华：《哈尼族社会中的摩匹》，《学术探索》2008 年第 6 期；罗丹、马翀炜：《哈尼迁徙史的灾害叙事研究》，《西南边疆民族研究》2018 年第 2 期。③梯田文化类。如王清华：《云南亚热带山区哈尼族的梯田文化》，《农业考古》1991 年第 3 期；王清华：《梯田文化论——哈尼族生态农业》，云南人民出版社，2010；王清华、史军超：《云海中的奇婚女性》，云南教育出版社，1995；史军超：《中国湿地经典——红河哈尼梯田》，《云南民族大学学报》（哲学社会科学版）2004 年第 5 期；史军超：《红河哈尼梯田：申遗中保护与发展的困惑》，《学术探索》2009 年第 3 期。

② 李子贤：《红河流域哈尼族神话与梯田稻作文化》，《思想战线》1996 年第 3 期。

性，"在亚热带哀牢山区哈尼族的梯田农业中，水以奇特的方式贯穿于农业生态循环系统中"[1]；郑晓云深度分析了红河流域少数民族的水文化与农业文明，剖析了红河流域农业文明发展的三个阶段中水的重要性、梯田灌溉系统中水资源的利用历史，以及水资源分配与管理的相关问题，指出"庞大的灌溉系统是红河流域梯田农业的基石，也是红河流域农业文明的重要标志。千百年来红河流域各民族人民依据当地的自然环境特征，构筑了一个自然环境、人居、梯田三位一体的生存系统"[2]，认为该生态系统保障了梯田农耕文化系统的持续性；马翀炜、王永峰基于生态人类学的研究方法分析了哀牢山区哈尼族鱼塘的生态系统，指出"水是构筑和连接森林-鱼塘-村寨-梯田-河流这一整个文化生态系统的重要物质载体"，并认为"丰富的水源是整个哈尼梯田生态系统得以成立的最为重要的基础"[3]；王龙等将哈尼梯田水文化归纳为"水资源高效利用、水资源保护意识和科学合理的灌区规划与管理"，简要地概述了哈尼梯田的灌溉体系、沟渠系统以及民间分水管水机制，并提出"充分论证和研究梯田灌区建设对梯田水文化的影响，加大力度系统研究哈尼梯田文化区所蕴含的民族水文化的保护策略"[4]；曾豪杰基于哈尼族的水资源管理经验分析了哈尼族和谐水文化，注意到了梯田水资源分配过程中的协商性秩序问题；[5]白葆莉、冯昆思在分析哈尼族生态伦理思想及其现代价值时，注意到了民间木刻/石刻分水机制是哈尼梯田生态文化系统中的重要

---

[1] 王清华：《哀牢山自然生态与哈尼族生存空间格局》，《云南社会科学》1998年第2期。

[2] 郑晓云：《红河流域少数民族的水文化与农业文明》，《云南社会科学》2004年第6期。

[3] 马翀炜、王永锋：《哀牢山区哈尼族鱼塘的生态人类学分析——以元阳县全福庄为例》，《西南边疆民族研究》2012年第1期。

[4] 王龙、王琳、杨保华、李靖：《哈尼梯田水文化及其保护初步研究》，《中国农村水利水电》2007年第8期。

[5] 曾豪杰：《哈尼族和谐水文化调查与思考》，《思茅师范高等专科学校学报》2008年第1期。

组成部分;[1] 潘戎戎从传播学的角度，以哈尼梯田核心区元阳县丫多哈尼族为例，分析了哈尼族水文化的传播问题，认为"哈尼人的梯田是建造在以水为基础之上的生态农业，是对水资源充分利用的同时又顺应生态发展的典型代表。他们创造了'森林－村庄－梯田－水'四度同构的生态循环系统，连接所有元素的纽带就是水"[2]，并指出哈尼族的水文化传播过程透射了其社会结构及社会组织关系；黄绍文、关磊通过研究哈尼族梯田灌溉系统中的生态文化，指出"水是红河流域哈尼族梯田生态文化的生命'血源'，梯田灌溉系统是梯田生态文化的'血脉'。水资源的利用和管理始终贯穿于哈尼族整个生态系统中，并形成了一套完整的生态文化机制"[3]。

2. 对梯田核心区水神信仰仪式、水设施和具体文化事象展开的相关讨论

针对哈尼梯田核心区稻作族群水神信仰仪式进行专门讨论的学术研究成果相对较少，相关研究多散见于对哈尼梯田生态系统总体研究中的局部论述。郑晓云在讨论云南少数民族的水文化对当代水环境保护的价值意义时，注意到哈尼族多种支系中间普遍存在的对水的祭祀仪式，并分析了哈尼族对水井、水沟、灌溉泉水等开展宗教祭祀活动的现实意义；[4] 李婷婷从民族生态学的角度讨论了哈尼梯田缓冲区果期村的梯田祭祀仪式及其现代变迁问题，但是未将祭祀仪式与该重要区域自上而下的族群关系、社会互动秩序关联起来。[5]

---

[1] 白葆莉、冯昆思：《哈尼族生态伦理思想及其现代价值》，《红河学院学报》2007年第1期。

[2] 潘戎戎：《哈尼族水文化传播分析——以云南元阳丫多哈尼族为例》，硕士学位论文，浙江大学，2004。

[3] 黄绍文、关磊：《哈尼族梯田灌溉系统中的生态文化》，《红河学院学报》2011年第6期。

[4] 郑晓云：《云南少数民族的水文化与当代水环境保护》，《云南社会科学》2006年第6期。

[5] 李婷婷：《哈尼族梯田祭祀变迁的民族生态学研究——以元阳县果期村为例》，硕士学位论文，云南大学，2013。

对梯田核心区稻作族群生产生活中水设施、与稻作生产有关的具体文化事象的讨论，内容较丰富、细致：杨六金和王亚军专门针对哈尼族的沟渠系统开展过研究，通过梯田文化区一个村寨个案，讨论了哈尼族的沟渠文化系统，分别探讨了沟渠建造、权属问题、水资源分配的四种形式，以及围绕开沟造田活动所生成的互动秩序等；[1] 角媛梅、张家元以红河南岸哈尼梯田为研究对象，探讨了云贵川大坡度梯田形成的原因，认为哈尼梯田是当地人"利用当地的自然条件而发展起来的人地和谐共处的文化生态系统"[2]，而梯田形制得以维持的原因就在于因地制宜（因坡度不同而采取不同保水策略）的发达的梯田沟渠系统的科学性；巢译方基于民族生态学的方法，研究了哈尼梯田核心区元阳全福庄的哈尼族水井，认为水井"不仅在哈尼族'村寨－森林－水源－梯田'这样一个'四位一体'的整个和谐的生态系统中起到对水循环的中间媒介作用，并且也可以说是哈尼族文化的一个缩影"[3]，其文深入探讨了围绕水井所生成的村规民约和制度规范，从一个侧面体现了族群内部的水秩序与互动规范；围绕梯田农事生产活动具体物事的研究，视点是多元的，袁爱莉、黄绍文调查了云南哈尼族梯田的生物多样性，认为"哈尼族梯田传统的稻禽鱼共生系统和混作业的复合型经营模式是土地资源节约型生产方式的典型代表，具有多重食物链的能量循环及其抗御病虫害的生态功能"[4]，为梯田形制乃至梯田文化系统的持续性提供了重要生态保障。

上述研究存在的缺憾，多是从世界文化遗产哈尼梯田某一文化事象的某一侧面展开研究，即未能总体上把握多族群的梯田灌

---

[1]　杨六金、王亚军：《哈尼族沟渠文化研究——以红河哀牢山区座洛村为例》，《云南社会科学》2011 年第 6 期。

[2]　角媛梅、张家元：《云贵川大坡度梯田形成原因探析——以红河南岸哈尼梯田为例》，《经济地理》2000 年第 4 期。

[3]　巢译方：《云南哈尼族水井的生态人类学解读——以元阳县全福庄村为例》，硕士学位论文，云南大学，2015。

[4]　袁爱莉、黄绍文：《云南哈尼族梯田稻禽鱼共生系统与生物多样性调查》，《学术探索》2011 年第 2 期。

溉社会和谐共处的秩序基础，很少有学者从社会整体观的层面来综合考量梯田灌溉社会，从族群内部、族际、村寨内部、寨际，基于人与自然、人与人、人与空间的关系，去理解一个多族群资源共享、生境互嵌的社会空间中那些与多样性并置的共同的逻辑和共享的观察。

第三节　田野研究范畴概述

红河哈尼梯田既是一个地域概念，又是一个文化概念。地域上的哈尼梯田有广义和狭义之分。广义上的红河哈尼梯田泛指今云南省境内红河哈尼族彝族自治州江外（红河南岸）哀牢山南麓11000 平方公里区域内的元阳、绿春、金平、红河四县境内集中连片的水稻梯田，总面积约为 54700 公顷。[1] 本研究主要讨论狭义上的哈尼梯田，指列入联合国教科文组织世界文化遗产名录的哈尼梯田，即红河州元阳县境内集中连片、密度较高、地形变化较丰富的梯田景观形制，总面积约为 46100 公顷。在文化意义上，红河哈尼梯田是指以哈尼族为代表的各民族开垦和耕种的水稻梯田，以及相关的防护林、灌溉系统、民族村寨和其他自然、人文景观等构成的文化景观[2]以及一切维系哈尼梯田持续发展文化机制的总和。

本研究重点考察纳入世界文化遗产名录范围的哈尼梯田，以名录遗产中心区元阳县为基本田野点，具体田野范围包括"二区两水系两山八寨"，其中"二区"是指元阳哈尼梯田的核心区、缓冲区，各选取其中比较有代表性的村落和水系进行比较研究；"两水系"是指从哀牢山顶向红河河谷热区纵向串联多种梯田稻作民族的、位于核心区的麻栗寨河水系，以及位于梯田缓冲区的者那河水系；"两山"是指为元阳县境内梯田提供主要灌溉水源的东观

---

① 资料来源：云南省人民政府颁布实施的《红河哈尼梯田保护管理规划（2011—2030）》。

② 资料来源：云南省第十一届人大常委会第三十一次会议批准，红河州人大常委会公布实施的《云南省红河哈尼族彝族自治州哈尼梯田保护管理条例》。

音山和西观音山;"八寨"分别指梯田核心区麻栗寨河水系上、中、下游的四个不同民族村寨,梯田缓冲区者那河水系上的两个村寨,梯田核心区老虎嘴片区的两个村寨。下面围绕这些田野选项进行简要介绍。

(一) 世界文化景观遗产红河哈尼梯田核心区/缓冲区

红河哈尼梯田稻作农耕史逾千年,系有史可考,云南地区种植水稻梯田的文献记载最早可以追溯到唐代①,而明确记载红河地区水稻梯田农业的文献为清代江竻源修、罗惠恩等编的嘉庆《临安府志》②。元阳因地处红河上游元江之南而得名。元阳开发较早,历史悠久。自明洪武十五年(1382 年)起,在今元阳西部及南部(三猛)地区置纳楼茶甸长官司,隶属临安府。纳楼茶甸第九副长官司辖"三江八里"("三江"即红河、藤条江、黑江,"八里"即永顺里、乐善里、安正里、崇道里、敦厚里、复盛里、太和里、钦崇里),疆界东至交趾(越南),西至石屏云台里,南至元江直隶州,北至临安纸房铺。清代以后,曾置纳楼、纳更、稿吾、孟浓、五邦、水坛、马龙、宗瓦、五亩等九土司。民国 2 年(1913年),政府主张废除土司制度,整个民国时期,元阳分属建水、蒙自、个旧三县。1950 年 1 月,建立新民县。1950 年 9 月 20 日,改称新民办事处。1951 年 5 月 7 日,经政务院批准,新民办事处改为元阳县。③ 地处红河南岸哀牢山南段(东经 102°27′ ~ 103°13′,

① (唐)樊绰所撰《云南志·云南管内物产》(赵吕甫校释本)记:"从曲靖州已南,滇池已西,土俗惟业水田。""每耕田用三尺犁,格长丈余,两牛相去七八尺,一佃人前牵牛,一佃人持按犁辕,一佃人秉耒。蛮治山田,殊为精好。悉被城镇蛮将差蛮官遍令监守催促。如监守蛮乞酒饭者,察之,杖下捶死。每一佃人,佃疆畛连延或三十里。浇田皆用源泉,水旱无损。收刈已毕,官蛮据佃人家口数目,支给禾稻,其余悉输官。"

② (清)江竻源修、罗惠恩等纂嘉庆《临安府志》记述:"所属山多田少,土人依山麓平旷处开作田园,层层相间,远望如画。至山势峻极,蹑坎而登,有石梯蹬,名曰梯田。水远高者通以略彴,数里不绝。至高亢处待雨播种,曰雷鸣田,亦曰靠天田。"

③ 云南省元阳县志编纂委员会编纂《元阳县志》,贵州民族出版社,1990,第29 页。

北纬 22°49′~23°19′），境内沟壑连横，山高谷深，东邻金平县，南靠绿春县，西接红河县，北与建水县、个旧市、蒙自市隔红河相望。境内全为山地，无一平川，面积达 2212.32 平方公里，最高海拔 2939.6 米，最低海拔 144 米，耕地面积 37.22 万亩，人均耕地仅 0.83 亩，森林覆盖率为 44.5%。全县辖 14 个乡镇 138 个村委会（社区）1006 个自然村。世居哈尼、彝、汉、傣、苗、瑶、壮七种民族，少数民族人口占总人口的 89.2%，哈尼族人口较多，占总人口的 74%，各民族呈"大杂居、小聚居"的分布特点。境内气候属亚热带山地季风气候类型，具有"一山分四季，十里不同天"的立体气候特点。年平均气温为 24.4℃；年降雨量最高 1189.1 毫米，最低 665.7 毫米，平均 899.5 毫米。[1] 总体而言，元阳县境内的土地、气候、生态资源相对优渥，尤其是立体垂直分层的山势和江河并置的格局为哈尼梯田创造了天然的稻作灌溉条件。

元阳梯田遗产区又以景观价值、景观及地形单元完整性、景观价值延续性等为标准划分为遗产核心区及缓冲区，总面积为 46104.22 公顷，"二区"范围内梯田占地面积约为 14420 公顷，水稻梯田面积约为 11640 公顷，旱地面积约为 2780 公顷，梯田最大的海拔落差达 1380 米，级数高达 3000 级，坡度跨度大，从 15 度到 75 度均有分布。其中核心区面积为 16603.22 公顷，边界四至为东界经大瓦遮河北段中线，再沿当簸喝特山脊至龟山山脊（涉及乡镇：东沿高城村委会、大瓦遮村委会、一碗水村委会的东界，穿过爱春村委会东部）；南界沿黄新寨后山南部山脚，经过锡欧河中段中线（涉及乡镇：南沿黄兴寨村委会、保山寨村委会南界）；西界沿大田山、长头山山脊，接麻栗寨河（涉及乡镇：西沿保山寨村委会、阿勐控村委会、土锅寨村委会、水卜龙村委会的西界，穿过新街镇村委会）；北界沿麻栗寨河，再到大瓦遮河（涉及乡

---

① 《元阳县情概况》，元阳县人民政府网，http://www.hhyy.gov.cn/info/1003/5991.htm，2015 年 5 月 25 日。

镇：北沿新街镇、主鲁村委会、倮铺村委会、高城村委会北界）。缓冲区总面积为 29501 公顷，边界四至为东界经蚂蚁寨山、六呼后山、白土洞山脊至南观音山西北端；南界沿锡欧河南岸第一重山脊线，经过明子山、土老喝多的山脊；西界沿倮里河西岸第一重山脊线，经过罗么普同至北观音山；北界沿北观音山山脊线经新街镇村委会北部至城头山山脊线。缓冲区包括Ⅰ类缓冲区 13700 公顷，Ⅱ类缓冲区 15800 公顷。[①]

（二）麻栗寨河水系与者那河水系

元阳县境内以红河、藤条江两大干流为主的水系共有支流 29 条，总长 700 余公里，水资源总量为 26.9 亿立方米，地表水 20.81 亿立方米，地下水 6.09 亿立方米，可利用 1.47 亿立方米。哈尼梯田核心区及缓冲区内水量比较充沛、梯田灌溉面积覆盖较广的有汇入红河的大瓦遮河，流入藤条江的碧勐河，以及麻栗寨河、者那河、马龙河、新安所河、良心寨河、脚弄河等，河流总面积为 168.36 公顷，占遗产区总面积的 0.56%。哈尼梯田核心区内，仅新街镇就有 326 条大小河流，攀枝花乡有 124 条，Ⅰ类缓冲区牛角寨镇有 129 条。中华人民共和国成立后，政府逐渐开始在哈尼梯田区域引导民众兴修中小型的引水、灌溉工程。哈尼梯田成功申报为世界文化遗产后，梯田核心区的沟渠水网系统建设、修缮和维护力度大大加强。截至 2016 年末，仅哈尼梯田核心区内可实际利用的水沟就有 591 条，总长 445.83 公里，有效灌溉面积为 22 万亩。[②]

1. 麻栗寨河水系

麻栗寨河水系自上而下，串联了除苗瑶之外的全部梯田农耕民族，是一条立体生动活态的民族文化生态线，研究价值巨大。

---

① 资料来源：云南省人民政府颁布实施的《红河哈尼梯田保护管理规划（2011—2030）》。

② 资料来源：云南省人民政府颁布实施的《红河哈尼梯田保护管理规划（2011—2030）》。

麻栗寨河水系上游位于梯田核心区中部，东临大瓦遮梯田，西接牛角寨梯田，主要在新街镇境内，处于梯田旅游小环线上，交通通达度较好。麻栗寨梯田片区"森林－村寨－梯田－水系"四素同构的生态系统以及生物多样性体系较完备。麻栗寨河源头最大的支流来自全福庄，左岸和右岸的各个村寨和山涧都有大大小小的水系汇入，水系灌溉着片区内的6000多亩梯田。该水系的水体一直延伸到哀牢山麓河谷坝区的傣族聚居区，为干热河谷傣族聚居区提供了重要水源。

麻栗寨河上游，左右两岸的哈尼族、彝族呈"梅花间竹"的格局散布，较完整地保留着本民族传统筑居方式、传统习俗，以及围绕灌溉活动展开的民间宗教仪式。与水有关的宗教仪式通常反映在农事节令生产的祭祀活动中，如哈尼族的"普础突"① 和"波玛突"②，彝族的"咪嘎豪"③。麻栗寨河中游有一些彝族汉族杂居、彝族壮族杂居的村寨；下游主要是傣族聚落。麻栗寨河水系中下游彝族、傣族、壮族等少数民族社群中尚留存着一项集体祭祀仪式——天生桥祈雨仪式④，天生桥祈雨仪式有近300年的历史，明清时期管理南沙地区的五亩傣族掌寨⑤要求辖境内的各个民族参加祈雨仪式为其属地祈求风调雨顺、丰收和福泽。处在麻栗寨河垂直水系上"共用一个山头的水"的彝族、哈尼族、汉族等，都会参加该仪式。麻栗寨河水系不同族群之间的生产互动关系比较频繁：河谷热区的傣族也经常和半山区、山区的哈尼族、彝族、苗族等结成非血缘的建立在资源和农耕劳动力相互交换基础上的友好互动往来关系。

2. 者那河水系

据《元阳县志》记载，"者那河，发源于西观音山南，流经牛

---

① "普础突"：全村成年男子于每年农历四月，"昂玛突"之后，"波玛突"之前，在村委会所在村寨神林里祭祀某种神灵的仪式。
② "波玛突"即祭祀山神（哀牢山、观音山、五指山）。
③ "咪嘎豪"：彝语，祈求风调雨顺的仪式。
④ 南沙傣族称天生桥祈雨仪式为"摩潭"仪式。
⑤ 五亩掌寨隶属临安府，石头寨又属于五亩土司管辖的范围之一。

角寨、新街区，至南沙区入红河，长 42.5 公里。一般流量 4 立方米每秒，2 月流量 2.01 立方米每秒，河上建有 160 千瓦水电站一座"[1]。者那河位于哈尼梯田缓冲区，从高山哈尼族村寨自上而下贯穿了彝族、壮族、傣族村落，并汇入红河水系的重要灌溉河流，自上而下流淌的者那河汇聚了周边水源林流淌的大大小小沟渠河流，形成了者那河水系，与位于梯田核心区的麻栗寨河水系遥相呼应，形成本选题比较研究的重要参照系，研究价值重大。

者那河水系关联了梯田灌溉社会中包括哈尼族在内的多种民族，水系流域上的大多数少数民族村落至今保留着诸多内容不同、形式各异的丰富多元的水信仰、水文化，以及相应的民间宗教祭祀活动，多民族集体祭祀仪式在历史表述和现实生产生活中都存在，在者那河水系的源头西观音山上，每年都有以哈尼族为主的、受惠于西观音山水源灌溉的多种族群共同举行的规模巨大的集体祭祀仪式，传统民间宗教仪式超越村寨与族群边界的社会整合功能，以及农事生产活动秩序组织原则都得到了不同程度的体现。

3. "诸水之源"：东/西观音山

山林处于哈尼梯田"四素同构"生态系统的最顶层，为梯田和梯田稻作民族提供了灌溉和生产生活用水，是名副其实的"诸水之源"。在元江以南（江外）的元阳、红河二县都有名为观音山的大山。观音山是哈尼语"龟山"的汉语音译，龟山在哈尼语中指"大山之王"[2]。红河哈尼梯田区域内大部分森林分布于海拔2000 米以上的高山区，该区域常年多云多雾、阴雨，年均气温11.6℃，年日照约 1000 小时。元阳县境内的观音山位于云南省南部，红河哈尼族彝族自治州元阳县境内，属哀牢山脉南延部分的南段，是元江和藤条江的分水岭。由东、西不相连的两片组成，

---

① 云南省元阳县志编纂委员会编纂《元阳县志》，贵州民族出版社，1990，第46 页。

② 资料来源：笔者 2016 年 4 月在元阳县东观音山片区爱春等地区的田野调查笔记。

总面积为 16206.4 公顷，占全县总面积的 7.4%。[1] 东/西观音山自然保护区内森林生态系统较完善，动植物资源丰富，既是哈尼梯田核心区重要的水源林区和天然绿色水库，同时也是境内多数中低山河流的源头，东/西观音山水系，河沟纵横，水系发达，是元阳梯田核心区和缓冲区的重要水源地之一，核心区内的农耕民族围绕山势和水源开沟造田维系梯田农耕生计。"元阳梯田分布从海拔 144 米的红河谷，依山体等高线延伸到海拔 2000 余米的观音山脚。"[2] 东/西观音山是梯田稻作民族世代崇拜的神山，它为梯田灌溉系统涵养了丰富的水源，与传统梯田稻作民族的农业生计密切相关，直接孕育了元阳梯田农耕文化。迄今为止，东/西观音山上都还有多种族群共同举行的山神水源集体祭祀仪式。

东观音山片区面积为 13892.6 公顷，其主干部分位于梯田核心区，地处元阳县东南，呈西北—东南走向，最高峰为白岩子山，次高峰为五指山。其东、南部与金平县相连，涉及元阳县境内 7 个乡镇，西与黄茅岭乡、攀枝花乡相接，北与元阳县新街、嘎娘、上新城、小新街和逢春岭等乡镇毗邻，是世界文化遗产哈尼梯田的水源地之一。东观音山山麓梯田核心区新街镇爱春村一带哈尼族称东观音山为"波玛基普"[3]。每年农历三月第一个属马日，东观音山脚下爱春村委会的哈尼族和附近多依树村委会的部分哈尼族、彝族都要集体祭东观音山，中华人民共和国成立前，乃至 20 世纪 60 年代前，位于干热河谷地区共用东观音山水源的南沙傣族也上山参加集体祭祀仪式。

西观音山片区面积为 2313.8 公顷，位于元阳县西部，自然保护区的西北部，与东观音山自然保护区直线距离约为 15 公里，其西面和西南面与红河县接壤，主要集中在元阳县牛角寨镇境内，涉及牛角寨镇新安所、果期、果统等村委会。西观音山片区海拔

---

① 《云南元阳观音山省级自然保护区》，中国林业网，http://124.205.185.3/pub-licfiles//business/htmlfiles/ynyygysbhq/jqgk/index.html。

② 卢朝贵：《哈尼农耕文化》，德宏民族出版社，2011，第 170 页。

③ "波玛基普"意为"高大雄伟哀牢山"。

区间为 1640～2745.6 米。西观音山山麓梯田缓冲区果期一带哈尼族称西观音山为"阿波基普"①。西观音山为哈尼梯田缓冲区的水田提供了重要灌溉水源。迄今为止，每年农历三月第一个属马日，西观音山脚下果期村委会、新安所村委会、果统村委会的哈尼族、彝族，以及傣族都要组织集体祭祀水源神山的活动。

（三）梯田核心区重要水系上的村寨

1. 哈尼梯田核心区村寨

（1）核心区攀枝花乡多族群和谐相处的村寨

元阳县哈尼梯田文化遗产核心区三大著名景观区之一的老虎嘴梯田，位于攀枝花乡的勐品村委会，攀枝花乡辖 6 个村民委员会，共计 32 个村民小组。攀枝花乡境内最集中连片的老虎嘴梯田片区主要分布在勐品村委会和阿勐控村委会之间。

勐品村委会勐品村（哈尼族和彝族）呈现田水交织、族群互嵌的特征。勐品村委会约有 779 户人家，由 3 个村民小组组成，两个哈尼族寨子分别为东林寨（115 户）和多沙寨（314 户），位于梯田旅游环线上方；一个彝族寨子称为勐品寨（350 户），位于梯田旅游环线下方，勐品寨有少量哈尼族与彝族插花居住。三个寨子的水田集中分布在勐品寨的寨脚，构成了老虎嘴梯田片区著名的"骏马图"景观，此外，老虎嘴片区的梯田还有一部分属于阿勐控村委会，以及相邻的硐蒲村委会。哈尼族和彝族各自保留着丰富的传统民俗和宗教祭祀活动，都会在重要时令祭祀水井，多沙寨和东林寨的哈尼族每年还有祭祀神山水源的活动。勐品寨脚有彝族的水田，也有哈尼族的水田，还有其他村委会的田地，各民族按照生产时序和梯田农耕工序，积极生产，共同劳动，维系着这千年梯田之美。勐品三寨的哈尼族、彝族结成了长期友好互动的关系，语言互通，姻亲关联较多，围绕梯田灌溉用水支配和劳动力交换等内容建立了密切的互信与族际互动关系。

---

① "阿波基普"意为"一座宏伟的大山"。

　　阿勐控村委会阿勐控村（彝族、壮族）。攀枝花乡阿勐控村委会被称为元阳县境内"最和谐"的村寨，共有阿勐控（彝族和壮族）、阿挡寨（哈尼族）、堕脚（哈尼族）、阿乐寨（彝族）四个自然村。其中阿勐控自然村与勐品村委会山水相连，两村的梯田共同构成老虎嘴景观区。阿勐控自然村是一个彝壮杂居的村寨，全村共 268 户，其中彝族 138 户，壮族 130 户，[①] 语言主要通用彝语，极少部分老年壮族会讲壮语。两种民族传统风俗和民间宗教活动保存得比较丰富完整，彝族主要节日有火把节、七月半、长街宴、春节、冬至等；壮族主要节日有"三月三"。彝族和壮族分别按照各自的传统组织自己的节庆活动，但是庆祝时不分彼此。民间宗教活动边界则比较明确，彝族和壮族都有祭竜（寨神林）、扫寨子、祭水井、祭庙等传统，按照族别以及各自的传统分别进行。两种民族围绕灌溉和稻作生计活动所开展的交往最密切，有约束全寨村民的木刻/石刻分水机制，以及举寨遵守的保护水源、维护梯田以及梯田过水原则。

　　（2）核心区麻栗寨河水系沿岸的村寨

　　麻栗寨河上游的土锅寨（彝族）。土锅寨自然村属于新街镇土锅寨村委会，纯彝族村落。全寨共 214 户 857 人。杨姓为主姓，有60 多户。孔姓和李姓人口也较多，分别有 40 多户和 30 多户，另有林、罗两个小姓，分占个别的几户。[②] 土锅寨地势西高东低，海拔在 1700 米左右，与箐口民俗村相邻，中间隔着一条土锅寨河，该河流汇入麻栗寨河，是麻栗寨河的主要支流之一，土锅寨的田地分布在箐口村的寨脚，形成彝族、哈尼族田阡交错的土地利用格局。20 世纪 70 年代前后，新街到南沙的公路修建后，土锅寨被公路横向切割，村民陆续向上迁徙到公路沿线，"公路建成之前的寨子，其上方有龙（竜）树林，左侧（西侧）有一座庙。村下方两侧各有一条路，通往梯田及其他村寨。两条路在靠近寨子的位

---

① 资料来源：笔者 2017 年 8 月深入攀枝花乡阿勐控村委会调查整理的田野笔记。
② 资料来源：笔者 2016 年 4 月深入麻栗寨河水系各村寨调查整理的田野笔记。

置上，各有一个树寨门，其中（右侧）东侧的寨门是主寨门"①。
土锅寨彝族传统筑居风格、传统民俗活动存留较丰富。与稻作相
关的"咪嘎豪"祈雨仪式传承至今。

麻栗寨河上游的麻栗寨（哈尼族）。麻栗寨是元阳县规模最大
的哈尼族聚居村寨，隶属元阳县新街镇胜村村委会，距村委会所
在地5公里，到村委会驻地道路为硬化的水泥路，交通通达度较
高。东邻胜村村委会，南邻攀枝花乡硐铺村委会，西与全福庄村
委会接壤，北与主鲁村委会毗邻。辖偍马点、上马点、坝达、麻
栗寨一组至八组等11个村民小组17个自然村。人口有1000余户
4000人左右。② 全村面积约12.28平方公里，地势南高北低，总的
地势相对平坦，耕作条件较好，村委会所在地海拔为1640米，年
平均气温为15℃。寨内有卢、李、杨、朱、白、张六个姓氏，其
中卢、李两姓为主姓，卢姓是最早建寨的姓氏，从主鲁寨（麻栗
寨东北方向约1.5公里）迁来，今全福庄的卢姓哈尼人祖上都是
由麻栗寨迁出。麻栗寨梯田景观、蘑菇房和传统的哈尼民族歌舞
"木雀舞""铜钱舞""扇子舞"等民族传统文化内容保存得比较
完整，民族特色浓郁的传统节庆仪式"矻扎扎""昂玛突""十月
年"比较隆重，全麻栗寨共有4个寨神林，分4个组来举行"昂
玛突"和"矻扎扎"仪式。

麻栗寨河中游的石头寨（彝汉杂居村寨）。石头寨村是元阳县
南沙镇石头寨村委会所在地，隶属元阳县南沙镇，距离南沙镇19
公里，面积21.81平方公里，海拔约900米，年平均气温18℃，
年降水量900毫米，适宜种植甘蔗、木薯等农作物，属于山区梯田
稻作农业带向河谷热区水田农业带的过渡区域。石头寨村是一个
彝汉杂居村落，有409户1929人（2016年），彝族主要属于仆拉
支系，汉族在史上主要来自建水、蒙自等地，通过做生意、买官

---

① 霍晓卫、张晶晶、齐晓瑾：《云南省元阳县六个村寨的聚落比较》，《住区》
2013年第1期。
② 资料来源：笔者2016年4月深入麻栗寨河水系各村寨调查整理的田野笔记。

等方式来到南沙。石头寨村是山区、半山区哈尼族、彝族与河谷傣族之间的地理和文化过渡地带，也是南沙傣族"摩潭"仪式的重要参与者，历史上也到山上参加哈尼族的"普础突"等水文化仪式，石头寨彝族先于当地汉族进入石头寨，因此这里的仆拉人有着较多关于山坝族群互动的历史记忆，是一个重要的田野点。

麻栗寨河下游的五亩寨（傣族）。五亩寨属于元阳县南沙镇元槟社区，为元阳县政府所在地，五亩寨是一个傣族（傣僳支系）村落，有 101 户 375 人（2016 年）。五亩寨位于麻栗寨河水系末端向红河水系交汇的入口处，属于典型的干热河谷气候区。五亩寨的天生桥"摩潭"①仪式有近 300 年的历史，明清时期的五亩掌寨（傣族）管辖时期就已经开始，每年农历的四五月份，五亩掌寨组织辖区内的五亩寨、石头寨、槟榔园、南沙村、南沙新寨、土老寨等区域内的诸少数民族到麻栗寨河水系下游的天生桥一带举行"摩潭"仪式，历史上，该仪式请彝族的毕摩主持祭祀，诵祷经文，主要是为其属地祈求风调雨顺、丰收和福泽。祭祀仪式结束后在天生桥下面举行简单的泼水仪式。五亩寨是历史上五亩掌寨所辖的核心区域。原五亩土司在南沙地区所辖村寨中，五亩寨绝大部分田地在 20 世纪 90 年代元阳县城搬迁到来时被纳入城建规划，因此五亩寨实现了城镇化，被纳入元阳新县城的社区之一。当前的石头寨还有较多的田地，但是由于这些田地多位于距离石头寨较远的山脚河谷地区，石头寨大多数村民已经不再耕种这些田地，而是出租给外来人员种植香蕉等经济作物，五亩寨、槟榔园等寨子的大多数年轻人就近务工或者外出务工。20 世纪 90 年代初，元阳县政府将天生桥"摩潭"仪式纳为南沙傣族泼水节活动的一部分，泼水节成为政府主导的法定民族节日之一。以五亩寨为主的天生桥"摩潭"仪式得到了复兴，水文化仪式串联的族群关系再次进入公众视野。

---

① 摩潭：傣语，意为灌溉水源的周期性祭祀仪式。

2. 哈尼梯田缓冲区者那河水系上的村寨

哈尼梯田 I 类缓冲区牛角寨镇果期村委会的立体多元族群和垂直水利灌溉关系也比较典型，是本研究的重要田野点之一。牛角寨镇是元阳县粮食的主产区，素有"鱼米之乡"的美誉，境内无一平川，海拔高低悬殊，立体气候明显。果期村委会隶属牛角寨镇，位于牛角寨镇北部，西观音山南麓，东邻果统村委会，西靠新安所村委会，北与马街乡接壤，南与牛角寨村委会隔河相望，下辖 15 个自然村 24 个村民小组，截至 2016 年 10 月，全村有农户 1204 户 5169 人，全村委会基本为哈尼族村寨，只有大顺寨是傣族村落，① 其中哈尼族占总人口的 82%。

以西观音山南麓为主要水源地的者那河水系是缓冲区的主要灌溉水系，者那河水系上的果期大寨（哈尼族）和大顺寨（傣族）保留着生动鲜活的多族群集体祭祀仪式、单族群水信仰仪式活动，族群间的协商性管水用水秩序在现代农业社会中依然发挥着持续规范性功能，此外，两种梯田农耕族群之间有着长期友好的社会互动关系，因而具有重要的研究价值。具体而言，坐落在牛角寨镇境内西观音山自然保护区山麓的果期、果统、新安所三个村委会至今保留着比较突出的、多族群集体祭祀灌溉水源神山西观音山的"普础突"仪式。哈尼族村寨的传统宗教文化仪式较多，保存得也比较完整。果期村委会与旁边的新安所村委会、果统村委会所属各民族都会祭祀西观音山，不同的村委会每个自然村在西观音山山脉各找一个山头，分别祭祀（通常是在每年农历三月找一个属马的日子），哈尼族和彝族（新安所村委会下面有几个彝族村落）都会祭祀西观音山，在果期村委会，所属的大顺寨傣族也会参加，每年祭祀西观音山时，大顺寨的傣族会派 5~6 名代表参加，大顺寨不用均摊祭祀山神时所花费的一切费用，但是傣族上西观音山与哈尼族一起祭祀山神时，通常会带一些象征性的礼品。

---

① 资料来源：笔者 2017 年 3 月参加果期村委会"普础突"祭祀山神仪式的田野调查笔记。

主持祭祀仪式的一定要是哈尼族的民间宗教人士"贝玛"，"每年农历三月的属马日，整个果期行政村每一家要派出一位男性去观音山进行有关于水源的祭祀活动。要在整个行政村中选举一位德高望重的'贝玛'组织这次的活动。主持该活动的'贝玛'必须一年选举一次"[1]，祭祀时"贝玛"所念的颂词主要内容就是祈求风调雨顺、谷粒饱满、庄稼丰收。

者那河中上游的果期大寨（哈尼族）。果期大寨是果期村委会所在地，纯哈尼族村寨，有308户，目前尚有3口老水井，分别位于寨头的磨秋场旁边、寨中的竜林脚下以及寨脚。在果期大寨哈尼族的传统民间宗教仪式活动中，除常见的"昂玛突"（农历二月）、"矻扎扎"（农历六月）、"十月年"（农历十月）等传统节庆祭祀活动，全村最集中、最隆重的祭祀活动就是农历三月属马的日子举行的"普础突"仪式，即果期大寨的传统宗教人士"贝玛"和"咪咕"为首，全村委会范围内组织的"一个山头"共用西观音山水源的所有民族一起祭祀山神，祈求风调雨顺、人畜安康。

者那河中下游的大顺寨（傣族）。大顺寨隶属果期村委会，是一个纯傣族寨子，相对于红河河谷热区的南沙傣族村寨[2]，大顺寨所处海拔较高，因此被称为"冲沟里的傣族"，全寨共151户620余人，分4个村民小组。大顺寨地势呈西高东低，海拔约1070米。与果期其他哈尼族地区相比，大顺寨相对处在热区，稻作物早熟且热带水果等物产比较丰富。大顺寨傣族语言保存得比较完整，上至耄耋老人，下至学龄幼儿都会讲傣语，很多中年人还会讲哈尼话，唱哈尼山歌。大顺寨的傣族主要过当地傣民族的传统节日，如"隆示"，即祭树神（竜林），祭祀活动时间因寨子不同而各有差异；"拉万"，即清扫寨子的仪式，每年的农历八月，各个傣族寨子举行宗教仪式以驱赶鬼神，纳福祈祥；"哄享靠"，即"叫谷

---

① 李婷婷：《哈尼族梯田祭祀变迁的民族生态学研究——以元阳县果期村为例》，硕士学位论文，云南大学，2013。

② 元阳县的傣族主要分布在红河、排沙河、者那河、藤条江沿岸，平均海拔600米以下的干热河谷地带。

魂",是南沙傣族稻作文化的宗教仪式体现;"挡布庙",意为"祭庙",在南沙傣族的村寨中,历史上有很多土庙①,傣族群众在庙中祭拜,旨在借助神灵的力量摆脱现实的疾苦,实现精神的寄托,宗教仪式过程十分隆重。同时也过汉族的春节、端午节等传统节日。大顺寨傣族风俗习惯和日常生活与南沙河谷坝区傣族无异,但是生产劳动方式和山上的哈尼族接近。在傣族老年人的记忆中,中华人民共和国成立前,山上的哈尼族来大顺寨帮工,当时寨子里的小工、长工都是山上的哈尼族,主要是来帮忙挖田,因为大顺寨的田和山上的哈尼族的田是互嵌交织在一起的。参加哈尼族的西观音山"普础突"仪式时,大顺寨与同属果期村委会的硬村自然村是一组,每年由大顺寨的龙头、组长代表寨子去参加,去的人会凑一点钱,时间由山上的哈尼族通知。参加的原因是"大家是一个山头的人,求雨求水,大顺寨插秧前后要去献山"。

第四节　论证框架

本书以红河哈尼梯田文化景观遗产区自上而下串联多民族的灌溉水资源/水系为主要抓手,以水资源的支配活动为切入点,描述梯田稻作生计空间内多民族的个体性(以族群/村寨为单位)和群体性(多民族多灌溉单位)联合灌溉行为,进而探讨梯田农耕社会中超越民族、文化、信仰边界,突破资源配置冲突,达到一致的和谐,从而实现人与自然、人与人、人与社会关系平衡式发展的内生逻辑,同时关注促成梯田农耕社会"协商一致"和谐发展的外部性影响因素。

具体选择世界文化景观遗产红河哈尼梯田核心区和缓冲区内水文化、传统水神信仰仪式、水知识保存得比较完善和丰富的村

---

① 这里的"土庙"是指民间宗教场所,与南传和汉传佛教无关,笔者于2016年5月到南沙镇排沙村沙仁沟村民小组调研访谈时求证过,这些傣族民间历史上供奉的土庙,里面的神灵是多元的,沙仁沟村的土庙里供奉的就是雌雄石狮子。

寨为主要田野点，以元阳梯田核心区麻栗寨河水系串联的多民族村寨、缓冲区者那河水系周边的多民族聚落为重要田野点，展开深入细致的调查。对不同梯田农耕民族的灌溉组织、灌溉制度、灌溉技术使用和管理的传统知识进行分门别类的比较性研究，聚焦于多民族共享多元文化、共构多元信仰体系的和谐逻辑。通过相关文献研究和扎实的田野调查工作，梳理涉及少数民族水文化知识、族群关系、资源配置理论的研究，初步推论并构建自己的理论框架。在理论分析的过程中，充分结合田野调查中的各类资料，结合前人针对水利与灌溉社会、少数民族水文化、"族群"关系、水文化与水秩序，以及哈尼文化的研究发现，分析梯田灌溉社会中多民族和睦相处、良性互动的历史逻辑，探索围绕稻作灌溉活动所建构的"利己及人"的互惠性跨族交往模式，以及这些模式和机制对边疆和谐、民族团结、社会稳定乃至"共同体"思想主线的现实意义。

第一章绪论部分，主要对本研究所涉诸理论进行了脉络梳爬，介绍了多点民族志的田野概况，同时也交代了本书的论证框架。

第二章整体性介绍了世界文化景观遗产红河哈尼梯田的生态资源环境及世居民族的基本状况。意在阐明作为梯田稻作生计空间中最重要的基础资源——水资源，是如何在"四素同构"的灌溉生态系统中往复循环的，以及共享这些资源底数的世居民族以怎样的整体性状态，基于"梅花间竹"式样的筑居格局，在稻作农耕生计中组织他们的生产、生活，从而保障两种再生产的持续实现。在这样的背景交代下，顺理成章地铺垫了稻作与灌溉两种基本生产活动对诸梯田农耕民族的重要性，在这一章中分别对梯田稻作生计空间里的哈尼族、彝族、傣族做了简要概述，一来为后面三章分类介绍三种重要梯田农耕民族的灌溉制度、技术、组织形式做出引子，二来强调在宏大的梯田灌溉社会内部，基于不同文化逻辑指导的集体组织和土地资源支配原则，又存在以"族群"、地缘为界的不同类型的灌溉社会。

第三、四、五章重点概述"梯田灌溉社会中的民族"，均从制度、组织、精神层面来探讨哈尼梯田灌溉社会中三种重要农耕民族各自的灌溉制度安排、技术结构、组织原则，以及相应的水知识体系。第三章介绍了梯田灌溉社会中的哈尼族及其灌溉生活。北来氏羌系统后裔民族哈尼族从游牧到定耕再到发展山地稻作农耕的生计变迁过程，集中体现了该民族超群的生态适应和自我调适机制，梯田灌溉社会中的哈尼族常濒高山灌溉水源而居，以沟渠、水井、鱼塘为基本载体，开沟筑渠，引水灌田。他们利用木刻/石刻分水的配水技术结构，通过其传统社会组织内部承袭久远的"沟头－赶沟人"组织等实现有序灌溉，并以典型的"村寨主义"为集体行动的组织原则。哈尼族的生态知识体系与其传统宇宙观相呼应，内涵独特，形式丰富，"波玛突""普础突"等山神水源祭祀仪式，"矻扎扎""合夕扎""德勒活"等民间仪式中的农耕祭祀礼俗，在周期性的节日庆典中呈现。

第四章详细介绍了梯田灌溉社会中的彝族及其灌溉生活。梯田稻作生计空间中的彝族与哈尼族为邻，常与哈尼族共享相应的灌溉制度安排和技术结构，但在灌溉组织原则上有其独特性，这源于他们血缘宗族和"村寨主义"组织原则相结合的社会结构，彝族通过"公房－水井"灌溉管理组织，以及形式丰富的民间社会管理组织，通过其社会内部结构中有效的整合及动员机制，实现了对灌溉水资源的合理配置。彝族的水神崇拜、农耕祭祀礼俗、节日庆典等也基于他们的民间信仰体系而独具特色。

第五章讨论了世居于梯田灌溉水循环系统末端河谷地带的傣族及其灌溉生活。这个区域的傣族并不在南传上座部佛教信仰系统之内，而是依然维系该民族传统的民间信仰，与之相适应的水文化体系、水知识结构以及农耕祭祀礼仪、生产周期节日庆典等内容与哈尼、彝等山地农耕民族大相径庭，并且也与其他地区的傣族不完全相同。"尚水而居"的傣族在资源和环境相对优渥的平坝地区利用沟渠、水井、池塘等载体引水灌田，维系其再生产活动，因处于江河水系之滨的河谷热区，他们的灌溉技术结构最为独特，锥形分水器和"伴、斤、两"配水度量衡适宜江河平坝的灌溉特性，此外，傣族的民间分水管水组织也在其灌溉生活的日常中扮演着重要角色。

第六、七两章，重点聚焦本书研究"多族群灌溉社会中的秩序"部分。通过大量的民族学田野个案来呈现一个基本事实，即在多民族共处的梯田灌溉社会中，各民族通过联合灌溉行动，实现了对庞大的灌溉水资源的有效且适度的治理。这种有效性不仅在不同的梯田稻作民族各自的灌溉组织结构内部，同时也外扩到同一纵向灌溉水系、水域上的多民族共享、共构、共商、共治的灌溉水资源管理活动中。灌溉失序和灌溉有序成为多民族配置共有水资源底数时的两种具体体现，其中，第六章通过大量翔实的个案描述，利用族群边界论、新族群/资源冲突理论等多学科理论分析框架，探讨了多民族灌溉水资源配置失衡与纷争导致的灌溉失序问题，无论是有解的还是无解的局部性水利纷争个案，它们都受到诸多现代性变量和外部性因素的影响。这一章所衍生的理论贡献在于，证明了具体地方和社群中相互依赖的行动者，依然可以用他们社会结构内部那些长期存续的组织原则、制度安排来解决大多数共有资源配置失衡的问题。

第七章是本书的最后一章，深入探讨了哈尼梯田灌溉社会从"水善利"的生态禀赋到"人相和"的内在逻辑，同时，也具有呼应研究预设、学理对话和进阶探讨的立论意义。尽管在梯田稻作生计空间内部以"梅花间竹"的形式互嵌共生的多民族在"族群"、文化、信仰等方面存在较为明显的边界，但在长期的发展过程中，这些民族都能和谐相处，共同发展，这是因为，自上而下的灌溉水系、交错相间的梯田权属关系，以及互为前提、相互依存的纵向灌溉需求，使同一水系上的多民族意识到必须通过开展联合灌溉行动才能获得相对公平的灌溉权益。联合灌溉行动中分工的不同，使多民族实现了相互依赖的有机团结，还使不同的异文化群体被整合到以水系、地域为基础的中小型灌溉社会中，多民族围绕灌溉活动开展交往、交流成为可能，基于文化差异的动态平衡也得以实现。这一区域偶尔发生的配水纠纷大多源于特殊年份、特殊地域的水资源稀缺，同时，与那些局部偶发性的水利纷争个案相比，更多的来自田野的实际个案表明，局部配水矛盾往往能够被历史相承的制度安排和技术结构所调适，梯田灌溉社会也在"平衡—矛盾—调适—平衡"中维持其稳定性。

概而言之，在哈尼梯田灌溉社会中，超越民族、村寨的地缘联盟因灌溉诉求而结成，"驭水"与"祈生"成为地域共同体维系两种再生产发展诉求的行动主题，不同的民族和村落共同体结成了扩大范围的"村寨主义"式的灌溉联盟，并建构有序、稳定的灌溉组织原则且促成了地域和谐，这是哈尼梯田灌溉社会中的多民族能够较好地解决公共资源与族群关系问题的重要基点。

第二章　世界文化遗产哈尼梯田的资源环境及民族

　　梯田文化景观并非中国滇南红河南岸所独有，梯田稻作垦殖生计方式也并非哈尼族所特有。梯田文化和梯田灌溉系统在世界各处都有其特殊价值，更值得尊重的是那些在特定的时空和历史条件下共同或单独创造了梯田农耕生计的人群，包括哈尼梯田在内的每种梯田文明都是全人类共享的自然和人文景观奇迹，因而一定有可以提炼的共享的经验观察和共通的实践逻辑。

　　东西方学者已经在国家、地方和权力语境中探讨过国家行政力量干预下的大型水利灌溉工程与国家集权统治、地方治理间的关系，而对世界范围内的梯田灌溉系统开展分门别类的讨论，则迄今尚有大量留白，格尔兹在人类学意义上较早探讨了19世纪印度尼西亚巴厘岛上的苏巴克灌溉系统，他指出"灌溉社会将一帮农民的经济资源——土地、劳力、水、技术方法，和在非常有限程度上的资金设备——组织成卓有成效的生产机器"[①]，毫无疑问，被格尔兹归纳为经济资源的土地、水，乃至可以支撑梯田稻作生计方式的其他资源，本身只是自然界的一种中性材料。在丽丝看来，自然界的"任何物质成分被归为资源以前，必须满足两个前提：首先，必须有获得和利用它的知识和技能；其次，必须对所生产的物质或服务有某种需求。如果这些条件中任何一个不能满足，那么自然物质仍然只是'中性材料'。因此，正是人类的能力

---

　　① 〔美〕克利福德·格尔兹：《尼加拉：十九世纪巴厘剧场国家》，赵丙祥译，上海人民出版社，1999，第57页。

和需要，而不仅仅是自然的存在，创造了资源的价值"①。作为中性材料的自然资源，在人类拓殖生存和发展空间的过程中基于一定的需求，凭借一定的技能加以改造和利用，从而实现其价值并成为资源。被不同的人群所因地制宜地加以利用的自然资源在前工业文明时代，抑或是在斯科特笔下的东南亚农民社会所处的前殖民时代，都被视为传统农耕族群生计活动的重要生产资料。"除去这些（政府和市场等）影响他们生活环境的社会力量之外，最重要的是，千变万化的自然条件年复一年地决定了他们的生活水平如何，以及能否生存下去。"② 同样，在历史时态中慢慢变迁的哈尼梯田灌溉社会，山川水流形变态势、地质构造和物候条件所创造的水、土地等都是梯田农耕族群能够作用于自然、维持生计的资源基础。

"人类的生态和自然环境为文化的形成提供了物质基础，文化正是这一过程的历史凝聚。"③ 承认生态和环境对人类生计乃至对民族文化的影响，有助于我们理解民族及其文化在环境选择和变迁中的适应性及相互作用关系。本章重点勾勒红河哈尼梯田区域的自然资源、生态谱系图景，对哈尼梯田灌溉社会中的水资源、稻作生态环境和民族人口/分布/族源等进行历史溯源和现状描述，旨在强调一个显而易见却往往被遮蔽的事实：哈尼梯田及其文化系统的实践者并非仅仅为哈尼族，还包括当地同样历史悠久的彝族、傣族、壮族、汉族乃至极少部分苗、瑶等世居民族，如此，围绕灌溉水资源支配的多民族梯田农耕社会及其"族群"关系，历史、现在与未来的讨论才成立。

关于资源配置和"族群"关系，如何立足于现实的田野去回溯历史的脉络再展望未知的将来，公共资源治理理论的切入或许

---

① 〔英〕朱迪·丽丝：《自然资源：分配、经济学与政策》，蔡运龙、杨友孝、秦建新等译，商务印书馆，2002，第 12 页。

② 〔美〕詹姆斯·C. 斯科特：《弱者的武器》，郑广怀、张敏、何江穗译，译林出版社，2011，第 57 页。

③ 〔美〕克莱德·克鲁克洪等：《文化与个人》，高佳、何红、何维凌译，浙江人民出版社，1986，第 6~7 页。

会给我们一些答案，对于时代根植于梯田稻作生计空间内的梯田农耕民族而言，他们所共同拥有的"一片渔场、牧场或森林，使资源能再生的可持续性的管理，对于那些依靠它的人，以及那些使用这些资源所生产的产品的消费者，是重要的"①。放在本研究的具体语境中，梯田农耕民族共同拥有世界文化遗产哈尼梯田的"山、水、林、田、江河"，并在历史实践活动中结成了"生态－环境－人群"命运共同体，因而世居民族通过传统的地方性知识对"森林－村寨－梯田－水系"进行持续性管理的重要意义在于，这类公共资源支配活动是他们再生产和产出文化产品的重要前提。

第一节　哈尼梯田灌溉社会的生态环境

在开篇中讨论诸如水资源、生态环境等的问题，原因在于我们不能完全忽略人类开沟造田的生计行为受自然地理条件的支配这一基本假设，尽管经常令人们陷入对地理环境决定论的批判之中，但事实上"历史受到地理环境的支配"这样的论断"并不是说人类在地理条件的逼迫下不得不使用更多的能量。准确的说法是，人类之所以要使用更多的能量，很大程度上是由自身所处的地理环境所支配的"②。因此，在哈尼梯田灌溉系统中观察人类围绕水资源利用与支配的历时性的开沟造田活动才有了意义。自上而下的高山流水穿梭在阡陌纵横的云上梯田间，在四时节令中变幻万千，充满了诗学和神性。19世纪早期法国探险家亨利·奥尔良的游记为我们提供了颇具画面感的描绘："我们从红河河谷进入了一条支流河谷。山丘光秃秃的，从山脚到三分之二的高处一般都是层层叠叠的稻田，一级一级，一层一层，宛如巨大无朋的楼梯。水逐级逐级往下流，在山下的水田里铺展开来，形成无数的

---

① 〔美〕埃莉诺·奥斯特罗姆：《公共资源的未来：超越市场失灵和政府管制》，郭冠清译，中国人民大学出版社，2015，第5页。
② 〔英〕詹姆斯·费尔格里夫：《地理与世界霸权》，胡坚译，浙江人民出版社，2016，第8页。

水幕，在夕阳的照耀下波光粼粼，如同零零碎碎的玻璃。水在灌渠里流淌着，连绵好几公里，山丘周围是水平的田塍。田坎先用手垒起来，再用脚夯实，所有的田坎都绝对水平，随着山形的轮廓时凹时凸。"[①] 应该说，相较于红河南岸哀牢山南段的其他生态与自然地理环境而言，水资源是维系哈尼梯田稻作生态系统的一切自然资源中的核心要素。

被联合国教科文组织列入世界文化景观遗产名录的中国第45项世界文化遗产——红河哈尼梯田，其核心区及缓冲区集中连片分布在云南省红河哈尼族彝族自治州元阳县。历史上，元阳因地处红河上游元江之南而得名。汉属益州郡。三国属汉益州兴古郡。两晋及南朝梁属宁州兴古郡，北朝周属南宁州。隋属南宁州总管府。唐初属岭南道和蛮部，唐南诏国时属通海都督。宋大理国时属秀山郡。元属临安广西元江宣慰司和泥路。明清属临安府。民国时期分属建水、蒙自、个旧三县。1950年1月建立新民县，同年9月改称新民办事处。1951年5月改为元阳县。1957年隶属红河哈尼族彝族自治州。

元阳哈尼梯田核心区，面积为16603.22公顷，边界四至为东界经大瓦遮河北段中线，再沿当簸喝特山脊至龟山山脊（涉及乡镇：东沿高城村委会、大瓦遮村委会、一碗水村委会的东界，穿过爱春村委会东部）；南界沿黄新寨后山南部山脚，经过锡欧河中段中线（涉及乡镇：南沿黄兴寨村委会、保山寨村委会南界）；西界沿大田山、长头山山脊，接麻栗寨河（涉及乡镇：西沿保山寨村委会、阿勐控村委会、土锅寨村委会、水卜龙村委会的西界，穿过新街镇村委会）；北界沿麻栗寨河，再到大瓦遮河（涉及乡镇：北沿新街镇、主鲁村委会、倮铺村委会、高城村委会北界）。为元阳梯田缓冲区，总面积为29501公顷，边界四至为东界经蚂蚁寨山、六呼后山、白土洞山脊至南观音山西北端；南界沿锡欧河

① 〔法〕亨利·奥尔良：《云南游记——从东京湾到印度》，龙云译，云南人民出版社，2001，第30页。

南岸第一重山脊线，经过明子山、土老喝多的山脊；西界沿倮里河西岸第一重山脊线，经过罗么普同至北观音山；北界沿北观音山山脊线经新街镇村委会北部至城头山山脊线。缓冲区包括Ⅰ类缓冲区[①]13700公顷，Ⅱ类缓冲区15800公顷。[②]元阳县境内的梯田总面积为46104.22公顷。

一 元阳梯田的自然资源和环境

因为"自然现象的重要性各不相同，唯有对人类影响最大的那些地理现象才是最重要的"[③]，将人类与环境区分对待，认为人与环境二元对立的看法显然是谬误的。当然，分析环境支配的客观因素而陷入纯粹的自然环境决定论也是不妥的，因此在辨识人与自然环境之间相互客观作用的前提下，要充分注意到那些对人类影响最大的地理现象。质言之，在对哈尼梯田区域的研究中理解土地、水、植被，以及更大范畴的物候环境等的重大地理环境的客观影响因素也显得尤为重要。

被列入联合国教科文组织世界文化景观遗产名录的红河哈尼梯田，集中连片分布在云南省南部哀牢山南段红河南岸的元阳县。元阳县位于东经102°27′~103°13′，北纬22°49′~23°19′，地处中国西南部的滇西南低纬度高海拔季风气候区，垂直分层的山地立体气候显著。对传统的中国农业社会有所研究的人几乎都不会否认这样一个共识："制约传统中国农业社会发展的因素不单单是水的问题，还包括土地、技术、资本、制度、习俗等多重因素。"[④]

---

① 牛角寨作为红河哈尼梯田传统农业经济研究和发展的区域，对哈尼梯田遗产的延续以及对梯田遗产价值的理解具有特殊意义，元阳县牛角寨镇被划为Ⅰ类缓冲区。

② 资料来源：云南省人民政府颁布实施的《红河哈尼梯田保护管理规划（2011—2030）》。

③〔英〕詹姆斯·费尔格里夫：《地理与世界霸权》，胡坚译，浙江人民出版社，2016，第8页。

④ 张俊峰：《水利社会的类型——明清以来洪洞水利与乡村社会变迁》，北京大学出版社，2012，第252页。

红河南岸梯田农耕生态系统也是由当地的自然地貌、气候条件、自然资源禀赋、水文环境多维叠加共构的生态谱系。

地貌。元阳县地处低纬度高海拔地区，境内地势由西北向东南倾斜，在自西向东迁回蜿蜒的红河、藤条江雕蚀下地貌中部凸起，两侧低下，地形呈"V"形发育，地貌总特征为"二山二谷三面坡，一江一河万级田"。元阳梯田遗产区内层峦叠嶂，沟渠连阡，山势起伏连绵，平川难寻。山坝海拔落差极为显著：最低海拔144米，最高海拔2939.6米，"山有梯田坝有云，谷有红河岭有泉"的自然风光在四季时令中绽放异彩，特殊的地貌特征加上历史上以哈尼族为主的各世居少数民族为了维持基本生存发展需求、拓殖生计空间而开展的顺应、尊重和理解自然的开沟造田活动，共同形塑了"云上梯田"的景观形制，并随着世界文化遗产符号身份的获得，使红河哈尼梯田文化景观步入世界舞台，与全球范围内的同质文化一起，贡献了全人类共享的资源以及独特的地方性知识谱系。

气候。因地处滇南低纬度高原地区，梯田遗产区元阳县境内气候属亚热带山地季风气候类型，具有"一山分四季，十里不同天"的立体气候特点。总体上因"境内温差小，四季不明显，干湿季分明，多雨区和少雨区明显，水平分布复杂，垂直变异突出，高山区常年多雾，呈'云海'奇观"[①]。高山与河谷的温差显著，哈尼族和彝族居住的中高海拔山区年均气温为16.6℃，傣族和汉族聚居的干热河谷地区年均气温为24.4℃，气温变化对山坝间稻作生长的影响也较大，中高海拔山区在一年生产周期初春时节易出现"倒春寒"现象，七八月份则气温波动大，正在拔节抽穗的稻谷时常遭遇低温冷害的影响；受大气环流、地形和山脉走向的影响，梯田遗产区降水量呈"南部多于北部，东部多于西部，高

① 元阳县地方志编纂委员会编纂《元阳县志（1978—2005）》，云南民族出版社，2009，第32页。

山多于河谷"① 的态势，尤其是在傣、汉等民族聚居的南沙干热河谷地区年平均降水量仅为 800 ~ 1100 毫米。这样的降水量分布情况，既能保证中高海拔梯田稻作区具有充沛的灌溉水源，也能通过"森林 – 河渠 – 梯田"系统实现高地和低地的水资源循环，"上满下流"的水网系统实现低海拔江河储水，在没有出现大面积旱灾的年份可以保证低海拔河谷热区的稻作物灌溉用水；光照和热量总体上呈现"南坡大于北坡，西部山区多于东部山区，北部河谷区少于高山区，南部河谷区多于高山区"② 的特征，这决定了河谷热区稻作生长周期快的普遍特征，同等条件、无自然灾害的年份，河谷坝区庄稼多产并且早熟，因此稻作农耕生产周期的山坝差异也较明显。总体而言，在世界文化遗产哈尼梯田稻作空间内，气候的立体差异导致高海拔地区与河谷热区之间存在垂直分层效应，相较而言，以傣族聚居为主的干热河谷地区与以哈尼族、彝族为主的高海拔山区，其自然和气候、物产资源是相对优渥的。我们将在第七章中就传统农耕社会中，自上而下的"依山依水"③族群围绕农副产品、劳动力、生产工具等交换行为所展开的社会交往活动展开讨论。

涵养水源的植被森林。世界文化遗产哈尼梯田所在地元阳山高谷深，全境为山地所控。较著名的省级自然保护区——东观音山，雄踞县境东部，奇峰峭壁，巍峨险峻，主峰面积达 200 平方公里，森林面积为 13.3 万亩。西观音山位于县境西部，山高谷深，多岭多涧，主峰面积 60 平方公里，有森林面积 2.87 万亩。"两

---

① 元阳县地方志编纂委员会编纂《元阳县志（1978—2005）》，云南民族出版社，2009，第 34 页。
② 元阳县地方志编纂委员会编纂《元阳县志（1978—2005）》，云南民族出版社，2009，第 35 页。
③ 李亦园：《环境、族群与文化——依山依水族群文化与社会发展研讨会主题讲演》，《广西民族学院学报》（哲学社会科学版）2003 年第 2 期。李亦园先生依据生态环境将台湾南岛民族分为"依山依水"五个族群。一是依水族群：阿美族（居住海岸）、雅美（岛居）、邵族（依湖）；二是依山族群：泰雅（深山）、排湾（浅山）。

山"一东一西，雄姿挺拔，气势非凡，瀑布飞流其间，林木遮天蔽日，终年流水潺潺，是境内天然的绿色水库，灌溉着 10 万余亩梯田。"两山"动植物资源丰富，生物多样性明显，是境内天然的生态屏障，"两山"是梯田文化遗产区内一切灌溉活动的"诸水之源"，我们将在第六章详细讨论自上而下的梯田农耕族群如何围绕"诸水之源"开展突破族群、村寨、信仰边界的"神山圣水"集体祭祀仪式。据水流山川形变特征、梯田文化遗产区的土地利用情况，以及山势和地貌特征，北部、中部、西南部和东南部四个方向，大致可以分作四种利用类型：在海拔 144～1200 米的北部低山河谷区，通常形成以傣族、汉族、壮族和一部分彝族为主的低山谷果、稻作、农牧业；在海拔 1200～2939.6 米的中部半山区，通常形成以哈尼族、彝族、部分壮族为主的稻作、林木和山果种植业，这部分土地面积最大，利用率最高，占全景的 40% 左右；在海拔 468～2310 米的西南部中低山丘陵区，形成以傣族、壮族、部分哈尼族和彝族为主的低山林果、稻作及其他粮食产区；在海拔 545～2731 米的东南部中低山片区，形成以哈尼族和部分汉族、高山苗瑶等民族为主的粮食、林木以及矿产区。在这些土地资源利用类型中数低山丘陵和低山河谷热区物产最丰富，资源最优渥。

水文。水是梯田农耕生计和族群日常生活中不可或缺的核心要素，是整个梯田灌溉系统维系运转的基础。梯田灌溉社会是理解梯田稻作组织、秩序、文化、族群关系等逻辑的起点。"水管理成为水稻种植中一个极其重要的因素。完全可以说，没有灌溉就没有水稻种植。"[1] 梯田稻作农耕生计方式不能与水脱嵌，红河水系与哀牢山特殊的物候循环系统以及地貌特征恰好为梯田稻作方式提供了得天独厚的水利灌溉环境，为一个远离江河湖泊的灌溉社会实体提供了资源基础。哈尼梯田核心区所处的元阳县境内以红河、藤条江两大干流为主的水系共有支流 29 条，总长 700 余公

---

[1] 冀朝鼎：《中国历史上的基本经济区》，岳玉庆译，浙江人民出版社，2016，第 27 页。

里，水资源总量为 26.9 亿立方米，地表为 20.81 亿立方米，地下水为 6.09 亿立方米，常年流量为 42.7 立方米/秒，水能蕴藏量为 36.81 万千瓦，其中可开发量为 21.38 万千瓦，占水能资源的 58.1%，可利用 1.47 亿立方米。哈尼梯田核心区及缓冲区内水量比较充沛、梯田灌溉面积覆盖较广的有汇入红河的大瓦遮河，流入藤条江的碧勐河，以及麻栗寨河、者那河、马龙河、新安所河、良心寨河、脚弄河等，河流总面积为 168.36 公顷，占遗产区总面积的 0.56%。哈尼梯田核心区内，仅新街镇就有 326 条大小河流，攀枝花乡有 124 条，Ⅰ类缓冲区牛角寨镇有 129 条。中华人民共和国成立后，政府逐渐开始在哈尼梯田区域引导民众兴修中小型的引水、灌溉工程。哈尼梯田成功申报为世界文化遗产后，梯田核心区的沟渠水网系统建设、修缮和维护力度大大加强。截至 2017 年末，仅哈尼梯田核心区内可实际利用的水沟就有 591 条，总长 445.83 公里，有效灌溉面积为 22 万亩。[1] 然而，看似十分充沛的灌溉水资源，在面向一个更庞大的梯田灌溉面积总数[2]需求时，就要引发灌溉水资源的配置和相应秩序的讨论了。

世界文化遗产红河哈尼梯田的核心区域主要被围聚在两横六纵的水系中，以梯田核心区为中心参照系，西北—东南流向的红河水系[3]和藤条江水系[4]，将在哀牢山高山腹地大大小小纵横交织

---

[1] 资料来源：云南省人民政府颁布实施的《红河哈尼梯田保护管理规划（2011—2030）》。

[2] 世界文化遗产哈尼梯田核心区及缓冲区总面积为 46104.22 公顷，其中梯田占地面积约为 14420 公顷，水稻梯田面积约为 11640 公顷，旱地面积约为 2780 公顷。

[3] 红河发源于巍山县境内，自西北向东南，流经州境 9 个县、市，至河口流入越南。境内集水面积为 11496 平方公里，干流总长 240.6 公里。在境内汇入红河的支流有 50 多条，较大的有小河底河、新现河、南溪河、银水河、排沙河等。本书所讲的"红河水系"是指世界文化遗产哈尼梯田核心区北坡注入（汇入）元江—红河流域的大大小小的各条支流。

[4] 藤条江发源于红河县境内，经元阳、金平后，流至越南汇入红河，境内干流总长 184.5 公里，集水面积 4208 平方公里。本书所讲的"藤条江水系"是指世界文化遗产哈尼梯田核心区所在的元阳县境内南坡注入（汇入）藤条江流域的大大小小支流。

的高山流水分别汇聚于河谷低地，往复循环，为梯田稻作农耕环境提供千年不竭的灌溉水源。以核心区内的制高点东、西观音山一线为纵剖线，面向红河水系的一面为北坡向阳面，面向藤条江水系的一面为南坡背阴面。哈尼梯田核心区内自哀牢山中高海拔向河谷流淌的河流多流向北坡向阳面低地红河水系，该流向的河流共十条；而流向南坡背阴面汇入藤条江水系的河流较少，共计四条。本书中重点讨论的是流经梯田核心区为梯田稻作农耕提供重要灌溉水源的六条纵向水系，分别为：发源于西观音山的者那河水系，发源于梯田核心区全福庄的麻栗寨河水系，发源于东观音山的马龙河水系、大瓦遮河水系，以及东、西观音山南坡背阴面汇入藤条江水系的两条未命名河流，其分别发源于攀枝花乡勐品村和一碗水村。

二 哈尼梯田的天然过水规律：流水入寨过田汇江河

梯田景观形制或梯田稻作生计活动是世界范围内有迹可循、全人类可共享的景观文化资源，但是梯田景观形制的缔造与产生同样要依赖自然地理和水流环境的客观实在性。"人类可以通过开挖一条沟渠来支配从山坡流下来的一条溪流，用石头筑坝以防止流水漫到沟渠外面，也可以铺设管道，按照自己的意愿引取部分或全部溪水。但是人们不能制造出这条溪流，也就是说不能让溪水无中生有。"① 这就解释了为什么世界范围内的梯田文化事象只存在于那些具备相应的客观地理环境条件的地方。滇南红河南岸哀牢山南段特殊的地貌、水文、气候条件刚好具备了这样的客观条件。"哈尼族利用哀牢山区的地貌、气候、植被、水土等立体性特征，创造出了与自然生态系统相适应的良性农业生态循环系统，并形成一整套梯田耕作与森林生态保护的传统管理方式和知识系

① 〔英〕詹姆斯·费尔格里夫：《地理与世界霸权》，胡坚译，浙江人民出版社，2016，第 7 页。

统，保证了哈尼族在山大谷深地理环境中的生存和发展。"① 相较于享誉世界的梯田景观文化，梯田农耕族群对自上而下循环往复的流水的理解、运用、支配的一整套地方性知识，更令人叹服：在哈尼梯田灌溉系统中"水以奇特的方式贯穿于农业生态循环系统中。高山森林孕育的溪流水潭被哈尼族人民引入盘山而下的水沟，流入村寨，流入梯田。梯田连接，水沟纵横，泉水顺着块块梯田，由上而下，长流不息，最后汇入谷底的江河、湖泊，又蒸发升空，化为云雾阴雨，贮于高山森林这个绿色水库。这种独特的梯田农业水利灌溉系统是与亚热带哀牢山区自然生态系统密切吻合的"②。

哈尼梯田的灌溉用水和村寨生活用水的分配和布局，总体上呈灌饮分离、灌排结合的模式，在梯田核心区和非核心区内的哈尼族、彝族、壮族等的村落社会中，居民生活用水和梯田灌溉用水既是严格界分又是有机整合的。首先，村寨通常选址于植被茂密的水源林下方，寨脚就是蜿蜒层叠的梯田，村落生活用水多为寨子上方水源林里的龙潭水（天然泉水），在自来水管、水库等设施没有大规模使用的 20 世纪 90 年代之前，村落居民饮用水基本是龙潭井水，现在村民的饮用水中很大一部分来自高山冷凉水，通过自来水管引到村头的现代蓄水池中，再逐一引水入宅，另一部分生活用水仍然是村寨里的水井水（地下水）。其次，灌溉用水基本来自山涧冲沟，通过修筑沟渠，将地表雨水和梯田水源林里的山涧水引流进入梯田。最后，引水入田的沟渠系统通常要经过村寨与村寨沟网相连，这样的布局，第一层意义在于生态积肥，因为哈尼梯田具有稻鱼及梯田水产共生的复合生态种养传统，为防止梯田鱼、梯田鸭和黄鳝、泥鳅等物种受到损害，梯田稻作物种植过程中极少使用农药、化肥等会造成农业面污染源（由于农业

① 王清华：《哀牢山哈尼族地区自然生态功能、生态服务系统及林权的演变》，《云龙学术会议论文集》，2003 年 6 月，第 167 页。
② 王清华：《哈尼梯田的农业水资源利用》，《红河日报》2010 年 7 月 21 日，第 7 版。

废水进入水体的方式是无组织的，又被称为面污染源）的现代农业科技产物，迄今为止，只有极少部分稻作农民在水稻收割后，在无损梯田水物产的前提下使用少量的除草剂，而梯田作物种养所需的肥力，则主要来自传统的有机冲肥法[①]，即将寨子排泄的人畜粪便有机肥，以及农事生产过程中产生的稻作植物有机肥与经过村寨的灌溉水渠沟网相连接，使有机肥进入梯田，既增加梯田土壤肥力，又不会带来现代农业面污染源；第二层意义在于排水，"森林-村寨-梯田-水系"的筑居格局，可使得森林下方的村落获得高山清洁的冷凉水，村寨上方的森林涵养水源，为梯田提供了丰富的灌溉用水，村寨中的生活污水、雨水等富余的水体再通过纵横跨越村落的灌溉沟网系统排向寨脚的梯田，最终向滇南红河水系汇聚。

哈尼梯田灌溉系统这种高山水源林所涵养的水源在梯田纵向网络中上满下流，汇入江河，往复循环的天然出水秩序，被世代垦殖梯田的稻作族群通过开沟造田活动所利用，同时创造出了分水管水的民间机制，在前工业社会，梯田稻作农耕生计中的这种自灌和多源灌溉水利系统，是梯田稻作民族在哀牢深山腹地因地制宜，结合传统生产经验知识得出的宝贵生计策略。梯田稻作农耕民族在维护灌排系统中的田埂，使其发挥"保持水土、蓄水和为某些物种提供生境或栖息地的功能"[②]，以及保持梯田作物耕作层的厚度、提高涵养水源的植被覆盖率等方面，都有丰富的经验系统。

第二节　梯田灌溉社会中的多民族

"古代云南活动着三大族群系统：一是白濮，为今天佤、德昂等族先民；一是百越，为今天壮、傣等族先民；一是氐羌，为今

---

① 冲肥有两种，一是冲村寨肥塘，二是冲山水肥。参见王清华《哈尼梯田的农业水资源利用》，《红河日报》2010年7月21日，第7版。
② 王大琼：《哈尼梯田典型流域的廊道结构与水源稳定性》，硕士学位论文，云南师范大学，2014，第33页。

天彝语支各族先民。"① 对红河哈尼梯田做一个历时性的审视便不难发现，自梯田形制出现在滇南红河南岸并且有了水利灌溉活动以来，这就是一个异源性的多族群社会。这也是过往研究常常忽略的问题，格尔兹在讨论其"尼加拉"灌溉社会时将从事灌溉活动的群体统一称为"巴厘人"，这种大而化之的称谓，当然是为了服务他论题的核心：地方和国家如何在灌溉组织活动中实现联系。事实上，巴厘人是从 12、13 世纪前后才开始从爪哇岛逐渐向巴厘岛迁徙的，也即尽管格尔兹所描述的 19 世纪巴厘岛的"尼加拉"灌溉社会大多数由巴厘人来维系，但并不能因此就将与巴厘族（Bali）存在异源性的其他族群，包括 12、13 世纪以前的原住民排除在外，格尔兹更多的是要论述传统政治对地方统治的戏剧象征形式，故其将族群和族群关系排除在"剧场国家"的讨论范围之外也不足为奇了。同样是稻作生计方式的多民族社会，利奇的缅北高地研究则相对有了整体观意识，他发现"关于克钦人的民族志就不是掸人，关于掸人的民族志也不研究克钦人，这差不多成了人类学的惯例"②。利奇不但对克钦人的分支进行了阐述，同时关注到了与克钦人为邻的掸人和缅人等族群。"掸人居住在河谷，在那儿的灌溉农田中种植水稻；他们相对比较开化，其文化多少与缅人有些相似。对比之下，克钦人则居住在山区，他们那儿主要以刀耕火种方式种植稻谷。"③ 事实上，这样的族群分层（这里仅仅指不同族群所处生态位意义上的分层）在民族国家的多民族地区是随处可见的，传统哈尼梯田灌溉社会里，哈尼族、彝族、一部分壮族、傣族等都在这里从事稻作生计，并占据着各不相同的生态位。

---

① 《傣族简史》编写组、《傣族简史》修订本编写组编《傣族简史》，民族出版社，2009，第 11 页。
② 〔英〕埃德蒙·R. 利奇：《缅甸高地诸政治体系——对克钦社会结构的一项研究》，杨春宇、周歆红译，商务印书馆，2010，第 1 页。
③ 〔英〕埃德蒙·R. 利奇：《缅甸高地诸政治体系——对克钦社会结构的一项研究》，杨春宇、周歆红译，商务印书馆，2010，第 1 页。

尽管在一张平面图上很难精确地标识出哈尼梯田灌溉社会各个民族所处的确切生态位，但如图 2 - 1 所示，在多族群的梯田灌溉社会中，苗族和瑶族通常分布在 1600～1800 米的高海拔山区；哈尼族、彝族通常分布在 1000～1600 米的哀牢山中高海拔地区，同时有一部分壮族；傣族、少部分汉族和部分壮族分布在 200～600 米的干热红河谷地中，当然也有极少部分傣族分布在中高海拔哈尼族和彝族的过渡地带。

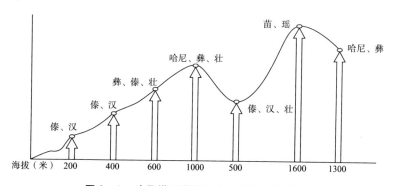

图 2 - 1　哈尼梯田灌溉社会多民族立体分布

资料来源：笔者根据自身对梯田农耕民族立体分布格局的理解绘制而成。

总体上，梯田稻作民族"大杂居，小聚居"的格局基本是成立的，但族群分布的地理边界并未严格按照海拔来界分。哈尼梯田遗产区所在的元阳县，按照地势地貌和海拔分层通常分为河谷、下半山、上半山、高山四种区域，海拔 600 米以下一般称为河谷热区，这种地形占全县总面积的 5%，占全县总人口 4.53% 的傣族（六普数据）通常就在低海拔干热河谷地区尚水而居，除了同源的壮族和一部分汉族外，当地傣族很少与其他民族毗邻而居。海拔 600～1400 米为下半山区，海拔 1400～1800 米为上半山区，这两种地形区合起来占全县总面积的 84%，这里是梯田最集中连片规模性分布的区域，也是哈尼族、彝族和少部分壮族的聚居区，哈尼族占全县总人口的 53.92%（六普数据），彝族占 23.46%（六普数据），壮族占 0.93%（六普数据）。毫无疑问，因为是同源民族，哈尼族通常会与彝族为邻并且较早开始了交往交流甚至相互缔结姻亲关系。很多个案表明彝族通常还会和壮族居住在一起，在语言、习俗上相互影响，互相接近。海拔 1800 米以上为高山地区，约占全县总面积的 11%，除了少部分的哈尼族村寨，这里主要散布着苗族和瑶族，苗族占全县总人口的 3.49%（六普数据），瑶族占 2.25%（六普数据），这些地方通常已经不再是稻作宜耕区，因而本书未针对处于梯田稻作生计圈之外的苗族和瑶族展开更多的讨论。

几种民族共同占据一个生态位，或是同一个民族同时占据几个生态位的现象也时有发生。类似于《族群与边界——文化差异下的社会组织》中描述的墨西哥南部恰帕斯高地上的多族群社会，"从文化的角度看，截然不同的族群在相同的大致区域里相互接触，形成了一个综合的社会实体，这些成员在某些生活领域，尤其是商业交易领域里不断地相互影响"①。哈尼梯田灌溉社会而不是梯田景观形制更有人类学意义上的讨论价值之原因，在于多族群的文化"多元性"特征提供了同质文化系列的东方个案。

一 多民族与"梅花间竹"的立体筑居模式

梯田灌溉社会中的多民族生活习惯和社会行动逻辑受到地理环境的支配，不仅表现在顺应山水形变的开沟造田活动中，还表现在建筑形制与筑居空间布局的安排上。以哈尼族、彝族和傣族为典型的因山就势的空间结构，在物理和文化空间上具有明确的区隔，在生产和生活的日常上却有频繁的互动，这种既严格又突破的边界，体现在多民族"梅花间竹"式的立体筑居模式上，这种空间围聚方式对我们理解族群之间、国家与地方、地方内部的关系都具有启示意义。

与那些陆续修建的大大小小的交通沿线相比，多民族的村寨更多的是散布在一条条纵向河流（自中间梯田高地向两边红河、

---

① 〔挪威〕弗雷德里克·巴斯主编《族群与边界——文化差异下的社会组织》，李丽琴译，马成俊校，商务印书馆，2014，第 88 页。

藤条江河谷）两侧的分水岭[①]上，因为相邻两条纵向河流的中间往往是凸起的相对平坦的高地，传统梯田稻作民族在这里围聚村庄利于排水，除了河流，在实地考察中可以发现，大大小小的村寨通常都分布在可以提供灌溉用水的大型冲沟的两侧。

不同民族的不同村寨密集地分布在梯田较为集中连片的核心区内，因为这里是农耕民族赖以生存的土地——梯田最集中连片的地方，且哈尼族村寨居多，彝族次之，在这个区域内几乎没有傣族聚落（主要是因为海拔问题），整个梯田核心区共有大小村寨82个，它们通常是拥有50~100户村民的小规模村寨。包括梯田核心区和缓冲区在内的全部集中连片的梯田供养着约11.35万人口。[②]

就具体分布情况而言，未参与梯田稻作生计圈的苗族和瑶族除外，哈尼族主要聚居在中高海拔的灌溉水源地上，彝族、壮族通常选择在纵向河流的中间河段上，而傣族则在水系末梢的河谷热区上，多族群沿着纵向河流自上而下"梅花间竹"般的筑居模式，在梯田灌溉社会中形成了一条条生动、立体的民族生态文化线。以发源于梯田核心区全福庄、大鱼塘村并汇入红河水系的麻栗寨河为例：麻栗寨河水源附近的全福庄、大鱼塘村、箐口村属哈尼族村寨，位于麻栗寨河中下游邻近河谷低地的石头寨则是彝族聚落，并间以部分壮族、哈尼族寨子，到了河流的末端与红河水系交汇之地一片狭长的冲积带上就是傣族聚居的干热河谷坝区了。在发源于西观音山的者那河水系中，接近水源头的西观音山脚下的七座、西乃座等为哈尼族寨子，到了流域中断的果期、果统村就有彝族和傣族村寨插花居住，至于其末端的河谷冲积平地毫无疑问就是傣族聚落了。而另一端发源于东观音山的大瓦遮河及马龙河水系，其水源附近的大瓦遮村、爱春村、哈单普村、新

---

① 分水岭：是指分隔相邻两个流域之间的山岭或高地。分水岭的脊线叫分水线，是相邻流域的界线，一般为分水岭最高点的连线。

② 资料来源：云南省人民政府颁布实施的《红河哈尼梯田保护管理规划（2011—2030）》。

寨、水井湾等村寨无一例外都是哈尼族村寨。汇入藤条江的两条河流，其一发源于勐品村，是彝族、哈尼族混居的寨子；其二发源于一碗水村，是纯哈尼族村寨。这种既成的历史筑居布局，一定程度上可以解释梯田农耕族群进入红河南岸（至少是最先到哀牢山南段中高海拔）地区开沟造田的先后顺序——在梯田农耕环境中，除了首先选取宜垦宜耕的土地，充沛的灌溉和生活水源就是世居民族建村建寨的重要标准，因此，较早进入该区域试图将滨湖平坝农耕经验向哀牢山梁继续移植的梯田稻作民族对水源和土地的依附程度是不言而喻的。

【访谈 2 - 1】访谈节选：哈尼族先民建寨选址寻水源的历史

访谈对象：国家级非物质文化遗产传承人，MJC，男，哈尼族，元阳县新街镇爱春村委会大鱼塘村人，贝玛

访谈时间：2016 年 10 月 16 日

我们哈尼先祖从红河南岸想办法渡江过来之后，陆陆续续上山找居住的地方，先祖每到一个地方要先建寨子，寨子选址最重要的事情就是先找到合适的水源，我们先祖是智慧的先祖，寻找水源时会观察盘旋在人群周围或寻找在茅草房檐上筑巢的燕子，看看燕子筑巢所用的泥巴是从哪里衔来的，就去哪里建大寨，因为燕子衔泥土的地方水和土比较好（哈尼族传统建筑中的蘑菇房、土基房，墙体需要大量的泥土、石材混合物，这些墙体的泥土需要黏性比较强的红土掺水混合之后才能形成，才能经受住风吹日晒，哈尼先祖受到燕子筑巢的启发，认为有水有红土的地方适合建大寨）。当老寨子的人口足够膨胀时，就要建立新寨子，新寨子的选址就要看燕子筑巢的泥土。因此，在哈尼族的传统习俗中，不能随便伤害燕子，甚至不能用手去指燕子，因为燕子是给老祖宗带路建造"普玛"大寨的神物，一旦触犯了神灵，人们就得不到光明和温暖。

二　梯田灌溉社会中的哈尼族

广义上讲，哈尼族是我国西南边疆历史最为悠久的少数民族之一。就其族源而言，哈尼族是北来氐羌系统南向迁移分化后形成的主要民族之一，自春秋战国时期以"和夷"一名始见于汉文史籍以来，一直是"西南夷"的重要组成部分，历史名称中出现过和夷、和蛮、哈尼、和泥、窝泥、倭泥、斡泥、俄泥、阿泥、阿木、卡堕等四十余种称谓。[①] 哈尼族是一个历史悠久、支系众多、文化多元的民族，语言属汉藏语系藏缅语族彝语支，无本民族传统文字。民间宗教信仰内容丰富。学界认为哈尼文化滥觞于长江上游和黄河上游地区的今甘青川藏接合部，[②] 后沿纵贯甘青川藏的"民族走廊"南向位移并跨境而居，主要分布在我国云南省，以及境外东南亚的越南、老挝、缅甸和泰国北部山区等地。中国境内的哈尼族主要居住在云南"三江两山"地区，即红河、把边江、澜沧江、哀牢山和无量山。其分布轮廓东起我国云南省境的红河、金平、屏边等县区，境外延伸到越南北部山区，西至泰国北部的清莱、清迈等府，北至云南省昆明、楚雄、玉溪等地，呈扇形椭圆状分布。当前中国境内哈尼族人口为 163.0 万人（2010年），属云南省 15 种特有少数民族之一，占云南省总人口的3.55%，居云南省少数民族人口的第 2 位。

中国境内的哈尼族主要聚居于滇南、滇西南红河流域、哀牢山系，呈扇形分布状态。绝大部分集中分布在云南南部，红河（礼社江）下游与澜沧江之间的山岳地带，即哀牢山和蒙乐山的中间地区。其中景东、镇沅两县地跨哀牢、蒙乐；景谷、思茅、普洱各县和西双版纳州东部在蒙乐山境；孟连、澜沧和西双版纳州

① 《哈尼族简史》编写组、《哈尼族简史》修订本编写组编《哈尼族简史》，民族出版社，2008，第 4 页。

② 白玉宝、王学慧：《哈尼族天道人生与文化源流》，云南民族出版社，1998，第363 页。

西部在澜沧江以西地区；双柏县西南部、新平县西部以及元江、墨江、江城、红河、元阳、绿春、金平各县均在哀牢山境。① 主要信仰本民族传统民间宗教，语言上按照地域分布和语音语调差别，可以划分为哈雅、豪白、碧卡三大方言区。

从其自北向南迁徙的历史源流来看。哈尼族长达 5500 行的迁徙口述史诗《哈尼阿培聪坡坡》"系统地描述了哈尼族从诞生、发展到迁徙各地，直至今日所居之地的路线、历程，各迁居地的生产、生活、社会状况以及与其他民族的关系，包括各次重大争战等历史状况"②。《哈尼阿培聪坡坡》全文七章提到了哈尼族迁徙史上八个重要的地理区位：虎尼虎那—什虽湖—嘎鲁嘎则—惹罗普楚—诺玛阿美—色厄作娘—谷哈密查—红河南岸哀牢山。③ 哈尼族迁徙的历史时间轴分别与八个空间区位相对应："虎尼虎那高山"④ 章节讲述的是哈尼先祖的创世神话，此时的哈尼先民尚处洪荒时代，在历史时间定位上无据可考；"什虽湖"⑤ 章节描述了哈尼先民完成第一次迁徙之后到达的湖滨之地，在这里，粗放式的原始农业开始作为一种辅助的生存手段，与采集狩猎生计方式并存，后因"哈尼先祖在此放火烧山撵猎物时，不幸引发山林火灾，七天七夜的大火让什虽湖从人间天堂变成了地狱，哈尼先民第二次踏上了迁徙之路"⑥；"嘎鲁嘎则"⑦ 章节记载了哈尼族与

① 《哈尼族简史》编写组编《哈尼族简史》，云南人民出版社，1985，第 1 页。
② 史军超：《哈尼族文学史》，云南民族出版社，1998，第 356 页。
③ 李力路、Steven D. Lord：《试论〈哈尼阿培聪坡坡〉所载各迁徙阶段的历史分期》，《红河学院学报》2008 年第 6 期。
④ "虎尼虎那"位置，一说是巴颜喀拉山口两麓之黄河、长江源出地区，一说是昆仑山。参见陈燕《哈尼族迁徙研究的回顾与反思》，《思想战线》2014 年第 5 期。
⑤ "什虽湖"位置，一说是川西北高原与青南高原隼合之纵谷地区，一说是青海湖，学界多倾向于后者。参见陈燕《哈尼族迁徙研究的回顾与反思》，《思想战线》2014 年第 5 期。
⑥ 李力路、Steven D. Lord：《试论〈哈尼阿培聪坡坡〉所载各迁徙阶段的历史分期》，《红河学院学报》2008 年第 6 期。
⑦ "嘎鲁嘎则"位于青甘川交界处，参见陈燕《哈尼族迁徙研究的回顾与反思》，《思想战线》2014 年第 5 期。

"阿撮"① 人交往交流的和谐民族关系;"惹罗普楚"② 是哈尼族迁徙史上的重要转折点,"在这里哈尼先民的社会形态发生了巨大的变化,掌握了稻作生产方式,并且正式开始农耕定居生活"③,同时,哈尼族最典型的建筑形制——蘑菇房也开始出现;"诺玛阿美"④ 章节在哈尼族集体记忆中尤为重要,是哈尼族世代口耳相传的圣境密地和灵魂归栖之所,哈尼先民在第四次迁徙,抵达圣地"诺玛阿美"之后"在这块土地上整整生活了十三辈"⑤;"色厄作娘"⑥ 被描述为先民短暂停留的一片滨海平坝地区;到了"谷哈密查"⑦,哈尼族的族群文化、经济和社会发展程度都达到了历史的高峰时期;当哈尼先民最终迁往山高林密的红河南岸哀牢山区定居后,与其他世居民族一起创造了哈尼梯田稻作农耕文化景观。尽管哀牢山的元江、墨江、红河、元阳、绿春、金平、江城等县是哈尼族人口最集中的地区,但是仅仅是江外(红河南岸哀牢山南段)的红河、元阳、绿春、金平四县才是梯田最为集中连片分布的地区,也即只有这些地方的哈尼族各个支系,才是典型梯田

---

① "阿撮"是哈尼族先民在迁徙过程中建立了良好互动往来关系的一种族群,按照迁徙史对该群体相关文化、族群特质的描述,应该是指今天傣泰民族的先民。

② "惹罗普楚"位置,一说位于岷江上游,一说在今甘肃天水市一带。参见陈燕《哈尼族迁徙研究的回顾与反思》,《思想战线》2014年第5期。

③ 李力路、Steven D. Lord:《试论〈哈尼阿培聪坡坡〉所载各迁徙阶段的历史分期》,《红河学院学报》2008年第6期。

④ 关于"诺玛阿美"具体位置争议颇多,第一种观点认为"诺玛阿美"在今四川省雅砻江、安宁河流域;第二种观点认为"诺玛阿美"在今四川凉山礼州一带;第三种观点认为"诺玛阿美"在西昌邛海湖滨或西昌之西的安宁河"阿泥河"河谷平坝;第四种观点认为"诺玛阿美"在成都平原。参见陈燕《哈尼族迁徙研究的回顾与反思》,《思想战线》2014年第5期。

⑤ 李力路、Steven D. Lord:《试论〈哈尼阿培聪坡坡〉所载各迁徙阶段的历史分期》,《红河学院学报》2008年第6期。

⑥ "色厄作娘"具体位置在哈尼族不同的迁徙古歌中所指不同,在《哈尼阿培聪坡坡》中的"色厄"当指大理洱海地区。

⑦ "谷哈密查"具体位置在哈尼族历史中不确定,有观点认为"是一个随着民族迁徙而移动的地名,不同哈尼族地区所称的谷哈可能确有不同所指,但《哈尼阿培聪坡坡》中的'谷哈'当属昆明"。参见陈燕《哈尼族迁徙研究的回顾与反思》,《思想战线》2014年第5期。

稻作农耕民族。在哈尼族人口在 5000 人以上的 20 个聚居县区中，在红河南岸的红河、元阳、绿春、金平四县集中连片从事梯田稻作垦殖活动的哈尼族占了 20 个县总人口数的 47% 左右（见表 2-1）。因此，尽管梯田稻作农耕生计是哈尼族贡献给人类的最典型的山地农业文明奇迹，但并不意味着，梯田稻作是全体哈尼族的唯一生计方式。

表 2-1　哈尼族人口在 5000 人以上的 20 个县及人口数量

县名	人口（人）	占该县总人口比例（%）	备注	县名	人口（人）	占该县总人口比例（%）	备注
红河	231919	78.22	1	澜沧	49715	10.10	11
墨江	222174	61.63	2	宁洱	45998	24.77	12
元阳	206336	52.00	3	个旧	28555	6.21	13
绿春	196040	87.80	4	思茅	27393	9.20	14
金平	93330	26.20	5	镇源	25394	12.17	15
元江	89510	41.17	6	建水	14431	2.72	16
景洪	83704	16.10	7	新平	12600	4.40	17
勐腊	68373	24.27	8	景东	12477	3.47	18
勐海	63357	19.09	9	峨山	12054	7.40	19
江城	57473	47.29	10	孟连	9585	7.07	20

资料来源：根据第六次全国人口普查相关数据绘制而成，"哈尼族人口分布及状况"，http://www.360doc.com/content/13/0723/13/9090133_301939595.shtml。

　　本书主要讨论的是那些位于红河南岸哀牢山南段，以梯田稻作农耕为主要生计方式的哈尼族，而非中国境内的全体哈尼族。作为世界文化遗产哈尼梯田景观形制及梯田文化的主要缔造者之一，也是哈尼梯田核心区主要的世居民族之一的哈尼族，在族源上属于氐羌系统的古羌人，在哈尼梯田核心区所在地元阳县有罗碧、罗缅、阿邬、豪尼、郭宏、多尼（原为堕尼）、百宏、阿松等多种自称。分布在红河南岸哈尼梯田稻作农耕区的哈尼族，以信仰本民族传统民间宗教为主，哈雅、碧卡、豪白三大方言区的语言在这里都有分布，内部又因地域区隔分为数种次方言区，服饰、习俗、饮食和节庆文化因分布地域不同有略微差异。

历史及文化源流简况。梯田灌溉社会中的哈尼族这个范畴，仅仅是指哈尼族这个族称之下，分布在哀牢山南段红河南岸，操哈雅、碧卡、豪白三大方言区下属九种方言和若干南部方言土语，并从事梯田稻作农耕生计的那一部分哈尼族，或是指中国现代民族国家民族确立过程中经由国家行政力量自上而下双向互动识别出来的单一民族——哈尼族的几种支系，他们在滇南红河南岸中高海拔的哀牢山崇山峻岭中维系着传统稻作与灌溉活动。

梯田农耕区范围内的"哈尼族人民的经济主要是农业，他们依山造田，开沟引水，编织出一幅幅壮丽的农耕图景。水田以生产稻谷为主，旱地生产苞谷、地谷、荞子、豆类等。经济作物有棉花、花生、甘蔗。主食稻米，次为苞谷"[①]。

梯田灌溉社会中的哈尼族，主要以山地农耕的梯田稻作垦殖为基本生计。在红河南岸从事梯田稻作农耕生计的这一部分哈尼族，与他们的邻居彝族、壮族、傣族等，在相同的生计空间内实现着长时段的交往交流与多元并置的互嵌共生关系。在居住空间选择上，跟缅北高地的克钦人和掸人一样，"克钦人和掸人几乎在哪儿都是近邻，在日常生活的事件中他们也常相互牵扯到一起"[②]。哈尼族似乎到哪里都喜欢与他们同源的彝族为邻，梯田灌溉社会中的哈尼族里流传着这样一句谚语："Haqniq Haqhhol qiq ma ssaq, Zadev lapil qiq gaoq taoq。"[③] 当地哈尼族摄入蛋白质的方式与他们的近邻彝族较为类似，与河谷低地的傣族却大相径庭。梯田灌溉社会中的哈尼族常选择在海拔相对较高的水源林附近居住，因此，他们也会选择在高山密林中狩取猎物，以满足日

---

① 云南省元阳县志编纂委员会编纂《元阳县志》，贵州民族出版社，1990，第627页。

② 〔英〕埃德蒙·R. 利奇：《缅甸高地诸政治体系——对克钦社会结构的一项研究》，杨春宇、周歆红译，商务印书馆，2010，第1页。

③ 哈尼文，这句谚语意为"哈尼彝族是一家，盐巴辣子一起舂"。

常蛋白质的需要，随着社会制度的变迁，如野生动物保护和国家禁猎制度以及山林水源保护制度的不断完善和推行，现在的哈尼族以食用鸭和稻田鱼类、一部分小耳朵猪等以及梯田的农副产品为摄入蛋白质的主要途径。从饮食结构来看，以山地稻作农耕为基本生计的哈尼族"主食大米，辅以玉米、荞子，煮饭多用木甑，调味品为哈尼豆豉等，饮料主要为白酒，即哈尼族焖锅酒。平时一日两餐，农忙三餐。蔬菜以青菜、萝卜、瓜、豆、芋头、洋芋为主，野菜有蕨菜、水芹、鱼腥草、竹笋等，常食畜禽肉和鱼、黄鳝、田螺等"①。在日常的饮食构成和比例上，迄今为止，蔬菜依然不是餐桌上的重要组成部分，这一点，彝族和哈尼族类似，一部分原因是山地农耕密集体能劳动造成的饮食结构不同，另一部分原因是中高海拔冷凉山区的温层和气候无法种植出大量的蔬菜品种。

图 2-2　哈尼族日常饮食菜肴

在婚姻家庭方面，梯田灌溉社会中的哈尼族普遍尊崇一夫一妻制，属于父权制小家庭结构，土地和财产实行"幼子承家"的

---

① 郭纯礼、黄世荣、涅努巴西编著《红河土司七百年》，民族出版社，2006，第207页。

图 2 - 3　哈尼豆豉

父系继嗣结构，家庭男性成员成婚后开始分家分户，过独立生活。"分家时，父母的田地、房产、牲畜、家具、农具等，平均分配给独立生活的儿子，幼子留在父母身边继承大房子，并负责祭祀祖宗。"① 哈尼族的基本婚姻制度就是一夫一妻氏族外婚制，血缘内的同姓不婚，近现代以来，一般崇尚男女社交和婚姻自由，父母和氏族不干涉，姑表和姨表有优先婚配权，历史上存在叔配寡嫂的转房婚制。

　　民间宗教信仰方面，梯田灌溉社会中的哈尼族与他们的大多数邻人——共同从事梯田稻作农耕生计的农耕民族一样，多信仰本民族传统的民间宗教——万物有灵的多神崇拜，这些民间宗教的共同特征是"崇拜自然万物，相信万物有灵，灵魂不死。其表现形式有三种：对自然力和自然物的崇拜、对精神或灵魂的崇拜、对祖先的崇拜"②。尽管梯田稻作民族对自然力和自然物的崇拜因族群性的不同而有各自的表现形式，但是他们对"天、地、日、

---

① 郭纯礼、黄世荣、涅努巴西编著《红河土司七百年》，民族出版社，2006，第226 页。
② 郭纯礼、黄世荣、涅努巴西编著《红河土司七百年》，民族出版社，2006，第251 页。

月、火、山、水的神化崇拜大体相同"①。就与梯田稻作农耕生计相关的神灵崇拜系统而言，哈尼族认为"摩咪"（天神）、"咪收"（地神）、"昂玛"（寨神）、"纠阿玛"（水神）、"搓司搓"（山公）、"腊必腊"（山母），都是给人们带来益处的神，②在灌溉生活的日常以及重大节日庆典中需要得到献祭。

哈尼族主持传统宗教祭祀仪式的民间宗教人士有咪谷和贝玛。咪谷由夫妇双全、品行端正、在村寨社会生活中享有威信的男性成员担任，经由村寨的全体村民选举产生，咪谷在哈尼族传统村寨中具有"鬼主制"时代沿袭下来的领袖"头人"的象征意义，在哈尼族的重要寨祭、集体公祭以及其他重要节气庆典、农耕礼仪中是不可或缺的象征性人物；贝玛是专职的"祭司"，也是哈尼族传统文化的传承人、"活字典"，哈尼族无本民族传统文字，其迁徙历史、传统礼俗、农耕技术、历法、殡葬习俗等都由贝玛来口耳相传，代代记诵，很多民间宗教仪式要由贝玛来主持，贝玛在传统哈尼族村寨中也具有重要的社会功能，他们能够卜凶问吉，主持各项祭祀活动，具有厌胜与持咒的能力，兼能用草药治疗一些民间常见疾病，在哈尼族社会中以父子或师徒关系代际相承。咪谷和贝玛这两种民间宗教人士，由古哈尼族社会中的三种能人"头人、贝玛、工匠"演化而来，咪谷是村寨传统权威和过去"头人"的象征，而贝玛是哈尼族社会中不可或缺的重要角色，在红河南岸传统社会中流传着这样的谚语"咪谷是村寨的咪谷，贝玛是家族的贝玛"。梯田灌溉社会中的哈尼族社会，在民间宗教和集体祭祀活动过程中，依然存在性别禁忌，女性不得参加神圣空间内的公共祭祀活动。

节庆、民俗和稻作农耕礼仪。梯田灌溉社会中的哈尼族，节日庆典及相应的民俗活动比较多。围绕稻作农耕生计活动而开展

---

① 郭纯礼、黄世荣、涅努巴西编著《红河土司七百年》，民族出版社，2006，第251～252页。

② 郭纯礼、黄世荣、涅努巴西编著《红河土司七百年》，民族出版社，2006，第252页。

的节日庆典，比较盛大的有"昂玛突"、"矻扎扎"和"扎勒特"
（十月年）等活动，俗称哈尼族三大节。"昂玛突"意为祭寨神，
在哈尼梯田稻作农耕区的豪尼、百宏、罗缅、阿邬、罗碧等支系
分布地区，通常在汉族的春节之后，举行他们的"昂玛突"祭寨
神仪式，这是一项以村寨为单位的集体公祭活动，一般在村寨上
方的寨神林里举行，由村寨的大咪谷主持，一般需要一个大咪谷
带领四至六个小咪谷共同完成祭祀仪式，"昂玛突"祭寨神活动一
般要举行三天，杀猪献祭，还包括一系列的"牺牲"祭品，整个
寨子根据人口多寡来决定杀猪的数量，比较大的寨子会分成若干
组来分片祭祀寨神林，如元阳县新街镇的全福庄村、麻栗寨村就
是两个典型的人口规模较大的哈尼族村寨，他们的寨神林就是按
寨内村民的居住布局分片的，祭寨神活动也分开进行。"昂玛突"
祭寨神活动的主要目的是：祭祀寨神，禳除灾祸，祈求寨神和天
神保佑一年风调雨顺，村寨安康。节日最后一天，全村人家每户
出一桌酒菜，从咪谷的家门口的场地上开始摆长街宴，每家每户
邀请亲戚朋友也包括其他民族的远方宾客，欢聚在一起，互致祝
福，一年中村寨有生了儿子或女儿的人家，要给咪谷磕头，汇报
"人口再生产"的情况，这些人家还要分别给长街宴上的村寨乡亲
敬酒递烟，接受祝福。在祭祀礼仪方面，除了有举寨的寨祭活动，
还有家户的家祭活动。

　　哈尼族的长街宴习俗，并不是一种"夸富宴"，而是哈尼族
"村寨主义"组织原则和传统财富观，以及逐渐变迁的族际交往观
念的一种生活写照。其一，在传统的哈尼族社会结构中，长街宴
并不对村寨神圣空间之外的"他群"开放，而是基于村落效忠的
集体议事原则的"共餐"式内生文化制度；其二，在传统意义上，
哈尼族的财富观同世界上许多其他国家和地区的民族一样具有
"消耗"而非"积累"的共性，比如居住在阿富汗和巴基斯坦交界
处的帕坦人就认为"财产不是为了积累，而是为了利用，财产本
质上并不重要，只有软弱的人才会着附在财产上并依赖于财产，
而强大的人把他的地位建立在内在的品质和人们对这些品质的认可

图 2 - 4　长街宴商业及展演活动

图 2 - 5　旅游文化产业开发中的长街宴

上，而不是建立在对物质的控制而达到对人的控制上"①，哈尼族
在理解财富消耗的维度上也与之类似；其三，随着社会的变迁和
多民族在稻作灌溉行动中的交往交流行动的日渐深入，哈尼族长
街宴的参与对象逐渐从面向村寨的内向性转向了面向其他寨际、
族际的外向性。关于在重要的农耕节日庆典中宴请四方宾客的礼
俗，分布在中半山区的同源民族哈尼族和彝族比较喜欢这样的表
述："今年×××节（可以对其他民族开放的那种传统民族节日庆
典）我家摆了××桌，来了很多亲戚朋友，彝族（哈尼族）那些
朋友，还有南沙的傣族也来了。"事实上，宴席上吃什么并不重要，
重要的是长街宴或者其他节日庆典中的家宴上所着附的这种人与人
之间关系的拓展和设宴的主人被认可的诉求，谁家的桌数更多，亲
戚朋友更多，就意味着这家的主人在内在品质、为人处世的态度上，
获得了更多人的认可，这也是衡量个人社会资本的一种符号表征。

哈尼族村寨的"矻扎扎"节通常在每年农历六月第一个属狗
日到属鼠日过，当然，不同的村寨在时间上也会有所区别，例如，
哈尼梯田核心区的攀枝花乡一带哈尼族村寨通常在每年的农历六
月二十二开始过"矻扎扎"节，节期也是三天。"矻扎扎"节是哈
尼族一年之中最隆重的节日庆典活动，每个哈尼族村寨都要在寨
脚的磨秋场立磨秋和秋千，杀牛祭祀，节日期间全寨群众不下田
劳动，集体休息。"矻扎扎"节由村寨的大咪谷率领若干小咪谷主
持，每年村寨还要轮流选举几户人家出来当"竜主"，祭祀用品
"牺牲"的采购、搭磨秋和秋千架、活动的组织等由这几户"竜
主"（在梯田缓冲区的果期、果统一带，这些人也叫"约头"）来
具体负责，节日的第二天举行隆重的祭祀仪式，在寨脚的磨秋场
上，由咪谷开刀杀牛，牛肉在村寨中按户平分，牛头牛脚以前归
咪谷，现在归几户"竜主"均分。盛大的"矻扎扎"节，哈尼族
会邀请远方的宾客以及其他民族的亲朋好友一起参加节日庆典。

---

① 〔挪威〕弗雷德里克·巴斯主编《族群与边界——文化差异下的社会组织》，
李丽琴译，马成俊校，商务印书馆，2014，第108页。

祭祀仪式也分为寨祭和家祭两种。

图2-6 "矻扎扎"节竜头搭磨秋

图2-7 "矻扎扎"节竜头搭秋千架

图 2-8　秋千架·磨秋·祭祀房

图 2-9　打磨秋的孩童

　　"扎勒特"汉称"十月年"节,是哈尼族规模较大、较为隆重的节日庆典活动,但是在世界文化遗产哈尼梯田区域内,分布在梯田核心区的哈尼族"十月年"没有"矻扎扎"节那么盛大隆重,而分布在梯田缓冲区黄草岭乡、俄扎乡、沙拉托乡等地哈尼族村寨的"十月年"比较隆重。哈尼族"十月年"通常在每年农历十月的第一个属龙至属马日期间,节期也为三天,即日起,全寨人民不事生产,节日里要将村寨打扫干净,妇女冲糯米粑粑和汤圆面，男人杀猪宰鸡，烹饪美味佳肴祭献天地和祖先，其间，亲友互访，邀请周边其他民族的朋友来做客，有的村寨也摆长街宴，宴请四方宾朋。"扎勒特"是庆祝丰收的节日，意寓山寨兴旺，五谷丰登，寨群成员团结友爱。

梯田灌溉社会中的哈尼族与稻作农耕相关的传统民俗节庆还有"合夕扎"（又作"合什扎""册夕扎"等），汉称"新米节"。因稻谷熟制、生长周期长短不一，哈尼族的"新米节"举行时间在农历七月至八月不一。通常是在每年农历七月，梯田里的稻作抽穗拔节，长到七成熟以后，哈尼族寨子就会以家户为单位，各自庆祝"新米节"，举行尝新米活动，大致时间一般会选在农历七月的属龙或属狗日。清晨，家户的主人到田里取回一捧连根带穗的稻子，暂置于屋后的菜园里。下午杀一只公鸡，采回瓜豆等新鲜蔬菜和鲜竹笋做菜，再将取回的部分稻子脱粒在锅中炒成米花，摆上茶酒敬献祖神。祭毕，先用米花喂狗，然后家人按照年龄小至大为序，依次抓米尝鲜。[1] "合夕扎"节庆期间，家家户户都要舂新米，杀鸡请客，预祝丰收。

此外，梯田灌溉社会中的哈尼族还有"莫埃纳""扎勒勒"等节日庆典活动，"莫埃纳"在哈尼语中为歇一歇、过过节的意思，每年夏历五月初五（与汉族的端午节同期）过节，过节期间，家家户户要杀公鸡，染紫色、黄色糯米饭献祭犁耙、锄头，用青草包一包糯米饭喂牛。"扎勒勒"类似于汉族的过冬。节日期间，各家各户都要舂米磨面，做汤圆祭祀，并在门头插一束马缨花，表示对美好生活的向往。[2]

【访谈 2-2】访谈节选：梯田核心区哈尼族一年生产周期内的主要节庆民俗活动

---

[1] 郭纯礼、黄世荣、涅努巴西编著《红河土司七百年》，民族出版社，2006，第230页。

[2] 云南省元阳县志编纂委员会编纂《元阳县志》，贵州民族出版社，1990，第631页。

访谈对象：国家级非物质文化遗产代表性传承人，LWX，男，哈尼族，元阳县新街镇土锅寨村委会大鱼塘村，咪谷

访谈时间：2016 年 10 月 25 日

我们哈尼族细细说来，一年到头都有节日和祭祀活动。

农历一月要祭火神；农历二月过"昂玛突"（祭寨神）节；农历三月过"普础突"节；农历四月各家各户种完庄稼后，分别在自己家里祭祀祖先，祈求庄稼丰收；农历五月，忙完春耕，是牛和人休息的时间，一般每家每户杀一只鸡在家里祭祀祖先，让耕牛休息；农历六月就是一年中最隆重的"矻扎扎"节了，汉人称我们这个节为"六月年"；农历七月第一个属马的日子，举行"德勒活"祭祀仪式；农历八月第一个属龙日，就是"合夕扎"新米节，要吃新米饭了；农历九月，田里的稻谷基本收完了，各自在自家的谷仓里祭献祖先；农历十月，各自在家里用糯米团祭献祖先。

围绕稻作灌溉的农耕祭祀礼俗方面，哈尼族还有三月（农历三月）的祭火和祭野兽，五月的祭水，七八月的祭山、祭岩石、祭水井等纷繁的祭祀活动。[1]围绕稻作与灌溉活动的祭祀水井、水神、天神等农耕礼仪我们将在第三章中详细论述。

梯田农耕技术、制度和农事历法。在田制方面，红河哈尼梯田农耕区内主要有水田、干田、旱地、轮歇地四种。水田需常年蓄水，多种植水稻，也种植水芋、慈姑、莲藕等农作物；干田，无固定水源引灌，待雨季引山洪灌水才耕种，故亦称作雷响田，用来种植水稻；旱地分台地和坡地，以坡地为主，用来种植山谷（陆稻）、玉米、高粱、荞子、小麦、豆类、薯类等粮食作物和棉花、花生、香蕉等经济作物及蔬菜等，这类旱地通常出现在灌溉纵向水系从中高海拔向河谷低地过渡的区域；轮歇地一般耕种三

---

[1] 郭纯礼、黄世荣、涅努巴西编著《红河土司七百年》，民族出版社，2006，第252 页。

年左右，后休耕三四年，等增加肥力后再耕种。[①] 在哈尼梯田稻作农耕区，除了主要的生计作物——水稻作为粮食作物之外，还有经济和园艺作物，后来两种作物主要在纵向灌溉水系向河谷低地过渡的区域，以及河谷热区的傣族聚居地种植。哈尼族聚居区的水田和旱地普遍只种植一季作物。随着社会变迁和科学耕种技术的推广和普及，传统"刀耕火种"的耕种制度也逐渐固化为定耕稻作形式，近现代以来，随着梯田垦殖面积的不断扩大，梯田灌溉社会中的哈尼族传统的耕作习惯和制度有了改变，在一些海拔相对较低的哈尼族聚居区，也出现了双季稻种植，以及轮作、间种和套种技术。

梯田农事历法方面，空间上立体筑居的哈尼族、彝族、傣族，根据梯田农耕生产生活实践，结合自身的传统文化体系以及自然物候的认知系统，有各自的一套完整的农事历法体系，其中，以哈尼族的物候历法最为典型。"在长期的生产实践中，哈尼族创造了一套富有实用价值的农事历法，及物候历法。这种历法按照自然气候和物象变化轮回周期纪年，'以月亮圆缺轮回周期纪月，以12生肖纪日。1年有12个月，以每年阴历十月为岁首，1个月30天，一年共计360天'（《红河州志·民族篇》）。以树木发芽或落叶、花朵盛开或凋谢、候鸟往来或啼鸣来判断季节的变化，安排各种农事和祭祀活动。以观察日月升落和日影位置的移动来确定一日之内的时间变化。一年之中，生产农事活动安排主要是：冬季铲埂、搭埂、翻犁稻田、翻挖旱地、积肥和编织竹器、草席。"[②] 哈尼族的物候历法及梯田农事生产周期安排生动呈现于以十月为岁末和岁首的农事生产周期中，从一月到十月的农事安排，相应的祭祀活动都在其传统社会中世代相传，沿袭至今。

---

① 郭纯礼、黄世荣、涅努巴西编著《红河土司七百年》，民族出版社，2006，第167页。

② 郭纯礼、黄世荣、涅努巴西编著《红河土司七百年》，民族出版社，2006，第169页。

三 梯田灌溉社会中的彝族

尽管在哈尼梯田灌溉社会中并不占据人口数量上的优势，但在中国西南地区更加广阔的分布空间内，彝族都是一个庞大的、自我意识极强的族群。彝族的族源说，概括起来有东来说、西来说、南来说、北来说、濮人说、云南土著说、卢戎说、主源早期蜀人与又一源古东夷族融合说等。要了解彝族的来源，须追溯古代人们共同体的属系以及整个历史具体事实，才能正确说明这一族是如何形成的。新中国成立后50年，通过彝族地区社会历史的调查和对彝族史的研究，一个比较为多数学者所接受的看法是：彝族是以从"旄牛徼外"南下的古羌人这个人们共同体为基础，南下到金沙江南北两岸以后，融合了当地众多的土著部落、部族，随着经济社会的发展而形成发展起来的。①

在哈尼梯田灌溉社会中，彝族和哈尼族如影随形地交织在一起，相互毗邻，当然也有两种民族在同一个村寨里共生的情况，例如上文提到的攀枝花乡勐品村，在这种情况下，必然是人口较多的那个民族将人口较少的那个民族的所有族群印记完全覆盖，比如勐品村的哈尼族除了还有族群身份的历史记忆（双向记忆，该村的哈尼族本身，以及彝族都记得这个群体来自哈尼族），其余所有外显的文化特质都是人口较多那个民族的印记，包括语言、宗教等。从事梯田农耕生计的彝族也显示出了与生态位相同或相近的其他邻人迥然不同的气质特征，他们更有张力，明显外倾外向，更富有冒险和探索精神，更喜欢接触身边的其他族群，更倾向于接受新鲜事物。

这里的彝族的传统社会组织形态尽管表面上更多以血缘家族、宗族为基础，小范围内的迁徙和建村建寨的集体历史记忆对彝族寨群的关联性要远远弱于哈尼族，他们并没有更多的兴趣沿着流

① 《彝族简史》编写组、《彝族简史》修订本编写组编《彝族简史》，民族出版社，2009，第11页。

动和建寨史去反向追溯寨群源流，并寻找一个最高的聚合点，但他们的传统社会依然遵循"村寨主义"组织原则，与哈尼族一样，梯田灌溉社会中的彝族村寨在四时节令中也有很多集体的寨祭活动，虽然彝族的传统寨祭仪式的所指与哈尼族大不相同，但是这些大大小小的以村寨为单位的公祭活动也象征了他们以村寨集体利益为日常生活最高组织原则的"村落效忠"常态，与哈尼族略有不同的是，这里的彝族社会中，家族、血缘、亲缘团体的荣辱和利益对他们而言与村寨的集体最高利益是同等并重的，表现在他们对祖先的敬畏与崇拜以及生死轮回观也与哈尼族截然不同。

在世俗事务上最能体现当地彝族的"村寨主义"组织形式，村落社会生活的日常中，集体议事也是他们所遵循的一贯组织原则，但这种议事原则被切割到很多社群组织去实现民主的集体决议，包括公房组织、文艺队组织、狮子队组织、老年协会组织等，这些议事组织涵盖了不同的年龄层、性别层、职业层，他们的社会性别、社会分工意识比哈尼族精密，但似乎没哈尼族那样的"咪谷"组织和"贝玛"组织等的集体认可并具有传统的权威性的村落象征性组织。作为哈尼族如影随形的近邻，居住海拔、日常生计甚至是圈养家禽摄入蛋白质的方式都一模一样，但是梯田灌溉社会中的彝族没有选择像哈尼族那样建盖有茅草顶、石头泥土混合结构的蘑菇房，就传统建筑形制而言他们通常喜欢平顶的、有较宽敞的晾晒平台的土掌房居住，在饮食上，他们对同样的梯田稻作和农副产品的烹饪和制作方式也与哈尼族大相径庭，尽管也种植红米稻种，但是彝族的餐桌上很少见到梯田红米。

历史及文化源流简况。梯田灌溉社会中的彝族也是当地的主要世居民族之一，在他们的口述史记忆中，主要认同自身是来自北方的迁徙民族。根据语言的不同，有尼苏、仆拉、阿鲁（黄草岭分布）、姆基四种不同的自称。小型灌溉社会哈尼梯田的彝族，语言属于汉藏语系藏缅语族彝语支，操数种南部方言和元阳次方言，梯田核心区内的彝语大部分相同。元阳县的部分彝族地区流传着自己古老的文字——"毕摩文"，是一种超方言的音节文字，

图 2 - 10　彝族传统土掌房建筑形制

多数字形还保留着象形文字的痕迹，总字数一万余字，常用字形一千余字。字形多用于"毕摩"的祭词中，这套文字的传授形式有两种，一是父子相承，二是"毕摩"授徒传承。① 相较于梯田灌溉社会中的其他民族，当地彝族的民间乐器、歌舞艺术等较为发达，大大小小的彝族村寨都有各式各样的文艺队、狮子队等。

【访谈 2 - 3】访谈节选：彝族仆拉支系概况

访谈对象：LZX，男，彝族，元阳县南沙镇人民政府工作人员

访谈时间：2018 年 2 月 9 日

石头寨村委会隶属南沙镇，该村是元阳县彝族（仆拉支系）的主要聚居区，仆拉人主要居住在石头寨村委会石头寨村民小组。石头寨村委会有 6 个自然村 13 个村民小组，共有 920 户人口，占了全村委会总人口的 60% ~ 70%。石头寨村民小组是该村委会中最大的村民小组，纯彝族村落，共有 500 余户人。当地彝族认为"仆拉"这个支系通常是指当地的彝族

---

① 云南省元阳县志编纂委员会编纂《元阳县志》，贵州民族出版社，1990，第635 页。

和其他民族通婚后繁衍的后代。石头寨后山是新街镇的胜村、新寨村委会片区，石头寨的田地广涉南沙（镇）干热河谷地带的五亩、五邦、大沙坝等傣族村寨，而石头寨的水源来自麻栗寨河右岸的主鲁、麻栗寨等地。彝族仆拉支系的语言和本地的彝族尼苏等支系不同，语音语调中有一半哈尼族语、一半彝语，因此，虽然是同一个民族，但是仆拉人学尼苏话比较容易，而且有的仆拉语言与尼苏话音同，但是意思不一样。

民族关系方面，石头寨彝族仆拉人与其他民族长期保持和谐共处的关系。历史上，石头寨的各民族（以彝族为主）曾与山下的南沙傣族结成过友好的"牛亲家""寨亲家"之类的互助和结盟兄弟关系。除了劳动力交换、生产工具互换等，还有兄弟间的友好往来，代代相传。如今，南沙傣族基本完成了城镇化，农耕生产也基本机械化，基本不再使用牛耕，但是代代相传的互动往来关系还在继续。南沙河谷地区主要种植香蕉和其他蔬果等热带经济作物，包括石头寨（因为田地主要在南沙），不再以种植水稻为主，石头寨向上延伸的田地并不在梯田核心区内，所以可以适当根据物候条件改变其种植方式。石头寨海拔在 1300～1800 米以上的田地，无法进行产业转型，因气候、土壤、地形等因素，传统梯田稻作生计方式无法改善，也还基本维持传统稻鱼鸭的种养生活方式。各种民族生活在一起，生产生活上的换工，生产成本就相对节约了，大家在农忙时节相互帮忙。石头寨的彝族等民族，因为田地多数在南沙傣族聚居的地区，田地较远，所以，他们通常与南沙傣族结成友好的互助关系，借一下牛、镰刀等生产工具都比较方便。石头寨彝族的水田向下延伸到南沙傣族地区，向上延伸到山上的主鲁、倮铺等地，上山也和当地的哈尼族等结成友好的关系，传统农耕社会中，石头寨的人要上山去砍柴火。与南沙傣族也有牛亲家和寨亲家关系，结成盟誓兄弟关系的不同民族迄今都互相往来。

传统祭祀礼俗方面，石头寨的彝族和当地其他民族会在大年初一、初二去东观音山脚下的观音阁烧香，也会和南沙傣族一起祭祀麻栗寨河上的天生桥。传统民俗方面，彝族仆拉支系也和元阳彝族其他支系一样，过着传统的"咪嘎豪"节。"咪嘎豪"这一彝族传统祭祀活动，在元阳县范围内主要是牛角寨、攀枝花等地的彝族举行得比较多。"咪嘎豪"与哈尼族的"昂玛突"在形式上基本一样，但是祭品和内容不一样，彝族也有他们的寨神林、竜树林。石头寨仆拉人也有土庙之类的其他民间宗教活动的祭祀场所，现在已经演化成为村寨老年人休闲娱乐的地方，每逢初一、十五，老年人会去庙里吃斋娱乐，祭拜神灵，当地祭拜的神灵基本上是地方神、区域神。

民间宗教信仰方面，梯田灌溉社会中的彝族与他们的近邻哈尼族一样，有着自然崇拜和祖先崇拜的传统，信仰万物有灵的自然崇拜，但是在祭祀礼仪和物化的自然崇拜对象方面有具体的差别。彝族以崇拜天神、火神、山神尤为突出。彝族史诗《尼苏夺节》中记载，天神是造天、造地、造万物和人类的神，主宰着人类和万物的生与死。天是属鼠日生，地是属牛日生，人是属虎日生。故每年春节后的属鼠日祭天，属牛日祭地，属虎日叫魂。[①] 当地彝族的民间宗教人士有"毕摩"和"苏遮"两种。彝族"毕摩"为男性，与哈尼族"贝玛"一样，通晓本民族历史典故，是彝族传统历史和文化的传播者，"毕摩"同时还承担占卜、治病、祭祀、祛灾的社会职能，在传统彝族村落社会中具有较高威信。"苏遮"为女性，主要在民间承担厌胜与持咒的职能，能够驱鬼祛灾，在传统村落社会中具有一定的影响力。梯田农耕社会中的彝族是多神崇拜的民族，民间祭祀民俗活动较多，其中以祭寨神的

---

① 郭纯礼、黄世荣、涅努巴西编著《红河土司七百年》，民族出版社，2006，第252页。

"咪嘎豪"最为隆重。与汉族杂居的彝族，受汉族佛教文化的影响，部分彝族妇女也会与汉族妇女一道信佛礼佛。

节庆、民俗和稻作农耕礼仪。在饮食结构上，梯田灌溉社会的半山区和坝区的彝族主食稻米，辅以玉米、洋芋；高山区的彝族主食玉米、荞子，辅以大米、洋芋。煮饭多用木甑，男性好饮烈性酒，女性好饮甜白酒。平时一日两餐，农忙时一日三餐。蔬菜以青菜、萝卜、瓜、豆、芋头、葱、韭菜为主，野菜有甜菜、苦刺菜、鱼腥草、马苦菜、水芹、蕨菜、栖花、竹笋等。梯田养殖的禽畜、鱼类、田螺也是彝族摄入蛋白质的主要方式。彝族的风味食品主要有火烧猪腊肉、麻辣田螺、百旺等。[1] 在婚姻家庭方面，彝族也实行父系继嗣的土地和财产继承制，儿子成婚后与父母分家，自立小家庭，幼子一般与父母同住，男性家长制蔚然成风，男主人负责全家生产劳动的安排，经济收支、婚丧喜庆和祭祀也由男性大家长安排。婚姻实行一夫一妻制，同宗不婚制较严格，五代之内的亲表兄妹不通婚，严禁两兄弟娶两姐妹。传统时期的彝族社会，父母包办婚姻的现象较为严重，随着社会的开发和变迁，现在也崇尚婚姻自由。在婚姻上，同源且毗邻的彝族与哈尼族之间的流动更频繁。当然也不排除相对较少数的哈尼族、彝族与低地河谷热区的傣族流动的个案。在田野的事实案例中，似乎彝族更易于向哈尼族流动，尤其是彝族娶哈尼族的数量相对较多，对当地的彝族而言，他们在这方面更加具有灵活性，且他们的双语（同时能讲本民族和周边相邻民族的语言）或者多语能力更加突出，因为在梯田灌溉社会中，彝族在人口数量上并不像哈尼族那样占据显著的优势，且在生产生活空间上又常常与哈尼族（以及一部分壮族、傣族）为邻，出于这样的外部性原因，彝族（尤其是彝族中的男性）在双语或多语技能的掌握上反而具有优势，但是这种需要他们掌握多语技能的外部条件，具有张力性，也即，

---

① 郭纯礼、黄世荣、涅努巴西编著《红河土司七百年》，民族出版社，2006，第207页。

这种"多语要求"的外在环境并不要求他们做出认同上的改变。

彝族在一个农事生产周期内的节日庆典活动较多。与梯田农事生产密切相关的传统节日庆典为祭寨神"咪嘎豪"和"火把节"。"咪嘎豪"又称祭竜,一般在农历二月属龙、属马或属羊日祭祀,节期为三天,祭祀由民间宗教人士咪色主持。村民一年一度推选出来的竜头组织"咪嘎豪"活动,竜头必须为人正直,夫妻健在,儿女双全,身上无刀枪伤痕,传统上由推选出来的竜头负责向各户收取祭祀款,筹办祭祀活动,一年一换,现在一般由村民小组长来扮演竜头角色,负责祭品采买和节庆筹办活动。祭祀寨神林的前一天,村寨的"毕摩"要带领一群人从寨头到寨尾举行"扫寨子"仪式(第四章将详细论述该项民俗),意寓驱鬼驱邪,同时还有祭祀建村建寨老水井的活动。仪式当天,全寨的男性成员要到村寨的寨神林里举行仪式,各家各户端出黄糯米饭和彩蛋献祭,有新生男孩儿的人家,要奉上一壶米酒,向神灵报备人口添丁,之后全村男性成员在寨神林里共进晚餐,享用"牺牲"(祭品)。第三天,每家每户要备好一桌酒菜,集中在村广场上,宴请宾客,欢聚一堂。每年农历六月二十四,彝族开始过"火把节",节期与哈尼族的"矻扎扎"节相近。彝族认为,火神力大无比,既是光明的源泉也为灾害的祸根。因此,每年农历六月二十四,聚众点燃火把,举行祭祀火神活动,祈求免除灾难。[①] 彝族的火把节又称作"星回节",具有祈祷丰收的意寓,火把节期间祭祀的主要是水神、田神,背着火把到田间烧害虫。除了集体的公祭活动,每家每户都要祭祀各自的水神,要背公鸡、公鸭到田间,摆祭台,在龙潭边摆好祭台,摆放三碗水、三碗米饭、三炷香,祭献田神。

此外,梯田灌溉社会中的彝族,还有一系列与稻作农耕相关的祭祀活动。例如,为使村民平安无恙,风调雨顺,五谷丰登,

---

① 郭纯礼、黄世荣、涅努巴西编著《红河土司七百年》,民族出版社,2006,第252页。

六畜兴旺，每年农历二月初二还要祭山神；农历七月十四过祭祖节；同时也过彝族的"新米节"，在祭祀仪式方面与哈尼族大致相同；还有彝语称为"咱哈库莫"的"冬月年"节，这是彝族太阳历的新年，意寓辞旧迎新，节期从农历冬月二十四日开始，杀猪、宰鸡，延续到腊月初一，举寨彝族呼朋引伴，邀约亲友，共同庆祝。

梯田农耕技术、制度和农事历法。梯田灌溉社会中彝族由于大多与哈尼族毗邻而居，在梯田灌溉技术、制度层面上，与他们的邻人哈尼族之间有较多的共性，这方面的文化叠层、稻作农耕技术共享、制度相承现象也比较普遍。在农事历法方面，据一些地方文献记载，历史上的彝族曾用过太阳历，以十个月为一年，一年之中前五月为阳，后五月为阴，每月 36 天，全年为 360 天，另 5 天为过节时间，不计入全年天数。在太阳历下，彝族每年要过两次年，为大年和小年，春节为大年，火把节为小年。[1] 当前梯田灌溉社会中的彝族，何时改行夏历不得而知，事实上，与哈尼族处在同一生态位上的彝族，在农耕时序上，更多的是采纳了哈尼族的物候历法，来安排他们的梯田稻作生产。

四 梯田灌溉社会中的傣族

傣族同样是一个历史悠久的民族。由于傣族社会的不断发展以及与祖国内地联系的不断加强，远在公元前 1 世纪前后，汉文史籍已有关于傣族的记载。傣泰民族人口数量颇多，除我国傣族外，分布于泰国、缅甸、老挝诸国的暹罗、掸、老等族，彼此都有共同的族属渊源，在古代汉文史籍中常常被称为"掸"，又与华南壮侗各族合称为"越"，故掸傣各族与古代"百越"，亦有共同的族属渊源。[2] 中国境内的傣族约有 126 万人，主要分布于我国西南地

---

[1] 云南省元阳县志编纂委员会编纂《元阳县志》，贵州民族出版社，1990，第636 页。

[2] 《傣族简史》编写组、《傣族简史》修订本编写组编《傣族简史》，民族出版社，2009，第 1 页。

区伊洛瓦底江上游及其支流、怒江、澜沧江、红河、金沙江等江河流域，传统傣族聚落多处于河谷热区及高原盆地中。由于中国境内大部分傣族与南传上座部佛教系统紧密相连，故境内傣族的历史研究多聚焦于德宏和西双版纳地区，红河流域主要信奉本民族民间宗教系统的傣族的相关研究成果较少，但红河以及金沙江沿岸的傣族也具有重要研究价值及典型的民族文化符号意义。红河境内的傣族自称和他称复杂纷繁。有"傣""傣尤""傣拉""傣朗""傣卡""傣尤傈""傣傈""鲁傣鲁南""傣娄""傣洛""傣端""布莽""傣雅""摆夷""摆依""把依颇""阿簇啪""阿簇""依""比玉""朴丹""黑傣""白傣""普洱傣""水傣""旱傣""水摆夷""旱摆夷"等 20 多种自称和他称。具体而言，梯田灌溉社会中傣族有如下几种支系。"傣尤"。居住在红河县勐龙傣族乡的勐龙河、勐甸河、大黑公河，元阳县的乌湾河、丫多河、者那河、麻栗寨河、大瓦遮河、马龙河、杨系河、芒铁河、芒巩河、逢村岭河等沿岸的傣族，至今仍称"傣尤"，共有 64个自然村 1300 多人。"傣傈"是"傣娄""傣洛""傣罗"的别译。原本是他称，现已成自称。居住在红河流域和藤条江流域的傣族，至今大多自称"傣傈"，并与自称"傣尤"的傣族交错定居，共有 30 多个自然村，人口约 1700 人。[1]

本书主要讨论的是位于世界文化景观遗产红河哈尼梯田稻作区内，世居并参与梯田垦殖，主要信仰本民族民间宗教文化的那一部分傣族。梯田灌溉社会中的傣族，虽未完全参与到山地梯田农耕垦殖方式中去，但却实实在在地处在梯田灌溉系统的末端，成为灌溉循环系统中的一极。

历史及文化源流简况。梯田灌溉社会中的傣族，主要分布在红河、排沙河、者那河、藤条江沿岸的河谷地带，定居于元阳全县 8 个区 21 个乡 64 个自然村。元阳县境内的傣族有傣尤、傣傈、

---

[1] 龙倮贵：《红河州傣族历史源流和族称及其流迁状况略考》，《红河学院学报》2008 年第 4 期。

傣尤俚三种自称。① 语言属汉藏语系壮侗语族壮傣语支。梯田灌溉社会中的傣族上溯其源，多为公元 1284 年前后，自西双版纳一带迁入。元阳傣族多居河谷热区②，这些地区气候炎热，土地肥沃，物产丰富，盛产稻谷，素有"江外河底，干茶白米"之称。③ 梯田灌溉社会中的傣族，由于长期在交通便捷的地方与汉族交往交流，受教育程度较高，文化基础较好，当地傣族的文学艺术、音乐舞蹈方面的造诣相较于其他民族也较高。

哈尼梯田核心区元阳县境内傣族按照服饰传统、语音语调和自称分为傣尤、傣俚、傣尤俚（傣尔来、花腰傣）三个支系，南沙镇聚居着傣尤和傣俚两个支系，傣尤居多，南沙傣族无本民族文字，通行汉字，通用傣泐方言红河方言土语，不同支系间有细微差异，但不影响族内交流。全部信仰傣族民间宗教，依然保留着"捧么美"④"尚墨"⑤"隆示"⑥"哄享"⑦ 等传统民间习俗。族源问题上，南沙傣族自述为"傣伦"（意指迁徙过程中落伍的傣族），今元阳县境内傣族傣尔来支系的民间口述史中，依然有先民从石屏、元江一带溯红河向下游往江外（指今天的红河南岸地区）迁徙的集体历史记忆，无独有偶，在今红河上、中游流域的新平、元江等地的傣族群中也有关于"落伍的傣族"的历史记忆。在南沙镇傣尤支系的傣语语音系统中存留的许多古老傣语音调，与今

---

① 史料文献记载的元阳傣族支系，与当地傣族民间集体历史记忆口述有些许差别。

② 少部分傣族居住在中半山区，与哈尼族、彝族混居，被当地傣族称作"冲沟里的傣族"。

③ 云南省元阳县志编纂委员会编纂《元阳县志》，贵州民族出版社，1990，第641 页。

④ 南沙傣族男女老少都有"捧么美"意即拴手线的习俗，手线分为红、黑、白三种，通过特定宗教仪式后才能佩戴，分不同情境佩戴，意寓辟邪祛灾，驱除鬼魂。

⑤ "尚墨"即文身，也叫刺墨迹，尚墨是傣族与其他族群身份区隔的重要标志之一，相当于成年仪式（十岁开始"尚墨"），主要是在手部的皮肤上刺象征生产生活工具的几何图案等。

⑥ "隆示"意指向传统宗教人士"美门"（师娘）等问询灾祸、疾病原因。

⑦ "哄享"即叫魂仪式。

滇西南红河上游新平县嘎洒镇花腰傣的古音调相似度颇高。

表 2 - 2　南沙镇傣族分布及人口概况（2016 年）

辖区（行政村 - 村民小组）		傣族户数（户）	人口数（人）	所属支系
南沙村委会	排沙村	137	565	傣尤
	菱角塘	92	335	傣裸
赛刀村委会	赛刀村	79	334	傣尤
	干冲村	66	267	傣尤
	龙大村	94	388	傣尤
	龙小村	69	308	傣尤
	乌笼村	140	607	傣尤
桃源村委会	田勒村	56	268	傣尤
	麻木寨	51	214	傣尤
	曼腊村	52	212	傣尤
	我贾村	76	290	傣尤
	那里村	54	210	傣尤
	热水塘	60	297	傣尤
元槟社区	槟榔园	89	350	傣倮
	五亩	101	375	傣倮
南林社区	南沙村	85	327	傣倮
	南沙新寨	54	226	傣尤

资料来源：根据笔者 2016 年 4～5 月在元阳县傣族聚居区调研访谈获得的数据绘制而成。

南沙傣族基本呈聚族而居的分布现状，在具体的居住格局上，傣倮不连片居住，而傣尤则通常连片居住，根据当地傣尤的民间口述记忆，中华人民共和国成立前，哀牢山区、半山区物质资源比较匮乏，一些山地族群会到河谷坝区掠取物质资源，出于安防的需要，一些傣族支系建寨时选择紧密连片居住。

【**访谈 2 - 4**】**访谈节选：元阳傣族及"冲沟里的傣族"**
访谈对象：BW，男，傣族，元阳县民族宗教事务局

访谈时间：2016 年 5 月 24 日

傣族在元阳境内有傣尤、傣倮等支系，在传统居住格局上，傣倮不连片居住，而傣尤通常是寨子紧密相连地连片居住，主要目的是安保，防止山上的居民来偷盗。在我们傣族老一辈人的记忆中，哈尼族最先迁徙到红河北岸时，他们没有办法渡江，住在河岸边的傣族帮他们摆渡过江。

元阳傣族的族源说：有东来说和北来说（长江流域）。元阳本地傣族对族源的解释，流传着"落伍的傣族"的传说，据说元阳一带的傣族是在傣族大举迁徙的过程中，落伍的那些（生病、体弱、跟不上迁徙大队的一支）傣族的后裔。关于落伍的传说：先民在沿着红河南岸迁徙过程中，有一批老弱病残或是年幼无力的同胞，落在了队伍的后面，迁徙大部队与这支落伍的队伍约定，前面迁徙的人员在沿途以砍倒的芭蕉树为标记，为后面的队伍指路，但是，砍倒的芭蕉树长势非常快，隔几天就长成新的芭蕉树了，于是后面的队伍就再也找不到前面大部队的迁徙路线，他们只能在红河南岸地区定居繁衍生息。

"冲沟里的傣族"是指相对排沙河流域干热河谷地区而言的，住在山区和河谷过渡地带的傣族。"冲沟"指相较于河谷平坝偏僻落后的地方。这些"冲沟里的傣族"大多数与哈尼族、彝族大杂居的同时保持小聚落聚居，他们主要讲傣语，但通常也会讲哈尼族话，唱哈尼山歌，生计方式跟彝族、哈尼族相接近，主要生计方式为种植梯田，他们的田通常与哈尼族、彝族连在一起，田里的灌溉用水就来自哈尼族的梯田，"冲沟里的傣族"既有傣倮支系，也有傣尤支系，在元阳县的新街镇有8个这样的傣族村落；马街乡也有一部分；牛角寨镇有1个这样的傣族村民小组，属于大顺寨，位于果期村脚下，牛角寨镇果期村委会的大顺寨傣族插花错落在哈尼族村落中，其他几个地方的"冲沟里的傣族"虽然穿插在其他民族的寨子里，但其内部又围聚为单独的村寨。

在笔者的田野调查中，这些被称作"冲沟里的傣族"的群体，通常具有双语或多语的能力，能讲一口流利的哈尼族话，唱哈尼山歌，与他们的近邻哈尼族和彝族一起从事梯田稻作农事和灌溉活动，但从表层可见的服饰、饮食、习俗到精神层面的民间宗教信仰、心理、认同等，他们都一直在进行着与哈尼族、彝族之间的"他我之别"的差别化表述。这应该是获得物质和社会生产资料以及分享社会机遇的一种策略性选择。

云南省境内的傣族因居住区域不同，宗教信仰具有地域两分性：分布在滇西德宏、保山、临沧等地的傣族主要信仰民间宗教及南传佛教，通用大傣方言并通行傣纳（德傣）文；聚居于滇西南西双版纳、普洱等地的傣族主要信仰南传佛教，通用傣泐方言并通行傣泐（西傣）文；而散居在滇南金沙江流域、红河流域的傣族则主要信仰传统的民间宗教，不同支系使用各自方言土语，并通行汉字。梯田灌溉社会中的傣族，主要信仰本民族传统民间宗教。"生活在红河流域两岸及临近县的约 16 万傣族，历史上没有受到上座部佛教的影响，至今仍然保留着浓郁而单一的原始宗教信仰，形成非佛教信仰区傣族文化的鲜明特质。"[1] "红河上游在中国境内通称元江，其流域指云南省玉溪地区和红河哈尼族彝族自治州的部分县、市，分布在这一地带的傣族同胞达 10 万有余，占中国傣族人口总数十分之一强。他们和西双版纳、德宏等地傣族一样，在精神文化领域内自古拥有原始宗教崇拜；其崇拜的主体是渊源于氏族制社会的祖先崇拜，即'家有家神、寨有寨神、勐有勐神'，它们成为傣族自古以来民族文化认同的内聚力。"[2] 梯田灌溉社会中的傣族同样信奉多神崇拜和先祖崇拜，当地傣族人民认为天地间存在强有力的天神、地神、树神、寨神、鬼神等。传统傣族社会的鬼神观念较强，相应的祭祀活动有祭竜（后文将

---

① 刘江：《红河流域傣族对自然界的传统认知和阐释——以新平县花腰傣的灵魂观为例》，《云南民族大学学报》（哲学社会科学版）2005 年第 1 期。

② 朱德普：《红河上游傣族原始宗教崇拜的固有特色——并和西双版纳、德宏等地之比较》，《中央民族大学学报》1996 年第 1 期。

详述的隆示活动）；祭树神；祭阴兵，每三年举行一次，时间在栽完秧后的属虎日，主要祭奠战死者；祭谷魂（后文详述）；等等。[1]

南沙傣族民间宗教信仰万物有灵，有本民族独特的神灵崇拜体系，民间有两套宗教人士，"美门"（师娘、神婆）和"伯门"（神汉）主要负责卜神问卦，占卜凶吉，驱灾避祸；"匝批"（男祭师）和"宋批"（女祭师）是可以在婚丧嫁娶中主持宗教仪式的祭师。[2] 汉俗将傣族社会主持祭鬼仪式的人称为巫师，因职能和功能范围不同有"田""劳术""拉术""毛布"之分，其中以"田"这类民间宗教人士在传统的傣族村落社会中较为常见。

节庆、民俗和稻作农耕礼仪。在饮食结构上，梯田灌溉社会里的傣族喜食糯米，煮饭多用木甑。一日三餐，夏季每日煮一次饭，中晚餐多吃冷饭。蔬菜主要有韭菜、旺菜、水芋杆、山药、茄子、黄瓜、南瓜、木瓜等，少数地区食水苔藓，喜食猪、牛、狗肉和鱼虾水产。男子嗜酒，女子喜嚼槟榔。风味食品有扁米、酸鱼和"龙粑"。[3] 傣族分布在物产较为丰富的河谷热区，历史上与相邻民族的物质交换频率较高，他们摄入蛋白质的方式和种类也相对丰富。

在生计结构上，近二十年来，梯田灌溉社会中的傣族的传统稻作生计方式发生了重大变迁。元阳县城搬迁到南沙后为保障县城的生活饮用水而征用了五亩等几个村寨的灌溉用水，所以近几年，这些区域的干旱现象较严重，当然，随着城镇化进程的推进，南沙城区的傣族田地都被征收作为城市规划的基础设施和建筑用地，除了县城附近的者那河河口那一带还有一部分水田和旱地，其他大多数傣族寨子基本已经实现了城镇化。

家庭与婚姻结构。梯田灌溉社会里的傣族，是一夫一妻制家

---

① 郭纯礼、黄世荣、涅努巴西编著《红河土司七百年》，民族出版社，2006，第255页。
② 资料来源：笔者于2016年4~5月在元阳县傣族聚居区访谈调研的田野笔记。
③ 郭纯礼、黄世荣、涅努巴西编著《红河土司七百年》，民族出版社，2006，第208~209页。

庭，一个核心家庭包括父母和子女，或者祖孙三代。子女长大结婚后，要分家分户，可以分到少量土地和财产等生产生活资料。年迈的父母大多数会选择和幼子或者幼女居住，家庭财产由与父母同住的幼子或幼女继承。需要强调的是，该区域的傣族以家庭为单位，构成独立的生产单位，梯田农事生产中的性别分工较明确，男性负责抗犁使耙、打谷子等重体力活，女性在承担家务劳动的同时，也要参与稻作生产中的薅秧、插秧、割谷等劳动。在财富的积累方面，河谷低地的傣族明显比山地的哈尼族、彝族等稻作民族有规划性；在婚姻结构方面，傣族的社交和婚恋相对较自由，一般为一夫一妻制度。但缔结婚姻须由父母操办，历史上有"抢婚""偷婚"等形式（这种婚姻形式一般出现在青年男女自由恋爱受阻的情况下）。[1] 现代主要遵循国家法定的婚姻制度，传统婚俗变迁较大。

传统节日庆典。傣族与山地农耕的哈尼族、彝族等差别较大，甚至与经常处在同一生态位上的壮族之间也存在较大差别。总的来讲，当地傣族节庆文化内容丰富，除过汉族的春节、端午节等节日之外，还存留着族内独特的节庆文化，与宗教相关的节日有"伴莱勐"（汉译为"同乐节"），意为天上的先民与人间的子孙相聚同乐，在南沙傣族地区每三年过两次，农历二月初二举行，其间有系列宗教祭祀活动；"隆示"即祭树神（竜林），祭祀活动时间因寨子不同而各有差异；"摩潭"即天生桥祭拜天神祈雨仪式，后文将详细论述；"拉万"即清扫寨子的仪式，每年的农历八月，各个傣族寨子举行宗教仪式以驱赶鬼神，纳福祈祥；"哄享靠"即"叫谷魂"，是南沙傣族稻作文化的宗教仪式体现；"挡布庙"意为"祭庙"，在南沙傣族的村寨中，历史上有很多土庙[2]，傣族群众在

---

[1] 郭纯礼、黄世荣、涅努巴西编著《红河土司七百年》，民族出版社，2006，第221页。

[2] 这里的土庙是指民间宗教场所，与南传和汉传佛教无关，笔者于2016年5月到南沙镇排沙村沙仁沟村民小组调研访谈时求证过，这些傣族民间历史上供奉的土庙，里面的神灵是多元的，沙仁沟村民小组的土庙里供奉的就是雌雄石狮子。

庙中祭拜，旨在借助神灵的力量摆脱现实的疾苦，实现精神的寄托，宗教仪式过程十分隆重。南沙傣族的传统宗教节庆仪式投射了其精神文化的整体观和哲学宇宙观，即便是在受汉文化的影响而开展的汉族节庆中，也融入了典型的傣族文化元素，诸如春节（南沙傣族称"紧央"）、端午节（南沙傣族称"紧冷哈勐雅"）、清明节（南沙傣族称"横又"）之类的传统节日，在南沙傣族社群中也融入了傣族特有的宗教文化礼俗，呈现"傣化"了的地方性特质。

具体而言，梯田灌溉社会中的傣族与稻作灌溉活动相关的节日主要有：开门节；关门节；"隆示"，即"祭寨神"；叫谷魂；对歌节；等等。开门节又称傣族春节，时间与汉族春节相同，农历腊月二十四，傣族寨子家家户户都要清扫房屋，给屋顶添土，浆洗衣服。二十五日为一年之最后一天，即日不事农活，故称关门节。农历十二月二十七或二十八，与汉族同俗，杀年猪，冲粑粑，贴春联，迎新春。开门节又叫出门节，每年正月的第一个属鼠日为节期，各地仪式不同，以傣倮自称的，节日这天，村里要办四周酒席，到后山一个固定的祭祀点祭祀，祭祀分东南西北四方，每年只祭一方，年年如此，轮方祭祀。过了开门节，人们就可以使锄头，抗犁耙，投入当年的春耕生产了。"隆示"即祭寨神活动，古代傣族立寨，都要植树纪念，故傣族人民把立寨种下的树当作村寨保护神。"隆示"的大致时间在农历二月，具体时间各个村寨不尽相同，一般由立寨人（最早建村建寨的人家）领头，全村男性到一棵专门的树下祭祀，"隆示"期间互相走串亲戚，互道节日祝贺。大顺寨一带的傣族在"隆示"的第二天，青年男女要到河里捞鱼摸虾，直至傍晚再将捕获的鱼虾各取少许，放入江河，意为愿来年鱼虾满江河，捕不完，捞不尽，当晚在河畔共餐，男女青年同吃同乐。"叫谷魂"是与稻作农耕生计最密切的节庆活动。每年农历十月，五谷进仓，傣族人民都要选择月末的最后一个属龙日叫谷魂。是日，各户都要到田间杀上一只母鸡，点燃一堆稻草或秕谷祭祀。祭祀后取少许稻草或秕谷带回家，放入仓里。以示孤魂已经归家，以后就可开仓用粮。[①] 此外，梯田灌溉社会中还有演绎出来的泼水节等传统民族节庆活动，后文将详细论述。

梯田农耕技术、制度和农事历法。梯田灌溉社会中的傣族，因为聚居地区的水热光照、土壤气候情况与山地稻作农耕民族迥异，他们的稻作物生长周期、熟制等都不同，也因此决定了稻作农耕技术、稻作灌溉制度与他们的邻人之间的巨大差别。耕作制度："元阳县的南山等低海拔地区，早在一百年前就种植双季稻，早稻称大谷，晚稻称小谷，但面积小，产量低，两季单位亩产300公斤左右。"[②] 因为迁徙历史和与汉文化接触交往交流关系等原因，梯田灌溉社会中的傣族没有传承其本民族的传统农事历法，稻作农事生产的安排以当地汉族的历法为主要依据。

第三节　稻作与灌溉：梯田农耕生活的基本形式

尽管随着世界文化景观遗产符号身份的获得，梯田灌溉社会诸民族的文化多样性本身也会成为世界关注的焦点，当地各族群众也因此获得了关于生计发展的更多元选择的可能，但自前工业社会时代就已经产生的稻作农耕文化的惯性依然存续是无可否认的事实。在中国传统农业社会中稻米和灌溉活动何以如此重要？这应该是一个区域性的论题，我们可以从人类学家的很多著述中找到个案：在印度尼西亚从格尔兹笔下的巴厘"尼加拉"灌溉单位到斯科特笔下吉打州"赛达卡"水稻作业，再到同样在东南亚的利奇民族志中的缅北高地中，河谷的掸人灌溉农田水稻种植以及山地克钦人刀耕火种稻作种植，相应区域内的几种近邻都是围绕稻作展开相互联系。汉学家弗里德曼讨论中国东南的宗族社会

---

① 云南省元阳县志编纂委员会编纂《元阳县志》，贵州民族出版社，1990，第644页。

② 郭纯礼、黄世荣、涅努巴西编著《红河土司七百年》，民族出版社，2006，第169页。

时指出"在福建和广东，灌溉性的稻田是最普遍的农耕土地，而且将稻米——至少在理论上——作为主食"①。大贯惠美子认为"在自我与他者的区隔与表征的辩证过程中，人们会选择重要的食物与烹饪作为隐喻"②，因此才有了"吃米的亚洲人和吃面包的欧洲人"的区分，稻米之于日本人的重要象征意义，在以稻米为主食的传统中国农业社会大部分区域乃至整个"环太平洋稻作文化圈"也具有同样的表征意义，这样的论述，我们还可以罗列出无数个案。

说到稻作农耕类型，哀牢深山腹地的梯田农垦方式远比我们想象的要精细。"云南种植陆稻的烧垦农田即刀耕火种历史悠久，规模巨大，数千年延绵不绝。这种农耕形态，在人烟稀少森林广布的时代，堪称资源循环、综合利用、可持续生计的杰作。目前由于生态、环境、政治、经济、社会的变迁，其规模已大大缩小，然而历史不会忘记，它曾是包括澜沧江在内的湄公河流域、红河流域以及云南其他江河流域人类创造的辉煌的一大农耕文明。"③尽管学界针对"刀耕火种"是破坏生态的粗放型生计方式的传统说法已经做出了校正的努力，但大而化之地将红河南岸的梯田农耕生计模式归为"刀耕火种"的稻作农耕类型，恐不能完全涵盖高山梯田垦殖和灌溉技术，持续千年之久的梯田稻作农耕方式虽不比欧洲种植园精致农业般精细，但也不属于"刀耕火种"垦殖方式的亚类型，诚如岛国日本要在有限的、宜耕的土地资源上发展稻作，以养活不断膨胀的人口，就不得不从滨海平原向低山丘陵和中高海拔山区转向以提升土地综合利用，修筑梯田将山地精耕农业发挥到极致成为他们的首要选择。事实上，哈尼梯田也是

---

① 〔英〕莫里斯·弗里德曼：《中国东南的宗族组织》，刘晓春译，王铭铭校，上海人民出版社，2000，第13页。
② 〔美〕大贯惠美子：《作为自我的稻米：日本人穿越时间的身份认同》，石峰译，浙江大学出版社，2015，第3页。
③ 尹绍亭：《云南江河与文明》，载《人类学与江河文明——人类学高级论坛2013卷》，黑龙江人民出版社，2013，第13页。

逐渐南迁的依山依水族群作用于特殊地理环境的特定产物，"在前工业时代以前的农业正规条件下，自然结构对于提供粮食和组织人类关系的人的行为具有决定性影响"[①]。因此，稻作生计和灌溉活动是梯田农耕族群依据哀牢山山水形变特征做出的适应性选择，梯田形制更是特定生产关系下一定生产力水平的反映，将梯田垦殖和水利灌溉活动视为主题的人的生计活动，以及稻作生计、灌溉活动乃至与之关联的更深远的族群关系才是梯田这个庞大的"生产机器"背后最值得探究的问题。

一　稻作、梯田垦殖与人口再生产

"稻作空间是以特定的农作物的生产、分配、流通以及消费所构成的文化空间。"[②] 一般而言，人们会将稻作空间与江河文明做出惯性的联想，在多山大河的亚洲的大部分区域，流域文明研究中关于稻作文化的讨论也是重要议题，稻米，毫无疑问地成为这些区域人群日常主食的首选。红河作为中国西南地区的重要水系之一，其稻作史与流域史一样源远流长。"20世纪五六十年代云南农科院所的调查，云南其时收集到的稻谷品种（包括水稻和陆稻）多达5000多种，如此丰富，实属罕见。而稻谷品种最为富集的地区，乃是以澜沧江中下游流域和元江（红河水系上游）流域为主的滇西南和滇南一带。稻谷品种丰富，必然有人工驯化、气候适应、土壤利用、耕作技术、栽培方式、水利灌溉、肥料施用、防灾减害、市场流通、食品制作、营养口味等等复杂深广的内涵。"[③]截至20世纪80年代的相关普查，仅元阳哈尼梯田核心区内就有200余种传统稻种尚在流传。

---

① 〔美〕卡尔·A. 魏特夫：《东方专制主义：对于极权力量的比较研究》，徐式谷、奚瑞森、邹如山等译，邹如山校订，中国社会科学出版社，1989，第3页。
② 刘珩：《江河文明与稻作空间：稻米的阶级、身份与知识》，《百色学院学报》2014年第4期。
③ 尹绍亭：《云南江河与文明》，载《人类学与江河文明——人类学高级论坛2013卷》，黑龙江人民出版社，2013，第13页。

迄今为止，在整个哈尼梯田灌溉社会中，稻米依旧是当地氐羌和百越系统后裔民族的主食，尽管不是村落生活的全部，但在相当长的历史时段里，稻作和灌溉活动在哈尼梯田农耕族群的社会生活中依然扮演着重要的角色，并成为他们组织社会和经济生活的基本形式。除了氐羌和百越系统后裔民族饮食结构和偏好取向的原因，作为主食的稻米在梯田灌溉社会中最重要的意义在于它为梯田稻作空间内的人口再生产提供了基本支撑。

在表 2 - 3 的人口变化趋势中，自中华人民共和国成立初期到1980 年三十余年的时间里元阳梯田的人口开始迅速膨胀，到了第六次全国人口普查期间的 40 余万人口还是出于国家计划生育政策的控制。同时，再来看可产出稻作物的水田①的变化，在 1984 年的全国第二次土壤普查中，元阳县水田面积为 30.04 万亩②，而同年当地人口总数为 309760 人③，人均拥有水田面积不到 1 亩，到了 2010 年，元阳县水田面积变为 168785 亩④，约合 16.9 万亩，人均拥有量锐减至 0.4 亩左右。不考虑耕作技术、现代饮食结构、当地人摄入蛋白质方式的现代变迁，以及粮食跨区域流通配置的因素，在这两组数据变化中，我们看到，梯田灌溉社会中因实现再生产而不断膨胀的人口，和生计方式、土地利用方式转变而不断锐减的水田数量，一个粗浅的结论是人口再生产与水田面积的迅速缩减，在反比例的方向上迈向两个极端，那么，我们不得不思考一个非常现实的问题，在生产力技术水平相对低下，生产工具相对落后的传统梯田农耕社会中，单位土地的粮食产出是如何供给和养活在历史纵轴上不断膨胀的人口的呢？其方法之一，自然

---

① 笔者注：这里只统计水田的数量而不是梯田的数量，梯田申遗成功后，作为景观的梯田总数，并不是能够为当地人民群众产出稻米这一主食的实际数量。

② 云南省元阳县志编纂委员会编纂《元阳县志》，贵州民族出版社，1990，第51 页。

③ 云南省元阳县志编纂委员会编纂《元阳县志》，贵州民族出版社，1990，第58 页。

④ 《元阳概况》，元阳县人民政府网，http://www.yy.hh.gov.cn/mlyy/yygk/201707/t20170713_35186.html。

是持续地拓殖宜耕的土地，传统梯田农耕社会最初解决人口与土地资源矛盾的办法，我们甚至在哈尼族关于先民开沟造田的口述史中能找到一些痕迹。

表 2 - 3 　1950 年、1980 年和 2010 年元阳县人口总量变化情况

单位：人

年份	总人口	农业人口	非农业人口
1950	102333	94083	8250
1980	292890	281256	11644
2010	424284	403261	21023

资料来源：元阳县地方志编纂委员会编纂《元阳县志》，云南民族出版社，2009。

【访谈 2 - 5】**访谈节选**：哈尼族梯田垦殖与父系继嗣

访谈对象：MZQ，男，哈尼族，元阳县文体广电局

访谈时间：2017 年 4 月 6 日

笔者：M 老师，在咱们哈尼族的梯田开垦历史上，梯田的数量具体是怎么增加的呢，为什么要不断地开垦新田？

MZQ：传统梯田农耕社会，每户人家每生一名男孩，就会开一片新田。新开的梯田叫作子田，子田要与母田相连，母田就是这户人家初次到居住村寨时最先开出来的那片大田，子田可以沿着母田从上往下挖，也可以从下往上挖，但子田的灌溉水源一定要与灌溉母田的主要水源相连接，这样在日后的灌溉和农事生产中就可以避免不必要的冲突和矛盾。

笔者：为什么只有生儿子的家户才能开新田呢？

MZQ：在传统的哈尼族农耕社会中，田产是由儿子来继承的，也就是常说的"幼子承家，余嗣分出"，由于哈尼族的传统社会分工不同，家庭中的男性成员管理生产周期中大的生计活动如抗犁使耙等，而家户的日常生活则由女性成员管理和安排。在仪式上也有差别，男孩子生下来七天可以由家长带着出门，生了男孩子的人家，要在屋外摆放犁和耙，这就是梯田农耕生计中最重要的生产工具之一了；女孩生下来

九天可以由家长带出门，生了女孩子的人家，要在门外摆放
捉泥鳅和纺织的工具，因为在传统哈尼族社会中，吃住行和
生计活动的劳动成果（如谷仓、纺织工具等）都由女性来
管理。

随着人口的增长，中高海拔的山地农耕族群不论是向上还是
向下继续开垦梯田，其延展性都不是无极限的，通常，在哀牢山
上，随着海拔的增高稻作产量是递减的，并且生长周期要更加漫
长，向上超过 1800 米的海拔，土壤和高山冷凉水都不能再供养稻
作的生长了；而如若一味继续向下开垦梯田的话，在传统农耕环
境中，显然这些山地氏羌后裔族群要面临来自河谷热区瘴气的自
然威胁，同时面临与低地异源性族群争夺生存资源和空间的风险。
那么，最好的选择就是使可控范围内的梯田稻作变得更精细化。

二　土地支配与灌溉活动

在传统梯田农耕社会中灌溉何以成为可能的问题，前面各节
已经做了足够的铺垫。从历史的坐标去考量梯田农耕文化的形成
与变迁问题，一个规模宏大的梯田灌溉社会的形成，其影响变量
必然是多元的，持稻作文化的异源性多族群的先后进入以及他们
出于生存需求进行的垦殖活动是"人相和"的重要基础，那些包
括气候、地形、河流、水源、土壤等在内的自然环境因素显然就
是"天时"和"地利"。归纳起来，促成哈尼梯田灌溉社会形成的
两个基本要件，一是生态约束（自然地理环境），二是多族群间的
土地（梯田）配置行为。

就生态约束而言，氏羌系统后裔民族沿着江河南向位移，在
较低的生产力水平和有限的生产技术条件下，出于克服自然地理
屏障和生计空间拓殖的需求，将江河和滨湖稻作移植到山地也不
足为奇。但是，获得稻作经验和存储丰富的稻种只是山地稻作生
计可能实现的充分条件，而充沛且源源不断地自上而下循环往复

流淌的灌溉水源，才是灌溉稻作成为可能的必要条件。

表2-4所呈现的雨热光照立体分层的情况，很直观地展现了哈尼梯田遗产区半山区开展灌溉活动的优渥条件——充沛的降水量、适度的光照以及适中的温层，正因如此，占元阳县全县总面积的84%的半山区（上半山和下半山的总和）成为世界文化遗产哈尼梯田最集中连片、规模最宏大的分布区。从这个角度来讲，人类对自然所谓的支配行为，不过是依据自然提供的客观条件，最大限度地从自然那里获取生存和再生产所需的能量。人类利用和改造自然的行动从来都不是恣意的，生态约束的殊异性早已决定了他们在不同的客观环境中从事相同的生计活动却获至了不同的能量，因此，山地稻作在耕作时序、生长周期和产出甚至稻作物所富含的微量元素等方面都是与江河稻作截然不同的。

表2-4 哈尼梯田遗产区地势立体分层的光热降水气候情况

地形分类	海拔	年均温（℃）	年均日照量（小时）	年霜期	降水及气候
高山区	1800米以上	11.6	1000	1.7天	多云雾阴雨
上半山	1400~1800米	15	1630	1.2天	雨量充沛，气候温和
下半山	600~1400米	18	2020	无霜期	雨量充沛，气温较高
河谷	600米以下	25	2430	无霜期	雨量少，蒸发大，炎热

资料来源：云南省元阳县志编纂委员会编纂《元阳县志》，贵州民族出版社，1990，第45页。

多族群对土地资源的配置行动及行为的内核就是公共资源与族群关系的讨论，这类集体行动除受自然生态约束外，也要受到持续共生的多元文化的影响。有意思的是，族群边界和多元文化并置的存续性，却在错综的土地权属关系中无限交缠，构成了丰富多元的和谐图景。尽管我们可以明确地举证，哈尼梯田灌溉社会迄今为止仍然不是血缘宗族结构的社会（关于梯田农耕族群"村寨主义"的社会组织结构我们将在第三章中详细论述），但是这并不影响它是农耕社会的本质，诚如我们在绪论中的讨论，哈尼梯田灌溉社会从在国家边缘到被纳入王朝延伸的土司治理范畴的过程中，其土地权属关系也发生着变化，因而具备弗里德曼讨论的中国东南宗族农耕社会的特征："总体而言，中国是一个农业人口占绝大多数的国家；这些生活在村落中的人们几乎都以某种方式联结着他们的土地和劳作。"① 而在典型传统稻作农耕环境的梯田灌溉社会中，梯田与村寨空间以及在不同民族之间交错的权属关系更加复杂，这与多族群自上而下"梅花间竹"的立体筑居格局有关，在梯田灌溉社会中，即便有局部散杂居的现象，但族群的边界和空间的立体分层是清晰呈现的，而"森林－村寨－梯田－水系"诸生态要素尤其是不同民族世代垦殖的梯田，依据山水形变自然生成，既不能按照村寨的物理边界那样明确切割，也无法按照族群的文化边界那样明确区隔，因而边界明确的族群往往被重要的生产要素——梯田串联起来，传统梯田农耕社会中生计主要依附于土地的多族群，必须共同支配和处理那些"你中有我，我中有你"的土地权属关系，在这个过程中他们都无法孤立地"独善其身"而必须开展各种互动往来关系。梯田（土地）权属关系的纵横排布是影响稻作民族相互关系的主因之一，而那些同样纵横交织的自上而下星罗棋布的河网沟渠系统则将这些关系进一步夯实了。因为在宜耕的土地上开展有效灌溉活动，才是梯田精耕农业成形的双重保障。"地形同样在和人的努力挑战。人类做了许多次重要的调整土地的工作，例如平整土地或者修筑梯田——人们做得最经常的看来是农业浇灌活动。"② 就像那些被梯田景观形制"前台"文化事象所遮蔽的族群关系一样，灌溉这项标识了梯田农耕族群基本的日常的行动，却没有得到足够的重视。

老虎嘴梯田片区多民族跨村落的土地权属及灌溉关系

老虎嘴片区的梯田是世界文化景观遗产哈尼梯田的三大

---

① 〔英〕莫里斯·弗里德曼：《中国东南的宗族组织》，刘晓春译，王铭铭校，上海人民出版社，2000，第13页。
② 〔美〕卡尔·A. 魏特夫：《东方专制主义：对于极权力量的比较研究》，徐式谷、奚瑞森、邹如山等译，邹如山校订，中国社会科学出版社，1989，第4页。

著名观景区之一，也是梯田遗产核心区内山势最险峻、气势最恢宏的景观区，该区域梯田平均坡度在 70 度以上，布局较为壮观。"老虎嘴"在当地彝语中称"倮尼皮"，汉译为"老虎嘴"，老虎嘴梯田由元阳县攀枝花乡勐品村、硐蒲村、保山寨村、阿勐控村四个村委会内诸多村落（自然村、村民小组）的梯田构成，约 6900 余亩。从山顶至山脚，梯田级数众多，海拔最高相差 1200 余米。稻作春种秋收的立体分层较明显，山脚偏热的中低海拔地区种的稻谷收获完了，山头的谷子才开始拔节抽穗。

正如弗里德曼观察到的在中国东南的宗族社会中"土地的共同拥有在经济生活中扮演着重要的角色。主要是宗族和村落共同拥有土地（既是宗族的又是地域的群体），但是，在一些个案中，土地的共同拥有者是其他类型的群体"[①] 一般，土地（梯田）的共有和共同支配，在汉族的乡土社会意义深远，对哈尼梯田灌溉社会中的族群及其历史关系的影响更甚，在这一点上，哈尼梯田灌溉社会与同为世界文化遗产的印度尼西亚巴厘岛上的苏巴克（subak）灌溉体系又有类似之处。"在某种意义上，灌溉社会是一种农业村庄，而巴厘人的确仍偶称之为'水利村庄'。然而，该团体的成员（Krama subak）却并非共同居住者，而是财产共有者——梯田之拥有者，这些梯田由引自遍布巴厘崎岖地貌上的数百个河谷的一条人工渠道引水灌溉。"[②] 只是，格尔兹没有对苏巴克灌溉系统内的"梯田之拥有者"再做出族类的细细划分（因为这不是他对"尼加拉"单位的研究重点），而哈尼梯田灌溉社会中的这些对梯田"财产"的共同拥有者则是因为其族群身份的互异性而更具有独特的研究意义。

① 〔英〕莫里斯·弗里德曼：《中国东南的宗族组织》，刘晓春译，王铭铭校，上海人民出版社，2000，第 15 页。
② 〔美〕克利福德·格尔兹：《尼加拉：十九世纪巴厘剧场国家》，赵丙祥译，上海人民出版社，1999，第 57 页。

三 哈尼梯田灌溉社会的几种类型

在以稻作和灌溉作为日常生活的基本形式的哈尼梯田农耕社会中，其灌溉组织类型更多的是基于多族群互惠式的纵向水利灌溉依附关系而结成。与格尔兹的"尼加拉"灌溉社会类似的是哈尼梯田稻作环境中的一个灌溉社会，通常也是指"从一条主干水渠引水灌溉的所有稻作梯田"[①]。当然，这种模糊的提示远不足以清晰描绘哈尼梯田灌溉社会，因为要称其为"社会"就需有行动者与能动作用，除了水源、梯田这些自然和生计要素，从事稻作的人及其灌溉组织活动才是赋予社会结构和逻辑的核心要件，具体来说，以一条自上而下的水系为基本脉络，去理顺它所串联的梯田、人群（不同的族群）、人与自然之间从支配到理解再到适应的关系、人与人之间基于协商性过水秩序缔结的跨族群/村寨的联盟或各种内外部冲突……如此种种才能勾勒出一个完整的梯田灌溉社会。如前文所述，东西对称的两列"观音山"山脉的水源林所涵养的水分是整个哈尼梯田核心区一切灌溉水系的"诸水之源"，以东/西观音山水源为起点向下流淌的数条河流中每条水系都自上而下串联了村寨、族群、灌渠和梯田，稻作族群在这些水系上组织着各自的生产生活并因共同的灌溉活动而发生突破边界的联系与互动，因而在哈尼梯田核心区内有无数个大大小小的灌溉社会。

在哈尼梯田灌溉社会中，界分灌溉社会类型的重要依据在于引水灌田的这条主干流的水源来自何处。如果水源来自"诸水之源"——东/西观音山，并且这条"入寨进田汇江河"的主干流一直延伸到了哀牢山山麓红河南岸的河谷热区，且将不同村寨的不同族群串联在了一起，那么它自上而下的过水区域所灌溉的稻作梯田片区就是一个大型灌溉社会。例如，前文提到的分别发源于

---

① 〔美〕克利福德·格尔兹：《尼加拉：十九世纪巴厘剧场国家》，赵丙祥译，上海人民出版社，1999，第81页。

东/西观音山的者那河水系等梯田核心区 6 条重要灌溉水系，每条
水系自上而下串联的族群与社会就可以分别归结为一个大型灌溉
社会，就物理空间而言，它可以串联十数个乃至上百个村寨；就
族群而言，它亦可自上而下关联哈尼、彝、傣、汉等诸民族。而
小型灌溉社会中灌溉主干流的水源通常发源于村寨上方的一片或
数片水源林汇聚而成的一个水源点中，这样的小型灌溉社会通常
是由一条人工开凿的主干渠及其支渠所串联，从水源林到村寨再
到村寨所属的被该主干渠所灌溉的梯田就构成了一个小型灌溉社
会。需要强调的是，灌溉社会的层级划分固然是以一条自上而下
的主干河流/干渠为依据，但并不意味着该干渠的过水区域或灌溉
的梯田范围内完全没有横向的联系，如前文所述，传统梯田灌溉
社会中还有那些跨村落、跨族群边界离散分布的土地（梯田）权
属关系存在，横纵向错节分布的田阡决定梯田垦殖者必然要沿着
纵向流淌的水系开凿纵横交织的渠道系统，因此，梯田、河流、
灌溉干渠在立体的山水形变中织造了密密麻麻的水网系统，这便
意味着，不能线性地去理解任意一个大型和小型的灌溉社会，它
必然是一个由横轴及纵轴交叠在一起的立体空间，而中型灌溉社
会通常是由几个纵横交织并且紧密相邻的小型灌溉社会构成的。
大、中、小型灌溉社会形构的自然前提是有一条主干河渠水系，
但其真正的内核在于那些内部灌溉组织制度和结构，这一点我们
将在后面的章节中详细论述。

　　图 2-11 的灌溉社会结构模型为我们呈现的是一个完整的大型
灌溉社会。水源林 1 流经村寨 A，浇灌村寨 A 寨脚的梯田，渗水再
流经村寨 B 的梯田，依次渗漏，到村寨 C 和村寨 D 的梯田，最终
汇入江河，这就是一个自上而下的小型灌溉社会，它在纵向上串
联了哈尼族、彝族、傣族等族群。以此类推，水源林 2、3、4 纵向
入寨进田汇江河的纵向灌溉体系也分别构成一个个小型灌溉社会。
水源林 1 与水源林 2 分别灌溉了相邻的村寨 A、村寨 B 的梯田，实
际上，因为村寨 B 的梯田延伸到了村寨 A 的寨脚，两寨梯田互为
交织，来自水源林 1 的灌溉水源与来自水源林 2 的灌溉水系必然在

某一个点上发生交汇，同样，水源林 2 与水源林 3、水源林 3 与水源林 4 都会在某一个点上交汇，因此相邻的两个小型灌溉社会一旦因为梯田、灌溉水系交缠就必然构成一个中型灌溉社会，它们在横纵向上串联了更多的村寨与族群。而在图 2 - 11 中，要对水源林 1、2、3、4 进行溯源的话，很直观地，它们都分别指向一个共同的"诸水之源"——东/西观音山，因此，这就是一个十分完整的由"诸水之源"的一条水系往下发散的串联不同的中小型灌溉社会的大型灌溉社会系统。

当然，梯田各个灌溉社会类型之间不是简单的包含与被包含的关系。因为受到田阡 - 村寨 - 民族错落分布关系的制约，以及后面将要讨论的制度要素的影响，理解不同的梯田灌溉社会类型之间的关系通常还要考虑稻作农耕族群的水文化、水技术、水崇拜和水管理的地方性知识之间的差异与关联，尤其是其中的制度要素，申言之，对哈尼梯田灌溉社会进行分类之关键在于如何理解大、中、小型灌溉社会之间的关联，更重要的在于理解这种关联背后的人与人之间的关系。在图 2 - 11 所示各层级的中、小型灌溉社会内部有一个"木刻分水"，大型灌溉社会的顶层有一个"石刻分水"，木刻/石刻分水机制（将在后面章节展开论述）是理解梯田灌溉社会各层级关系的重要依据。以村寨 A 为例，在传统梯田农耕社会中是指以一种或多种梯田农耕族群为主所围聚的村落，村寨 A 可以对应现代中国乡村组织形式的行政村（村委会），亦可以是一个自然村、村民小组，如果村寨 A 是一个行政村，那就意味着它包括若干个自然村或者村民小组，也就意味着从水源林 1 流下的灌溉用水是多点离散的，其灌溉指向的"根系"也就越发达，因而木刻分水机制在这个小型灌溉社会中就变得十分重要。简单地理解大、中、小型灌溉社会之间的关系的话，在图 2 - 11 的倒冠状树形结构中，从树形末梢的每丘稻田沿着其灌溉水源的来向往上倒推，都能在一个小型灌溉社会的分水木刻上找到一个聚合点，再沿着这个分水点继续向上追溯就能在一个"诸水之源"的出水干流上找到一个石刻分水的聚合点。因而它们是呈纵横相间的网

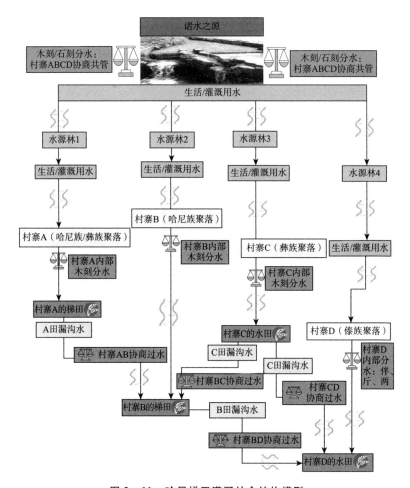

图 2 - 11 哈尼梯田灌溉社会结构模型

资料来源：笔者根据自身的田野实践和对哈尼梯田灌溉社会类型的分类与理解绘成。

络结构的。

世界文化遗产哈尼梯田景观，是梯田灌溉社会中的多民族"再生产整个世界"的历史实践活动中，将纵向水系变为灌溉资源，将土地变为生产资料（也构成了现代意义上的梯田景观形制）的结果，因此，梯田稻作生计圈内发生着历史、社会、文化关联的主要民族——哈尼族、彝族、傣族及其社会文化活动须得到重视。

　　自然资源尤其是充沛的自上而下的纵向灌溉水资源，构成了水"善利"的自然前提，多民族集体支配灌溉水资源行动中的制度安排、技术结构、组织原则、秩序逻辑等体现了他们对人与自然关系的理解与领悟，作为梯田农耕生活基本形式的稻作与灌溉活动从来都是生活在其中的多民族持续作用于自然环境，并在与自然发生物质、能量交换的关系中不断调适与跃迁的二元互动过程中实现的。

第三章　哈尼族的灌溉制度安排
与技术结构及水知识体系

　　在有关中国南方少数民族的典籍记载中，哈尼族与他们的近邻彝族并不是典型的"尚水而居"的族群，如果将某一民族和一种有代表性的特定生计方式对应起来，那些与水资源支配和灌溉活动紧密相关的稻作生计显然会更多地与傣、壮、侗等百越系统后裔民族对应起来。但从中国广袤辽阔的疆域面积以及阶梯式渐变且复杂多样的地理格局来看，从西北黄土高原地区到东部沿海低山丘陵区到中部江河平原地带再到西南崇山峻岭之间，都有点片状的梯田稻作生计模式分布，在其缘起的时间上，很难追溯孰先孰后，在这些区域依然从事梯田稻作（无论是水稻还是旱稻）生计的人群按民族来分也包括汉族、壮侗、苗瑶和彝族、哈尼族等，因此，对民族与生计对应的类分形式不能依据那些所谓的"常识"来简单切割。

　　大、中、小型梯田灌溉社会的类分只是基于灌溉水源及其过水区域自上而下的关联对哈尼梯田灌溉社会做出的粗略归纳。一旦置身于梯田稻作民族组织灌溉活动的细节中去，"像世居民族那样理解"他们各自的灌溉社会，便需要通过类型学意义上的"分组归类"法，将不同变量以及各种情势加以考量，尽管哈尼梯田农耕社会是一种基于民间力量和地方知识谱系所共构的灌溉社会，但是中国水利社会类型学研究的范式在哈尼梯田灌溉社会中依然具有启示意义，"研究者可以从各自所关心区域的实际特点出发，通过'分组归类的方法'建立水利社会的不同体系"①。

哈尼梯田灌溉社会中有两种既有典型意义又有显著区别的灌溉方式，将"山－坝"灌区一分为二，其一就是哈尼族和他们的近邻彝族以及一小部分壮族所处的山地河渠灌区，山地河渠灌区简单来说就是在中高海拔山区立体水系上开沟筑渠引水灌溉的区域；其二是以傣族为主的平坝江河灌区，平坝江河灌区的特征在于处在河川相间的低矮河谷平地上，可直接将汇入江河水系中的流水作为灌溉水源。诚如哈尼族民谚所言"有地有水才有人，有山有树才有水，有人有水才有谷，有谷有粮才有牲畜"。在哀牢山中高海拔地区因山就势"逢山开沟，遇水造田"，哈尼族、彝族在筑居格局上时常有边界（以村寨为单位的边界）地交缠在一起（梯田互嵌），很难将他们的灌溉活动明显界分，但在一个独立的（大、中、小型）灌溉社会中，哈尼族通常会选择在灌溉水源地上建村建寨，而二者的梯田稻作灌溉组织形式、社会组织结构，与滨河谷地围田而垦的傣族相比是截然不同的，因此将梯田稻作农耕分为两个大的灌区是成立的，而彼此相邻的哈尼族与彝族，虽然同处山地河渠灌区，但在社会组织的日常生活中还维持着森严的边界，故两者处理人水关系的载体、制度层面上的水秩序乃至精神层面上的水崇拜、水文化等也是差异巨大的。山地河渠灌区内部又可以分出不同的亚类型。

第一节　哈尼族灌溉活动的载体：
沟渠、水井、鱼塘

历史上的哈尼族对水的理解与认知，对水资源的利用与支配的经验系统的积累，始于他们对野生"草籽"向水而生的自然规律的观察，哈尼口述史中将水称作"亲亲的水娘"。

---

① 张俊峰：《水利社会的类型——明清以来洪洞水利与乡村社会变迁》，北京大学出版社，2012，第277页。

　　亲亲的兄弟姐妹，翻地要人教，开田要师傅。教翻地的
是大猪，教开田的是水牛。世上的哈尼永远离不开猪和牛，
世代哈尼牢牢记着猪和牛的情。远古的先祖把草籽栽下，到
了收获的日子，望见淌水的地方，草籽像天神栽种的一样好。
这是什么道理呢？草籽和水最亲近。喝过水的草籽是哪样？
就是金闪闪的谷子。从此啊，哈尼再也离不开水了，水像哈
尼的阿妈一样亲，是呢，先祖的后辈儿孙，水成了哈尼的命。
快用双手扒开山岩中的枯叶，快用双脚蹬开崖脚的乱石，快
去把封住水口的石头搬开啊，快把亲亲的水娘领出来
啊！——可惜先祖的四只手脚，扒不完山岩中的枯叶，蹬不
开崖脚的乱石。是先祖不会干活计吗？不是，是哈尼在得老
实散，一个人生不出十个人的力气。世上的哈尼再也不能各
在各的山头，所有的先祖再也不能各在各的老林。百座山上
的哈尼，十片林中的先祖，快快集合到一起来，就像十股大
水淌进一道山箐！来啦，牵着牛的哈尼来了，拉着猪的哈尼
来了，背着鸡的哈尼来了，吆着狗的哈尼来了。先祖来引水了，
先祖来合群了。亲亲的水娘啊，把世上哈尼团得老实紧。[①]

　　这种人水关系的理解，受到自然界中动植物与水关系的启示，
显然要早于哈尼先民对稻作农耕生计的把握，同时，水源围聚的
空间筑居活动也无形中增加了哈尼先民向一个有着大致统一的文
化的共同群体凝聚的可能。

　　在梯田农耕社会尤其是在山地河渠灌区，梯田农事生产周期
始终与水资源的支配和管理——灌溉活动相伴：引水—储水—配
水—退水这几个基本灌溉程序，在一年的稻作生长周期内，分别
影响着梯田农耕民族村落的日常生活。"生态学视野下的传统村落
社会，往往被看成一个相对独立和封闭的系统，在其内部静态的

---

① 西双版纳傣族自治州民族事务委员会编《哈尼族古歌》，云南民族出版社，
　　1992，第 56~57 页。

水文环境中，水井、水塘、水口作为最活跃的环境因子，在调节村落小气候、围聚村落空间、构建村落自然－社会－文化系统中发挥重要的作用。水井、水塘、水口的湮废与变迁，常会引发村落社会水文环境的变化，进而影响村落社会结构体系的平衡与稳定。"① 时常居住在较高的灌溉水源附近的哈尼族，在以年为单位的生产周期内，稻作农事活动安排的完善与否通常取决于他们的灌溉过程是否顺畅，而沟渠、水井、鱼塘、梯田等具体而又微型的水利设施，则是哈尼族在灌溉活动中支配水资源的具体载体。相应地，也成为哈尼族处理人水关系的基本载体。

一 沟渠

沟渠是哈尼梯田农事灌溉活动得以实现的重要构件，人们开挖沟渠连接高山水源，穿越村寨，汇入梯田，通过万千沟壑来实现灌溉活动中的引水、储水、配水及退水四大环节，因而是人们支配水资源的主要器物之一。作为世界文化遗产的哈尼梯田景观形制给人柔美又动人、骨感而有力量的观感，沿着等高线修筑的层层梯田作为横轴，随着高山水源河流自上而下的走向因山就势开挖的沟渠作为纵轴，横纵交汇间，梯田绘制了线条，沟渠赋予了灵气。

在哈尼族的迁徙口述史中，开沟与造田活动通常是联系在一起的。哈尼迁徙口述史《哈尼阿培聪坡坡》中记载，当哈尼先民自西北甘青川滨湖平坝地区向南迁徙到名为"惹罗"② 的地方时，开始开沟造田，"大田是哈尼的独儿子，大田是哈尼的独姑娘；西

---

① 管彦波：《西南民族村落水文环境的生态分析——以水井、水塘、水口为考察重点》，《贵州社会科学》2016 年第 1 期。

② "惹罗"：哈尼迁徙口述史中提到的地名，具体位置，一说位于岷江上游，一说在近甘肃天水市一带。参见陈燕《哈尼族迁徙研究的回顾与反思》，《思想战线》2014 年第 5 期。

斗领着先祖去挖田，笑声和沟水一起流淌"①。而在另一部哈尼史诗《十二奴局》中则记载，在最初开天辟地人神分家时就有了沟渠和水田，"哈木（哈尼语，指动物鹌鹑）把地界划出来，嘎卡（一种动物）把大路开辟出来，欧卡（一种动物）把水沟开出来，螃蟹把水分出来，鸭子把水引出来，喝泽美膀（哈尼族传说中造田的始祖）把田造出来，阿妣仰遮（哈尼族传说中建寨的始祖）把寨子建起来"②。显然，很多哈尼迁徙口述史都指向了同一个说法：哈尼族掌握开沟造田技术并因山就势支配水资源的技能早于红河南岸的梯田稻作时代。

沟渠在哈尼族的稻作农耕活动中的重要性在于自上而下的引水、储水、配水和退水等灌溉环节都需要通过纵横交织的渠网系统来完成。就引水而言，建寨之后的哈尼族便要开始沿着高山开挖水田，水田并非胡乱没有章法地肆意开垦，而是沿着"水路"开挖，在哈尼口述史《哈尼族古歌》第七章"湘窝本"③中描述到：

> 最先挖田的是哪个？是先祖三兄弟。他们的帮手是哪个？是尖蹄平角的水牛。水牛不愿去挖田，被人穿通了鼻子，拉着细细的牛索，抵得拉着水牛的命。最先引水的是哪个？是先祖三兄弟。他们的帮手是哪个？是多脚多手的螃蟹。凹塘里的螃蟹啊，引水累得凸出了眼睛。高能的先祖三兄弟，兴下了挖田的规矩。没有规矩不会挖田，后人要把这些规矩听清。挖田像盖房子吗？不是哟，兄弟，盖房倒着朝上盖，挖田顺着朝下挖，房子盖了在百年，大田挖了吃千年。挖田不像盖房子吗？也不是哟，姐妹，盖房房脚要伸直，不直的房

---

① 朱小和演唱，史军超、芦朝贵、段贶乐、杨叔孔译《哈尼阿培聪坡坡》，中国国际广播出版社，2016，第39～40页。

② 赵官禄、郭纯礼、黄世荣、梁福生搜集整理《十二奴局》，云南人民出版社，2009，第11页。

③ "湘窝本"："湘"在哈尼语哈雅方言区中是水田"xaldei"的意思，"窝"意为耕种。这一章在口述史《哈尼族古歌》中主要是讲述哈尼先民开沟造田的起源。

脚啊，墨线斧子会扯直；挖田田脚也要直，田脚不蹬直啊，锄头兄弟来拉直。水田挖出九大摆，田凸田凹认不得，哪个才会认得呢？泉水才会认得清。挖田要挖水的路，没有水路不会成，水不够到山坡上去短，水不够到石崖里去引。石崖中间去挖沟，崖神阿松的肝子啊，挖出来三朵；陡壁上头去开沟，壁神巴拉独姿的腰花啊，挖出来三斤。挖水路啊，水源头上不给它积沙土，水源脑上不给它出壕沟，水源身上要拿石头铺平，水源脸上不给枯叶遮眼睛。一月不到日已到，一年不到月已到，到了打埂犁田的日子啊，要动手动脚地去打埂了，要跳手跳脚地去犁田了。打埂要望一望锄头，犁田要望一望犁耙，望望锄头逗正，瞧瞧耙口逗紧。逗不正的要拿牛筋木逗正，逗不紧的要凿九个孔逗紧。逗正逗紧了，才能拿起赶牛棍，才能把牛索扯紧。到了田边不要忙，先拿眼睛望一望。望望自家的田里，像不像水碗一样满；望一望兄弟的田里，像不像水缸一样满。又把犁耙棕索支好，犁沟不直，用棕索挡直；水田不平，拿耙子耙平。热烘烘的一月到了，是挖田埂的时候了。砍埂子的短把锄头，好玩一样老实轻。上边埂头薄薄地挖，不要怕把土狗挖绝种；下边埂脚薄薄地铲，不要怕砍断蚯蚓的脖颈。[①]

哈尼族先民因山就势开沟造田的历史活动在这里得到了生动的描述，开沟和造田活动通常是紧密相连的，因为利用沟渠来引水是灌溉稻作活动得以实现的基本前提。

就储水、配水和退水功能而言，在哈尼梯田灌溉系统中，沟渠连接了水源和梯田，那些自上而下横纵交织的沟渠系统，首先，能够将高山水源林的水流引入梯田发挥灌溉功能。其次，如同哀牢山自上而下流淌的河流一样，梯田灌溉系统中的沟渠流水常年不

---

① 西双版纳傣族自治州民族事务委员会编《哈尼族古歌》，云南民族出版社，1992，第58~59页。

图3-1 梯田灌溉系统中配水的老水沟

说明：本章的所有田野照片插图，未特别备注说明的，皆由笔者在历次田野调查过程中拍摄，下文同，不再重复说明。

图3-2 村寨排水沟

衰，雨季尤其充沛，本身为常年需要保水的梯田提供了储备用水，此外，沟渠还具有调节灌溉用水的温度的功能，理论上讲，"在水稻分蘖期，水温较气温更为重要，这可能是因为早期的生长点浸于水中的缘故"①，稻作谷物从破芽到幼穗发育到灌浆期再到后面一系列生长过程都需要维持在最低灌溉水温的临界之上，例如"（水稻）分蘖发生的最低水温为 16℃，最适水温为 32~34℃，最高水温为 40℃"②，如前文所述，在哈尼梯田稻作农耕环境中，海拔 1800 米以上的区域基本不属于稻作宜耕期，这些地方即便分布有少量的稻作梯田，稻谷的生长周期也很长，产量偏低且谷物质量不好，除了气温、土壤、日照等自然条件的限制，很大一部分原因在于这里的稻田过于接近高山冷凉水源，中间用来引水灌溉的沟渠从水源到梯田的距离较短，沟渠储水、配水和循环过程中将冷凉水升温提温的效能降低，从而限制了高山梯地的稻作物产出。再次，沟渠横经竖纬的排列方式则满足了错节分布的梯田的配水需求。最后，沟渠的退水功能则相对易于理解，一是在丰水期将层层梯田里溢出的水流自上而下排入低地江河系统里，二是在秋收季节和休种期③适量的退水功能。

沟渠在梯田灌溉系统中的重要作用不言而喻，以哈尼梯田核心景观区——老虎嘴所在的攀枝花乡为例。中华人民共和国成立初期，攀枝花乡境内长度 1 公里以上，灌溉水田面积 50 亩以上的水沟（灌溉水沟和生活用水引水沟）就有 162 条。这些沟渠基本开挖于当地哈尼族、彝族等世居民族的先民建村建寨之初，历史长达数百年，更令人惊叹的是，截至目前，这些水沟中还有 100 条左右持续发挥着灌溉作用，攀枝花乡境内迄今为止没有新开挖的大型灌溉水沟，顶多是在原来的基础上利用现代建材进行过适当的修葺。

【访谈 3-1】访谈节选：哈尼族水沟及相应祭祀礼俗
访谈对象：BXW，男，哈尼族，元阳县攀枝花乡水管站

① 蒋德隆：《水稻生产与气象》，气象出版社，1983，第 2~3 页。
② 王芹：《气候条件对水稻生长的影响》，《现代农业科技》2012 年第 22 期。
③ 种植水稻的哈尼梯田，每年十月末到来年的三四月之前有一段引水泡田的休耕期，休耕时间的长短因梯田所处的海拔高度而异，这个阶段梯田水不能放干，一定要有足够的水量来浸泡，来年才能实现"三犁三耙"继续耕种。

图 3 - 3　尚在发挥灌溉功能的硐蒲大沟

图 3 - 4　新修葺的灌溉水沟

原工作人员

访谈时间： 2018 年 7 月 29 日

笔者： 阿叔，整个攀枝花乡的水田，总共有多少条大沟来灌溉呢？

BXW： 光是灌溉面积 50 亩以上、沟长 1 公里以上的水沟有 162 条。但是更小的水沟没有完全统计，现在水田抛荒的多一点，水沟数量足够的。七八十年代的话，50 公里、60 公里长的水沟都有。

笔者：这 162 条沟都是人工开挖的毛沟（土沟）吗？

BXW：是呢，都是土沟，目前为止乡内没有新挖的灌溉水沟，都是在原来的基础上，用现代水泥或石头这些材料重新修复的。

笔者：以前寨子会不会给灌溉水沟做一下民俗仪式之类的？就是为了保障水沟水源不断，几个寨子一起约着去献水源神山的活动？

BXW：有的，硐蒲大沟有这种传说，就是在历史上的生产队时期，传说有一个赶沟人在硐蒲大沟的水源头上看到一个像吃饭的碗这么大的石蹦（牛蛙），他知道这个是水神的化身，所以没有捉这个石蹦，他回来之后，就跟硐蒲大沟的所有灌田户商量，决定每家出两毛钱，买祭品去祭祀这个石蹦，就是献水神了，每家两毛钱对于那个时代已经是很高的价钱了，生产队时期，一个工一天能挣到两毛钱的工分就算很能干的了。我记得小时候老一辈一直都献水沟，包括现在，每年我都献我们保山寨的饮用水源。

献祭水沟的时候要一只公鸭、一只母鸡、一只公鸡，在水源头杀了，念一段，磕一下头，保佑年年水源不断，给我们水够吃，就是在水源头献。献完之后，把鸡鸭肉拿回来，在管水（管这股水）的那户人家吃，当然，人很多，光是那些鸡鸭不够吃啦，我们经常还会杀上一条狗，这一两年因为我也退休了，所以我就没有组织整了。我们去献喝水这股的水源头，就是为了求水神给我们寨子带来源源不断的干净的水。此外，每年农历的五月份，寨子的人也要去献灌溉本寨梯田的那些水沟的龙潭水源，目的是祈求常年有水。也是老贝玛、沟长、赶沟人这些去献，米饭三碗，酒三碗，鸡鸭之类的磕头献祭，主要就是献水神。

我们哈尼族找生活用水龙潭水源和挖水沟，有很多传下来的规矩，老一辈教给我们说要找喝水的水源，这股水的水源头上必须有三种鱼，一种是一寸手指宽的小白鱼，有这种鱼就会出水，还有一种是红鱼，一种是黑鱼，三种都只有一寸手指宽，只有这三种鱼都有了，这个地方出来的龙潭水才能引来喝。而且，这三种鱼一定就是在水源头的出水口附近，绝对不会游出来，一直就在出水口上。这三种鱼在出水口的主要功能就是"打扫卫生"，水一冒出来，三种鱼就在这里开始"打扫卫生"，这样，这里流出来的水就是干净的无毒的可以喝的。

以前我们这里农村一直有一种习惯，就是在家里的水缸里放鱼，水从水井挑回来就倒进水缸里放着喝，缸里的鱼活着就证明水可以用来喝，同时也是防止别人投毒的一种方法，鱼死了就千万不能喝了。因为以前没有科学检测技术，就用这些生物来检测了。现在大的饮水源的水池、水库里也放鱼。

灌溉社会成员在村寨主义的村寨社会生活中组织他们的灌溉活动，而在引水—储水—配水—退水过程中承担重要载体功能的沟渠——无论是提供灌溉还是日常饮水的沟渠，其开挖都需要通过寨群之间的联合劳动来实现，这些基于联合劳动的灌溉行为，呈现了哈尼族稳定的寨群结构和寨群关系的确立问题，以寨际为单位的灌渠仪式呈现、关乎村寨灌渠通与堵的技术、管理和制度等，各种细节是村寨主义的具体实践。

二 水井

"对于传统的乡土社会而言，水井既是一种微型的水利设施，也是一种典型的文化器物。在西南民族地区社会文化的转型与变迁中，水井作为村落物质构成要素之一，目前正处于急剧消逝之中。透视水井这种看似简单的物象，重点应该考察的是水井对围聚村落空间和构建社会秩序的作用，以及水井所蕴含的兼具生态与人文的丰富内涵。"① 在哈尼梯田灌溉社会中，村寨中的水井更多的是与日常生活相连接，尤其在传统哈尼农耕社会中，水井是生活和仪式用水的主要载体，灌溉社会中的水经历"入寨—进田—汇江河"的过程，因此，村寨中的水井在哈尼族农耕生活和灌溉系统中发挥着重要的储水功能。

哈尼族的口述史除了保存先民迁徙活动、历史发展等的集体历史记忆，更像一部指导生产生活的百科全书，它们对水井围聚村落空间的功能有明确的理解。

> 房子盖好了，找个好好的水井，雨季才会冒水的龙潭不能要，田地里滴下来的尾水不能要，遍地浸出来的水不能要，只要清清的龙潭水，龙潭水是龙吐出来的水。龙吐出来的清泉水，甘甜清凉最养人的心，吃龙潭水长大的儿子，个个勤劳勇敢有本事；吃龙潭水长大的姑娘，个个生得像花一样俏。转来转去地找，挑来挑去地看，找遍了每条冲冲，踩遍了每道山梁，在寨边的洼地里，找到了一眼清澈的龙潭。挖去旁边的泥土，抬来硬硬的石板，把四周砌起来，把龙潭围在中间，水井修好了，杀一只红公鸡祭献天地，求天神地神好好保护龙潭，一年四季都冒出清清的泉水。②

【访谈 3-2】访谈节选：哈尼族先民建寨开田寻找水源的故事

访谈对象：国家级非物质文化遗产代表性传承人，LZL，男，哈尼族，元阳县新街镇土锅寨村委会箐口村人，贝玛

访谈时间：2018 年 1 月 30 日

笔者：阿叔，我们哈尼古歌里面有没有专门唱到关于水

---

① 管彦波：《饮水井：村落社会与生态伦理——以西南民族村落水井为例》，《青海民族研究》2013 年第 2 期。
② 赵官禄、郭纯礼、黄世荣、梁福生搜集整理《十二奴局》，云南人民出版社，2009，第 100 页。

的内容，水沟、水井、河流之类的？

LZL：这些古歌里都有的。比如说会唱到，水从哪里找好，人喝的水从哪里出，山上的沟水从哪里出，我们寨子奠基之后，水流下来的地方挖田。

笔者：我们哈尼族开田是顺着水流下来的地方去挖田吗？

LZL：是呢，挖田要走"水路"。

笔者：我们的古歌里有没有提到，选一个地方盖房子建寨子之前，要先找到合适的水源，有龙潭水了才能在这里盖房子？

LZL：很多这样的内容，比如我们要迁寨子，哪里找到了一块平地，就要先看看水，没有水源的话，就看能从哪里引水过来。如果水没有找好，既没有龙潭水源也没有就近引水的地方，就不会搬过去。

笔者：那意思就是说，要搬迁寨子，首先就是要看有没有人喝的水，再看看有没有可以灌田的水吗？

LZL：是呢，这些要做好，不然寨子也不会搬过去。现在变得简单了，没有水的地方，政府都可以引水过去。

笔者：菁口村里的老乡们经常去挑水的这两个泉用我们哈尼族话怎么说？

LZL：就是水碾房背后游客近来经常去看的那个白龙泉和长寿泉了，我们哈尼族的叫法是"窝毕毕玛"，就是指泉水很多的地方、泉水比较大的地方。现在改叫白龙泉和长寿泉了，社会上那些专家取的名字，大概是 2000 年取的。

民间宗教人士对哈尼族村寨选取水源、开挖水井的描述与哈尼史诗基本是契合的。传统哈尼族村落社会中的水井，首先，在时间纵轴上是建村建寨史的记忆坐标。具体而言，哈尼族村寨中建村建寨时寻找水源开挖的第一口老水井具有神圣意义，在村寨一年的生产生活小周期中，盛大的"昂玛突"（岁首祭祀寨神林祈求寨子安康、人畜兴旺的集体寨祭仪式）、"扎勒特"（农历十月，

图 3 - 5　箐口村的白龙泉

图 3 - 6　箐口村的长寿泉

哈尼农耕社会一年小周期结束和开始的时间）和"矻扎扎"（农历六月的祭祀活动）等节庆到来时，哈尼社会中的传统民间宗教人士咪谷都要率领其弟子以及村寨里德高望重的老人祭祀建村建寨的第一口老水井，重要寨祭活动的仪式用水通常要来自建村建寨的第一口老水井；在寨群成员各自生命大周期的人生礼仪中，寨子中一旦有新生儿，就要用建村建寨的第一口老水井的井水来为之洗浴接祥，寨子中年长的老者过世（正常死亡）时，一系列的送葬仪式中也需用老井水来盥洗。

图 3 - 7　大鱼塘村建寨第一口老水井

图 3 - 8　箐口村寨脚老水井

【访谈 3 - 3】访谈节选：哈尼一个生产周期内的节庆祭祀礼俗及人的一个生命周期内的人生礼仪

访谈对象：国家级非物质文化遗产代表性传承人，LXW，男，哈尼族，元阳县新街镇土锅寨村委会大鱼塘村人，咪谷

访谈时间：2016 年 10 月 25 日

在我们大鱼塘村，农历二月第一个属羊的日子要举行

"昂玛突"仪式（祭寨神仪式），当天上午要到建村建寨时开挖的第一口老水井那里祭水神，由一个大咪谷和一个小咪谷来完成，祭品需要一对半大鸡、糯米、红豆、彩蛋等一些东西，咪谷用竹子编成一个螃蟹的形状到村中最古老的水井前举行祭祀仪式，仪式中要磕头，念诵完祈福的内容：咪谷用竹编螃蟹祭祀水井，念口功的大意是祈求水井出水量多，井水好喝，不要有灾祸，喝了水井水的人身体健康，寨子安康，五谷丰登，人畜兴旺。两个咪谷在水井边吃祭品，吃剩的祭品可以带回家。全村的水井已经在前一天（农历二月第一个属马的日子）打扫干净，全寨子的水井都要打扫，打扫步骤包括淘水井、修葺水井、打扫水井周边卫生，村中建寨时开挖的第一口水井由大小咪谷两人打扫。传统上是属羊日的早上，全寨子的水井都要祭祀，现在主要由大小咪谷代表祭祀建寨开挖的第一口水井，而村内其他水井则由水井附近人家中最老的一位成员来祭祀。现在大鱼塘村过"昂玛突"时，只祭祀村内最老的水井。关于"昂玛突"节中祭祀水井环节的传说：传说哈尼先民最初建寨时没有水井，于是寨子就发生了灾祸，后来修建了水井之后，灾祸才得以消退。祭祀完水井后的当天下午在寨神林里举行"昂玛突"仪式，"昂玛突"仪式中，所用的水包括祭祀用品清洗的水，都是从老水井里取出的水。老水井的水同时也是"矻扎扎"仪式和清洗祭品的用水。

其次，对村寨外部而言，水井还与寨神林、磨秋场一样确定了村寨的物理边界和神圣空间。建寨时开挖的第一口老水井在岁首年末都要经过一系列仪式，修葺打扫，是漫长的村寨历史的表征。

最后，就村寨内部而言，水井还具有社会整合和维持秩序的功能，同时也是日常生活中社会分工的标志之一。除建寨开挖的第一口老水井之外，随着村寨人口再生产的持续，村寨会组织寨群按照寨内人口分布情况陆续开挖新的水井，相应地，村寨内部成员会根据居住方位自动划片使用村寨内的水井，当然也包括打理、修葺、维护片区水井的义务；水井在传统哈尼族村寨社会生活中还有营建日常和社会分工秩序的功能。"对于传统的村落社会而言，由于水井与人们的生产、生活密切相关，所以有关水井的事情大都是村民公共领域中的大事，也是一项公共性的活动，全体村民都会积极参与。"① 在哈尼族村寨，水井是村民日常生活中不可或缺的，并有规范的管理秩序。"日常的管理工作，如疏通水沟、清洁水井等皆由妇女负责；每当节日来临，彻底维修、清洗水井并进行祭祀，则是全寨人首要的事情。"② 迄今为止，水井在梯田灌溉社会的哈尼族村寨中依然扮演着重要角色。

需要特别强调的是水井与村寨主义的社会组织结构的密切关联，在哈尼族的迁徙记忆口述史中，开挖水井是建村建寨活动的一部分，而每个村寨基本都有一种到两种姓氏（以汉姓汉名为表征，而非哈尼族父子联名制意义上的姓氏）被记忆为最早建村建寨的人家，也意味着，建寨第一口老水井也必然是最早在村落空间内组织建寨活动的姓氏人家开挖的。但是，在哈尼族农耕生活的物理和神圣空间内，都没有家井这样的说法，即在哈尼族村寨的日常生活中，从来不会有人认为寨头或寨脚的第一口老水井是最早建村建寨的姓氏人家的，它是公共的，和寨神林、磨秋场一样，是村寨公共的神圣空间的一部分，因此，建寨第一口老水井在重要的节日庆典和农耕礼仪中需要由村寨咪谷或贝玛代表村寨进行公祭，庇佑全村的水神也通常寄身于建寨第一口老水井中。

水井的公共性，本身就是哈尼族村寨主义集体组织原则的日常缩影。水井的公共性在生命大周期的人生礼仪，以及稻作生产小周期的农耕礼仪中通过集体和个体的宗教祭祀仪式不断被强化，

① 管彦波：《饮水井：村落社会与生态伦理——以西南民族村落水井为例》，《青海民族研究》2013 年第 2 期。
② 王清华：《哈尼梯田的农业水资源利用》，《红河日报》2010 年 7 月 21 日，第 7 版。

而人生和农耕的祭祀礼仪象征着哈尼族寨群人口再生产和物质资料再生产的基本诉求，因此，为稻作空间的灌溉社会成员——哈尼族提供生活和仪式用水的水井，不仅是农耕生活中储水的器物，也是表征村寨、地缘以及集体寨群组织原则的文化容器。

三　鱼塘

与水井和沟渠类似，鱼塘也是灌溉用水的最佳储水设施。哈尼族村寨中的鱼塘通常有两种存在形式，其一是高山森林鱼塘，其二是寨脚田头的鱼塘。高山森林鱼塘通常在高海拔水源林中灌溉和生活用水水源地的附近，主要是由村集体或村寨中的个别农户饲养野生的高山淡水鱼，这类鱼的饲养方式比较粗放，只有农户上山劳作时才会偶尔向鱼塘投放部分谷类、豆类。高山森林鱼塘在哈尼族传统社会生活中并不以养鱼为主要功能，这类鱼塘只有哈尼族村寨有，他们的近邻彝族则基本不开挖高山森林鱼塘，更倾向于居住在灌溉水源附近的哈尼族将高山森林鱼塘当作重要的储水和过水工具。

图 3-9　哈尼族高山森林鱼塘

除了引水的沟渠之外，森林和村寨之间的高山森林鱼塘是承接高山冷凉水进入梯田的重要环节，"森林和村寨之间的鱼塘所储之水的非常重要的作用就是保证育秧时秧田（指村寨与梯田过渡地带的鱼塘）的水充足"①。哀牢山海拔 1800 米以上的山区已经不是稻作适耕区，而高海拔森林涵养的冷凉水源经由沟渠和地表径流汇入鱼塘积蓄一段时间，再经过迂回的灌溉渠网系统进入梯田，其温度就刚好达到了梯田谷物生长的适宜温度。

在山地河渠灌区，"森林－村寨－梯田－水系"立体筑居布局基本符合哈尼族等数种梯田农耕民族的传统习惯。位于寨脚田头的鱼塘，在哈尼族、彝族、壮族村寨都较常见，以哈尼族村寨居多。相较于主要用来储水的高山森林鱼塘，其功能相对较多。一是储水。二是养鱼。鱼类是哈尼族摄取蛋白质的食材之一。从北方游耕、游猎发展到南方山地稻作的哈尼族，最初进入哀牢山区时还保留着传统的狩猎习俗，高山密林里的动物是他们日常摄取蛋白质的重要来源，随着社会变迁及传统生计、饮食结构的改变，鱼塘和稻田里饲养的鱼、鸭，以及圈养的猪、牛、鸡等家畜家禽为哈尼族提供了日常所需的肉类蛋白质。三是在春耕期培育秧苗。哈尼族鱼塘与稻田的外观通常并无二致，位于寨子向梯田过渡的地方。春耕初期育秧苗时鱼塘里便不放鱼，当秧苗成功被移栽到稻田里时，鱼塘才开始承担养鱼的功能。"在寨子与大田之间分布的就是育秧苗的秧田。秧田一般不种水稻，这是由于一方面，秧田（寨脚鱼塘）的肥力很大，栽种于秧田的水稻就会疯长，很少抽穗；另一方面，种过水稻的秧田肥力下降，不利于第二年育秧。特别需要注意的是，秧苗培育是水稻种植的第一个环节，保证秧田的肥力是非常重要的一个方面，而保证秧田用水是另一个更为重要的方面……在完成育秧任务之后，秧田便成为放养鱼的水塘。"② 村寨鱼塘的功能还远不止于此，养鱼的同时还可以种植凤

---

① 马翀炜、王永锋：《哀牢山区哈尼族鱼塘的生态人类学分析——以元阳县全福庄为例》，《西南边疆民族研究》2012 年第 1 期。

② 马翀炜、王永锋：《哀牢山区哈尼族鱼塘的生态人类学分析——以元阳县全福庄为例》，《西南边疆民族研究》2012 年第 1 期。

尾莲、满江红等水生物，用以喂养鸡、鸭、猪等家禽家畜。

图 3 - 10　与梯田相连的寨脚鱼塘

此外，与水井类似，"鱼塘的开挖历史与村寨的发展历程基本一致"①。因此，鱼塘及其产物通常也与重大寨祭活动中的仪式环节相关联。鱼塘在哈尼族村落社会中还承载着一定的社会功能，在寨群社会中"鱼塘有建构和加强人际关系的作用；由村社共有和管理的集体鱼塘，其产出往往是支付村寨中各种开销的来源。鱼塘的继承与当地哈尼人的幼子继承制相关。鱼塘的多少也会根据保护森林的需要而保持在一定的数量之内，不会无限制地开挖"②。鱼塘在规范哈尼族继承秩序方面的标识作用需要得到强调，在幼子承家的哈尼族继嗣结构中，幼子要继承家户进入村寨时世代承袭下来的老宅子、第一丘开出来的大田，还有就是鱼塘，在享受这些祖业的同时，幼子通常要履行赡养和侍奉双亲的义务。

---

① 马翀炜、王永锋：《哀牢山区哈尼族鱼塘的生态人类学分析——以元阳县全福庄为例》，《西南边疆民族研究》2012 年第 1 期。
② 马翀炜、王永锋：《哀牢山区哈尼族鱼塘的生态人类学分析——以元阳县全福庄为例》，《西南边疆民族研究》2012 年第 1 期。

第二节　制度：灌溉管理组织及制度安排
与技术结构

同样属于世界文化遗产，并且享誉全球的印度尼西亚的苏巴克（Subak）灌溉系统，既是一种灌溉技术，又是一种灌溉管理单位。"就村寨的所有范围与权力而言，巴厘农民生活中最重要的一个方面却完全置身于其管辖之外：水稻农业。在此，另一种公共团体，Subak，是至高无上的，它通常不甚确切地翻译成'灌溉社会'。"① 而格尔兹更喜欢用"尼加拉"来描述这种灌溉管理组织及其相应的一整套系统。在组织层面上，他分别从私人所属的单块梯田或复合梯田层次、以"水利队"为基础的中间层次、拥有灌溉社会全部梯田的全体人员的集合这三个层次（分别讨论三个层次与当地统治阶级之间的关系）来讨论它们各自的基本组织形式：梯田组织、灌溉内部组织和灌溉社会组织。这些组织又分别与系列的本土性、族群性的仪式联系在一起。而灌溉技术的讨论则被有机地嵌入各层级的灌溉组织的阐述中。

因为是同质文化事象，哈尼梯田灌溉社会在水资源配置的横纵向组织结构、技术控制手段（如成立水利队专门安排季节性的水资源分配活动）上与巴厘岛上的"尼加拉"组织有近似的地方。但类比一个在整体的灌溉社会及各层级灌溉社会的组织细节，与"尼加拉"灌溉社会相比，哈尼梯田灌溉社会的组织结构和技术结构大相径庭。哈尼梯田灌溉社会首先是一个整体的、连续的具有历史纵深的多族群社会，因此第二章的末节按照大、中、小型灌溉社会的类型，将灌溉组织及其结构做了粗略的整体呈现。但那样粗糙的网络结构图谱并不足以将灌溉社会分层中很多精细的地方性、族群性的灌溉组织传统与技术经验清晰呈现，事实上梯田

---

① 〔美〕克利福德·格尔兹：《尼加拉：十九世纪巴厘剧场国家》，赵丙祥译，上海人民出版社，1999，第56~57页。

灌溉社会中每种族群（尽管都是梯田稻作农耕族群，但在族群内部的灌溉技术、组织层面上，哈尼族、彝族、傣族都有各自的典型性和殊异性）有各自的灌溉技术、灌溉组织原则、灌溉行为逻辑影响下的社会组织结构，这也是该民族理解和处理人水关系的一种镜像。当然，灌溉活动仅仅是梯田稻作族群农耕生活中比较重要的一部分，族群间互异的灌溉组织、灌溉技术以及那些被整合到大型灌溉社会中的为多族群所接纳共享的灌溉制度和机制，也不能涵盖梯田农耕社会的面面观。

一 哈尼族的传统灌溉管理组织

梯田灌溉社会中的各族群，通常以他们拥有的土地（梯田）及土地所依附的灌溉流域（沟渠、河流的过水区域）为基本范围，在这个范畴内按照梯田稻作农事节令来组织他们各自的灌溉活动。位于山地河渠灌区的哈尼族专门性的灌溉组织——"赶沟人"（类似于苏巴克灌溉系统中的水利队）组织、护林员组织——在哈尼梯田核心区的局部片区内迄今还发挥着组织用水行动的作用。

"灌溉社会的社会组织、政治组织和宗教组织，还有总体的水稻农业组织，在严密程度方面堪与技术性的灌溉技术模式相媲美。作为一个共同体的灌溉社会的结构是由作为一种从河流引水到田的人工机构的灌溉社会的结构赋予的。"① 谈到哈尼族的配水组织，就要回到对沟渠功能的讨论上，在梯田灌溉社会，一条河、渠及其所灌溉的区域通常就是一个小型灌溉社会，小型灌溉社会在边界上又通常与某一族群、村寨重合（这以他们可以支配的土地——梯田的分布为决定要素）。在哈尼梯田灌溉社会中，沟渠与河流一样，往往还会成为族群、村寨的天然物理边界，并成为大、中、小型灌溉社会的重要界分依据，从纵向河流引水到田的一条灌溉主干渠及其支渠通常就是哈尼族组织小区域灌溉活动的基本单位。

① 〔美〕克利福德·格尔兹：《尼加拉：十九世纪巴厘剧场国家》，赵丙祥译，上海人民出版社，1999，第84页。

灌田户和"沟头－赶沟人"组织：在一个或数个物理空间相邻（或是大寨与分建的小寨、新寨之间）、梯田互嵌交织的哈尼族村寨（也可以与其他族群为邻）中，大多数梯田被同一条灌溉主干渠及其支渠的水系所灌溉的全部梯田稻作农户，就称作这条灌渠的灌田户，小型灌溉社会中的灌田户在族群身份上通常以一种族群为主，也不排除有部分其他族群的邻人。灌田户的数量根据沟渠的长度、灌溉过水面积（该水沟能够灌溉的全部梯田的面积）的大小不同而不等，从几十户至上百户都有。"赶沟人"就是一条主干渠所灌溉的全部灌田户中的男性代表成员选举出来的，在一个梯田农事生产周期内负责包括管理、疏浚、修葺等工作在内的沟渠维护工作，保证灌溉用水公正、公平分配到干渠灌溉区域内的每片水田的一群人，并根据河渠的长度选举出 1～3 位赶沟人。在传统的梯田灌溉社会，每条灌溉主干渠上负责管水的"沟头－赶沟人"组织通常都会有一个该灌溉区域内的大姓望族的人出任沟头。事实上，"沟头－赶沟人"组织就是基于梯田稻作农业灌溉需求而产生的一种民间配水组织。

【访谈 3－4】访谈节选：哈尼族村寨"沟头－赶沟人"组织

访谈对象：ZJH，男，哈尼族，元阳县牛角寨镇果期村委会马鞍寨村

访谈时间：2017 年 4 月 3 日

笔者：您能介绍一下我们整个马鞍寨村估计一共有多少水田，用来灌溉的水沟有几条吗？

ZJH：水田的话，平均每户 2～3 亩（以户均 2.5 亩来算，全村 90 户人，共有水田 220 余亩）。我们灌田的水源很丰富，足够灌溉寨子的田了。全寨子共有 7 条大沟在使用，其中有 3～4 条急需维护修缮。顺着马鞍寨的寨脚有一条水沟，一直流到大顺寨旁边那个叫大龙潭的傣族寨子。

笔者：流到大顺寨的大龙潭村的这条水沟叫什么沟呢？

ZJH：不知道那些傣族怎么叫，我们哈尼族就叫它贝马沟、摩匹沟。

笔者：像赶沟人、护沟人这类人，寨子里现在还有没有，有的话是怎么定的，他们平常是怎么分水管水的呢？

ZJH：有的，现在还有，我们分水、管水这方面最公平公正了。全寨子有好几个人来管沟、护沟。一般一条水沟有1～2个人来专门管护，赶沟人由这条水沟所灌溉的所有农田的农户来选举，有的一两年不变做赶沟人，有的当一年。以前给赶沟人开工资是这样，按一条沟灌溉到的所有农田能产出的稻谷总量来计算给赶沟人的谷子，到了每年规定的时间，赶沟人自己会到每户人家去收应该给的谷子。现在是按照每户人家稻谷总产量的比例，折算成钱来给赶沟人了。

从访谈材料和一些文献史料来看，"沟头－赶沟人"组织是长期存在于梯田山地河渠灌区的一种基本灌溉组织形式。这种灌溉组织与张俊峰讨论的泉域型水利组织"渠长－沟头制"类似，但是又有实质性的差异，在类型学视野中的中国北方"泉域型"水利社会中，渠长和沟头通常是被纳入公权力体系中，或者至少可以称作公权力延伸向水利社会中的末端——村庄的一种控制触须，"渠长并非寻常百姓可以充膺，就连沟头、渠司、水巡也非平庸之辈。水利管理人员通常是在有一定的经济或政治地位的社会上层或精英人物中产生"[1]。也即，"泉域社会"的水利组织形式是在国家"在场"的前提下实施水利管控的。

但是，哈尼梯田灌溉社会中的"沟头－赶沟人"组织从新中国成立至今，一直都是一种民间自组织形式。先说沟长，在哈尼族的灌溉组织中，一条灌溉主干渠的沟长往往出自较早到该区域建村建寨的人口较兴旺的大姓家族，当然这种大姓家族与中国东

---

① 张俊峰：《水利社会的类型——明清以来洪洞水利与乡村社会变迁》，北京大学出版社，2012，第53页。

南或北方的宗族又是有区别的，他首先是地域性的——村寨性的，居住的"接近水源头"的位置就是一个空间指向，其次，哈尼族灌溉社会中可以担任沟长的"家族势力大"的家族，并不是以血缘和姻亲为纽带的那种汉宗族社会意义上的大家族，而是指那些有着共同的迁徙历史记忆，可以从此村寨向任何一个更早建村建寨的彼村寨追溯，找到一个聚合点的一群人。显然，"接近水源头"和"家族势力大"这两个出任或世袭沟长的充分条件其实都一致指向了"村寨主义"的哈尼族社会组织结构及其灌溉行动逻辑。就一年一次由全体灌田户成年男性选举出来的赶沟人而言，能力、责任是最基本的要求，而面向整个灌溉区域的公平、正义则是根本评判标准。

【访谈 3 - 5】访谈节选："沟头 - 赶沟人"组织权利及义务

访谈对象：BXW，男，哈尼族，元阳县攀枝花乡水管站原工作人员

访谈时间：2018 年 7 月 29 日

笔者：像这种分水木刻、赶沟人之类的，在我们攀枝花乡现在还有吗？大概有多少？

BXW：分水木刻乡里基本哪里都有。"包产到户"以后，水源头的附近陆续开了很多田，主要灌溉水沟的水就慢慢下不来了，传统那些放水的习惯也就乱掉了，你灌田需要的话你就去把沟把水（占领沟水灌溉自家田地），我灌田也是这样。赶沟人（管沟人）倒是少了，旁边的苦笋寨两条大沟，垭口村一条大沟，到现在都还有赶沟人呢，而且都还给他们报酬。

笔者：那现在一刻水给赶沟人多少钱呢？还是说给赶沟人发工资？现在这些赶沟人的工资是农户凑还是政府发？

BXW：每年的八月十五（农历八月十五）给赶沟人交钱，现在是没有人管了。没人去赶沟了，现在赶沟人不要谷

子了，要钱，一个木刻收多少钱也有了新规定，好像说是一刻水一年要给赶沟人三千多元。不是政府发，是农户凑，被他的水灌过田的农户凑。

笔者： 以前赶沟人每年收报酬收谷子是怎么个收法？

BXW： 听老人讲，每户用一刻水（四指宽），要给赶沟人交六担四斗谷子，不是米是谷子，一担就是现在的 100 斤（市斤）。

笔者： 那现在全乡（攀枝花乡）哪些地方还有赶沟人呢？

BXW： 目前很少了，我知道有赶沟人的就三条沟，苦笋寨两条，垭口村一条。

笔者： 一条沟大概需要多少个赶沟人？

BXW： 基本上一条沟由一个人管理，有些年头轮着管沟，要是哪一年谁管得好，就可以接连几年给他管。

笔者： 以前赶沟人是选举出来的吧？是不是一般人都不能当？

BXW： 是呢，老虎嘴那片骏马梯田灌溉的有一条沟，主要是姓苏的一家彝族，到现在还流传着一份协议书（契约书），上面写着哪家可以分到几刻水几分水，很明白的。后来，这份协议书被上面政府来整水利志的时候收上去了，水利志也没出来。

笔者： 您能不能再给我细细地说一下赶沟人管水的故事？

BXW： 每年到了八月十五，上一年的赶沟人就要和下一年的赶沟人交接，比方说，今年我管沟，到八月十五就结束了，我就要交给下一年的你了，就是八月十五那一天来定。一年来全村管沟的人交接的时候就会请一餐客，在沟长（沟头）家里吃，不是说谁家管沟就可以在谁家吃，一定要在沟长家吃。如果今年的这个赶沟人管水老是好（非常好），那些灌田户就会说，他管水管得好，他要是愿意，明年也由他来管了。如果他说"明年我不想管了，你们重新推选一个"，那大家就重新推一个出来明年管沟。

笔者：那相当于沟长跟赶沟人不是同一个吗？

BXW：不是，沟长是固定的，就像我刚才跟你说的，在水源头的人家，家族势力大的人家，当这条沟的沟长，但是具体的赶沟人是选出来的，要经过这条沟所有灌田户的同意。每年八月十五为什么要去沟长家商量来年的赶沟人谁来当，那就是为了尊重这个沟长家，他家就是这条沟的主角了嘛！

笔者：那意思就是世世代代这股水都要由他家的人管吗？

BXW：是呢，比如说我们村现在喝的这股饮用水，水源在抛竹寨（隶属攀枝花乡一碗水村委会，哈尼族聚落），我们要去引水使用，都要跟水源头历史上沟长家的后人商量，乡长、副乡长都跟我们去他家问呢，跟他家商量，现在乡政府周围寨子没有水喝，能不能拉他们的水过来喝，他家答应了我们才拉过来的，所以现在保山寨村子（彝族聚落，攀枝花乡政府所在地）大部分人家都是喝那边哈尼族寨子引过来的水。以前水源头地方一般是没有田的，但是现在人口越来越多，水源头也开田了。

笔者：也就是说，以前能够被选出来管沟管水的人，他的家族要大，人多，才会被支持、被全村认可吗？

BXW：就是这个道理了，比如我们现在喝的这股水，长度差不多有15公里，以前居住在水源头一直管水的（沟长）就是一个大家族，他家人多，势力大，会管理，就给他家管，他家不说话，谁也管不下来，不支持他家的话，我们水都喝不着。所有的灌田户（也就是用水户）每户出一个人，在农历八月十五那天去沟长家商量，谁来当明年的赶沟人，如果今年的赶沟人管理得不好，灌田户就会说，他管得不好，明年不要他了，都是商量着来的。以前，所有寨子都是这样的。

显然，沟头更多的是一种传统权威和村寨聚合力的历史记忆象征，而赶沟人则因为要承担更多的沟渠管护义务，要从全体灌田户那里获得相应的物质和经济报酬。但是，沟头和赶沟人并不会因此就获得相较于其他寨群更多的社会资本或者其他特权，因为"沟头－赶沟人"组织面向的始终是整个灌区所囊括的全体灌田户、他们生活的村寨和他们维持生计的土地——梯田，申言之，"沟头－赶沟人"组织系统里的任何人，并未因为当选就获得了一个扩大的社会交往空间，这类人更无法像中国北方水利社会中的相应人群那样"借助水利管理这一方式，村庄精英人物获得了相互之间进行权力交易的资本，也获得了与上层社会进行交往的机缘，从而在更广泛的意义上对泉域社会的发展变迁产生重要影响"[1]。哈尼梯田灌溉社会中的民间水利管理、组织者从未被纳入任何一个历史时期的基层行政管理单元或这些单元的延伸机构中去。

护林员组织：在哈尼族的灌溉社会管理组织中，与"沟头－赶沟人"组织具有同等重要地位的是护林员组织。涵养着丰富灌溉水源的森林系统的重要性很早就被哈尼人所认知，在传统哈尼族民间信仰体系中，神山圣水是万物有灵的具体体现。"不要忘啊，一家最大的是供台，一寨最大的是神山，神山上块块石头都神圣，神山上棵棵大树都吉祥，砍着神树和神石，抵得违反了父母一样。"[2] 森林的管护问题从来都是哈尼族地方知识结构体系的一部分。

【访谈 3-6】访谈节选：哈尼族护林员组织
访谈对象：MZQ，男，哈尼族，元阳县文体广电局
访谈时间：2017 年 4 月 6 日
我们哈尼族保护森林、神山、水源的基本途径和相关问题，可以举一个来自我的家乡果期村的例子（果期村委会隶属元阳县牛角寨镇，位于哈尼梯田文化遗产缓冲区，区位上

---

[1]　张俊峰：《水利社会的类型——明清以来洪洞水利与乡村社会变迁》，北京大学出版社，2012，第 58 页。
[2]　朱小和演唱，史军超、芦朝贵、段贶乐、杨叔孔译《哈尼阿培聪坡坡》，中国国际广播出版社，2016，第 247 页。

处于本研究重要田野点之一——西观音山的正下方）。一般来讲，在我们哈尼族地区，通常以村委会（或是村寨）的地理区划为边界，全村委会所有田地所需的水源来自哪一座大山，这座山上的水源林里流淌出来的灌溉水系所能覆盖的灌溉区域内，所有村民都有义务去保护该山和山上的森林植被。

具体如何实施保护，一是要有制度——传统社会中的村规民约，现代社会中结合传统村规民约的森林保护法；二是要有执法者——传统社会中的执法者，也即现代社会中的护林员。以果期村委会、果统村委会、新安村委会所在的片区为例，这三个村委会下面约有 37 个村落，为了保护水源林，当地各族人民就笼统地将西观音山上的全部森林划分为 37 个片区，每个村落（村寨，这里是指三个村委会下面所属的各种村民小组和自然村）选出一个护林员，这个护林员就是大家都认可的执法者。

护林员在我们哈尼族社会中为什么重要？因为护林就是护山，护山就是护水，护住了山林，我们才会有源源不断的水来灌溉梯田，维持生产生活。

无论是传统社会中的执法者还是现代社会中的护林员，都是通过选举产生的，应该具备的基本条件是：一要德高望重；二要人品端正；三要符合传承制——执法者的人选主要是家族传承，既包括品德传承，也包括护林知识的经验传承（在一个时代传承执法者/护林员的家族中，如果一家有多子，那么要在众多儿子中选择品德最优的那个来传承）。

执法者/护林员的职责和报酬：从职责来看，护林员还是责任重大的。他们的基本职责包括：在护林的过程中杜绝顾亲厚友的现象，不能让牲畜进入保护的林区。如果有人员违反制度进入林区，执法者/护林员要进行记录，没收破坏森林的工具。监督的二重性：执法者/护林员看管，乡规民约监督（制度保障）。在水源林砍 1 棵树，要补种 10 棵树并保证其成活。随着社会经济的变迁，现在报酬的形式已经发生了一些变化：传统哈尼族社会执法者/护林员的报酬主要按照该人所看护的森林水源地所能灌溉的所有梯田的总产量来换算，按照该片水源林水系流域灌溉梯田总面积的总产量换算，再摊到流域内的每户中去，大家一起来承担其报酬费用，传统社会是以谷物来兑现的。现在当地的做法是，执法者/护林员的报酬直接给钱，这些报酬，政府补贴一部分，村民出一部分。

与"沟头－赶沟人"组织一样，护林员组织也是哈尼族灌溉活动中不可或缺的一部分，早期哈尼社会中的护林员组织也属于一种民间自发的组织，与"沟头－赶沟人"组织不同的是，护林员通常以村寨为单位（因为森林，尤其是水源林通常都是以村寨为单位集体所有）选举产生，在现代民族国家基层行政建制的镇（乡）体系下，集体林地按照行政村（村委会）单位来划分，行政村内部又按照传统水源林—水源灌溉区域—灌溉区域内的全体农户的传统划分方式，在村委会内部的各个村民小组或自然村内按片切割，果期村委会下属的 37 个村落，就将他们的重要水源林——西观音山上的全部森林划分为 37 片，被这一片水源林流出的水灌溉到梯田的灌田户就会按照相应标准推选出护林员，护林员的人数根据森林面积的大小、距离村寨的远近不同而数量各异，一般而言，村寨的每片水源林基本会有1～2名护林员。与赶沟人略有不同的是，随着林权改革和其他相应的国家政策的不断下沉和推行，有一部分护林员已经被纳入了地方政府林业站所系统内成为公职人员。

二　哈尼族的灌溉制度与灌溉技术

水源、地形、物候等资源禀赋在梯田灌溉系统中是重要的先决条件，而讨论一个有组织的梯田灌溉社会系统，"不仅要阐述资源系统的自然属性，而且要阐述用何种规则对进入和使用这些系统加以规范、这些规则或导致何种交互行为以及取得何种结果"①。
那些已经附着在当地各民族传统地方性知识体系中的灌溉制度与
规则就是维持灌溉社会稳健运行的社会基础。

理论上讲,哈尼族管水配水制度生成于前梯田稻作农耕时代。
哈尼族迁徙史诗《雅尼雅嘎赞嘎》中提到,哈尼族爱伲(阿卡)
支系的先民在"加滇"② 时代就有了专门司水管水的职能部门,但
不论"诺玛阿美"时代还是"加滇"时代,哈尼先民都还处在滨
湖稻作农耕时代,引江河湖水灌溉是滨湖稻作的基本特征,这一
历史时期向南迁徙的哈尼先民还没有远离江河文明,还没有将生
计空间向红河南岸的崇山峻岭拓殖,对灌溉用水的支配和处理方
式也还不必精细和复杂到使用专门的度量衡来规范秩序的程度。

与他们的近邻相比,人口占大多数的哈尼族在梯田灌溉社会
中迄今为止依然保留着一套体系相对健全的灌溉制度,这种制度
向内作为灌溉组织原则规范着哈尼族自身的灌溉行动,向外也扩
延到整个梯田灌溉社会中对全体灌溉社会成员具有规约意义,这
种规范功能的外延性主要是由于在立体筑居模式中,哈尼族通常
选择居住在较为接近大型灌溉河渠的水源地的附近,这就意味着
他们处于灌溉水资源支配的起点位置上,因此他们的配水秩序和
制度规范在梯田灌溉社会中就有普适意义。从现有田野调查的材
料痕迹来看,哈尼族灌溉活动的开展具体是依托木刻/石刻分水制
度来完成的,而灌田户、"沟头-赶沟人"组织、护林员组织等灌
溉社会中的一系列组织要围绕木刻/石刻分水制度来开展他们的灌
溉行动。对从事梯田稻作生计的哈尼族而言,木刻/石刻本身具有
二重性:它既是一种器物,又是一种制度。

作为器物的分水木刻/石刻。分水木刻/石刻具体是何时出现
在哈尼梯田灌溉社会或前梯田农耕社会中的已无从考证,因无本

① 〔美〕埃莉诺·奥斯特罗姆:《公共事物的治理之道:集体行动制度的演进》,
  余逊达、陈旭东译,上海译文出版社,2012,导言第3页。
② "加滇":哈尼族阿卡支系迁徙史上的重要驻留地,所指地理区位待考,一说是
  今昆明滇池流域地区。

民族传统文字，木刻最初被迁徙中的哈尼先民用来作为圈领标识土地的记号，根据哈尼族迁徙史诗《哈尼阿培聪坡坡》记载，在"诺玛阿美"的哈尼先民应该就有了对土地——水田的私人"产权"意识，先民们会在自己看中的土地上用木刻、竹刻或结绳扢等方式来标记对这片土地的"占有权"，还有另一种方式就是在相中的土地旁边选一棵较大的树木，在树干上交叉砍上两刀标记"所有权"，其他人看到标记就不会在这个地方耕种，这应该是作为器物的木刻的最初形态。而用来作为配水度量衡的分水木刻基本可以断定是与灌溉的稻作生计活动有关联的。

【访谈 3-7】访谈节选：哈尼族木刻分水制度

访谈对象：BJM，男，哈尼族，元阳县牛角寨镇果期村委会七座村

访谈时间：2016 年 10 月 27 日

我们果期、果统这片区域，历史上有木刻分水的传统，按田的产量（一亩田能产多少谷子，产出这些谷子大概需要多少水来灌溉）用手指的宽度来划分水量。再由赶沟人、沟头，按田的数量来管理，每分水要给沟长 2~3 斗谷子，现在果期村一带还有赶沟人，每条大沟都由沟长疏通、维护、修复。

每当沟渠崩塌或者需要修葺时，需要用到该条沟渠的水灌田所有田户都要参加修葺，小的修理通常由赶沟人负责。惯例是每年集体大修理修葺一次，每户出一人。分水的木刻每年都要重新做，干旱的年份，每年 1 月开始做木刻、修沟。

如果去年的分水木刻没有损坏的话，今年也可以继续使用，分水木刻不能由沟头和赶沟人单独来修，必须由这个木刻配水的全体灌田户每户出 1 人，参与木刻的制作和修理。

木刻制作完后，共用一条水（一个主灌渠）的全部灌田户集中在一起商量，按照每户田的数量以及田的产量，来议定每户放水的时间，以及水如何进入每户的田。木刻的刻度

应该由沟长（头）来分。沟头和赶沟人也是由一条灌田水沟
上的全体灌田户同时商议产生，木刻分水的分水量定下之后，
就不能随意更改。水沟开挖（疏通）之后，全体灌田户就要
共同聚餐，商议沟长人选和一年中的沟渠维护、分水等事宜。
这餐饭以后沟头（主要是赶沟人）就要不定期地巡查木刻，
看有没有人随意更改木刻，看沟渠有没有损毁，需不需要
修葺。

图 3 – 11　尚在使用的分水石刻

分水石刻通常是一个大型灌溉社会中最高水源点的起点，从
每条灌溉主干渠最末梢的那丘田沿着水源不断向上追溯就一定能
在一个分水石刻上找到一个聚合点，在无数的中型和小型灌溉社
会的灌渠中也能找到无数分水木刻。也即，作为度量衡的分水木
刻和石刻应该是伴随着大规模灌溉水资源的支配需求的上升而出
现的，而大规模的稻作灌溉需求则与特殊的地域环境，以及人口
再生产、社会再生产等人的基本发展诉求相关。哈尼梯田灌溉社
会的山地河渠灌区中，分水木刻/石刻在枯水期和春耕期还比较常
见，而平坝江河灌区的傣、壮、汉族聚落里，基本没有这项分水
器物，应该说，木刻和石刻是适应梯田山地农耕环境"上满下流"
的天然过水机制的一种保证资源公平配置的民间机制。

作为制度的木刻/石刻分水。木刻/石刻分水制度是与"沟头-赶沟人"组织密切相关的、互为基础的民间机制。当木刻/石刻分水作为制度表达的时候，除了器物本身的度量作用，在外延上就包括木刻/石刻的制作、刻度划分的协商、木刻/石刻的维护等一系列组织活动及其过程中发生的人与人之间的关系。这种典型的灌溉组织行动，表达了全体稻作农耕族群在一个资源禀赋相同的生计空间内公平支配有限资源的基本愿景。

【访谈3-8】访谈节选：哈尼族先民木刻分水

访谈对象： 国家级非物质文化遗产代表性传承人，MJC，男，哈尼族，元阳县新街镇爱春村委会大鱼塘村人，贝玛

访谈时间： 2016年10月27日

在我们传唱的哈尼古歌中，祖先过江（从红河北岸渡江到红河南岸）的历史有一千多年了，我们在哀牢山上开梯田最初使用木锄，并用木头来撬开石头，开沟引水也是用木锄。生产合作社之前，更早的时候，老祖宗"阿波"他们使用木刻分水的方法把水引进梯田，分水器具是竹筒，最开始度量木刻刻度的是人的手指，根据每丘田的收成（水田的年产量），用一指、两指的方式，来分木刻的度量，灌田水沟的长度和宽度则由寨子统一决定。人民公社（生产合作社）时期，灌田水的分量是由生产大队来分的。

作为器物的分水木刻/石刻是在梯田稻作族群处理人与自然、人与人之间关系的过程中实现制度转变和功能意义的。当木刻或石刻作为度量衡并被用来维持灌溉社会的配水秩序时，其附着的社会文化意义已经超出了器物层面，而是作为一种民间机制和秩序标尺，长期维系着族群之间、社会内部的资源竞争与合作关系。

【访谈3-9】访谈节选：哈尼族木刻/石刻分水制作与计量

访谈对象： BXW，男，哈尼族，元阳县攀枝花乡水管站

原工作人员

访谈时间：2018 年 7 月 29 日

笔者：阿叔，您能不能给我讲讲我们哈尼族制作分水木刻/石刻的过程呢？

BXW：用我们的手指来看，大拇指除外，每四指是一个木刻，每两指是半个木刻，一个指头就是半刻的一半。就像我们旁边苦笋寨的那个木刻分水（八口石刻分水），沿着苦笋寨的这条灌溉大沟，往里面还有很多的分水木刻和石刻，你们现在看到的是这条沟的沟尾上的分水木刻/石刻。

笔者：一条灌田大沟不同的段上会有很多分水的木刻和石刻吗？

BXW：是的，最上面挨着水源林的地方是一个大的分水石刻，几个或者几十个寨子的灌田户用这个石刻来分集体水源林淌出来的水，因为这个沟水灌田就像扇子一样，越往下面分叉越多，灌溉的田越多，不断有龙潭水汇合进来，水量越来越大，所以越到沟尾，就会看到越多的木刻和石刻。

笔者：那一刻（四指宽的）水大概能够灌多少亩田？

BXW：这要看水田与分水石刻/木刻距离的远近。水田位于分水石刻/木刻分出来的灌溉水沟的沟尾的话，"一刻水"所能灌溉的面积肯定要小于那些距离灌溉水源较近的水田（因为水在向下流动过程中，会被层层梯田不断分流）。为了保障公平正义，管水分水的沟头和赶沟人在每年制作石刻/木刻分水器的时候，会根据灌灌田户水田距离分水口的远近程度，来适当收放（人工调节）石刻/木刻的宽度。比如说，标准上每"一刻"分水都是成年男子的四指宽的刻度，但是如果分出去的灌渠所灌溉的水田距离水源较远（也即罐渠比较长）时，他们在度量时就会适当将四指指缝的间隙放宽，以增加水量从而保障相对公正的均衡灌溉。

笔者：阿叔，我们哈尼族平常是怎么利用这个木刻/石刻来分水、管水的呢？

BXW：木刻/石刻分水的规矩定下来，所有的灌田户，不管他是彝族还是哈尼族或者壮族，都要遵守。不遵守规矩，随便偷水、私自放水的都要受到处罚。以前生产队的时候，旁边硐蒲村的人会来偷我们寨子的水，我们管沟管水的赶沟人发现了就把他们拉回寨子里来批斗，比法律还严呢，但现在改革开放了以后，不会这么整了，这么整了影响不好，对哪里都有影响。以前不管哪个寨子、什么民族，偷水的事情要是发生了，就要把人拉回来，还要去他家拉猪鸡鸭狗拿来当补偿，当然现在不会这样处理了，以前这种村规民约，谁都害怕，不敢轻易偷水。

笔者：以前偷水这种事情经常发生在什么季节呢？

BXW：三四月份天干的时候，一条沟，每晚上轮五家人去守水，你不去的话，罚款（罚谷子）。我们这些地方，天干的时候水就不够，下雨的时候，水就用不完。天干时就要争水。民间惩罚这种事情说起来不好听，但是真的有效果，我的田地都没有水，被你从上面把水引去了，我的田就干了，收成就不好了，养不活一家人，是要害死人的，以前大家都是靠田里的粮食吃饭的。

笔者：现在天干和播种插秧的时候，还要组织赶沟人和灌田户去守水吗？

BXW：现在没了。现在种出来多少都够吃。那时候田里粮食出不来，就不够养活一家人。以前靠种田来吃饭，现在一年种出来的粮食也吃不完，遇到偷水的就不罚款了，罚款、拉人、拉东西这种事情也是伤感情的嘛，不到万不得已，也不愿做。

还有，现在国家扶持那么多，哪里水沟坏了，政府就会给点石灰水泥，灌田户出点义务工，修修就好了。惩罚人、罚款这种事情现在基本上没有了。

木刻/石刻分水是制度手段，在传统梯田农耕生计中，合理、

图 3 – 12 尚在使用的分水木刻

公平、有效地支配有限的灌溉水资源，实现再生产的互惠互利共赢，才是制度逻辑背后的真正目的。

水源林保护制度。水源林保护是灌溉活动得以实现的基本前提，如果说木刻/石刻分水制度是全体灌田户与"沟头－赶沟人"组织协商一致形成并使赶沟人得到赋权的制度保障，那么水源林保护制度亦可称作护林员组织（这里更多是指传统意义上民间选举产生的护林员）履行职责的基本制度前提。

【访谈 3 – 10】访谈节选：哈尼族水源林的保护制度
访谈对象：MZQ，男，哈尼族，元阳县文体广电局
访谈时间：2017 年 4 月 6 日
哈尼族的水源林保护制度也是具有严格的系统性的，制

度就是为了保障团结。比如说，护林员护林就是护山，对哈尼梯田社会来讲，护山就是护水。那肯定就要有保护水源林的制度来保障，制度不是护林员一个人的制度，而是全体灌田户都要遵守的制度。

比如说，水源林旱季的森林防火，首先肯定是要由护林员进行监管。其次就有明确的乡规民约作为制度支撑，比如我们果期的寨子就有规定，某户失火、纵火导致火灾，该户的家长、监护人要承担相应的责任。一是要按烧毁的树种、面积来补种相应的植被；二是林区严禁百姓放牛放马，这就需要护林员来监管。这些制度，都是渐渐成为惯习代代相传并内化的。

哈尼族的护林员，一旦被推选出来，就要按照相应的水源林保护制度，来管护自己责任范围内的林木。每年的"昂玛突"时会对全村一年的事项进行通报，总结过去的一年存在的问题、困难，这个时候，也包括对护林员一年职责履行程度的集体评议。再由咪谷和全村男性成员一起商议相关的制度规约，传统的哈尼社会，制度和规约由咪谷和保甲长来执行。

护林员的职责，不是我们想象的那样定期去巡山看看有没有什么火情隐患那么简单，他还有很多详细的权责被罗列在村规民约当中。例如，过去和现在的哈尼社会，人们上山下田劳作和休息的地方（通常会有一个石坎）后面要栽一棵树，这棵树不能砍，一旦砍倒了就会给村里带来灾厄、不详，现在主要由护林员进行监督管理，这棵树同时也是护林员休息和纳凉的地方。

在传统的哈尼社会中，如何利用森林木材，包括水源林，是一个大问题，也有很多规范。哀牢山高山森林里的林木主要由涵养水源的水冬瓜树、旱冬瓜树和其他树木组成，我们的先民在利用这些木材的时候是分类管理的，并且已经作为传统村规民约，成为我们生活规范中的一部分。

第一类是建筑用的木材，对于如何利用这类取自高山水源林的木材，有着方方面面的规范。

1. 砍伐数量和种类：用于建造房屋和动物圈舍的木材，每户的砍伐量由村里集体商议，集体审批（如每户在自己的区域、山林地里能够砍多少木材由集体决定），并且，砍伐木材的种类、树干的曲直程度也有明确规定。通常也是砍 1 棵再在附近补种 10 棵。在哈尼地区，住房的使用周期一般为 25 年，这样的话补种的树也已经成林了。

2. 砍伐的工具：砍伐建筑用材的工具也得由集体审批，主要由咪谷、竜头、长老来定，但坚持集体议事原则。

3. 修公房和集体建筑使用的木材：从集体林里砍伐相应的木材。砍伐制度和工具规定同上。

第二类是日常生活中使用的薪炭木材——就是柴火，其规范也很详细。

集体使用的柴火（例如重要的节庆和祭祀仪式时需要的柴火），在集体林地里找，一般只捡枯树枝和树干上落下的树枝。

日常生活中家户使用的柴火、农户用柴，量大集中的时候（比如农忙季节）：插秧的前半个月、收割的前半个月，可以放开到山上去捡掉落的树枝、树干，但是不能捡比自己年龄大的树枝，因为在哈尼人万物有灵的认知当中，不能去破坏自然界中比自己年龄还要大的生物——树龄大的树枝腐化之后变成春泥，促进了生态循环。

现代社会，在我们哈尼族的村寨中，树木被乱砍滥伐的程度低了，一方面是由于国家的林权政策、山林保护政策的约束力，另一方面在于老百姓进入森林砍伐薪炭林木的成本比较高。此外，现代的电能、沼气等能源已经足够解决日常生活中的能源需求，足够替代日常生活中的薪柴需求。同时，大量劳动力季节性外出务工，劳务输出，人口外移，使得薪炭的需求变小。

水源林保护制度位于哈尼族系列灌溉制度的顶层，一方面与哈尼族在梯田农耕生计空间中所占据的生态位有关，另一方面则体现了哈尼族信仰体系中万物有灵、自然崇拜的宇宙观，哈尼族总是在理解人与自然关系的基础上生成处理人与人关系的规则，社会关系也是其宇宙观的直接体现。

三　哈尼族稻作灌溉中的社会交往活动

灌溉组织行为及其制度规则在梯田农耕社会的稻作生计层面发挥着重要的规范作用，但这并不意味着灌溉活动是梯田农耕社群日常生活的全部。灌溉组织原则无论在内涵还是外延上都包含在农耕族群各自的社会组织结构和集体行动逻辑之中。当然，如同传统农耕社会生活总是以族群、村寨的集体形式存在一样，灌溉也是全体灌田户共同维系的规模性的集体行动，因此，尽管彼此二元独立，各自的领域有不同的规则和组织范式，但两种组织（灌溉组织和农耕社会组织）都是指向全体社会成员的集体公共事务的。

在传统的哈尼族村落社会中（这里主要讨论小传统层面上的哈尼族社会及其组织结构）①，从最初的头人、贝玛、工匠组织开始，哈尼先民就有了明确的职能分工和组织规范。

> 　　头人的名字叫龙波阿优，长得高大又神采；贝玛的名字叫龙斗阿沙，世上数他记性最好；工匠的名字叫龙奴阿收，两手粗壮心灵手巧……头人分三等，一等跟一等不一样……工匠分三等，一等跟一等不一样……自从世间有了头人，天天给人断事情，打架吵闹的事情少了，抢人杀人的事情少了，

---

① 就现代社会中实际规范村落社会生活的大传统而言，随着国家行政管理单元及其延伸管理组织不断地向乡村社会下渗且规范着村落的公共生活的方方面面，诸如"村三委"（村党支部委员会、村民委员会、村务监督委员会）、村民自治的其他被政府认可的组织，都在村落生活中发挥着实质性的规范作用。

地方管得平平的，百姓好吃好在了……自从世间有了贝玛，天天给人驱鬼治病，用黄泡刺挡住寨门，用灶灰堵住路口，魔鬼害怕了，躲到神山悬谷去了，寨子不闹鬼了，生病的人少了，生出来的小娃长得大，年纪大的老人活得长……自从世间有了工匠，天天给人们做活计。炼铜炼铁倒梨花，打制锄头、砍刀和斧子，编制背篓、筛子和篾箩，砍来树木盖新房，有了铜铁做活省力气，有了各种工具好栽田种地，有了房子不怕风吹雨打，百姓好吃好在过日子。①

如果讨论传统的延续性，那么包括神圣代言人的"咪谷－贝玛"组织、主理村寨日常集体公共事务的"竜头"组织等在内的各民间事务决策层都遵循着集体议事的基本组织原则，他们在哈尼族一年的生产小周期的重要节日、庆典、宗教祭祀活动中依旧维持着各自职能范围内的权威性。哈尼族一年一度的"昂玛突""矻扎扎""扎勒特"等重要的集体庆典中都明确地维持着集体协商、集体决策的传统议事原则。尽管现在已经不存在，但诸如头人、贝玛、工匠这类曾经在历史上发挥过重要作用的传统组织，已经演变为现代村落社会中以地域小传统的形式存在，如由头人演化而来的"咪谷"组织，在乡村传统社会生活中依然延续着象征性的权威并在重大节日庆典、祭祀礼仪中不可或缺；"贝玛"组织依旧活跃于哈尼族的村落社会，是传统祭祀仪式的重要主持人和操作者；随着现代生产生活水平及技术技能水平的逐渐提高，工匠在现代哈尼族村落社会中已经流于平常。总的来说，传统社会结构中的各种组织，不论是换一种形式存在，与现代乡村组织形式——村三委及其他基层行政管理单位延伸组织并行不悖，还是已然消逝湮没在历史长河中，它们都曾规约着哈尼社会的生产生活及发展的方方面面。就社会交往而言，这些传统

①　赵官禄、郭纯礼、黄世荣、梁福生搜集整理《十二奴局》，云南人民出版社，2009，第77～78页。

社会组织主要在族群内部发挥着规制作用，头人组织即族群内部高度集权的权威性象征，时至今日还存在的"咪谷－贝玛"组织则表征着该族群在宗教、文化、心理等方面维系着与其他族群的"他我之别"，总的来讲，哈尼族的这些传统社会组织并不面向对外扩大的社会交往空间，反而是在对外交往中发挥着维持自身"边界"的功能。

　　而当讨论灌溉组织时，其范围相应地仅仅指向灌溉社会，而非整体梯田农耕社会。"灌溉社会曾经是且现在亦是偏重于技术的、共同拥有的公共事业，而不是一个集体农场。"① 上文详述的沟长、灌田户和护林员组织，围绕灌溉行动集体议事，集体决策。以沟头、沟长、赶（管）沟人、护林员为核心的技术圈层，他们被全体灌田户赋权以履行日常的配水、管水职责，他们制作、维护、监督分水度量的木刻/石刻保证公平，杜绝水利纠纷隐患。当然，与中国北方农村泉域社会中的那些水利组织管理人员不同，哈尼族传统社会中的这些灌溉组织成员，并没有因为组织日常灌溉活动的合法性身份的获得而在扩大的社会交往中获得更多的社会资本的可能，但是，与传统社会组织里的头人等象征性成员相比，灌溉组织成员更多地要承担那些突破族群、村寨、文化、宗教，乃至心理边界的外向型的社会交往职能，这是因为，哈尼梯田灌溉社会并不是哈尼族的灌溉社会，哈尼灌溉社会也包含在各种小型、中型和由全体梯田稻作民族构成的大型灌溉社会中，自上而下的河流、沟渠，以及田阡错节的土地权属关系，总使得哈尼族在支配灌溉水资源时要不断和本民族、本村寨以外的其他人群发生这样那样的关联，而被传统哈尼社会中的全体灌田户民主选举出来的"沟头－赶沟人"等的灌溉组织成员，必然要在被灌溉水系拓延的更加广阔空间里，面向宗教、文化、心理等族群边界之外的其他族群及其文化。当然，哈尼族从来不拒绝这种扩

---

① 〔美〕克利福德·格尔兹：《尼加拉：十九世纪巴厘剧场国家》，赵丙祥译，上海人民出版社，1999，第81、86页。

大的社会交往关系，从古至今，传统社会组织所维系的族群边
界，和灌溉社会组织所拓殖的突破族群边界的社会交往，都在哈
尼族集体历史记忆中鲜活可见，具体个案将在第六章中开展深度
讨论。

第三节　精神：哈尼族的水神崇拜及水知识体系

　　诚如格尔兹"将灌溉社会置放在业已描述过的整体的'综合
的'、'多元的'或'重叠且交错的'巴厘村庄体系之中"[1]，哈尼
族的灌溉社会也仅是传统哈尼族社会的一个组成部分。在精神层
面，"尼加拉"灌溉社会的组织与技术通过庙宇与村庄宗教生活相
联系，具体而言，就是稻田庙、村庙、水庙（这里的庙是指 19 世
纪巴厘岛上的原住民组织民间仪式、规范灌溉配水秩序的场所，
并非我们日常所理解的寺庙）以及重大节令在这些地方举行的仪
式庆典，是灌溉社会的象征，既标识了灌溉社会内部联系的普遍
性，又象征着村庄社会、政治、经济生活联系的方方面面。相较
而言，哈尼梯田灌溉社会中的哈尼族与他们的近邻，在集体共构
的大中型灌溉社会里却没有一个设立在"诸水之源"上的有水神
寄身的水庙，因为在当地各民族的民间宗教信仰体系中，他们的神
灵系统是彼此区异的，他们各自的水神不会被供奉在同一个水庙或
同一个公共空间里，而是各自分散在稻作空间里的不同方位上。

　　归纳起来，对于赖以生存的灌溉水资源，梯田农耕社会中的
每种民族，都有各自的认知、理解，并据此产生了一整套的处理
人水关系、处理水资源配置中的人人关系的水文化体系。除了灌
溉组织和灌溉制度，哈尼族围绕稻作灌溉活动由家户自组织的水
仪式、村寨群组织的集体水祭祀活动，日常生活中的水崇拜、水
神信仰、水知识等共同组成了其水文化体系，已经和他们的灌溉

---

　　① 〔美〕克利福德·格尔兹：《尼加拉：十九世纪巴厘剧场国家》，赵丙祥译，上
　　　海人民出版社，1999，第 88～89 页。

组织行为一起内化到其传统哲学宇宙观体系中了。

一 哈尼族的水神崇拜

与很多氏羌族源系统的后裔民族一样，哈尼族的创世史诗大多与洪水神话相关联，洪水毁天灭地、兄妹相婚传人种的故事在各个支系的不同区域皆有异文本流传。在哈尼族的传统信仰体系中，水神和风、雨、雷、电、河渠、籽种、田地等神在诸神谱系中具有较高地位，是至高天神的直系后代。上古时代最高最大的天神俄玛生下许许多多分别管理自然界万象万物的男神女神，在她的子女中有高能的神女梅烟（天母阿匹梅烟，即尊敬的祖母），从众神的尊王梅烟开始，哈尼族诸神就有了谱系。天母梅烟生出大神烟沙（万能的男神），烟沙又生下九位大神，他们参与了造天造地。"他们的名字一个也不能忘，造天造地的时候，全靠他们出力奔忙。他们就是：管风的神米沙，管雨的神即比，管雷的神阿惹，管土的神达俄，管籽种的神姐玛，管水的神阿波，管田的神得威，管地的神朱鲁，管沟的神阿扎。"[①] 水神阿波和雨神、沟神等九位大神是天母梅烟的直系后裔，地位崇高，在远古的开天辟地活动中专司一职，须知，风、雨、雷、电、土地、籽种、田和水都是稻作生计中最不可或缺的自然要素，哈尼族信仰系统中诸神职系的安排已经有了族群与稻作生计关联的某种隐喻。

水神是一切江川河湖海的最高主宰，当然，除了管水的大神阿波，在管水的神职谱系中还有许多其他更加细化的神。除了将自己的直系后代册封为各路大神，高能的尊王梅烟还分封了十二位尊神——十二乌摩，分别管理天地间的种种事宜，其中就有洪水神和山泉神。"第十一个是爱眨眼睛的麦期麦所，专管河水不冲人马牲口。第十二个是好看的厄戚戚奴，她是一位白生生的姑娘，管着万道清清的山泉，还有又甜又凉的龙潭。她的笑声老实清脆，

---

① 郭纯礼、黄世荣、涅努巴西编著《红河土司七百年》，民族出版社，2006，第5页。

一双眼睛老实明亮，你对她瞧上一眼，她也睁眼把你来望。"① 因
为"天地人神"四位一体的哲学宇宙观呈某种对应关联，随着哈
尼族历史社会的逐渐发展，水神信仰谱系中的职能分类越来越细
化、明晰。水在哈尼族的集体历史记忆中脉络清晰，重要性不言
而喻：从滔天洪灾中顽强生存下来的哈尼族先民，在之后的漫漫
迁徙长路中一直与水发生着诸多交集，哈尼族迁徙史上八个重要
的地理位置，即虎尼虎那—什虽湖—嘎鲁嘎则—惹罗普楚—诺玛
阿美—色厄作娘—谷哈密查—红河南岸哀牢山中，有七个与滨湖、
江河、水系相关。其中，先民生机肇始之地"虎尼虎那"高山
"神奇又荒凉……陪伴山梁的是两条大水，滔滔波浪拍打着山岗，
好像大山也有伤心的眼泪，两条河流日夜向着东方流淌。北边的
大河叫厄地西耶（流黄水的大河）……南边的大河叫艾地弋耶
（流着清水的大河）"②。首次迁徙而至的"什虽湖"本身就是片水
草丰美的高原湖泊。而"惹罗普楚"是哈尼先民首个建寨安家、
开沟造田，发展稻作农业的地方，必定是依山傍水之地。哈尼族
至今怀念的圣境密地、灵魂皈依之所"诺玛阿美"则是一个典型
的江河平原之地，"在那河水最大的七月，先祖来到诺玛河边，奔
腾的河水比豹子还凶，撕破大地的吼声远远就能听见"。广袤的诺
玛阿美平原堪称哈尼族先民繁衍生息的重要中转地，"诺玛阿美又
平又宽，抬眼四望不见边，一处的山也没有这里的青，一处的水
也没有这里的甜……大人去到水边，常常把大鱼抱还，好在的诺
玛阿美，哈尼认作新的家园"③。之后的"色厄作娘"被描述为先
民短暂停留的一片滨海平坝地区。而"谷哈密查"作为哈尼先民
迁往红河南岸哀牢高山之前停留时间较长的河川平坝，也是水边

① 郭纯礼、黄世荣、涅努巴西编著《红河土司七百年》，民族出版社，2006，第
6页。
② 朱小和演唱，史军超、芦朝贵、段贶乐、杨叔孔译《哈尼阿培聪坡坡》，中国
国际广播出版社，2016，第4~5页。
③ 朱小和演唱，史军超、芦朝贵、段贶乐、杨叔孔译《哈尼阿培聪坡坡》，中国
国际广播出版社，2016，第62页。

的福地，"六条大河哈哈地笑着，走在这片坝子中间，大河纵横交错流淌，好像巴掌上纹线。在那坝子的尽头，碧绿大水有一片……七十七斤的青鱼像沙子样多，八十八斤的黄鱼像芭蕉成串……数不清的大鱼大虾，像百花盛开在宽阔的水面"①。尽管更多地被归纳到山地农耕民族的类型，但历史上的哈尼族从游牧向稻作农耕的转型伴随着漫长的逐水草、江河湖泊而居的变迁发展过程。从远古的创世神话到历史上大规模的迁徙活动，早在前梯田稻作农耕时代，哈尼族就已经在滨湖稻作农业活动中建构起了尚水、敬水的水信仰和崇拜系统，这为其后续的梯田灌溉社会中的水信仰和水崇拜体系奠定了基础。

二 与水相关的农耕祭祀礼俗

万物有灵的自然崇拜是哈尼族传统宗教信仰的重要特征，而稻作灌溉活动中的水崇拜及相应祭祀礼仪则是其自然崇拜中的重要组成部分。进入梯田稻作农耕时代，哈尼族的水崇拜及祭祀活动在形式上可以分为家户个祭和村寨公祭两种。在一个完整的稻作生长周期内，个祭和公祭活动在四时时令里按照时序依次开展。

在村寨主义的传统哈尼族社会组织结构中，以村寨为单位的集体祭祀（公祭）活动和围绕稻作灌溉活动的家户祭祀行为通常是以一年为一个生产小周期，和传统的节日庆典同时进行的，迄今为止，在梯田农耕区的哈尼族村寨，逢节庆都有相应的祭祀礼俗。

【访谈3-11】访谈节选：哈尼族农耕礼仪及水祭祀活动
访谈对象： 国家级非物质文化遗产代表性传承人，LWX，哈尼族，男，元阳县新街镇大鱼塘村人，咪谷
访谈时间： 2016 年 10 月 25 日
笔者： 阿叔，我们哈尼族一年之内的重要节日和祭祀活

---

① 朱小和演唱，史军超、芦朝贵、段贶乐、杨叔孔译《哈尼阿培聪坡坡》，中国国际广播出版社，2016，第 152～153 页。

动中，哪些仪式主要是跟水有关系，比方说要专门献山求雨水的，祭水沟、水井的活动，您能不能跟我详细说说？

LWX：跟水有关的，一是"昂玛突"节的时候，"昂玛突"节我们要过三天，农历二月第一个属马的日子是叫魂日，第二天开始正式的寨神林祭祀，这一天的上午要献水神，就是本寨子大咪谷带领一个小咪谷，去建村建寨时最早开挖的那个水井搞祭祀，祭品需要一对半大鸡、糯米、红豆、彩蛋等，还要一个用竹子编成的螃蟹，仪式中要磕头。放竹螃蟹是为了求水井里的水神保佑一年到头，水井出水量多，井水好喝，不要有灾祸，喝了水井水的人身体健康，寨子安康，五谷丰登，人畜兴旺。全村的水井已经在前一天（农历二月第一个属马的日子）打扫干净，全寨子的水井都要打扫，包括那些平常用的淘水井，修葺水井，打扫水井周边卫生，建村建寨时开挖的第一口老水井必须由大小咪谷两人打扫。以前是属虎那日后面的属羊日，全寨子的水井都要祭祀，现在仪式简化了一些，主要祭祀第一口老水井。村内其他水井就是划片来祭祀了，某一口水井周围主要喝这口水井水的所有人家中选最老的一位成员来代表祭祀。

笔者：意思是水神是住在水井里吗？

LWX：水神住的地方很多，天上、山上的水源头上、水沟的水源头上、竜树林（寨神林）的水源头上、大田的水源头上，哪里都有水神，水井里的水神就是专门管水井的。"昂玛突"为什么要祭祀水井呢，老古传下来说我们祖先最初建寨的时候，没有开挖水井，于是寨子就发生了灾祸，后来修建了水井，每年祭寨神时祭祀了水神之后，灾祸才得以消退。祭祀完水井后的当天下午，咪谷就领着全村男子在寨神林里祭竜了，这个仪式中所用的水包括祭祀用品清洗用的水，都是从老水井里取出的水。老水井的水同时也是"矻扎扎"节搞祭祀时必须使用的水。

跟求雨有关系的仪式，整个寨子一起做的是"普础突"

仪式（"普础突"是一种举寨进行的祈雨仪式，一般而言，每个哈尼族村寨除了存在上方的寨神林，都还会在村寨周边有一片保护得很好的神树林，每年插秧播种之后，在这里举行祈祷风调雨顺的仪式）。"阿波基普"在我们哈尼族话里表示"祖先"的意思，"普础"是保佑村寨的神灵（包括祖先）居住的一片神树林（是位于村寨附近的，与寨头的寨神林区分开的另一片树林），"普础突"就是祭祀保佑村寨的神灵们的活动，祭祀的时候有给祖先"阿波基普"磕头的仪式，我们大鱼塘村的"普础突"，时间在农历三月第一个属虎日，适逢庄稼入田干旱季节，举行仪式以求雨水来浇灌庄稼，求祖先保佑不要有霜、冰雹，庄稼不要被烈日晒死。每户出一名成年男性，由六个咪谷主持，祭祀用品与其他仪式大同小异。

跟水有关的仪式还有梯田里的"德勒活"仪式，他们汉人说这是哈尼族在祭田神，这个也是整个寨子一起的，农历七月，庄稼抽穗拔节，由六个咪谷主持这个祭祀，全村每户出一名成年男子，到寨脚的大田（全村的母田）祭田神，祈求神佑谷子出穗，大田保水、无灾无祸，苞谷不要被大风吹倒，这里用到的那些祭祀用品，也一定要用第一口老水井里的水来清洗。

另外就是"矻扎扎"节，这个节倒是不用献老水井，但是六个咪谷中有一个专门负责背水的，所有祭祀用水，清洗祭品的水，他都得去第一口老水井那里背来。

在哈尼族传统村落社会中，具有祈雨意涵的较盛大的公祭活动有"普础突"① 和"波玛突"两种，"普础突"是一种祈求风调

---

① "普础突"："普础"是保佑村寨的神灵（包括祖先）居住的一片树林，"突"就是祭祀。"普础突"是传统哈尼族寨子在每年农历三四月份，插完秧之后，举寨举行的祈求风调雨顺、寨子安康的祭祀活动。一般而言，每个自然形成的哈尼族村寨都会有一片不同于寨神林的单独的林子，作为举行"普础突"仪式的场所，每年特定的时间，全寨子的男性成员在咪谷的带领下，到该林子中杀猪祭祀，举行仪式活动。在爱春村委会，是整个村8个村民小组一起到大鱼塘村的寨神林里集体举行"普础突"仪式。

雨顺的仪式，在每年农历三月，每个寨子的寨祭活动"昂玛突"之后，庄稼初种，水稻幼苗新绿的时节，全村每家每户出一名男子一起到寨神林（这片寨神林不是全村公祭活动"昂玛突"仪式举行的那片神树林）里参加仪式，仪式过程也要由整个村最具有影响力的大咪谷主持，仪式中通常要杀一头猪，还有鸡鸭等其他祭品，由大咪谷来统一安排祭品的宰杀和摆放，以及具体的仪式环节。所有祭祀用品及祭祀期间发生的费用由全村按照人口户数均摊，参加仪式的全体成员在寨神林里吃完饭后，仪式的剩余祭品按照寨子的户数平均分配给全寨家户，并且可以带回家里。"普础突"由咪谷主持，贝玛通常不参加，用以祈祷风调雨顺。"波玛突"就是集体祭祀东观音山的仪式（"波玛"是"高大的群山"的意思，指哀牢山，哈尼族、彝族对旁边的哀牢山都有自己的称谓，汉族将爱春等地祭祀的山叫作观音山，在元阳县境内有东/西观音山之分，关于两山的公祭活动，将在第七章中详细论述）。在这些公祭仪式里民间宗教人士贝玛或咪谷念诵的祭词中，都有向自然神灵祈求庇佑的内容。例如，在"波玛突"（祭祀山神）仪式中咪谷念诵"先辈祖宗留古规/插好秧来祭山神/哈尼祭山要杀牛/哈尼祭山也杀猪/全族来共祭山神/祈求神灵风雨顺/祈祷山神保禾苗/莫让谷子得白穗病"[1]。而一年一度的祭寨神"昂玛突"节日庆典中被念诵的祭词一般是："在天的五谷神，请你守护我们即将种下的庄稼，赶走破坏稼禾的走兽飞禽，请保佑风调雨顺，粮食丰产，这是我们的命根子。"[2]

除了上述这些集体的祭祀活动，在日常的灌溉组织活动中，还有许多通过家户独立完成的相关祭祀活动，主要在田间地头，用鸡鸭等祭品祭祀神灵。此外，在寨群成员各自的人生礼仪之中，人的生命大周期里，无论是丧葬礼仪、禳灾祛病还是起房架屋，

① 王清华：《梯田文化论——哈尼族生态农业》，云南大学出版社，1999，第250页。

② 卢朝贵：《哈尼族哈尼支系岁时祝祀》，载中国民间文艺研究会云南分会、云南省民间文学集成编辑办公室编《云南民俗集刊》第四集，第12页。

图 3 - 13　哈尼族祭祀水神标识

图 3 - 14　祭祀建寨老水井的水神

从出生到死亡的种种人生礼仪，都与水发生联系。寨子中一旦有新生儿，就要用建村建寨的第一口老水井的水来为之洗浴接祥，寨子中年长的老者过世时，一系列的送葬仪式中也需用老水井的水来盥洗，这正应了哈尼族创世史诗中"人种自水中来"的远古传说。

传统的哈尼族社会善于以宗教规训的方式传递用水、节水经验。包括"昂玛突"在内的哈尼族传统节日庆典，以及生产四季周期内的特定时令，那些集体祭祀建村建寨的第一口老水井的活动，就具有明显的规训意义。"在祭祀水井的过程中，年长者要对年轻人进行爱护水源、尊重水井、爱惜水井、保护水井以及节约用水的教育。"① 民间水规和节水意识在宗教规训中代际传承。

三 哈尼族灌溉生活中的水知识体系

哈尼族灌溉生活的日常中，水知识的运用无处不在，包括他们用以处理人水关系的载体——水井、鱼塘、沟渠、梯田等；包括他们处理人人关系的配水制度——木刻/石刻分水等，都是这个民族传统水知识的外化形式。与梯田稻作空间里的许多其他民族一样，哈尼族的水文化也是自成体系的，对内规范全体灌溉社会成员，对外维系"他我之别"的灌溉边界并促成族际、寨际互动与交往。总结起来，哈尼族灌溉水文化最大的体系特征，莫过于他们那一套传承已久并依然可持续的引水—储水—配水—退水机制，这是人的能动性作用于自上而下的天然过水秩序的典范。

引水：在空间意义和技术逻辑上，引水通常包含从高山水源林所涵养的水源处开沟造渠，顺势引导自上而下的水流并加以利用。哀牢山脉的自然地理条件与红河水系的天然物候系统，决定了哈尼族的引水活动基本以顺应山川形变、径流水系的人工沟渠为载体，庞大的梯田系统被纵横交织的沟渠水网系统贯连，哈尼族的社会文化活动也被纳入灌溉社会的整体中，因而，他们以家户为单位和以村寨为单位的农耕祭祀礼仪，相当大一部分都跟水崇拜、水信仰相关。

储水：诚如前文所言，与他们的邻人一样，哈尼族的灌溉用水和生活用水是界分的。村寨日常的生活用水和仪式之水有赖于

---

① 王清华：《哈尼梯田的农业水资源利用》，《红河日报》2010 年 7 月 21 日，第 7 版。

天然龙潭（高山林涧的泉水）以及水井两类器物储存。水井的自然储水功能、营建日常和社会分工秩序功能前文已论述过，高山森林鱼塘和寨脚鱼塘也是灌溉用水的最佳储水设施。这些配水器物的创造、维护和运用与哈尼族认知和理解人与水、人与社会的关系密切相关。

配水：在哈尼族支配灌溉水资源的理念中，木刻和石刻分水①是最行之有效、公平正义的配水制度。制度是配水行为的基本保障，基于协商一致达成的族群内部配水秩序则是灌溉组织原则与传统寨群组织原则高度契合的反映。"若遇到水渠灌溉面积大，恰逢枯水季节或插秧用水高峰期，渠水流量无法将所有的梯田同时灌溉之时，一个村子或数个村子共同利用一条沟渠水灌溉的田主就会主动协商，采取按时按田划块划片分期轮流或按天数轮流灌溉的办法。"②以村寨为单位的协商性的轮流放水制，意味着当地哈尼族已经充分把握了运用集体的寨群力量在公共资源配置中发挥协商作用的意义。

退水：在哈尼梯田的过水秩序中，退水主要依靠山势落差和自上而下的流水势能完成。除了"上满下流"的自然退水规律外，人为的退水活动也至关重要，哈尼族的退水过程相对特别，形成了独具特色的村寨肥塘冲肥和山水冲肥两种典型。村寨肥塘冲肥是集生活排水和梯田施肥于一体的寨际组织行为，"哈尼族村寨里都有一个大水塘，平时家禽牲畜粪便、垃圾灶灰集积于此。栽秧时节，开动山水，搅拌肥塘，乌黑恶臭的肥水顺沟冲下流入梯田。另外，如果某家要单独冲肥入田，只要通知别家关闭水口，就可单独冲肥入田"③。村寨肥塘冲肥能有效排除村寨日常蓄积的农家

---

① 哈尼梯田木刻/石刻分水机制，参见黄绍文、关磊《哈尼族梯田灌溉系统中的生态文化》，《红河学院学报》2011年第6期。
② 管彦波：《西南民族村域用水习惯与地方秩序的构建——以水文碑刻为考察的重点》，《西南民族大学学报》（人文社会科学版）2013年第5期。
③ 王清华：《哈尼梯田的农业水资源利用》，《红河日报》2010年7月21日，第7版。

肥，通过沟网系统，将肥力和生活废水输送到田间并自然降解，汇入江河系统实现退水。山水冲肥也称为"赶沟"活动，通过人为疏导将高山森林中自然代谢的动植物腐殖质通过雨水冲刷到沟渠田畴，雨季降临，梯田里的稻谷拔节抽穗时"正是梯田需要追肥的时候，届时，村村寨寨的男女老少一起出动，称为'赶沟'。漫山随雨水而来的肥在人们的大力疏导下，顺着大沟迅速注入梯田"①。围绕山水冲肥的赶沟行为是梯田灌溉社会中的大型退水活动，水量充沛的雨季梯田过分泡水对庄稼生长不利，因此需要人为活动促进灌溉系统循环。

在生态位的选择上，梯田灌溉社会中的哈尼族倾向于居住在海拔适中、靠近水源地的地方。相较于当地其他梯田稻作民族，哈尼族较早进入哀牢山区开展开沟造田活动，他们依据迁徙历史上的滨湖稻作累积的农耕经验，选择在山峦河谷纵向集水线的水源附近依次开沟造田，在劳动力、生产技术、生产工具等都有限的情况下，这是努力使"来自自然的限制退却"的最优选项。

位于山地河渠灌区的哈尼族利用沟渠、水井、鱼塘以及梯田等载体结合自身的水神崇拜以及水资源利用的地方性知识，实现与自然的物质和能量交换，从而维持人口和物质资料两种社会再生产。哈尼族因山就势利用灌溉水资源，就分水技术而言，其木刻/石刻分水技术是稻作经验系统的一部分；就配水制度而言，作为分水制度的木刻/石刻分水机制，则是哈尼族内生组织原则村寨主义的一种外化表现；就其灌溉组织而言，"沟头－赶沟人"组织和护林员组织则直接源于哈尼族村寨主义式的村寨组织结构，灌溉社会及其组织结构只是哈尼族传统社会组织结构的一个缩影，因此哈尼族的灌溉活动也遵循村寨主义的行动逻辑，强调灌溉社会集体的空间意义。"这些村寨中当然也有家族，血缘关系也具有重要的意义，但是，从总体上看，这些村寨的社会空间意义对于

---

① 王清华：《哈尼梯田的农业水资源利用》，《红河日报》2010 年 7 月 21 日，第 7 版。

村寨来说具有更为根本性的重要意义。"① 在与哈尼族族群、村寨的边界重合的那些灌溉社会中，全体寨群成员也是全体灌溉社会成员，每个成员的灌溉行动即以村寨的灌溉秩序为依据，以村寨的灌溉组织原则为行动标尺，灌溉是"一致性"的联合行动，而不是家户的个别活动。在哈尼族灌溉社会中，以血缘家族为单位的家户群体并没有开展联合灌溉行动的依据，他们的重要生产资料——土地（梯田）是集中连片地交织互嵌在村寨寨脚的，从哈尼族村寨寨脚延伸下去的梯田，构成了"你中有我，我中有你"的网格式交织关系，而这些水田的灌溉主干渠，通常都是经由村寨联合劳动从遥远的高山水源林开挖而来的，在这项联合劳动中，所有寨群成员都被视为义务和权益对等的主体，因此，即便是人丁兴旺的血缘宗族大家户也没有联合起来去控制村寨灌溉水域的依据和意义，因为灌渠过水，要进入此家的水田或许要先经由寨内彼家的水田。

---

① 马翀炜：《村寨主义的实证及意义——哈尼族的个案研究》，《开放时代》2016年第 1 期。

第四章　彝族的灌溉制度安排与技术结构及水知识体系

　　彝族是哈尼梯田灌溉社会中人口比重仅次于哈尼族的世居少数民族，在以近似的方式共享梯田稻作生计的同时，又是"族群性"明确且具有鲜明边界区隔的群体。当讨论公共的灌溉水资源和山林、河渠、水系、梯田等资源体系时，强调彝族、哈尼族乃至后文将提到的傣族的殊异性变得有必要，资源配置与族群关系的问题也得到彰显，应该说，与当地哈尼族相伴而生的彝族的先民们也贡献了支配灌溉水资源的经验和智慧。

　　就其灌溉制度安排、组织原则、灌溉技术和水知识体系而言，作为中国的西南族群之一的彝族虽不像傣族、壮族、侗族等民族那样是典型的江河稻作民族，但是在哀牢山的地理空间和河川流水上下循环的系统内，当地的彝族和其他世居的哈尼族、壮族、傣族等民族一样，使用近似的技术手段在同一生态位内实现自我再生产，这就决定了他们的社会组织形式与中国西南其他地区的彝族有所差别。他们必须适应高山"流水入寨进田汇江河"的自然过水规律，在山地上开垦梯田从事稻作生计而不是游耕、放牧（主要是指在高山草甸上饲养牛羊、种植玉米等农作物）或者有其他的生计方式的选择。梯田灌溉社会中的彝族在灌溉制度安排和配水机制方面与哈尼族没有太多的边界，因为他们在居住空间上太过接近，村寨毗邻，田阡交错，距离水源头较近的哈尼族的木刻/石刻分水制度配置出来的水资源，自然而然地就流进了他们的田地，再往低地傣族聚落交汇，所以这里的彝族大多是遵循哈尼族的分水制度的；在灌溉组织上，彝族村寨也效仿哈尼族的"沟头－赶沟人"组织，负责在枯水期巡水、管水。事实上"彝族传统择居建寨、掘井挖塘、开沟修渠、车水灌溉、刻木分水等一系列的水技术实务技能，是彝族千百年来为应对水环境并协调人－水关系集体智慧的结晶和经验的积累。它们很多是因地制宜、就地取材的水治理、水应用地方性知识，即使在水问题频出的今天也极富生态价值，是彝族传统水文化体系中最具技术含量的部分，也是最客观最实用的部分"①。要说有明显区别的，当数彝族的水神崇拜以及水知识体系，彝族的民间宗教信仰体系更加复杂多元，他们所理解的"天人关系"，他们的哲学宇宙观，以及这些信仰体系所指导的"人人关系"的处理，都标识着他们作为一个有"他我之别"的独特群体而真实存在于梯田灌溉社会之中。

第一节　彝族灌溉活动的载体：沟渠、水井、坝塘

与哈尼族近似，梯田灌溉社会中的彝族同样需要一套具体的器物来支撑他们的灌溉活动，并保障灌溉组织原则的有效运行。位于中高海拔梯田稻作区的彝族，在筑居区位选择上没有刻意接近高山水源林，在多族群的立体空间分层中，他们往往在哈尼族、壮族村寨的下方或者平行的方位上建村建寨，而他们的梯田，就这样垂直或纵横地与其他民族的水田交织在一起，这就意味着他们引水灌田、引水入寨的沟渠往往要与哈尼族的水路重叠，因此要遵循哈尼族的引水规范、秩序逻辑。当然，彝族是一个富有创造力、文化自成体系的民族，面对同样的沟渠、水井、坝塘等引水、储水、配水、退水的器物，他们有一套基于自身文化特质的认知、理解、利用和维护策略。

---

① 黄龙光：《试论彝族水文化及其内涵》，《贵州工程应用技术学院学报》2016年第4期。

一　沟渠

在山地河渠灌区逢山开沟，遇水造田，并不断积累梯田垦殖经验技术，是彝族和他们的邻人们相互学习、相互启发得来的集体生计智慧。沟渠在彝族的灌溉社会中同样承担着引水、储水、配水和退水的重要功能。就开沟造田的远古历史记忆而言，位于山地河渠灌区的彝族、壮族、哈尼族在表达图式上已经没有明确的边界了，关于梯田垦殖技术的集体历史明显出现了文化叠层现象，从彝族的民间宗教人士毕摩那里也可以听到哈尼族贝玛所描述的相关历史记忆，不同族群在相同的生计空间内持相近的稻作技术，很难探究明了谁的发明创造影响了谁。

【访谈 4 - 1】访谈节选：阿勐控村委会梯田水沟及配水情况

访谈对象：XWX，男，彝族，元阳县攀枝花乡阿勐控村委会阿勐控村人

访谈时间：2017 年 8 月 11 日

我们阿勐控村委会属于攀枝花乡，整个村委会共有 4 个自然村：阿勐控村是彝族和壮族杂居的村寨，共有 268 户，彝族138 户，壮族 130 户，语言主要通用彝语，现在只有很少一部分老年壮族会讲壮语了；阿党寨是哈尼族寨子，共有 140 户；堕脚寨是哈尼族寨子，共有 189 户；阿乐寨是彝族寨子，共有136 户。

阿勐控村寨脚的水田（从对面的老虎嘴观景台看过来能看到的水田，也是梯田核心区三大观景点之一老虎嘴梯田景观集群的景观梯田）有阿党寨哈尼族的，也有 1～2 户属于阿乐寨彝族的水田。阿党寨的寨脚，有 1 户勐品（阿勐控对面的勐品村委会勐品彝族村）人家的田，还有 3～4 户阿勐控村彝族的田。整个阿勐控村委会水田的主要灌溉用水就是从阿

勐控与勐品交界处的冲沟里引来的。这条冲沟也是我们和他们的界河，顺着这条冲沟界河往上面的水源头就是勐品村委会的多沙哈尼族寨子，越接近水源地的水沟，开挖的时间越早，我们阿勐控人搬到这个地方比较早，这条冲沟上游的水沟大多是属于阿勐控的，只有阿勐控的灌田水沟水量足够了，勐品才能引剩下的漏沟水去灌田。现在整个阿勐控村委会大大小小有40多条水沟还能灌田，阿党寨和阿乐寨的中间有1条荒废不用了的灌田水沟。比较大的那种灌田水沟，阿党寨（自然村）有1条；阿勐控（自然村）有3条；堕脚寨和阿乐寨一起有1条。这些水沟的水源都在对面勐品村委会的多沙哈尼族寨子附近的水源林里。

这两年比较突出的问题就是灌田水不够用了，勐品那边公路边上盖起那么多客栈、餐馆，游客进来多了，我们水不够用了。因为缺水问题，阿勐控村委会中的阿勐控彝族寨子的水田抛荒的多呢，接近1/3了，主要集中在景观区背后被遮挡的片区，游客、政府不容易发现。现在政府开始抢救了，主要是重新修那些老水沟，还有就是组织老百姓重新把那些抛荒、放干的梯田泡起来，种起来，一般来讲，梯田放干一年以后就很难恢复，两三年才能把它重新泡回来。2016年，政府投资阿勐控村修葺水沟，共计提供20余万元，修复了一条主要的灌溉大沟。

以上个案表明，哈尼梯田灌溉社会中的灌渠，除了执行"引水—储水—配水—退水"的基本功能之外，还是聚落空间的天然边界。因为这些沟渠本身就是当地民族沿着哀牢山向斜成谷的地质构造的走向顺势开挖的，而向斜谷地往往又是村寨的天然物理边界，因此，一条条纵向延伸的灌渠就成了村寨与村寨、族群与族群的自然边界。如个案4-1中的阿勐控村和勐品村，两个村委会之间的冲沟被称作阿勐控大沟，因为阿勐控村的四个自然村落的先民先到达了老虎嘴梯田片区，于是他们较早享有了大沟的引水

图 4 - 1　抛荒梯田的复垦行动

说明：本章的所有田野照片插图，未特别备注说明的，皆由笔者在历次田野调查过程中拍摄，下文同，不再重复说明。

图 4 - 2　灌溉沟渠的加固和翻修活动

源地——勐品村的多沙哈尼族寨子附近的水源林，因此，阿勐控大沟的水就约定俗成地要先满足阿勐控所属梯田的灌溉用水需求，勐品村的梯田需要用到这条冲沟的水灌田，则需同阿勐控村协商。在阿勐控村委会内部，阿勐控大沟的水也不是可以任由各个自然村胡乱引去灌田的，诸如阿党寨、阿乐寨、阿勐控寨，都是按照规定分别从阿勐控大沟选取水口开凿沟渠引水灌田的。

　　沟渠在彝族的灌溉社会中，不仅仅是器物性的载体，还是其灌溉组织形式的具体依托，规范着寨群的内外部关系，引水灌田的沟渠如此，生活饮用水的引水沟亦如此。

图 4 - 3　阿勐控大沟远景

二　水井

"作为村落社会的物质构成要素之一，水井的产生与发展，是人们适应和改造居住环境的结果，与生态环境之间存在着高度的相关性，不同环境条件下的水井具有各自不同的生态特点，发挥着不同的作用。基于各种不同的环境条件，西南各民族在对水井的维护及井水的利用过程中，形成了诸多颇具生态智慧的观念和行为。"[①] 与众多西南民族的传统村落社会一样，水井在彝族的村落社会中首先是保障基本的生活用水，有储水功能；其次能够提供仪式用水，在民间宗教信仰体系中具有承担"洁净"和趋避"污秽"的象征；最后与哈尼族社会中的水井一样，具有界定社会分工，标识灌溉生活日常中的长幼、男女分工的功能。这三个方面的功能与哈尼族类似，但在具体实践过程中又具有彝族自身的特色。

在传统的彝族灌溉社会中，水井开凿通常也是建村建寨行动

---

① 管彦波：《饮水井：村落社会与生态伦理——以西南民族村落水井为例》，《青海民族研究》2013 年第 2 期。

的基本内容之一，哈尼梯田核心区彝族尼苏人的《祭水经》里记载：

> 自从建村寨，祖先挖水井，祖先凿井塘。寨头清秀泉，村中清澈井，供村人饮水，供村人喝水。……我们老幼呵！找来青松叶，松叶来洗洁；砍来地边竹，竹尾来扫洁。……翻水的螃蟹，犹如姑娘哟，祈你呵求你：一天翻三次。清澈的井塘，管水有田鸡，恰似小伙子，祈你呵求你：一天放三次。井中有花鱼，宛若园丁勤，祈你呵求你：一天扫三次。清洁的泉水，清澈的井水，出自在村旁，老人喝了心里笑，伙子喝了歌喉亮，姑娘喝了歌喉脆，小孩喝了挺肯长。寨边清洁水，村旁清秀井。男女有老少，来往的地方，不许母猪拱，不许母牛来踩，不许母马来闯，不许母羊来窜，地鼠切莫来打洞，黄狗切莫来拉屎，乌鸦切莫来搭窝，鳝蛇切莫来生产，不许你们来，不许你们近。寨边清甜水，村旁清秀井，终年要清洁，四季要清净。天天淌甜水，时时淌洁水。我们人们呵！一年又一度，清洗又扫尘，公鸡献供你，母鸡祭供你，祈求出甜水，祈求出洁水。①

与哈尼族类似，彝族的神话传说中也有水神化身为螃蟹等水生动物寄身于水井以庇佑村寨有源源不断的生活用水的说法。就提供生活用水的饮水井而言，彝族经文古规里有着明确的"洁净"与"污秽"的严格界分，梯田农耕生活日常所见的大多数雌性动物，生长在阴暗、污泥中的动物不可接近村寨中的饮水井。

"公房－水井"聚合单元。与哈尼族村寨的水井类似，彝族的水井基本分为寨内龙潭水（地下水）就地掘井和寨头水源林龙潭引水井两种形式。从外观形制来讲，彝族村寨的水井注重外在装

---

① 何耀华、杜玉亭：《中国各民族原始宗教资料集成》（彝族卷·白族卷·基诺族卷），中国社会科学出版社，1996，第89~90页。

图 4 - 4　彝族村寨中的现代水井

图 4 - 5　使用中的彝族水井

饰，比较华丽大方。在彝族灌溉社会的日常生活中，就寨群内部的划片界分功能而言，彝族水井的标识作用更明显，一口水井面向附近的十几户或者几十户人家，水井与公房（后文详述）一起按照居住空间方位，将共饮一口井的全部农户聚合起来，在村寨范围内形成各种大大小小的"公房 - 水井"聚合单元，这些单元

内的农户（只是居住空间毗邻，而不一定具有血缘姻亲关联）会
形成一个微型的祭祀圈（祭祀水井）、功能性的结构互济圈，包括
一起在他们共同的公房中完成婚丧嫁娶、红白喜事等关乎生命大
周期的重要礼仪，而所有的仪式、生活用水皆取自与这个公房对
应的那一口或数口水井；同一个"公房－水井"内的全体成员在
灌溉组织、稻作农事安排上，相互团结，互相帮忙。

图4-6　彝族公房和村庙旁边的老水井

与哈尼族村寨的那种对村寨的集体效忠的组织原则类似，在
梯田灌溉社会中的尼苏人村寨里，一个村寨内有若干公房，就有
若干与之对应的水井，而与公房和水井空间对应的家户会自然结
成"公房－水井"组织，在与村寨组织原则一致的前提下，形成
次级联合劳动单位，在一年的生产小周期中实现功能性的结构互
助与互济。

三　坝塘

坝塘是彝族聚落空间布局中的一项有机构成。"彝族聚居区
富有高山、湖泊、河流、坝塘。彝族先民大致分布在四川安宁河
流域、云南洱海周围及其以东广大地区，滇池、滇东北地区。流
经这片区域的金沙江左、右两岸，均为彝族先民生息、繁衍的地

理空间。"① 相较于哈尼族鱼塘的称呼，用坝塘来形容当地彝族村落田头寨脚的水塘似乎更合适。根据一些彝族古歌的记载与描述，早期的坝塘（水塘/凹塘）很有可能就是彝族先民水田的雏形，彝族种植水稻的历史比较久远。贵州彝文典籍《估哲数》中的《种子根由》篇记载，将稻种驯化后的彝族先民四处播撒谷种，但是没有适合的生长环境，谷物不适应，不能抽穗拔节，谷穗不丰满，反复尝试之后，有的先民无意中将谷种撒到河边水塘，结果谷物疯长，庄稼丰收，于是"到了第二年，有心的农家，就去筑水塘，一塘又一塘，都播下稻谷，都获得丰收。从此以后，也就由水塘渐渐变为田，稻谷水里栽，稻谷田里种，大米出水中，一代又一代，代代往下传，稻谷的产生，大米的由来，是这样的啊"。② 因此，水塘变水田，稻谷水里栽，大米出水中，既是自然环境变迁的偶然，又是彝族历史发展的必然。居住在西南境内大小平坝的彝族被称为"水田彝族"，他们与居住在半山区的彝族都种植水稻，世世代代传承了祖先因地制宜披荆斩棘开辟水田（梯田）、开沟挖渠、精耕细作等一系列稻作生产用水技术。③根据江河平坝地区"水田彝族"种植经历的集体历史记忆，哀牢山梯田核心区的彝族尼苏和仆拉人也世代不忘"坝塘变水田"的经验提示。

尼苏村寨中的坝塘除了饲养鱼鸭等，为当地人提供肉类蛋白质，最重要的功能就是储水，储水的坝塘是当地彝族灌溉系统中较为普遍的一环，当然，与哈尼族为邻的这些彝族尼苏人，很少去开挖和养护那些高山水源林里的鱼塘，在他们的认知系统里，寨脚田畴的坝塘，除了储水还具有防止水土流失的功能。与今滇中、滇东很多地区的彝族村寨类似，滇南红河南岸哀牢山区的彝

① 黄龙光：《少数民族水文化概论》，《云南师范大学学报》（哲学社会科学版）2014 年第 3 期。

② 王继超整理翻译《估哲数》，贵州民族出版社，2000，第 92~93 页。

③ 黄龙光：《试论彝族水文化及其内涵》，《贵州工程应用技术学院学报》2016 年第 4 期。

图 4 - 7 田间的坝塘

图 4 - 8 村寨一脚的坝塘

族尼苏人寨子的四周都有大大小小的坝塘分布，水源洁净的可以用来盥洗衣物、洗菜等，其主要功能则是储水灌溉和养鱼，但是没有哈尼族鱼塘那种标识"幼子承家"传承功能的社会意义，尼苏人通常也不会在这些坝塘里育秧。

第二节　制度：灌溉管理组织及制度安排
与技术结构

　　在相同的资源禀赋和环境条件内持相近的技术去组织灌溉活动，维持稻作生计的彝族，其灌溉组织原则、制度和灌溉技术与他们的近邻哈尼族高度相仿，甚至可以说彝族和哈尼族是在共享并共同维护着那些古老的灌溉制度，包括水资源如何合理配置、如何有效监管，如何在"上满下流"的过水秩序中处理人与水（自然）、人与人的关系，以及稻作生产周期内那些相互传递、互相学习的技术性经验。

　　但需要指出的是，尽管灌溉组织原则近似，灌溉制度相仿，并且共享着近似的灌溉技术，但彝族与哈尼族的灌溉社会结构依然有着某些明显的差异，这与两种民族的信仰体系、传统文化、传统社会组织结构的差异有关。

一　彝族的传统灌溉管理组织

　　与哈尼族的那些权责明晰、职能分工明细、被传统村落社会结构涵盖但又独立的专业性灌溉管理组织相比，彝族灌溉管理组织不同，彝族的民间灌溉组织通常是嵌合在他们的村落社会管理结构之中的，也就是说，灌溉水事的安排往往分别渗入了传统村落社会的各类传统组织中去了，而没有形成"沟头－赶沟人"组织、护林员组织那样独立的职业性的技术型群体。

　　灌溉管理组织与传统村落社会集体组织之间究竟是怎样一种互渗关系呢？分析该问题要从梯田灌溉社会中的彝族传统村落社会组织说起。首先，以村寨为单位的彝族寨群集体组织包括象征村落传统权威、主理公共祭祀仪式的"咪色－咪些"组织（相当于哈尼族传统村落社会中的大咪谷组织），"咪色"即竜头，是彝族集体祭祀活动中的主持人，"咪些"就是竜头的助手，二者合法性身份的获得需符合系列条件;①"毕摩"组织,"毕摩"是彝族民间宗教人士,与哈尼族"贝玛"地位相当,是各类公祭、家祭仪式的具体执行人。这两种组织主要在关乎村寨集体"福祉"的场合主持公祭仪式,比如"咪嘎豪"祭寨神林仪式,祭寨神林前的"扫寨子""祭水井"仪式,再如祈祷风调雨顺的"神山"祭祀仪式。再有就是"村庙-会长"组织,在梯田核心区的尼苏和仆拉村寨,每个村寨(自然村)通常都有自己的土主庙,这是当地彝族民间宗教信仰的一部分,寨子选出两个以上数量不等的"会长",专门组织一年两次的祭庙仪式,祭庙活动承担了村寨的集体议事职能,"会长"人选也需满足一定的条件,②祭庙活动中与灌溉和梯田农事相关的就是每年第一次祭庙时全村成年的男性代表要在祭庙大会上听取管沟管水员的报告,指出他们工作中的不足和有待改进提升的地方。第二次祭庙时主要就是祈求风调雨顺、寨子平安、人畜兴旺。综合起来看,即便没有专门的面向村寨的,对全体灌田户负责的专业性"沟头-赶沟人"(事实上在一些个案中也有尼苏村寨存在非正式选举产生的赶沟人)和护林员等组织,他们的灌溉水事的安排、组织、监督环节也一样不落地在村寨集体公祭活动、集体议事活动中得以体现。

灌溉组织活动不仅有效地嵌入彝族村寨公祭和集体议事活动中,还在其他的寨内地缘、业缘组织中得以体现。在当地尼苏人、仆拉人的传统社会结构中,寨群成员除了对家族、血缘、姻亲结

---

① "咪色-咪些":属于当地彝族传统村落社会中的民间宗教人士,与毕摩一样,是村寨公祭活动中不可或缺的角色。彝族的"咪色"和助手"咪些"经由全村选举产生,担任二职的人在日常生活中须符合特定的条件,例如,父母双全,夫妻健在,有儿孙,肢体健全,家世清白,一定周期内家庭没有遭遇变故,等等。

② "村庙-会长"组织中的"会长"也经由村寨全体男性成员选举产生,担任"会长"除了像"咪色""咪些"那样满足相应的基本条件,还要具备公平正义、刚正无私、不徇私情等品质,随着社会变迁,拥有较多社会资本的经济、政治、文化能人也是选举"会长"的考量条件之一。

构的效忠，大的村寨还会按照公房组织①（"公房－水井"组织）、
文艺队组织、狮子队组织、老年协会组织、青少年兄弟姐妹会组
织等形式，分别在村寨范围内划定内部的"交往－互助－团结"
圈。这些分别以空间区位、日常爱好、年龄、性别为基础建构起
来的民间组织，除老年协会组织外，其他组织之间都会在灌溉生
活的日常中、梯田农事生产中相互帮忙，形成一个个微型的灌溉
稻作技术、劳动力互助圈。例如，同一支文艺队中的妇女在插秧、
种谷、薅秧、除草、收割、打谷季节必然要相互帮忙；同一支狮
子队里的男性成员在枯水春耕期会组织起来去界沟、界河附近巡
水、查水、集体管水，保障本队伍成员家户的梯田的灌溉用水充
足；同一个"公房－水井"组织的各个家户在农忙时节也是互相
帮衬，互通有无。

图 4－9　彝族村寨的公房

①　公房：在梯田灌溉社会中，为彝族和少部分壮族村寨所特有。是当地彝族尼苏
　　人开展红白喜事，以及村寨狮子队、文艺队、老年协会等进行集体活动的场所
　　或烹饪宴席的场所，也叫客堂、民事房，是当地集资建盖用来供村里人家婚丧
　　嫁娶等活动餐饮的房子。凡是租用公房办事的人家，须交纳一定的租用费，村
　　组内外还要实行不同的租用价格。所获租金收益一是补充锅瓢、碗筷、桌椅等
　　破损，二是支付管理专人的工钱。近几年随着经济社会的发展，彝族社会中建
　　盖、重建公房的村、组特别多。仅勐品村就有五六个独立的公房，兼作"公房
　　－水井"组织的集体活动场所，在重大的公祭活动和节日庆典中，公房前面的
　　空地还是村寨老百姓进行歌舞、篮球比赛的活动场所。

图 4 - 10　公房及公房家户记名碑刻

二　彝族的灌溉制度和灌溉技术

"传统水技术作为治水的理性手段和方法，主要调控人与自然（水）的关系，是少数民族创造性的发明及经验的积累。传统水制度作为社会控制的规约和制度，主要协调人与人、人与社会的关系，是少数民族村社一种'因水而治'的独特社会管理模式。"①因为是在同一个稻作生计空间里相互毗邻，所以位于梯田山地河渠灌区的彝族、哈尼族、壮族，总是要在配水制度、耕田技能、稻作技术上共享一些集体的经验智慧，形成一些集体的历史记忆。彝族在灌溉制度和技能的表述上，总与他们的邻人们有相近或是重合的地方。

【访谈 4 - 2】访谈节选：阿勐控村木刻分水及制度变迁

访谈对象：XWX，男，彝族，元阳县攀枝花乡阿勐控村委会阿勐控村

访谈时间：2017 年 8 月 11 日

---

① 黄龙光、杨晖：《论社会变迁视域下云南少数民族传统水文化的变迁》，《学术探索》2016 年第 5 期。

我们阿勐控的灌溉水资源分配与管理还是比较规范的。木刻、石刻的水器现在不多了，堕脚那个哈尼族寨子还在用，就是共用一条水沟灌田的那些灌田户一起用。刻木分水主要适用于天干缺水、用水量最大的春耕季节。我们分配灌田水不仅仅是依靠这个木刻/石刻，还有一套村规民约，管沟管水人现在也少了，以前基本是一条水沟一个管沟人，彝族哈尼族寨子都有，我听说，哈尼族寨子现在给管沟人的报酬还是谷子，现在我们彝族大多数是给钱了。

缺水问题天干的年份时就严重些，梯田抛荒的关键问题是缺水了。青年人外出打工倒也不是我们水田抛荒的主要原因，每家都是上有老下有小，外出打工也是季节性的，家里有老人在的完全可以继续耕种的，老人劳力不行的，还可以让亲戚朋友来种，所以外出打工不是田地抛荒的关键问题。因为灌田水变少了，以前种田老传统改变了很多，以前我们普通老百姓种田都要"三犁三耙"，"三犁三耙"最关键的就是水要多，水要够，只有经过三次犁耙的水田，才保得住水，不会浪费水，水必须储存在田里，要是没有水，田就不叫田了。现在水也不够了，大多数人不会犁田耙田了，有些寨子连犁田工也请不到了，将就着"一犁一耙"了，"一犁一耙"的水田水不能渗到田的深处，会马上从田里淌出来，这种田又不保水还浪费水，最关键那些没有经过梯田深处沉淀过的水浸出来之后，不是那种重的混浊的泥浆水，而是清水，这种水从梯田一台一台往下淌，就很容易引发滑坡泥石流，我记得对面的勐品寨的那些梯田，2000 年前后就有过一次滑坡泥石流，田被冲垮了很多，我们还去帮那边的亲戚家重新开挖被冲垮的田。

老祖宗留给我们的这些梯田，那是要用老祖宗传下来的那些技术去种的，怎么放水灌田，怎么犁地翻田，怎么分水管水，都是有讲究的，写在我们村规民约里面的，现在都变了，水也少了，田地也放荒了，年轻人都不爱种田了。

传统的梯田农耕技艺"三犁三耙"本身是世界文化景观遗产红河哈尼梯田文化系统的一部分，事实上也是山地河渠灌区的彝族、哈尼族长期实践积累出来的灌溉技术，并与相应的配水制度一起构成地方性的知识体系。

需要注意的是，在彝族的稻作灌溉活动中，彝文典籍或者相应的汉文文献史料、地方村规民约中出现的"石刻"通常是指记刻分水规约的碑刻，是一种民间公平公正"法度"或者象征小传统的契约凭证，也是一种形成文字的制度性规范，而不是用来当作分水的度量衡——分水石刻。在西南以水田稻作为主要生计的彝族聚居区，有很多这样的碑刻实例。大理弥渡县《永泉海塘碑记》载：

> 最其防则必为之悔其后，恐时势之迁移，人心之变态，强者无水而有水，弱者有水而无水，思患预防而为人其患，以定规制。每年自清明后修沟开放海水或秉公公放，自远而近，或照分数分放，设坝长二人。放水壹分只得将各沟应通近者方开水口，几寻沟分水平，不容持（恃）强者挖掘。如若殉（徇）情不公责在坝长，若推诿疏忽，更听赔罚勿怨言，竟定为序，今将所开银米于后……①

梯田灌溉社会中的彝族因常年与当地哈尼族交往交流，在稻作灌溉组织形式上也接受了哈尼族木刻/石刻分水的制度规范。

三　彝族稻作灌溉中的社会交往活动

如前文所述，彝族的灌溉社会组织并没有泾渭分明地从他们的传统村落社会组织里抽离出来，那些分水、管水的制度规范，以及现存不多的"沟头－赶沟人"组织，都在村落集体议事原则

---

① 《弥渡县水利志》编纂委员会编《弥渡县水利志》，成都科技大学出版社，1993，第 144～145 页。

的基础上，面向全体村民，实现村落效忠。那些村寨内部基于空间、业缘、兴趣等组织在一起的人群，又会在这种集体灌溉水事安排的大前提下，团结在一起，去维护和保障他们在多族群稻作生计空间内的配水、管水权益和制度。与他们村寨社会生活中的那些传统"咪色-咪些""毕摩"组织相比，显然是这些有更多可能性去跨村寨、跨族际交往的文艺队、狮子队等组织更面向一个扩大的社会交往空间，也正因如此，他们参与自上而下的多族群的水资源的支配与竞争的行动，更加能够被文化彼此殊异的其他族群所理解。

事实上，多族群之间人水关系的处理，往往就是人人关系的表达。相较于各民族内部以村规民约、历史惯习所保障的灌溉秩序和制度规范，跨族群之间的资源交互配置行为则需要契约支撑。

【访谈 4 - 3】访谈节选：攀枝花乡多民族协商过水秩序

访谈对象： BXW，男，哈尼族，元阳县攀枝花乡水管站原管理员

访谈时间： 2018 年 7 月 29 日

笔者： 阿叔，新中国成立前我们喝的水，灌田的水都是由土司来管吗？

BXW： 不是，土司他管不着，水都是寨子自己管，土司只管收税。我们哈尼族和旁边的彝族如果用到同一股水灌田，或者引同一股水来喝，就要两个寨子、两种民族一起开会商量，听老人们讲，就是我们的大咪谷领着沟长、赶沟人去跟他们商量，后来，社会变化了，有了村民小组长了，还有乡上的领导了，会组织两个寨子、两种民族的人合起来商量。商量完了，要白纸黑字写下来才算数。老虎嘴那片"骏马梯田"灌溉的有一条沟，水源头上住的主要是姓苏的一家彝族，那股水世世代代由他家的人来管，后来，彝族灌田用他家的水，哈尼族灌田也用他家的水，就要跟他家商量——"我们要用你们家这股水灌田"，然后土司就组织大家写了协议书，

上面写着，哪家可以分到几刻水几分水，很明白的，这份协议书到现在还流传着，后来，这份协议书被上面政府来整水利志的时候收上去了，水利志也没出来。

笔者：是元阳县政府来调查编水利志吗，还是红河州政府？

BXW：就是元阳县水务局那里。那个契约书，是以前的那种老纸，用老字写的，肯定是新中国成立以前的。不光是灌溉老虎嘴的那条沟有契约书，我们现在喝的这股水也有以前写下来的协议书。这股水，还有这附近灌田的这条沟就是由马老贺（哈尼族村寨）的一户哈尼族人家管的，因为他家就在这股水的水源头上，他家就是沟长了。要说到那个协议了嘛，我们喝水的这一条（就是保山寨的饮用水）也有协议呢，这股水水源头（抛竹寨）居住的那些哈尼族没有引去用，都是供应保山寨这边喝呢，他们喝水的水源在别的地方，不喝我们这股水。

这些古老的契约书的生成，实质上就是不同的民族不断地拓展自己的稻作生计空间，在某一个空间以水资源配置需求为基础交汇时为了解决纷争、实现生境的共赢、满足人口再生产的需求而共构的一种多族群协商一致达成的秩序象征，它建立在多族群在历史时间纵轴上互信的交往基础上。

第三节　精神：彝族的水神崇拜及水知识体系

水崇拜、水信仰以及水知识是稻作农耕民族"万物有灵""神山圣水"信仰系统的主要内容之一。在农耕礼仪信仰精神层面上，"云南各民族由于受'万物有灵'观念的支配，将影响稻作生产的诸多自然物和自然现象'人格化'而顶礼膜拜，进而形成了一个庞大的以天神、土地神、山神、祖先神、牛神为核心的稻作农耕神灵谱系和信仰体系"。① 在梯田灌溉社会中，每个民族的灌溉知识系统既包括那些组织和制度层面上的灌溉水资源支配技术体系，又包含精神层面上的与水相关的信仰体系和传统祭祀礼仪。稻作灌溉行为得以实现，首先基于梯田农耕民族对水的自然属性，对人水关系、人人关系的社会性的理解，而反映在灌溉活动中的那些日常农耕祭祀礼仪，则是这些系统认知和精神的具体外化。具体而言，在梯田灌溉社会中，每种民族基于自身的哲学宇宙观理解人与自然（水）关系的方式和精神基础是不同的，因此也形成了不同水崇拜、水信仰及水知识。

"同自然界的各种生物构筑一种和谐而有序的关系，是人类生存和发展的基本关系。西南各民族在前现代社会的漫长史程中，基于各异的生存环境和族群传统，他们在解释人与自然万物的关系时，均形成许多独具民族特色和生态智慧的认识。"② 彝族传统水崇拜的主要内涵，由对天神、水神、山神、林神、龙神、寨神等一系列涉水神祇的祭祀构成。③ 彝族的水崇拜体系展现了该民族对自然的客观生存环境的一种整体性的把握，在他们看来天地之间包括山林草木在内的诸事万物都能够为人的再生产提供客观的自然支撑，因此是值得敬畏的，与哈尼族的"天地人神"四位一体的哲学宇宙观类似，同为彝语支民族的彝族在"万物有灵"的自然崇拜，"敬天""娱神"的传统祭祀礼仪上都有诸多相似之处。

一 彝族的水神崇拜

与西南族群中的很多氐羌系后裔民族一样，彝族的创世神话中也有"水中传人种"的传说。今流传于滇南彝族聚居区的《阿

---

① 管彦波：《水文生态视野下的"神山森林"文化研究——以西南民族村落为例》，《贵州社会科学》2013 年第 6 期。

② 管彦波：《水文生态视野下的"神山森林"文化研究——以西南民族村落为例》，《贵州社会科学》2013 年第 6 期。

③ 黄龙光：《试论彝族水文化及其内涵》，《贵州工程应用技术学院学报》2016 年第 4 期。

赫希尼摩》中描述道:"阿赫希尼摩,我们的祖先,生在金海边,长在金海边。阿赫希尼摩,喝了金海水,生下地和天,生下日和月,生下云和星。生下雷和雨,生银河闪电,生下风和雾,生下山和川。生下牛和马,生下兽和禽,生下草和树,生下稻和麦。生下尼莫……生下天王……生下地母。"[1] 洪水神话中"水创世""水生人祖"等是氐羌系后裔民族创世史中的重要母题,彝族、哈尼族等民族传统信仰系统中的水神信仰、水崇拜通常源于他们的混沌创世时期对这种人水关系的朴素理解。

彝族的水神崇拜,物化到他们的灌溉生活日常中,就是农耕祭祀礼仪中的"龙"崇拜,在汉族的象征世界中,龙是水的主宰,需要"牺牲"献祭得以保水情平安,且龙被隐喻为先民,炎黄子孙为"龙的传人",彝族的水神人祖的神话传说与之相近。"彝族崇拜龙,不仅因龙神司雨水,管农作丰沛,更重要的是,彝族认为'人祖水中出',自视为'龙族'。这也是彝族传统水文化的一大特点。"[2] 具体到他们的灌溉生活中,在彝族的认知观里"水能灌溉庄稼,使庄稼不受干旱,确保粮食丰收。可见,当时的人们很重视水,有人类离不开水的思想意识,为此祭水神的习俗也由此而生"[3]。水神在彝族的神灵信仰系统中与天神、地神、山神一样,与最初的农事生产、人口再生产等活动密切相关。

二 与水相关的农耕祭祀礼俗

需要指出的是,中国彝族乃是一个地域分布广泛、内部支系众多、传统文化系统丰富、信仰体系多样的民族。其民间宗教体系中的神灵崇拜系统、祭祀仪式、祭祀主题因各支系分布地域不同,以及所处的环境、所持的生计环境不同而略有差异。梯田灌

① 普珍:《道家混沌哲学与彝族创世神话》,云南人民出版社,1993,第168页。
② 黄龙光:《少数民族水文化概论》,《云南师范大学学报》(哲学社会科学版)2014年第3期。
③ 张启仁:《彝族自然崇拜与自然环境保护》,载云南彝学学会编《云南彝学研究》(第1辑),云南民族出版社,2000,第605页。

溉社会中的彝族，在稻作生产的一个周期年内，也有许多农耕祭祀礼仪相伴，与灌溉活动以及水崇拜有关的祭祀活动则包括"咪嘎豪"（包括"扫寨子""祭水井"仪式）、"祭庙"、"祭山神"三种集体的寨祭活动。

【访谈4-4】访谈节选：勐品彝族传统民俗及农耕祭祀礼仪活动

访谈对象：TZS，男，彝族，元阳县攀枝花乡勐品村委会勐品村人

访谈时间：2017年8月5日

我们勐品彝族寨子的传统民族节日和祭祀活动从农历一月到十二月一年到头都有。与我们彝族信仰水神、种梯田这些活动有关的主要有三种祭祀活动。

第一就是"咪嘎豪"，相当于他们哈尼族的"昂玛突"祭寨神仪式了，时间上跟他们也差不多，就是春节前后。我们勐品寨子的"咪嘎豪"比公路上方的多沙、东林哈尼族寨子的"昂玛突"靠前一点。我们"咪嘎豪"也摆长街宴，你们不要以为只有哈尼族才搞长街宴，我们也摆的。勐品寨子的"咪嘎豪"在春节过后的农历一月第一个属龙的日子，因为最开始的勐品寨是在属龙的日子建寨的，所以要在属龙的日子里祭竜，如果属龙的日子遇上春节的大年初一、初二、初三，那么我们的"咪嘎豪"的时间就往后面推迟13天，勐品村有两个寨神林，祭祀、扫寨子、祭竜、摆长街宴都分为两个组。具体经过就是，属龙日前面那个属兔的日子，请毕摩带领10多个小孩子，还有一些成年男子，做他的帮手，举行"扫寨子"仪式，将寨子里不好的东西清扫出去，做法就是毕摩领着这些人，从寨子的第一家一直串到最后一家，到了每家门口，这家的人就会出来放鞭炮，把前一天准备好的烟酒呀，竜蛋（彩鸡蛋）呀，花米饭呀，腊肉呀，鸡鸭肉呀，火腿呀，等等，每样弄一点点，给参加"扫寨子"的那些背着背篓的

人，他们背着走，现在还流行给钱呢，几块几十块一百块都有，象征着今年这家的所有不好的事情都被扫走了；第二天属龙的日子，全寨子的男人去竜树林里祭竜，我们彝族主要是杀猪祭祀，咪色、咪些就在竜树林念经了，祈求风调雨顺、灌田水满、庄稼丰收、寨子安康之类的。寨子里近两年生了儿子的人家，到了儿子可以吃鸡爪的时候，就要杀一只公鸡，当年的"咪嘎豪"时单独去祭祀竜树，相当于向祖先和寨神报户口——人口添丁，祭完竜树之后，全寨子的男人们一起吃饭；第三天属蛇的日子，就摆长街宴，饭由每家每户自己煮，菜由全寨子统一做，就是按照公房来划片做，属于这个公房的这一片，每家出人力去公房里做饭，摆长街宴这一天，生了女儿的人家要向亲朋好友敬酒，并且要去竜头家拿当天所杀的猪的猪蹄，放到自己家的谷仓里，寓意来年能生个儿子。我们勐品寨子人口多，长街宴每年要摆 400 桌左右。

献水井是在"咪嘎豪"仪式里面举行的。刚才说的，农历二月第一个属马的日子，就是祭竜的前一天，还要祭水井，因为属马日是勐品寨子建寨后第一天找到水井的日子。我们彝族主要就是杀猪祭祀水井，寨子里龙潭水出来的六七个水井要祭祀，只祭祀龙潭水井，不祭祀自来水井。这六七口水井，主要由饮用每口水井的周边的几户人家来献那一口水井。勐品彝族祭祀水井时，每个水井要有一个专门的人（一般就是这口水井旁边的最年长的那个老人）来念诵祝词，饭也是这个人去献。除了这些龙潭水井，建村建寨的时候开挖的第一口老水井，就要专门由毕摩和一起"扫寨子"的那些人去献了，前面不是说，毕摩领着大家去"扫寨子"吗？从村口到村脚，一家不漏扫完之后，毕摩要带领帮手们去祭祀建寨的第一口老水井，我们村，这口老水井就在寨脚，庙房旁边一点了，然后一起去寨脚的空地上做仪式，一起把"扫寨子"时收到的那些东西在空地上做了吃，吃不完的他们可以分了带回家。

第二就是祭庙，我们彝族寨子几乎都有自己的庙，在这里除了集体讨论一年之内村子的集体大事件，也是听取那些赶沟人汇报他们一年的管水、管沟工作的时间。我们寨子祭庙一次是在农历二月初二，一次是在农历十一月初二，一年两次，这是全村男人要一起参加的。平常谁家有不好的事情发生，有什么愿望想要实现的，也可以单独去献庙。寨子每年选出2个会长，来负责组织祭庙仪式。这两个会长呢，首先不能是毕摩，也不能是咪色、咪些，其次是要满足条件：不能是鳏寡老人、不能离婚、妻子健在、无病无灾、家里不能有不好的事情发生。我们尼苏人为什么要祭庙呢？这就跟水神的传说有关系了，传说旁边寨子的人把神的头像（具体什么神我们也不清楚）扔到寨子的坝塘里了，结果，水神就怪罪了，那个寨子接二连三发生了不好的事情，于是，就传下来要在寨子旁边修一个庙，把神供在里面，现在庙里供着各种神，天上、地上、水里的都有，每个寨子还不一样，整个寨子一年祭祀两次庙，祈求禳灾转祸呢，灾祸就不来找寨子了，现在你观察嘛，我们尼苏寨子，不论大小几乎每个寨子都有一个庙。祭庙当天，全村每户出一名男子，祭完庙之后要集体在庙前面的广场吃饭。祭庙的当天，村干部要在全村每户人家的代表面前公示一年来的集体收入和支出情况，全村所有农户均出一名男性代表参加会议，所有村民都有权利对当年的所有支出事宜、村寨事宜提出质疑，包括评价那些赶沟、管水人管得好不好，明年还让不让他干，商量怎样给他们支付报酬的事，等等，村干部、寨子宗教人士、长老们要给出合理公正的解释。

第三就是祭山神。要说跟灌田水、庄稼生长最有关系的就是献山仪式了。我们勐品，在每年农历二月属马的日子再往后数13天，就是"咪嘎豪"，过了13天，要全村男子一起去祭祀寨子上方的那座神山，就是公路上方多沙寨与东林寨的中间那里那片山，献山也要杀猪，一家出一个成年男子去参加，祭祀用品每家均摊凑钱，献山就是祈祷风调雨顺、大丰收，干旱求雨，洪涝求天晴。祭祀神山的时候，主要就是寨子里的咪些去主持，要杀猪祭祀，全寨子每户出一个男人，到山上参加仪式，每户会带一点东西上山。祭祀完神山以后，每年都会下一点雨，以前说这种活动是封建迷信，但其实这是跟节气有关的民俗活动，农历二月中下旬通常就是谷雨前后，肯定会下点雨的，这就是老祖宗的智慧了。我说的这个献山，主要是说我们勐品的彝族献自己的山，不是上面两个哈尼族寨子说的那种哈尼族、彝族还有以前南沙傣族一起来献这片区域最高的"桌子山"的那种集体献山仪式活动。

个案4-4的田野材料表明，梯田核心区一个彝族村寨灌溉活动中的水神信仰、神山崇拜、配水管水等方面的内容分别表现在全年的村寨集体公共祭祀仪式中，在该村集体祭祀仪式的全景式粗描中可见，以稻作灌溉、灌溉水源、稻作生长为诉求的包括神山祈雨仪式在内的传统农耕礼仪是贯穿其传统宗教仪式始末的。

具体而言，梯田灌溉社会中的彝族集体"咪嘎豪"祭祀仪式，在村寨上方水源涵养较好的寨神林里举行，在竜树林里受祭的诸神，也包括水神、谷神，这些都是该民族传统信仰系统里崇敬自然、憧憬农作物丰收、希望村寨人口增长的美好愿景。

"扫寨子"和"祭水井"作为"咪嘎豪"节日庆典中的两个较为隆重且不可或缺的环节，其象征意义更加具体，"扫寨子"本身意寓年末岁首，祛除"污秽"，而从寨头到寨脚，村寨的每个家户都要象征性地接受民间宗教人士的"持咒"，并拿出梯田稻作物、梯田副产品（白米饭、糯米饭、梯田鱼、梯田禽蛋）作为"牺牲"以实现"解秽"的诉求，并在他们的历法周期内有一个"洁净"的开年。"祭水井"则毋庸赘言，是其水神崇拜的直接体现。

祭庙与祭山神，则分别与土地崇拜和林木崇拜相关，而土地则与梯田农垦和村寨围聚活动密切相关，因为地神崇拜是重要的。此外，当地的彝族一年两次的举寨祭庙行动从一个侧面反映了对村寨公共事务的集体议事组织原则，庙里供奉的"诸神"通常因村寨而异，有佛有观音也有道教尊神，看似"儒释道"并存且具

图 4 – 11   "咪嘎豪"祭寨神活动

图 4 – 12   "咪嘎豪"家祭仪式

有多元性，但这并不意味着当地人精神上接受了这些教义，事实上，当地彝族主要还是在坚持他们自身的"万物有灵"民间多神崇拜信仰体系，祭庙行动背后的集体组织原则的指向性往往大于简单的祭祀仪式本身。而关于祭庙的缘由，具体的记忆口述史因村寨而异，在上述个案中与水神和水崇拜相关联，这些都具有浓郁的灌溉稻作行为背后的具体象征和诉求意义。

图 4 - 13　"咪嘎豪"（竜蛋）祭祀用的彩蛋

图 4 - 14　"扫寨子"仪式

图 4-15　彝族尼苏人的村庙

图 4-16　彝族村庙及祭庙活动广场

"云南的彝、布朗、拉祜、纳西、普米、哈尼、怒、傣、藏等十数个民族，都有祭山的传统。如山居的彝族，几乎每个村寨都有自己的神林或神山，视山神为仅次于祖先神的地方村寨保护神，常常要举行隆重的全寨共祭。"① 与西南很多氏羌系族群一样，彝

----

① 管彦波：《云南稻作农耕祭祀中所反映出来的各种神灵观念》，《贵州民族研究》2004 年第 4 期。

族祭祀山神的传统习俗与他们的林木崇拜有关，而在具体的梯田稻作灌溉环境中，神山林木崇拜本身也是水崇拜体系的重要一环，在传统的历史时期，"山神"荫蔽之下雨水充沛的年份，就预示着关乎生计的梯田稻作物的丰收时节，而"咪嘎豪"祭祀寨神林也是对涵养灌溉水源的森林的一种自然崇拜的象征性表现。

三　彝族灌溉生活中的水知识体系

彝族灌溉社会中，历经千年积累起来的水知识、水文化也是贯穿于梯田稻作农耕日常生活的始终的。其水知识的逐渐习得与建构，始于族群集体历史记忆中对"水生人种""洪水灭世"的创世母题，对自然生命之水的朴素认知。彝文经典《彝汉教典》中记载："江河纵横流，条条入大海，世上有万物，会动会长的，哪样离得水。世上有万物，人缺水不行，畜缺水不行，兽缺水不得，虫缺水不行，五谷缺水不行。"① 这是彝族先民对人水关系的具体理解。关于彝族的水知识及水文化体系，相关学者已经做出较为精辟的概括性描述："通过彝族一系列的水崇拜、龙崇拜观念及其仪式实践，从文化逻辑上将自然水神圣化，无限地强调了水的重要性和不可或缺性，这种周期性群体水祭仪式实践，因其以涉水神灵的名义进行广泛号召而能有效地维护区域水环境与水生态，彝区那些圣湖神泉，连同涵养水源的祭龙林、寨神林、风水林，千百年来正是因为受到神圣水祭及其禁忌所辐射和保护而留存当代的神水圣境。这些神水圣境因其神圣的文化空间性，从而超越了自然水的地理空间性，或者说前者叠加于后者，从而将自然水环境的世俗和神圣双重属性统合起来。"② 应该说，彝族的水神崇拜、水信仰、水知识和水文化体系是在他们千百年来适应自然生

① 云南省社会科学院楚雄彝族文化研究所：《彝文文献译丛》（总第 10 辑），1992，第 40～41 页。

② 黄龙光：《试论彝族水文化及其内涵》，《贵州工程应用技术学院学报》2016 年第 4 期。

境而总结、提炼出来的，关于自然万物神圣性，以及人与自然关系和谐性的经验性系统。

在梯田灌溉社会中总是倾向于选择与哈尼族为邻的彝族，在族源上与哈尼族同源，同样处于山地河渠灌区。尽管两种民族的族群性和文化差异边界比较明晰，但在传统村落社会组织上，二者都是村寨主义的社会组织结构。与梯田灌溉社会中的哈尼族、傣族一样，彝族也是具体地方的彝族。彝族是一个人口众多、地缘分布十分广阔的西南族群，所以，梯田农耕社会中的彝族在民族特征、民族惯习、文化和心理特质，特别是传统的社会组织结构方面与大小凉山家支组织结构的彝族或滇中石林一带的撒尼、阿细人的组织结构大相径庭。世居于滇南红河南岸的彝族尼苏、仆拉、阿鲁等支系，长期受到当地主体民族哈尼族的文化以及山地稻作农耕文化的浸润，已经形成了一套与稻作灌溉相适应的在地化的独特的社会组织结构。

梯田灌溉社会中的彝族在水资源（无论是村寨的生活用水还是梯田的灌溉用水）的配置与利用过程中，都遵循了村寨主义的集体配置原则，与他们的近邻哈尼族一样，彝族也以村寨为单位集体组织他们的灌溉活动，他们从大型灌渠中引水灌溉时通常以村寨为基本的地缘单位（而梯田灌溉社会中的村寨除极少部分有两个及以上民族杂居，其余的边界通常与族群是一致的），该过程中哈尼族寨子和彝族寨子之间会围绕灌溉水资源的配置问题展开协商行动。事实上，正如开凿灌渠需要联合劳动，协商过水也需要以村寨和民族为基本单位联合议事，在民间才更有合法性和效力。这种联合议事原则，还可以超越村寨和民族单位，以纵向灌溉水系上的全体聚落作为单位，这样一来，协商灌溉秩序的各方，可能同时分别包含彝族和哈尼族甚至傣族、壮族村寨，这种地缘联盟，也是扩大了的村寨主义组织形式的实证个案。

第五章　傣族的灌溉制度安排
与技术结构及水知识体系

　　梯田灌溉社会中的傣族，不但与他们的山地邻人在"他我之别"的差别化历史记忆与历史表述中维持着严格的边界，在他们有限人口总量的内部也会按照居住空间的相对性位置特征有着内部区分，除了傣尤、傣傈两种类似内部支系类别的划分，红河河谷低地的傣族还将中低海拔与哈尼族、彝族混居的那些傣族称为"冲沟里的傣族"，而"冲沟里的傣族"也属于傣傈支系。与那些和哈尼族、彝族为近邻的中半山区傣族相比，红河河谷低地的这些傣族因为被围聚在一片狭长的名为南沙的干热河谷地带，所以他们更强调以纵向海拔界别为标志的内部分类体系。需要强调的是，不论梯田灌溉社会中的傣族选择何种生态位作为居住空间，并以此作为内部区分的边界，他们都是其传统民间宗教的坚定信仰者，尽管随着其社会发展的变迁与旅游宣传的策略性需求，我们能够在当前的田野中观察到低地河谷地区傣族的"泼水节"等"法定民族节日"，但是，深入观察就会发现，对于并不信仰南传上座部佛教的红河流域的这一部分傣族百姓而言，这并非具有南传上座部佛教"浴佛"意义上的"泼水节"，反而是一种基于节日建构的多民族集体"狂欢"式的文化事象。

　　从稻作灌溉活动的组织形式来看，位于中低海拔与哈尼族、彝族毗邻的那一部分"冲沟里的傣族"同样受限于海拔山势地形的自然条件，这便意味着他们不得不适应山地河渠的灌溉组织逻辑，而选择与他们的山地邻居相似的而不是他们的低地同族那样的山地梯田农耕方式；位于低地平坝江河灌区的傣族，尽管他们种植的大多已经是河谷平坝之间的狭长状的水田（当然，按照梯田灌溉社会中土地——梯田随着村寨、地缘、族群错节分布的特征，谷地傣族的一部分水田也以梯田的形制交错分布在中低海拔的彝族、壮族村寨的梯田系统中），毋庸置疑地处于自上而下的梯田灌溉河渠水系的最末端，是梯田灌溉社会的基本组成部分，这里也是水热光照等稻作生长条件最为优渥的地方，受地理、自然环境的影响，低地傣族的灌溉制度安排、灌溉组织原则和技术结构与中半山区的哈尼族、彝族大相径庭，与那些"逢山开沟，遇水修田"的山地梯田垦殖方式相比，河谷傣族的开沟造田活动往往沿着红河水系的发达支流，呈井状分布，规划整齐，错落有致，大片稻田与村寨、水井、池塘、翠竹互相点缀，相映成趣。相应地，位于南沙河谷的傣族以及"冲沟里的傣族"，其水神崇拜、水知识体系也具有百越系统族群的典型特征，尽管这里的傣族并不完全符合"他者"关于傣族的"习水善舟，长于渔捞"的想象，但是位于平坝江河灌区的傣族，掌握并因地制宜发挥着从他们的百越先民那里沿袭下来的优秀稻作灌溉传统和灌溉经验技术，加之得天独厚的水热光照自然资源优势，其灌溉技术、灌溉组织方式、灌溉社会结构都具有相对的独特性和优越性。

第一节　傣族灌溉活动的载体：沟渠、水井、池塘

与田野调查中那些耳熟能详的傣族民间谚语"先有水沟后有田""建寨要有林和箐，建勐要有河与沟"[1] 等相应的，与我们习以为常的认知经验基本相同，傍水而居的傣族，他们用以组织灌溉生活的沟渠、水井和池塘，都是位于一个与江河水系相连的平面空间上的。因此，在红河南岸的梯田灌溉社会中，除极少部分

---

① 高立士：《西双版纳傣族传统灌溉与环保研究》，何昌邑等译，云南民族出版社，1999，第28页。

居住在中半山区的傣族与他们的邻人一起沿着山势开沟筑田，共享沟渠、水井和池塘系统的处理技术和方式之外，处在河谷低地的傣族并不需要去掌握那些繁复且艰巨的沟渠引水工程，江河水系的各种支流和季节性降水就足以满足他们的基本生活用水和稻作灌溉需求。当然，红河哈尼梯田核心区的南沙镇——当地傣族的主要聚居区域，属于典型的干热河谷气候①区，年均气温在20℃左右，最低气温10℃，夏季最高气温可达44℃，年均降水量为700毫米，雨热同期，植被覆盖率为40%。最低海拔为230米，其地形沿着红河及其支流水系的流向呈狭长带状分布，并有诸多连绵不断的低谷丘陵，并非传统傣族寨子典型河谷开阔平坝的样貌。低降水量和高蒸发量的气候特征使得南沙傣族的灌溉用水主要源自过境的红河水系支流，而非自然降水，因而他们需要通过纵横交织的沟渠引江河水来灌溉。当然，这部分傣族的生活用水并非来自江河之水，而是来自村寨内部的龙潭水井水（地下水）以及一部分来自中高海拔地区的水源林里的龙泉（山泉水）。相较于山地的哈尼族和彝族的鱼塘和坝塘，傣族村寨里的池塘最主要的功能就是聚水和储水以实现灌溉用水的季节性调配。

一 沟渠

相对来说，在更加平面的空间内处理人水关系的傣族，在传统稻作农耕生计中的开沟经验和技术与那些相邻的山地稻作农耕族群是截然不同的，具体来说，他们没有在垂直地域上因山就势沿着"水路"开沟的集体历史记忆，但是他们的先民早已总结出了如何利用沟渠串联平坝稻作区的河湖水系的基本原理。"傣族是以水稻种植为主要生计方式的民族，他们有非常丰富的水稻种植

---

① 干热河谷气候：是特殊的地貌形成的一种气候现象，它的形成是一种由复杂的地理环境和局部小气候综合作用的结果，当这些地区的水汽凝结时，引起热量释放和水汽湿度降低，并使空气温度增加。在地形封闭的局部河谷地段，水分受干热影响而过度损耗，这里的森林植被难以恢复，缺水使大面积的土地荒芜，河谷坡面的表土大面积丧失，露出大片裸土和裸岩地。

图 5 - 1　傣族村寨及田园

说明：本章的所有田野照片插图，未特别备注说明的，皆由笔者在历次田野调查过程中拍摄，下文同，不再重复说明。

图 5 - 2　傣寨风貌

经验，也掌握了比较科学、合理的水利灌溉技术。村寨人会商量着在农田的中间挖一条大水沟，水沟的头接着勐底河，水沟穿过农田的中央，人们可以将水沟里的水引向自家的农田。"① 与当地的其他山地农耕族群也用沟渠来输送高山水源林里的纯净水源作为饮用水的方式不同，在傣族的传统灌溉知识系统中，沟渠的主要功能就是引水灌溉，当然，相应地也承担着灌溉诸环节中的引水、储水、配水、退水功能。

在红河南岸河谷低地的傣族村寨中，一条中央大沟（主干渠）连接灌溉水系上的水源并穿越村落，再由数条支渠分别与主干渠连接，各自引水灌溉寨尾水田的景象很容易将他们与山地河渠灌区的那些农耕族群区分开来。

【访谈 5 - 1】访谈节选：梯田灌溉社会中的傣族建寨与取水活动

访谈对象：BW，男，傣族，元阳县民族宗教事务局

访谈时间：2016 年 5 月 24 日

分布在红河干热河谷低海拔地区排沙河流域的傣族寨子，几乎每个寨子都会有一条水沟，将河里的水引入寨子当中，每逢旱灾时，就会举寨举行仪式求雨，天生桥祈雨仪式就是因为参加仪式的几个寨子都在引麻栗寨河的水来灌田。而南沙地区的傣族村落，基本每个寨子都会有一条单独的水沟从排沙河里引水（在元阳地区，排沙河是汇入红河的一条较大的支流）。

我们这些住在红河沿岸的傣族，寨子里的饮用水、寨子水田的灌溉用水，基本不是直接从红河里引，大多数是取红河支流的水。我们当地傣族建寨的基本原则是在水好的地方选址建寨，这个水好是指要有好的龙潭水等可以用来当作饮用水，同时还要看看建寨的地方是不是有利于开沟。我们建寨最讲究的就是必须有水从寨心穿过，饮用水的取水水位必须高于寨子或与寨子持平，这是为了保证水源卫生、水质安

---

① 范明新：《勐底傣族水井的人类学阐释》，硕士学位论文，云南大学，2014。

全。首先要保证全寨的生活饮用水，其次要保证全寨农田的
灌溉用水。龙潭水是每个傣族寨子的圣水地，它通常是供全
寨人饮用的地下泉水——生活用水区域。而灌溉用水则是要
通过沟渠与河流相连、引入。我们建寨选址的时候，森林必
须在村寨的后面，因傣族村落选址通常在平坝热区，所以这
些森林的主要功能不是像山上的哈尼族、彝族那样用来涵养
水源，而是发挥美观和遮蔽阴凉的功能。我们这里傣族人的
水田，一般都是在寨尾，水沟，就是把那些森林、我们的村
寨、村寨的水田串联起来的关键因素。一旦发生干旱，各个
寨子就会集体祭祀本寨子（他们各自寨子）的龙潭，而不是
祭祀其他地方。水资源非常紧张的时候，因干旱缺水引发的
水利纷争也时常出现，但是我们坝区的傣族有一个优势，就
是可以引江河水系来支撑灌溉，所以，即便有纠纷也不会像
山上很多民族共用一股水灌溉的那种情况一样严重。

图 5 - 3　傣族村寨稻田边的水沟

　　主要使用河水灌溉水田，并不意味着傣族忽略了森林的重要
性，在傣族理解人与自然关系的基本逻辑中"森林 - 水 - 田地 -
粮食 - 生命"是作为一个系统整体认知的，傣族民谚中提到"有

了森林才会有水，有了水才会有田地，有了田地才会有粮食，有了粮食才会有人的生命"[1]。因此如个案 5-1 所示，在红河南岸梯田稻作系统末梢的傣族村寨，在空间布局上森林依然是不可或缺的要件，此外，这里傣族村寨祭寨神林的集体仪式，以及后面章节中将谈到的傣族与梯田稻作系统中的其他山地民族集体祭祀"神山圣水"的行为，也能够从傣族的森林信仰体系中找到依据。沟渠不但要串联江河、村寨与稻田，而且要串联当地傣族村寨旁边那些林荫遮蔽的森林，流动的水渠在发挥灌溉功能之余，成为村寨中最活态且最灵动的景观要素之一。

二 水井

在水井的类型和功能区分上，南沙河谷坝区的傣族比山区和半山区的哈尼族、彝族更加明细也更加精致。通常在傣族社会中"水井常常因为具有不同的用途和功能而分布在不同的地方，有在家里的水井（主要用于洗涤）、有村尾的公共大水井（主要为村寨成员提供生活饮用水）、有河边的水井（供耕田或者放牛的人饮用）、有山上的水井（供人畜汲饮）、有田边的水井（主要用于灌溉）"[2]。这样的区分结构在红河南岸江河平坝地区的傣族社会里也较常见。

【访谈 5-2】访谈节选："山有多高，水有多高"的傣族地方性解释

访谈对象：BW，男，傣族，元阳县民族宗教事务局

访谈时间：2016 年 5 月 24 日

在哈尼梯田核心区，你们经常会听到"山有多高，水有多高"这句话，但是大多数人可能不知道，在我们这个地方，不同的民族对这句话的理解是不相同的。我也看过一些学者

---

① 刀国栋：《傣族历史文化漫谭》（修订本），民族出版社，1996，第 41 页。
② 范明新：《勐底傣族水井的人类学阐释》，硕士学位论文，云南大学，2014。

写的书，关于这句话的解释，大多数人可能认为是说梯田的灌溉水源全部依赖于高山森林所涵养的水源，田能开到的地方就有水可以灌田，对哈尼族、彝族那些来说，基本符合这层意思。但是在我们河谷边上的傣族看来，这句话它首先是对自然规律的一种颠覆，它的基本意思是，垂直纵向的各个区域，不同民族所待的不同海拔，处处有水，所以大家都能发展各自的灌溉活动，山上的哈尼族、彝族用的是高山森林涵养出来的高山流水，河谷地带像傣族、壮族、汉族，我们使用的是江河水，虽然江河水是高山上的流水汇成的，但是总体上，我们跟山上的哈尼族、彝族互不干扰，各自会寻找自己合适的水源饮用和灌溉。

我们低地的傣族村寨，像旁边的五亩等傣族村寨那些历史上依靠高山上的麻栗寨河水系的南沙傣族村落还是少数，就傣族历史上对水的依赖和理解程度而言，我们傣族在建寨选址时，基本不会选择水源能被其他民族控制或是影响到的地区，尤其是我们建寨时要找那种干净的水源，不管是寨子里面的龙潭水，还是村寨旁边水源林里的龙潭水，只要我们要把它开挖成水井，就绝对不能找其他民族的水源地里的水源，山上的哈尼族和彝族，两个寨子之间，有可能彝族寨子喝的那股水是哈尼族寨子的水源林里流淌出来的，但是我们傣族寨子就不会这样，一是我们离那些民族很远，二是在水源问题上尤其是饮用水上，我们基本不能受制于人。

我们的水井，分类很明确，如果说寨子里面的家井，可以为村寨提供日常生活的用水，寨头寨尾的老井通常是祭祀时提供仪式用水，更神圣一些，而河边、田边或是寨子旁边树林里你能看见的那些水井、池塘，主要是为了给牛马牲口提供饮用水的，还有就是用来灌溉水田的，那些水，人不会去喝。

通常，"洁净"是傣族获取饮用水的最基本的前提，与山地稻作农耕的哈尼族、彝族一样，选水源、挖水井是当地傣族人建村建寨选址过程中的首要大事，尤其对直接饮用的、提供仪式之水的"家井"，非常强调水源的独立和水质的洁净。傣族在水井的修建与装饰上也相对隆重，诸如寨头寨尾的能够提供人生礼仪仪式之水的老井，他们甚至会选择建盖一所彩绘华丽、类似于房子的形制去为水井进行遮挡，与哈尼族、彝族一样，傣族也认为他们的水井里会有水神寄身，庇佑"用之水源源不断，水好无灾"。类似地，傣族的"万物有灵"认知系统里也认为他们的饮水井里有神灵护佑，因此需要修建类似人居的"房子"以供水神（神灵）栖息，并且需要相应的祭祀仪式犒飨水神，以保证村寨能一直有用之不绝、清甜甘洌的水。水井的取用也是梯田灌溉社会中的傣族村寨主义组织结构实证案例之一，事实上，与山地河渠灌区的哈尼族、彝族的传统村落一样，水井对于村寨而言，是界定边界的重要标识物，对内同样有聚合社群、组织村寨集体行动的功能，这类意义表现在重大节日庆典时，民间宗教人士代表村寨祭祀建寨第一口老水井等的宗教祭祀礼仪上。傣族的"家井"是与河岸之畔的牲畜"饮水井"、田畴之滨的"灌溉水井"以及森林"池塘"相对应的概念，乃是指在村寨物理空间内，专供给村落寨群生活用水的水井，水井汲水功能面向整个村寨，虽名为"家井"，但并不是指某个特定家户的"私井"。

水井的日常维护和基本管理方面，过去由村落社会组织中的传统权威人物，现在通常由村民小组等组织来负责安排专门的人进行基本的管护，比如维护水井的洁净、定期清理杂物、去除杂草等。此外，与哈尼族、彝族类似，水井的取水、管护和相应的禁忌等，都在一定程度上反映着傣族传统社会组织结构中关于性别、年龄、个人的社会身份和职能等方面的界别，是其社会分工理念的具体表现之一。

三　池塘

相较于哈尼族的鱼塘、彝族的坝塘，在傣族的灌溉社会中，寨脚、田边、河畔随处可见的池塘，最重要的功能自然不是养鱼，而是储水灌溉，同时为一部分牲畜家禽提供沉淀过泥沙的饮用水，傣族总体上是一个尚水而居"习水善舟，长于渔捞"的民族，他们日常生活中所食的鱼类通常是直接捕捞于江河水系之中，而不像山地河渠灌区的哈尼族、彝族那样，需要在鱼塘和梯田里养鱼以供日常食用，此外，从摄入蛋白质对鱼类的需求程度来讲，傣族因为处于物产相对丰富的河谷热区，对于人体所需的基本肉类蛋白质的摄入，他们有更多的可替代的选择，而没有更多地依赖于鱼塘、梯田里的鱼类和鸡鸭等家禽蛋类，因此，这些池塘也不被河谷低地的傣族用来饲养鸭鹅等水禽。

池塘在傣族的稻作灌溉生计和其他生产生活的日常中较常见，应该在早期的傣族村落社会中就已经产生。在某种程度上讲，前文提及傣族村落社会中按照功能划分出来的各类水井中，那些靠近山林、靠近江河水系的水井（非"家井"），最初也是池塘，它们提供了近似的功能——为牛羊等牲畜提供日常的饮用水，同时可以用来灌溉附近的水田。此外，传统的傣族社会中对池塘等这些具体的存在还有性别上的划分，这种针对具象的物的"性别"区分，可能也和同一种器物提供或发挥不同的社会功能有关，也与该民族基于人的社会分工、生产关系去考量人与自然、人与物的具体关系的认知系统相关。

在红河流域的许多傣族村寨里，都流传着一则纪念傣族民间智者召玛贺聪明才智的传说——"母池塘嫁公池塘"的故事：

> 传说不知道在哪个朝代，在靠近混贺罕（笔者注：混贺罕是指当时的傣王）住的地方有一个水塘，叫作"公池塘"。而靠近百姓住的地方也有一个水塘，叫作"母池塘"。这两个池塘都十分漂亮，水中金鱼游动，水面荷花盛开。有一天，混贺罕突然命令村寨里的老百姓用竹竿把"母池塘"抬来嫁给"公池塘"。这分明是故意凌辱老百姓。为了想到办法对付混贺罕的无理安排，百姓们相约去求见召玛贺，请他想办法

图 5 - 4　傣族引水灌田的谷地河流

帮忙化解危机，召玛贺从百姓中挑选了几个年轻力壮的小伙子，让他们光着膀子，抬着抹了烂泥巴的竹竿，走到混贺罕的宫廷大门口。门卫问："你们来干什么？"召玛贺回答说："是给国王抬'母池塘'的。"门卫报告了混贺罕，混贺罕出来却没有见到所谓的"母池塘"，于是就问召玛贺："你们抬来的'母池塘'放在哪里，我怎么没看见呢？"召玛贺回答说："'母池塘'不愿意嫁给'公池塘'，百姓抬死抬活她都不出来，请国王去抬。"混贺罕见他们浑身都是泥巴，生怕这群人把自己的衣服弄脏了，因此，只好吩咐他们走了，于是，混贺罕刁难老百姓的问题也就化解了。

诚然，傣族地区流传着的关于召玛贺等民间智者的故事，具有理想化和人的神格化的成分，但这些反映民间大智慧，以及公平、正义、善良的民间诉求的传奇故事，都与傣族人民的现实生产生活密切相关，无论智者的传说如何演绎，池塘本身就是傣族村落社会中的一个实实在在的具体的载体，因为可以被用到传说中承担具体的隐喻功能，在梯田灌溉社会中的傣族社会，诸如池塘之类的被"性别化"的具体器物还非常多，在南沙傣族和当地其他中半山区的傣族村寨，不仅有"公池塘"和"母池塘"的故事，还有许多"公庙"和"母庙"的传说。

第二节 制度：灌溉管理组织及制度安排与技术结构

无论是从自然资源禀赋、生存环境条件还是从稻作农耕活动的传统与特质来讲，处在南沙谷地的傣族的灌溉组织原则、制度、灌溉技术与他们的高地邻人都是截然不同的，如果要说同为梯田稻作民族的他们有什么具体的联系，那就是那些自上而下从哀牢群山之巅流淌下来汇入江河的诸多水系，如宿命一般把他们联系在了一起，因为这些纵向水系的最末端——那些河流入江的冲击扇形地带肥沃的丘陵河坝之间，就是当地傣族的理想栖息地，也正是这项关乎传统的稻作生计之持续性的灌溉水资源的纵向连接，使得当地的傣族也被纳入了梯田灌溉社会的整体系统中去。

在当地城镇化进程还未十分迅猛的年代，红河水系之滨的南沙傣族还与他们的近邻——少部分的壮族、汉族共享并共同维护着他们的传统灌溉制度，他们一同配置、监管灌溉水资源，在平面灌排的过水秩序中处理人与水（自然）、人与人的关系，他们也与邻人们共享着历史沿袭的河谷热区稻作经验，以及其他的维持生计、摄入蛋白质、保障人口再生产的基本方式。

一 傣族与灌溉相关的传统组织及民间宗教活动

"傣族居住的地理环境使他们很早就开始了水稻生产活动，相应地需要水利灌溉这一技术，而水利灌溉直接影响傣族社会制度的形成。可以说傣族的水利灌溉是傣族社会全部经济与社会生活的一件大事，傣族社会的存在与水利灌溉休戚相关。"① 无论是在信仰南传上座部佛教的傣族地区，还是笃信本民族民间宗教的梯田灌溉社会中的傣族，那些因稻作生计需求而建构起来的水利灌溉技术、灌溉组织行动都对他们的传统社会结构有着深远的影响。

与高地的彝族近似，傣族的灌溉活动及其组织也是在一年的生产周期、农事和节日庆典中得以体现的。梯田灌溉社会中的傣族在一个生产周期内的庆典仪式也比较丰富，当地傣族除过汉族的春节、端午节等节日之外，还存留着族内独特的节庆文化。从全体寨群成员参与的、含有公祭仪式的节庆活动来看，主要包括如下几种："伴莱勐"（汉译为"同乐节"），当地傣族人民认为，"伴莱勐"节庆中天上的先民与人间的子孙能够相聚同乐，南沙地区的傣族每三年过两次"伴莱勐"，庆典仪式于农历二月初二举行，其间有系列宗教祭祀活动；与稻作灌溉农事活动密切相关的，要举行祈雨仪式的"隆示"活动，是当地傣族寨子一年中较隆重的集体祭祀活动，"隆示"即祭寨神林（竜林），祭祀活动时间因寨子不同而各有差异；还有一种名为"挡布庙"的"祭庙"活动，在南沙傣族的村寨中，历史上有很多土庙②，元阳县的傣族地区也"有许多各式各样的土庙，有供关公、张飞的，也有供土地爷、灶君爷的。有神的地方就有庙，一村多庙，一村就有几个庙会"③，相应地，当地傣族的庙会活动也异常丰富，"仅元阳大顺寨就有'二月初二庙会'、'八月初二庙会'、'九月十三庙会'，庙会活动主要是借助神灵，企图摆脱现实的痛苦"④。傣族群众在庙中祭拜，旨在借助神灵的力量摆脱现实的疾苦，实现精神的寄托，宗教仪式过程十分隆重。

---

① 艾菊红：《傣族水文化研究》，博士学位论文，中央民族大学，2004。
② 这里的土庙是指民间宗教信仰者日常或节庆期间纳福祈祥的场所，与南传和汉传佛教以及其他外来的制度性宗教无关。笔者于 2016 年 5 月到南沙镇排沙村沙仁沟村民小组调研访谈时求证过，这些傣族民间历史上供奉的土庙，里面的神灵是多元的，沙仁沟村的土庙里供奉的就是雌雄石狮子。
③ 元阳县民族事务委员会编《元阳民俗》，云南民族出版社，1990，第 144 页。
④ 元阳县民族事务委员会编《元阳民俗》，云南民族出版社，1990，第 148 页。

【访谈 5 - 3】访谈节选：江河平坝灌区傣族传统农耕礼仪

访谈对象： 女，傣族，72 岁，元阳县南沙镇沙仁沟村村民

访谈时间： 2016 年 5 月 24 日

听老一辈讲，我们沙仁沟村建村建寨历史有 100 年以上，我们傣族先民到来之前，这个地方是"沙人"（当地傣族称他们的近邻壮族为"沙人"）居住的，傣族来定居发展之后，沙人开始慢慢地搬走了，我们沙仁沟的傣族到现在也不跟那些沙人通婚，他们倒是跟一些汉族、彝族、哈尼族通婚。我们老一辈来到这里就开沟造田，种粮食讨生活，历史很长了，先民他们刚到沙仁沟的时候，还在古代，没有炸药之类的那些东西，开田时遇上搬不动的大石头怎么办，他们就开始想办法了，生大大的火去烧那些巨大的石头，等石头烧红了再往上面灌水，烫烫的石头就会爆裂，后来我们就能开沟挖田了。

一年到头，祭庙的时候最隆重了，沙仁沟这片的傣族寨子，历史上都是在各自寨子的竜树林旁边的龙潭边搞祭祀活动。祭祀的时间就是每年的农历三四月份，栽完秧之后。祭祀的时候要用到公鸡、香火、酒、糯米饭。我们这里不是有外面的彝族媳妇、彝族姑爷吗，这些招、娶进来的姑爷和媳妇就不能去龙潭边参加祭祀仪式活动。可以参加仪式后面的那些活动（吃饭之类的）。现在村里的庙少了，很多被拆了，三四十年前，旁边那个恩本村还有庙呢（里面供奉的是石狮子那些），每年全寨的男子都要到庙里参加祭庙，这个祭庙活动都是由最早建寨的那个家族来组织和主持的。当时的庙分为公庙和母庙，分别由固定的两家人来管理，世世代代他们两家管，公庙和母庙里供奉的神像不同，但是具体供着些什么我现在也记不清了。这个公庙、母庙是寨子的老一辈就这么叫下来的，我们也不知道为什么要这么叫，倒不是说庙里供奉的狮子分公和母，反正我们就跟着老一辈一直公庙、母

庙这样叫了。我们傣族人祭庙，就是为了保佑家畜兴旺，全寨人民身体健康、平安，有疾病灾患的人，去庙里祭拜，祈求祛灾。

除了诸如 5 - 3 所述的需要由全体寨群成员共同参加的集体公祭仪式，受其他民族的影响，当地傣族还有诸如春节（南沙傣族称"紧央"）、端午节（南沙傣族称"紧冷哈勐雅"）、清明节（南沙傣族称"横又"）之类的传统节日，这些汉族的节日在当地傣族村寨中也融入了傣族特有的民间宗教文化礼俗，呈现"傣化"了的地方性特质。梯田灌溉社会中傣族的传统宗教节庆仪式投射了其精神文化的整体观和哲学宇宙观，即便是在受汉文化的影响而开展的汉族节庆中，也融入了典型的傣族文化元素。

与传统寨群集体活动互嵌的灌溉活动及其组织。在梯田灌溉社会的傣族村落社会中一个稻作生产周期的集体庆典和仪式安排里，与稻作灌溉活动也即水资源的配置等活动最紧密相关的要数南沙河谷多个傣族村寨集体进行的"摩潭"仪式（天生桥祭拜天神祈雨仪式，后文将详细论述）；此外，还有"拉万"即清扫寨子的仪式，在每年的农历八月，梯田灌溉社会中的大多数傣族寨子会分别举行宗教仪式，以"洁净"的"圣水"的"除秽"功能驱赶鬼神，为村寨的集体纳福祈祥；而与山地稻作的哈尼族、彝族相仿，这里的傣族也会在稻谷开始抽穗拔节的相应时间举行"哄享靠"即"叫谷魂"仪式。这些在一个完整的稻作生长周期内的不同时段，围绕稻谷的生长、灌溉组织的需求而开展的仪式、庆典活动，在大的范畴内又都是村寨社群集体组织行动中的一个方面，因此傣族与彝族一样，是将这些稻作灌溉组织的日常有机地嵌合到了他们的传统寨群组织及其安排中去的。

二 傣族的灌溉制度和灌溉技术

在灌溉制度和技术层面，傣族传统上的江河、滨湖稻作惯习就已经决定了他们不会也没有条件选择诸如木刻分水那样的用于山地垂直灌溉系统中的分水计量器物，但这并不意味着可引江河湖水灌溉的傣族就没有精湛的分水技术和制度，相反，作为"水"之民族的傣族在灌溉分水计量上一直保持着其技术的科学性。"傣族是比较典型的坝区稻作民族，他们在长期的稻作农业实践中，建立了相当完备的水利灌溉制度，在具体的水量控制上，多按各寨的田亩计算，各寨再按每户的田亩数计算，并按距离渠道的远近，合并算出某处田应该分水几伴几斤几两（所谓'伴、斤、两'，是用来测定流量大小的特殊单位，并非重量单位）。分水时使用一个特制的上面刻有伴、斤、两的圆锥形木质分水器。各村寨都有分沟、支沟，纵横分布在田间，从主沟到分沟、支沟之间，从分沟、支沟到每块田的注水口，都嵌一竹筒放水，按照水田面积应得的水流量，100 纳的田分'伴'即二斤，50 纳分'斤'，30 纳分'两'，20 纳分'钱'，在竹节上凿开与之相适应的通水孔，分器就是用来测定通水孔的大小。"① 事实上，随着南沙河谷地区城镇化基础设施相关库塘灌溉引水工程的建设和完善，傣族对竹筒分水制度的依赖，已经远不如他们的山地远邻哈尼族那样依赖他们的木刻/石刻分水机制，这些传统技术更多的是作为一种历史文化事象，流传在傣族集体历史记忆中。

稻作耕种技术。在哈尼梯田河渠灌溉系统末梢的河谷傣族地区，"踩田"是一种传统的耕作技术，该模式与山地的"三犁三耙"梯田垦殖技术一样古老，也是梯田稻作经验系统中极富地方特色的耕种模式。"每年早稻一收获，傣族人民就把十多头甚至几十头水牛赶进水田，由人吆喝着辗转往复，在田里踩来踩去，直到把谷茬杂草埋于泥泞深处，把泥踩化为适度。一般要踩两道，用木耙平整以后方可栽秧。晚稻收获以后，又要立即'踩田'关水，为来年的早稻栽插做好准备。傣族人民在长期的实践中得出，

---

① 管彦波：《西南民族村域用水习惯与地方秩序的构建——以水文碑刻为考察的重点》，《西南民族大学学报》（人文社会科学版）2013 年第 5 期。

'踩田'优于犁田，因为'踩田'杂草谷茬入深易腐，泥化肥田，粮食产量高于犁耕。"① 需要注意的是，位于河谷低地稻作区的傣族选择将谷草深埋水田的方式来替代他们的山地邻人所采用的那种深耕犁耙方式，是基于他们对河谷热区气温、日照、土壤、水质等自然条件的辨识与理解，高温、高蒸发量，相对较低的降水量，以及因稀少植被覆盖常年裸露的土壤，使得那些被"踩"入水田淤泥里的谷禾残穗、杂草等很容易在高温潮湿的环境中变为腐殖质，转化为天然肥力滋养稻田，而他们的水田不像山地上的梯田那样呈台阶式，相较于梯田"上满下流"的过水机制，河谷平地上的平面过水规律也使傣族的田地更易于积肥，因此他们不需要像哈尼梯田那样每年组织大量的人力开展声势浩大的"冲肥"活动。

尽管随着南沙河谷的日渐城镇化，低地傣族的水田已经日渐锐减，仅剩的那些土地也被规划到"河谷热区经济开发开放带"中去，被用于规模性地种养更具有经济效益的热区蔬果和发展河谷畜牧业，但是那些古老的灌溉技术和水田稻作技术迄今仍是当地傣族群众集体历史记忆中的一部分，可以想象，在传统的梯田灌溉社会中，这些独具傣族地域特色的相应技术，也是他们用以描述"他我之别"，与他们的邻人标识边界的重要内容之一。

三 傣族稻作灌溉中的社会交往活动

梯田灌溉社会中的傣族，在文化、语言、宗教信仰和传统惯习甚至农耕礼俗方面，都有着百越稻作系统的明显痕迹，并以此作为他们与山地稻作的"他者"明确界分的依据。但是，在自上而下水系关联的稻作灌溉系统中，位于纵向水系末梢的傣族也并非完全孤立的，他们围绕稻作农事生产所开展的一系列宗教仪式、节日庆典、集体的灌溉行动安排，使得他们面向多族群的多元社

---

① 元阳县民族事务委员会编《元阳民俗》，云南民族出版社，1990，第132～133页。

会扩大的交往活动成为可能和必然。

与当地傣族的水崇拜相关并伴随着相应的祈雨仪式的"隆示"（祭寨神）活动隆重而开放，在这个隆重的民间节日庆典中，傣族通常会邀请他们的山地朋友（通常是基于某种生产工具和劳动力交换而形成的固定的结对关系）来共襄盛宴。"元阳县的傣族祭寨神宴请要吃糯米粑粑，客人回归要送 16 个粑粑带走；有的寨子宴请时则吃五色花饭，回归时带上一包。此类祭寨神宴请外寨至亲之俗，都有借祭神均沾神恩之意味。从其间透露出一股寨神从氏族祖先神衍化而来，地缘纽带的农村公社源于血缘纽带的氏族公社的历史演变讯息。""祭礼寨神并不因村社地域界线而严格排外，反而还要宴请外寨的至亲；再者，在祭礼寨神前后结群上山狩猎、下河捕鱼，之后要集体欢宴作乐。"① 突破族群和寨群边界的社会交往活动，往往以多族群共同的灌溉水资源配置要求为基本纽带。

关于红河流域的傣族祭礼寨神的"隆示"活动的历史记载远远多于现实可考的田野材料，当然这也是变迁之现实的使然，在红河哈尼梯田核心区元阳县一带，"男女青年串山串寨、对山歌、找伴侣。大顺寨一带在'隆示'（意指'祭寨神'）的第二天，青年男女邀约到河里捞鱼捕虾，直到傍晚再将捕获的鱼虾各取少许放入江河，意为愿来年鱼虾满江河，捕不完、捞不尽，当晚在河畔共餐，男女青年同吃同乐。'隆示'期间，客人准进不准出，定要留下盛情款待，方能了却心愿"②。这种具有古老自然崇拜内涵的祭祷神灵的仪式和庆典中，集体狂欢显然因为灌溉稻作活动的日常关联，而突破了族群和寨群关系的传统社会结构，在相同的生产空间内，相近的稻作农耕组织方式必然将文化殊异的群体关联在一起。

"九月年"活动是前文论述过的"冲沟里的傣族"在中高海拔

---

① 朱德普：《红河上游傣族原始宗教崇拜的固有特色——并和西双版纳、德宏等地之比较》，《中央民族大学学报》1996 年第 1 期。

② 云南省元阳县志编纂委员会编纂《元阳县志》，贵州民族出版社，1990，第644 页。

地区与哈尼族、彝族为邻的大顺寨傣族所独有的仪式庆典活动。在呼朋唤友、迎宾待客方面，大顺寨傣族的"九月年"庆典活动与哈尼族的"矻扎扎"、彝族的"咪嘎豪"类似，都是扩大社会交往的传统节庆场域。

【访谈 5 - 4】访谈节选：大顺寨傣族（"冲沟里的傣族"）"九月年"传统节日庆典

访谈对象：L 姓老人，男，傣族，元阳县牛角寨镇果期村委会大顺寨村人

访谈时间：2016 年 10 月 28 日

笔者：阿叔，麻烦您给我讲讲我们大顺寨这个"九月年"的来历。

L：这个"九月年"，说起来历史就长了。这十里八乡的傣族寨子，只有我们大顺寨有这个节。"九月年"是他们汉族人的叫法，实际上我们寨子并不是在九月过年，但是他们汉族这么叫，我们也就这么叫了。"九月年"一开始是从石屏县龙朋村搬来的我们 L 姓的傣族自己家过的节日，为了纪念我们家的英雄。我们这个 L 姓从石屏县龙朋村搬过来在沙拉托时，据老祖讲，那个时候还在国民党统治时期，国民党政府在村子里抓壮丁去打仗，打仗的时候，国民党政府就到处抓壮丁，轮到我们的祖先罗江霸（我们管他叫罗兵头）家时，因为没有其他男丁，所以罗江霸就去当兵了，当时罗家人就想，家里的男丁去参加打仗，一般都是有去无回了，罗兵头去了实在是凶多吉少，为了免得他一去不返，还是让他先在家里过完年再去，于是罗家的家里就按照过年的习俗，冲粑粑，再组织全寨子里被抓去当兵的傣族子弟吃完年饭再走，从那个时候开始，大顺寨的士兵们出发时都要带一只公鸡，如果有命回来就将这只公鸡宰杀了纪念打胜仗。

罗江霸就带着寨子里的傣族伙子一起去打仗了，在军中打仗时，我们这个罗兵头老实（非常）聪明了，他号召大家

用带去的小公鸡立了功，他们把割了喉的公鸡丢入敌营，带血的公鸡四处乱窜，蒙蔽了敌人，扰乱了敌人的阵脚，取得了胜利。这个罗江霸的传说老实（非常）神了，传说他们割了脖子的这只带血的公鸡，在敌军阵营中乱窜的时候，只要鸡身上的血沾到对方的士兵，敌军就会死。所以为了纪念罗江霸他们打仗胜利回归，大顺寨罗氏家族每年农历九月二十九（就是当时送他们去当兵打仗的那天）便"过年"庆祝，一开始只是我们这个罗家自己过节，到了农历九月二十九这一天，罗家每户人家要杀一只公鸡祭祀老祖宗，这只祭祀用的公鸡要杀得半死不活，让鸡在跳跃的时候鸡血满天飞，为了纪念罗江霸的战功。每次过完节后，出去参军的子孙都能平安归来。

笔者：意思是这个"九月年"一开始只是罗江霸家的后人过，后来才变成全寨子的节日了，过节的时候还会请旁边的哈尼族和彝族一起参加吗？

L：是呢。后来发展到罗氏的亲戚朋友们都来参加农历九月二十九庆祝活动，慢慢地，"九月年"就过成了一个全寨子的统一节日了。现在不管他姓罗还是姓白了，只要是大顺寨的傣族，一到这个时候我们就一起过"九月年"，连山上的哈尼族、彝族亲戚朋友，全部请来，一起过，冲粑粑，各家请客吃饭，还有文艺队表演，老实（非常）热闹了。从那个八九十年代开始，"九月年"一般就要过三天，每年农历九月二十八日，全寨每户人家就开始接待各自的亲戚朋友，冲粑粑，做准备，二十九日是正式的节庆时间，三十日开始陆陆续续送客。山上的哈尼族、彝族都爱来参加我们的"九月年"，每年一到这个时候，我家都要摆两三桌酒菜，请客，山上的老哈尼、老彝族那些，还有南沙傣族也会来。

笔者：为什么要请山上的哈尼族、彝族一起来呢？

L：我们大顺寨的傣族，不是住得高嘛，跟南沙那些傣族离得远，跟西观音山脚下的那些哈尼族、彝族还住得近。新中国成立前，山上的哈尼族会来我们大顺寨帮工，那时候，我们的小工、长工都是山上的哈尼族。我们的水田不是跟那些哈尼族、彝族的水田在一起吗，灌田水也都是从西观音山引来，所以那些哈尼族主要是来帮忙挖田，他们挖梯田的技术比我们好，大顺寨的田和山上的哈尼族的田在一起的最多了。一来二去，大家不管是什么民族，就都认识了，还有结成干亲那种，世世代代好好地相处，像一家人一样相互帮忙。

大寨"九月年"的来历（官方版）①：大顺寨"九月年"由来已久，相传在古代的时候，傣族先民在迁徙途中，找到一块美丽富饶的坝子，在这里居住不到一年时逢农历九月二十九的到来，当地的一个恶霸带着兵马强迫傣族人民搬到别处去，傣族人民看到这块肥沃的土地落入恶人之手，就在这天晚上提前杀猪、鸡过传统的关门节，敬献天地和祖先神灵。第二天早上背着吃剩的酒肉走上了迁徙之路。为了缅怀祖先，让后世子孙记住先民漫漫迁徙路上的艰难苦困和求生不易，后人决定在每年的农历九月二十九日来过节纪念，每年到了这一天，傣族人民通过杀鸡宰猪、蒸糯米粑粑、载歌载舞等传统民族民俗活动来纪念这个特殊的日子，此习俗活动一直延续至今。

关于大顺寨傣族"九月年"民族民间传统活动的来历的表述，这里呈现了两个版本。相较而言，尽管当地傣族老人的记忆口述史在时间和逻辑上有混乱的地方，但显然第一个版本有较高的可信度。根据历史记载，"红河南岸地区历史上曾多次发生外敌侵犯疆土的事件……在清代，例如乾隆十九年（1754 年），'安南'（越南）侵扰临安府边界隘口，临元镇游击马秉祥带官兵二百人和土练八百人前往孟锁防御。在民国抗日战争时期，为防御日军

---

① 资料来源：笔者 2016 年 10 月在元阳县牛角寨乡果期村开展田野调查期间，于 10 月 28 日到果期村下辖的大顺寨傣族聚落参加其传统"九月年"节庆活动，当时记录下了与会的地方行政官员就"九月年"来历的讲话内容，此材料系后来根据该讲话稿内容整理而成。

图5－5　"九月年"文艺表演舞台

图5－6　"九月年"祭祀的"花米饭"

从南部入侵云南，在卢汉将军的主持下，由勐弄、犒吾、永乐、太和、瓦渣、溪处、思陀、迤萨、大兴等乡镇土司组成第一集团

图 5-7 "九月年"文艺队表演节目

军江外抗日游击司令部，共组织地方抗日武装数千人，配合国军驻防南部边疆，使日军不敢轻举妄动"[①]。根据这些史实和当地的一些方志文献记载，大顺寨傣族纪念民族英雄的"九月年"传统活动的来源经得起推敲，只是民间代际相传的口述记忆史在相应的事件和时间的记诵上，因历史悠久而难免有遗漏谬误之处。相应地，第二个版本是经过现代地方政府"发明传统"打造民族节庆的"官方"说辞，因为其中提到的"关门节"是傣族、布朗族、德昂族等信仰南传上座部佛教民族的共同节日，严格意义上是一种宗教节日，因此不太可能出现在主要信仰本民族传统民间宗教的当地傣族地区。

尽管大顺寨傣族的"九月年"节庆活动并没有和灌溉、稻作及农事生产的安排有直接的关系，但是，以传统节庆为基础的扩大的社会交往活动，尤其是那些突破村寨、族群边界的节庆互动往来活动都是基于稻作和灌溉的组织与安排所建立的历史联系，这也是村寨主义组织原则的实证案例之一，"九月年"从一个家族

---

① 郭纯礼、黄世荣、涅努巴西编著《红河土司七百年》，民族出版社，2006，第60页。

内部纪念英雄先祖的纪念仪式，逐渐上升并演化为村寨一年一度的节日庆典，而当村寨"征用"了这个家族纪念仪式时，仪式的社会功能指述意义就已经发生了转向，它不再是简单纪念英雄人物的辉煌战绩，而是上升为村寨用来标识"以村寨为边界内外有别的文化逻辑"①的集体庆典活动。"九月年"活动对"冲沟里"的大顺寨傣族缘何如此重要，这与他们所处的地缘环境相关，大顺寨位于中低海拔地区，是山地河渠灌区向平坝江河灌区过渡的地带，事实上，与民族身份相同的低地河谷地区傣族相比，"冲沟里的傣族"与哈尼族、彝族紧邻，这就意味着，他们的寨群组织生活要与这些民族更为接近，山地稻作农耕的哈尼族、彝族，在他们各自的农耕历法中，一年四季都有围绕稻作灌溉的节日庆典活动，并且会邀请互为近邻的大顺寨傣族互动往来，因此，除了"隆示"那样的村寨公祭活动，傣族还需要举寨同庆的集体庆典来标识村寨身份和村寨意义，在"九月年"节庆中，大顺寨的傣族以家户为单位宴请山上山下的各族亲戚朋友们，很大一部分原因是他们"一起用同一个山头的水灌田"，并且因为田地相互交织而建立的联系，稻作生计和灌溉组织行动必然使空间毗邻的不同民族发生各种互动往来联系。

第三节　精神：傣族的水神崇拜及水知识体系

在梯田灌溉社会中，与山地的氐羌系哈尼族、彝族一样，傣族的民间信仰系统中同样尊崇"万物有灵"，他们的神灵信仰体系中包含自然界的山神、水神、土神、勐神、寨神等，也具有自然崇拜的意味。傣族作为较早从事稻作农耕生计活动的民族之一，其灌溉组织行为逻辑对其传统社会结构、社会组织方式的影响不言而喻。水崇拜、水信仰、水知识贯穿于傣族日常生活的方方

---

① 马翀炜：《村寨主义的实证及意义——哈尼族的个案研究》，《开放时代》2016年第1期。

面面。

一 傣族的水神崇拜

水神话和水生人种也是傣族创世神话的母题之一。傣族的
"创世王、地球和人类都起源于水。相传,宇宙中原有 7 个太阳,
把地球烤成一个万物均不能生存的火球,后在天神的帮助下引来
雨水,才把熊熊大火浇灭,拯救了地球,也为万物的生长创造了
条件"[1]。今流传在西双版纳的《傣族创世史诗:巴塔麻嘎捧尚
罗》载:"人类的始祖神英叭和水中的主宰神鱼巴阿嫩均来自水
中。英叭出世后,着手创造天、地和人类。他用身上的污垢掺上
水,捏出了众多的天神,变出了神果园、神果树,从此有了守门
人,守门人是神变的,终身守果园,这是最初的人。"[2] 在傣族同
类型的创世史中,天地万物和人类皆因水而生,水乃万物之源,
也因此"尚水而生"。

在傣族的神话传说中,水神的具象物是一条神鱼——巴阿嫩,
神鱼与人类的始祖神英叭一起出生在水中,共同主宰着宇宙和水:
"大水的泡沫和水汽都从它(巴阿嫩)的鼻孔涌出/升腾到水面上/就
变成腾腾烟雾/它张口大水晃荡/它吐气浪柱冲天/太空里烟雾混
浊/是由于鱼尾摇摆/水面上波浪掀腾/是由于神鱼扇腮。"[3] 在这些
远古传说中,自然界的水、气、烟雾等都成了水神的外化物,因
而水是傣族传统哲学宇宙观中"万物有灵"自然崇拜的基础。

尽管最初的创世神话传说的异文本在傣族地区传唱着相似的
水神故事,但是在信仰南传上座部佛教和信仰本民族传统民间宗
教的两种傣族地区,各自对水神的理解和信仰是有差异的。在南

---

[1] 征鹏主编《西双版纳传说故事集》(第一集),中国民族摄影艺术出版社,
2005,第 40 页。
[2] 岩温扁译《傣族创世史诗:巴塔麻嘎捧尚罗》,云南人民出版社,1989,第
90~91 页。
[3] 岩温扁译《傣族创世史诗:巴塔麻嘎捧尚罗》,云南人民出版社,1989,第
14~15 页。

传上座部佛教的傣族地区，"小乘佛教只信奉释迦牟尼，因此在傣族的佛寺中，只供奉着释迦牟尼。但是水神喃妥娜尼的塑像则伺立在佛座的旁边。傣族传说，当佛祖释迦牟尼得道之后，受到凶恶的魔鬼'叭满'的攻击。正在危急时刻，女神喃妥娜尼从发辫中释放出滔滔洪水，将叭满等众魔鬼淹没，保护了佛祖。从此，她成为佛教的保护神。今天我们在傣族地区的水井上和各种佛教建筑上，也常常能够看到喃妥娜尼的形象。喃妥娜尼的神话源于何处，没有看到傣族文献的记载"①。但是在唯一信仰本民族民间宗教的红河水系沿岸傣族的神灵崇拜系统里，显然没有喃妥娜尼这样的可以塑身于佛祖身旁的司水女神的存在，相应地，他们的水神寄身在他们的村庙里，竜树林（寨神林）边的龙潭里，以及那些分类明确的诸多水井中，因此，人们可以在祭庙、祭竜、祭水井时就祭祀到他们的水神，以祈求水井保佑饮用和灌溉之水源源不断。

二　与水相关的农耕祭祀礼俗

稻作的傣族与水崇拜相关的祭祀活动通常体现在其农耕祭祀礼仪体系中，信仰传统民间宗教的红河沿岸的傣族，在稻作物生产周期内的农耕祭祀礼仪与南传上座部佛教地区的傣族略有差异。

就前文提到但没有详细展开的祭寨神活动而言，梯田灌溉社会中的傣族祭寨神的仪式环节中相当一部分与水的"洁净"和神圣性崇拜以及稻作灌溉水源的诉求相关。"（元阳县）傣族于农历二月属龙日祭寨神，祭日为三天。第一天祭祀，由身穿素白衣裤，手持黑伞的'龙头'主持，以篾桌为祭台，并用薄竹片、松枝或柳条编成'龙宫'，铺垫芭蕉叶，放上糯米饭、红绿鸡蛋、鱼肉，全村每户派一男人集队向'龙宫'朝拜，然后用篾桌进餐。第二天，杀白狗一只、大公鸡一只，狗皮挂于寨口，鸡皮放于寨脚，

---

① 艾菊红：《傣族水文化研究》，博士学位论文，中央民族大学，2004。

并用插满木刀的草绳横拴于路口，以阻挡魔鬼进村。祭树神，时间为二月属虎日，村民集体拜祭村头大竜树。祭祀完毕，小伙子到河里捕捞鱼虾，傍晚时取少许在江河里放生，祈求来年鱼虾满江河，捕不尽，捞不完。然后聚在河边席地会餐。"① 这些古老的传统礼俗在梯田灌溉社会河谷低地的傣族社区中已经出现简化和变迁的趋势，但是从其祭祀寨神的时间节点、仪式内容、庆典周期和庆祝形式等方面的内容来看，该区域内傣族的祭寨神活动显然更类似于他们的山地邻人哈尼族、彝族的"昂玛突"和"咪嘎豪"节，毕竟作为梯田灌溉系统中的不同群体，无论是来自山地河渠还是江河水系，他们对灌溉水源的诉求是同一的。在相应的农耕祭祀礼仪中，传统的傣族社会同样强调仪式之水的"洁净"功能。"傣族村寨中掌管祭祀寨神和动物神的是巫师波莫，波莫专门有一座神宫供奉这些神，供奉的祭品相当简单，仅只是几对蜡条、一杯清水、一小撮米而已。"② 灌溉之水是稻作物得以成活的基本前提，而稻米无论是在氐羌系统族群还是百越系统族群中，都具有生命延续、维系两种社会再生产的象征意义，因此，水和稻米的产物是梯田灌溉社会各族群农耕祭祀礼仪中最常见的祭品。

前文论述过水沟在江河水系之畔的傣族灌溉社会中的重要性。因此，水沟与那些门类齐全、功能各异的水井一样，在傣族社会中得到相应的尊崇。同样是信仰本民族传统民间宗教的傣族，"红河州金平县的白傣在每年夏历三月祭寨神后，全寨人集体整修水沟，然后举行祭水沟神的仪式。祭坛设在沟头，祭品有狗1头，鸡2只，酒饭若干。然后掌管水利的道闷带头人跪拜祷告，内容不外是祈求水沟水源旺盛，沟堤不坍，佑护粮食丰收。

① 郭纯礼、黄世荣、涅努巴西编著《红河土司七百年》，民族出版社，2006，第252～253页。
② 云南省编辑组编《傣族社会历史调查》（西双版纳之九），云南民族出版社，1988，第252页。

祭毕，将狗头埋在祭坛底下，众人烹食狗肉尽兴欢饮"①。这些被记录下来的传统祭祀礼仪，反映了傣族先民在遥远的时空里对水、水神系统的敬畏与崇拜之情，这也是他们理解人水和谐关系的实际表达。

除了建寨选址时要注重水源、水源林、水井、水沟等与日常生活和灌溉活动密切关联的诸多自然因素的考量，傣族的水崇拜和水神信仰还体现在传统社会生活的众多方面。"当傣族要建新房的时候，首先要到山中选取大树作为房屋的房柱。进山伐木的那一日必须是良辰吉日，主人来到山中，在选好的树旁置一篾桌，面向东方，取米少许，且行且撒。再取圣水，绕树一周，同样且行且洒，同时还要口诵 Sudalandne 经，之后，伐树。"②起房架屋也是傣族村落社会生活的一件大事，而建房伐木仪式中的圣水扫洒仪式，则蕴含着祛除污秽与灾厄、祈愿家宅康宁的美好意寓，水的"除秽"功能再度体现。

在红河谷低地的傣族聚落中，除了仪式内容已经日趋简化的"隆示"祭寨神仪式外，最具规模和历史意涵的集体灌溉诉求仪式当数他们的"摩潭"仪式了。南沙地区自明清以来就存在一种以傣族为主导的古老祈雨祭祀仪式，即上文中提到的"摩潭"仪式，南沙河坝属于干热河谷气候区，按照传统物候时令，每年农历二三月是南沙地区旱谷播种时节，然而这个季节正值当地枯水炎热期，降水量骤减，河川水流蒸发量巨大，垂直山地流域的麻栗寨河水系的水流量不足以供应南沙地区所有田地的灌溉用水需求，因傣族是典型的稻作民族，具有尚水的共性，故当地的"召勐主"陶氏（南沙五亩地区的掌寨）便在每年农历二三月份率领辖地范围内的乡保长和村寨的"赶"（各个村寨的伙头，相当于现在的村民小组长）到天生桥举行祭祀仪式，祈求风调雨顺，祈求神灵庇

---

① 朱德普：《傣族神灵崇拜觅踪》，云南民族出版社，1996，第 333 页。
② 陶云逵：《车里摆夷的生命环》，载金陵大学中国文化研究所编印《边疆研究论丛》，1950，第 37 页。

佑，寨田满水，五谷丰登，百姓乐业，寨子安康。

寨中（南沙镇五亩傣族村寨）老人回忆：

> 每年的农历二三月，"召勐主"陶氏先召集辖地内的各个村寨出钱买祭祀用的活猪，各保长和寨头将活猪抬到天生桥洞口，在洞口宰杀活猪，将收拾干净的猪头放在临时搭建的祭台上，加上猪身上的脏器和一小块猪耳朵、猪尾、猪脖子，献上酒、白糯米饭和黄糯米饭，鸣响三声土炮，并举火药枪鸣放，石头寨彝族毕摩口念咒语，"召勐主"陶氏跪拜祈求神灵降雨，各保长、寨长逐一跪拜神灵，并在天生桥洞口与神灵共享祭品，之后所有参加人员在天生桥河洞里相互泼水，而"召勐主"陶氏必须被泼得全身湿透，意寓其辖地风调雨顺。而剩余的祭祀物品则需要平均分配到各个村寨进而分到各家各户，仪式结束后，必有雨水降临……

图 5-8　"摩潭"仪式中"抬圣水"

该祭祀仪式的参加者包括五亩掌寨辖地范围内的傣族、彝族、壮族等使用麻栗寨河水系的半山和河坝民族。中华人民共和国成立前，祈雨仪式主要由掌寨组织，麻栗寨河水系各村寨各民族群

图 5 - 9　　"摩潭"仪式后"泼水"狂欢

众在传统农业垦殖生计方式中出于对农业灌溉用水的高度依赖和对神灵系统的自然崇拜，积极地参与到仪式过程中。

三　傣族灌溉生活中的水知识体系

在傣族社会中，水不仅仅是一种自然的物质资源，同时也被赋予了丰富的文化内涵，从而形成了自身的水文化。水文化作为一种重要的社会传统，在保持傣族居住区人与自然环境的和谐上起到了积极的作用。① 与傣族水文化研究成果相对丰硕的西双版纳、德宏等南传上座部佛教地区相比，红河沿岸傣族的水文化、水知识体系更受他们的自然地理环境、居住空间和族群关系的影响。"如果从宗教文化现象方面观察，红河上游傣族还不同于西双版纳、德宏、临沧等地的傣族，这一地区的傣族虽然始终没有受到印度文化，或说没有南传上座部佛教文化的影响，但由于其特殊的地理环境，即地处滇中，较之西双版纳等地傣族而言，历史

---

① 郑晓云：《傣族的水文化与可持续发展》，《思想战线》2005 年第 6 期。

上又多受到汉族和红河上游两岸占统治地位的彝族、哈尼族文化的浸润。"① 受其传统民间宗教信仰及地理环境的影响，梯田灌溉社会中的傣族在理解人水（与自然）关系，因水资源配置而产生的人与人、人与社会关系时具有明显的地域性和独特的民族性特征。

傣族水文化中的和谐性首先表现在人与自然空间布局上的和谐性，南沙傣族的筑居模式基本围绕河湖水域展开，滨湖傍山，村寨四周遍布森林，稻田在寨脚的河畔，生产生活实践和精神意识中的尚水文化与整体的傣族具有同质性；傣族水文化中的和谐性还表现在处理灌溉水资源关系时人与人关系的和谐共生理念中，譬如傣族呼朋引伴的传统祭寨神"隆示"活动，以及多族群共同完成"摩潭"仪式及集体狂欢式的"泼水节"象征性庆典，都传递着傣族与梯田灌溉社会中的多族群交往交流的和谐互动历史；此外，在当地傣族的"摸鱼节"等传统稻作农耕礼仪中，那些集体捉鱼狂欢，之后又适当放生的传统礼俗，本身意寓人与自然、人与社会之间实现资源平衡索取与和谐互动的自然观念。傣族的正确处理人与水、人与人、人与社会关系的水文化、水知识体系已经嵌入他们稻作灌溉生活日常的方方面面中去了。

傣族也是具体地方的傣族，与大量聚居在中国西南德宏或西双版纳的那些主要笃信南传上座部佛教的傣族不同，红河南岸尤其是梯田灌溉社会中的傣族虽然在城镇化发展之前也从事着传统的稻作农耕生计，但是他们的信仰系统、传统社会组织结构乃至稻作灌溉制度安排、管理组织、技术结构都与其他更为大家所熟知的傣族大相径庭。在红河南岸与其他世居民族一起从事稻作农耕生计的傣族，处于梯田灌溉系统河谷低地的末梢，是哀牢山高山水源水系"流水入寨进田汇江河"系统中江河之滨尚水而居的民族，虽然这里的傣族大部分在滨河地区从事江河平坝灌溉稻作

---

① 朱德普：《红河上游傣族原始宗教崇拜的固有特色——并和西双版纳、德宏等地之比较》，《中央民族大学学报》1996 年第 1 期。

活动，但他们也是哈尼梯田自上而下垂直灌溉系统中不可或缺的重要一环。在梯田灌溉系统中，提到红河之畔的傣族，经常会联想到他们充沛的灌溉水源和优渥的水热、光照、土壤乃至交通基础设施等自然和社会条件，并且，作为百越系统后裔族群之一的傣族，也常常与氐羌系统后裔的哈尼族、彝族等民族在族群性和文化、信仰边界上被区别审视。事实上，梯田灌溉社会中的傣族尽管在灌溉制度、管理组织、技术结构，再具体到水资源支配中的"引水—储水—配水—退水"的细节方面都与山地河渠灌区存在较大差异，但位于纵向灌溉水系末梢的这些傣族群体，其传统村寨组织原则也即灌溉组织行动的逻辑起点，依旧是山地农耕民族的村寨主义结构的延伸。

村寨主义的社会组织结构，从山地农耕民族的村寨里一直延伸到了梯田灌溉系统的末梢——低地河谷傣族聚落，这里的傣族村寨首先围绕低地河谷的稻作灌溉展开他们的联合劳动，同时，因为"上满下流"天然过水秩序，他们还需要突破族群、寨群、信仰边界，与山地稻作农耕民族开展联合灌溉行动，并由此衍生了以劳动力交换（也包括一部分物质生产资料交换、姻亲缔结关联、礼物交换）为主要内容的族际、寨际交往交流活动，以及围绕灌溉水源的山神水源集体祭祀仪式的农耕礼俗交往交流活动。在多民族的集体历史表述中不难发现，对于生产生活交换和民间宗教祭祀仪式交流，河谷低地的傣族都不遗余力地表现出参与的愿望，这是对纵向灌溉水系上的以灌溉诉求为前提的地缘联盟关系的认同的表征，而事实上，纵向水系上的地缘联盟实质也是村寨主义原则的扩张和延伸，因为一条纵向灌溉水系上结成地缘联盟，开展联合灌溉行动的全体灌溉社会成员，无论族群和村寨的界别如何，他们都得集体效忠"上满下流"的天然过水秩序，和"一致同意"利益让渡的水资源配置秩序。

第六章　灌溉失序：多民族灌溉水资源配置失衡与纷争

当阐述完哈尼梯田灌溉水资源系统的自然属性，并分门别类地讨论了他们的灌溉制度安排、组织原则、技术结构及相应的水知识体系之后，就很有必要基于文化人类学的整体观去阐述"用何种（整体性的）规则对进入和使用这些系统加以规范、这些规则会导致何种交互行为以及会取得何种结果"①。考虑到哈尼梯田灌溉水资源的排他性和"自上而下"的公用性，就不能不论及"共有财产资源"（Common Property Resource）的配置问题。灌溉是全体社会成员维持稻作生计实现再生产必须面对的集体行动，而灌溉行动的组织原则往往又因为族群、文化，乃至村寨的物理边界而被切割成无数的条块，这些灌溉逻辑又以族群、村落共同体、区域性（指梯田灌溉社会里的局部区域）的寨际和族际联盟为基本单位，构成大大小小的灌溉社会并捍卫他们各自的灌溉权益。

"上满下流""协商过水"的整体秩序就是在灌溉的时空维度中稳定下来内化为全体灌溉社会成员必须遵循的"实践意识"，即"行动者在社会生活的具体情境中，无须言明就知道如何'进行'的那些意识"②。在多民族的梯田灌溉社会中，真正能够超越边界，将全体农耕社会成员组织到灌溉水资源配置的稻作生计活动中的

---

① 〔美〕埃莉诺·奥斯特罗姆：《公共事物的治理之道：集体行动制度的演进》，余逊达、陈旭东译，上海译文出版社，2012，第3页。

② 〔英〕安东尼·吉登斯：《社会的构成——结构化理论纲要》，李康、李猛译，中国人民大学出版社，2015，第11页。

就是这些集体共享的"实践意识"。这些长期存续并沉淀在多民族文化系统里的制度安排、技术结构及组织原则，显示出了非凡的韧性及稳定性。

当然，制度存续并不意味着公共水资源支配的"公地悲剧"能够完全规避，哈尼梯田灌溉社会中大量的水资源纷争个案也表明"象征水权和实物水权的分离，尤其是象征水权的式微使'公地悲剧'难以避免。'公地悲剧'从本质上讲，就是人的行为失范和社会制度失语"①。因水资源的偶发性稀缺而导致的水利纷争问题，使梯田灌溉社会中的局部区域陷入灌溉失序的状态，但这种"制度失语"面对的又是一个基础资源（森林、梯田、水）相对稳定，且多民族共享"村寨主义"这一社会文化逻辑的梯田农耕社会，这种稳定性使得"人们有一个共同的过去，也期待有一个共同的未来。维护自己作为社群中一个可靠成员的信誉对每个人都很重要。因此，人们采用了大量的规范来严格界定'合适的'行为。其中许多规范使人们能在一个相互紧密依存的环境中生活，而不发生过度的冲突"②。水资源纷争也往往被调节在适度范围内，而不至于上升为社会冲突或族群矛盾。

第一节　水利纷争："资源冲突理论"的一个实证

世界是一个向前发展的世界，人们对世界诸多现象背后那些被遮蔽的本源性的认知也在不断跃迁，对旧冲突理论的批判性检视和对新冲突理论的建构已然从最初的国际政治学研究领域转向

---

① 马翀炜、孙东波：《公地何以"悲剧"——以普高老寨水资源争夺为中心的人类学讨论》，《开放时代》2019 年第 2 期。
② 〔美〕埃莉诺·奥斯特罗姆：《公共事物的治理之道：集体行动制度的演进》，余逊达、陈旭东译，上海译文出版社，2012，第 106~107 页。

了包括民族学、人类学在内的诸多学科领域，[①] 在对冲突现象的解释力上，"资源冲突理论"为全球范围内森罗万象的具体冲突事件提供了另一种合理解释的可能性。支撑"资源冲突理论"的逻辑个案，越来越多地出现在各式各样的学术论著、田野民族志中，事实上，包括灌溉水资源在内的成百上千种配置性资源实实在在地存在于社会行动者的社会实践过程中，从中东到非洲，从北美洲到欧洲，乃至现代科技语境下的地球南北两极，那些关乎人类命运的石油、天然气、矿藏、水等配置性资源，以及非常现代的"空间"资源，无不在区域中扮演着举足轻重的角色，也时常成为区域冲突的导火线。

毫无疑问，梯田灌溉社会是一个文化多样性并置的多民族社会。多民族在相同历史时空中所维持的那些差异和边界，因为在相互毗邻和互不干预的传统村落社会中，不同的民族可以按照他们各自的集体组织原则去持续他们的社群生活。但是，"上满下流"的纵向灌溉过水机制又将灌溉社会的全体成员从他们"他我之别"的差异化历史叙事和认知情境中统合起来，而以水利纷争为表现形式的纷争总是发生在被灌溉行为统合起来的各式人群之间，于是总会有一种遮蔽性的误解：文化殊异、信仰多元导致冲突。然而，许多田野调查材料支撑着一个基本事实：在当地世居民族的集体历史记忆中那些关于冲突的遥远历史记忆，以及当前偶尔可见的局部性小范围、小规模水资源纷争，几乎都与灌溉水资源的支配与配水秩序失衡有关。梯田灌溉社会中哈尼族、彝族、傣族关于他们各自的集体历史记忆中会不厌其烦地表述"赶沟人"和"护林员"组织在春耕枯水期（水资源的稀缺问题凸显）的时

---

① 德国著名的民族学、社会人类学研究专家李峻石，基于社会人类学学科范式研究的新资源冲突理论，对"文明的冲突"等传统冲突理论提出了反思，以来自非洲、欧洲的翔实的人类学个案为支撑，提出了水、石油、政治资本、区位优势等资源在族群与宗教中扮演的角色。这可以看作与"族群边界论"中提出的"资源冲突理论"的一脉相承。参见〔德〕李峻石《何故为敌——族群与宗教冲突论纲》，吴秀杰译，社会科学文献出版社，2017。

候，如何组织灌溉水域内的灌田户去监管水源，与相邻村寨的本民族、他民族的灌田户斗智斗勇，如何惩罚那些本民族或他民族的"偷水"户……尽管那些来自民族学的田野个案的解释未必可以穷尽梯田农耕社会中的全部冲突历史，但是梯田农耕社会中的冲突主要来自灌溉组织活动相关的领域可以得到证实，水利纷争的实质便是水资源配置不平衡而导致的灌溉失序，全体灌溉社会成员资源竞合关系中（当然，水资源只能说是梯田稻作农耕民族竞合的主要资源之一，此外还有许许多多诸如土地、空间、"遗产"符号赋值的现代社会资本之类的资源也存在竞合关系，但不在本书的讨论范畴之内）因配水资源不平衡产生的灌溉失序所导致的冲突，就是典型的负向竞合关系，这也是多样性社会族群关系表现出来的一维。

一 族群和边界：并置的多样性

在过往的哈尼梯田农耕社会研究中，多样性并置的问题往往被单一民族研究的传统范式所遮蔽。被赋予世界文化遗产符号身份的哈尼梯田，在面向世界的"图像化"表达过程中，往往也将梯田农耕社会内部的差异和多样性抹平了，呈现在观者视野中的哈尼梯田往往是"一致"的"梯田，这个被誉为奇迹的巨大的物质实体，是哈尼族世世代代劳动和智慧的创造物，它凝结了哈尼族数千年的文明。在这个意义上，它是哈尼族生命、精神的象征，'历史的凝聚'和文化的容器"。[1] 随着世界文化遗产旅游景观产业开发的不断深入，梯田农耕社会中的多民族都已经意识到旅游资源对他们生计方式拓展的可能性和重要性，灌溉社会中的多民族不但对灌溉水资源、土地那样的传统配置性资源存在竞合关系，对新型的可以为他们提供"更多的可能性选择"的资源（包括传统文化等的象征资源）也存在资源配置的竞争关系，因此个性、

---

[1] 王清华：《梯田文化论——哈尼族生态农业》，云南人民出版社，2010，第7页。

特质、文化和价值的多样性也越来越被强调，与哈尼族一样，梯田灌溉社会中的其他民族也在致力于建构自身与"梯田"这一世界性"符号"的关联性，从他们的制度、精神以及日常生活层面去串联族群与梯田农事生产的关联，努力去开启被"哈尼梯田"的称谓所遮蔽的差异和价值多元性。

资源配置与民族发展的制度关系事实上也是一种秩序关联。"从资源配置与制度变迁的相互关系中，我们认识到了经济因素与非经济因素在民族的发展过程中的紧密关联，这种关联不仅是存在的，而且是历史地、具体地、制度化地存在的。"① 也正因为如此，对哈尼族进行单一的族别研究的传统范式，已然不能诠释梯田灌溉社会里那些多民族支配和灌溉水资源时所发生的有序互动、失序冲突、张力调适、协商一致等的诸多生动事实，而这些非经济因素在梯田灌溉社会中对多民族关系的影响，实在不能忽略。世界文化遗产哈尼梯田景观形制存续千年的根本缘由，在于那些身在其中的梯田农耕民族对人与自然、人与人、人与社会关系的适当把握，尤其是对空间、资源配置、生态位秩序的理解。与那些世界范围内的，同为世界文化遗产，却因区域性冲突、战患或自然灾害而仅剩断壁残垣的其他文化事象相比，梯田景观形制长期存续的悠久历史或许也在启发着我们去思考一些问题，相较于挖掘世居少数民族的传统地方性知识或其他优秀传统民族民间文化，思考梯田这一精湛绝伦的人文和自然景观为什么存续千年岿然屹立，及其背后的社会文化意义，似乎更具有理论探讨价值。

作为一个整体的梯田灌溉社会，任何一种民族和他们固有的文化、灌溉组织形式、灌溉制度和技术、传统水崇拜、水知识、水文化都是灌溉社会整体和谐的多样性关系中的一极，那些相互毗邻又各不相同的族群及其关系，在哪些方面维持他们的边界，在哪些方面又突破了族群、寨群关系而发生围绕资源配置行动展开的制度交换、制度关联，以及共构那些集体共享的"实践意

① 马翀炜、陈庆德：《民族文化资本化》，人民出版社，2004，第294页。

识"。具体而言，族群的边界、寨群的边界以及"非经济因素"的那些关联和差异，都是我们理解梯田灌溉社会中的多样性和边界的切入点。

第一类是族群及其边界。从历史源流来看，作为氐羌和百越两大系统后裔民族的梯田农耕社会诸民族，不能说他们是拥有对立或者冲突的两套文明体系。数种梯田稻作农耕民族尽管在历史上实现了总体和谐的交往与交流甚至某些传统习俗方面的采借与融合，但实际上他们依然是边界明确并有本质差异的人群，认识他们的差异性，从每种世居民族的内部去探幽学习并理解他们的一套认知系统，"重叠共识"固然重要，那些历经数千年依然在各自的边界里存持的殊异性更值得关注，但是也要避免用某一民族的普遍性遮蔽了其他民族的特殊性，"共识域"和殊异性共存的二元辩证关系才是理解梯田灌溉社会中并置的多样性的基本前提。那么，梯田灌溉社会中的各民族，究竟在哪些方面维持着各自的边界，以及这些边界在传统梯田灌溉社会的资源配置与制度变迁的过程中，有没有影响，或者在多大程度上影响了灌溉秩序，便是我们所要关注的问题。

首先是包括语言、认同、心理、习俗、信仰、文化等在内的，明确可见的或可以具体感知的边界。如《族群与边界——文化差异下的社会组织》一书中的探讨："处于频繁接触中的各类群体之间在语言上的显著差异性本身并不是社会边界确立与维持的原因。这些差异更确切地说是通过社会固化过程反映了社会组织的特征。"[1] 与认同、心理、文化那些抽象的内容相比，语言、习俗上的差异是外来的"他者"最容易区分梯田稻作民族边界的选项，梯田灌溉社会里的每种民族都有各自的语言体系，甚至在民族内部也有语言上的细微差异。例如，尽管都属于哈雅方言区，新街镇和牛角寨镇的哈尼族语音语调和其他乡镇的就略有差别，常用

---

[1] 〔挪威〕弗雷德里克·巴斯主编《族群与边界——文化差异下的社会组织》，李丽琴译，马成俊校，商务印书馆，2014，第 71 页。

语词的表述不尽相同；彝族的尼苏和仆拉两种支系，不仅在语言上差别显著，在本民族同一传统节日的组织形式上也各不相同；南沙河谷热区的傣族与"冲沟里的傣族"在语言上没有差异，但是在习俗尤其是传统节庆活动、农耕祭祀礼俗上有显著区别。此外，细微到服饰、饮食等方面的差别，也是最易辨识族群边界的标识物。但是，需要强调的是，不同的梯田农耕民族在实实在在地共享着同一种生计形式：梯田稻作农耕生计。

其次是灌溉组织结构中的有明显区隔的那些边界。事实上，哈尼梯田灌溉社会并非等于哈尼族、彝族、傣族或者其他民族的灌溉社会，因为我们知道，那些在以单个民族社群为单位的灌溉社会里行之有效的灌溉组织制度和秩序逻辑，在一个包含多民族的纵向灌溉过水区域内却往往是失灵的。从灌溉制度和精神层面来讲，哈尼族的灌溉组织原则、技术和制度及其水崇拜、水信仰、水知识未必对彝族或其他民族有规范作用，反之亦然，最简单的道理，同样都具有水神崇拜的自然神灵信仰体系，但是，每种梯田稻作民族精神信仰体系里的被物格化的水神，都有各自寄身的特殊场所，供不同的民族各自祭祀，在梯田灌溉社会里，并没有一个所有民族共同崇拜的水神寄身在"诸水之源"的神山之上，或者寄身在古印度尼西亚苏巴克灌溉系统上的"水庙"里，梯田灌溉社会里的哈尼族甚至没有"土主庙"这种承载地神崇拜和社群集体议事活动的场所，他们的地神在田间寨脚，空间上与人、鬼毗邻，他们的集体议事制度和组织原则也不选取"土主庙"这种村社的公共空间来进行。严格来讲，只有那些被整合到大型灌溉社会中，并为多民族所接纳共享的灌溉制度、配水机制、灌溉秩序才对全体灌溉社会成员具有规范意义，多民族有关灌溉活动的精神层面上的内容，是有严格差异且多样并置的。

第二类是村寨的边界。通常，梯田灌溉社会中的村寨，既存在"神圣空间"标志，又存在物理空间标志，因为村寨大多与民族相重合（当然也有极少数同时居住着两种及以上民族的村寨），因此，标识神圣空间的依据就是每种民族各自的民间宗教信仰系统里的系列传统仪式。

　　村寨的物理边界通常与灌溉社会生活紧密相连。自上而下的河流、沟渠通常会成为梯田灌溉社会中村落天然物理边界和族群分布边界。以世界文化景观遗产旅游资源开发较早的箐口民俗村及其周边村落的相对位置为例，箐口民俗村位于世界文化景观遗产哈尼梯田核心区，在梯田旅游环线公路起点下方1.5公里处，隶属元阳县新街镇土锅寨村委会。土锅寨村委会（行政村）辖土锅寨、小水井、箐口、大鱼塘、黄草岭五个村民小组，前两个为彝族聚落，后三个为哈尼族村寨。该村平均海拔约1600米，为土锅寨村委会所辖村落中海拔最低的村落。以箐口村所处位置为参照系，箐口村与周边村落最明显的边界就是纵向的灌溉河渠水系和汇入河渠水系的冲沟（哀牢山脉上山谷与山谷之间的集水线），在边界四至上，箐口村向东与土锅寨村委会土锅寨村（彝族）隔土锅寨河相望，向西与土锅寨村委会大鱼塘村（哈尼族）以及全福庄村委会全福庄村（哈尼族）隔麻栗寨相望，向北与土锅寨村委会黄草岭村（哈尼族）隔梯田旅游环线公路相对，南向寨脚即流向南沙河谷低地的麻栗寨河及其水系，简单来说，在物理空间边界上，箐口村与纵向的东西两个方位，基本以自上而下的冲沟和水系为界，同时间以梯田以及涵养水源的寨神林、田间的植被森林等，梯田灌溉社会中的大多数民族聚落，都以此种方式作为边界区隔。

图6-1　远眺箐口村

图 6 - 2　从箐口村遥望的邻村

　　当然，除了传统过水秩序中的"冲沟为界"，梯田灌溉社会中的寨群边界还包括许许多多的器物性标识，在山地河渠灌溉区，水井、沟渠、鱼塘、坝塘甚至寨神林都具有标志边界的作用。例如，哈尼族有高山森林鱼塘，彝族通常就没有，而在鱼塘的空间布局上，哈尼族的鱼塘一般在寨脚与梯田的过渡区域，彝族则通常选择在寨子的边缘修筑鱼塘，当然，彝族还有嵌在梯田里的鱼塘；水井是山地河渠灌区的哈尼族、彝族、壮族之间比较清晰的边界标识物，同样具有储水和提供日常生活、仪式用水的实用性功能，哈尼族水井的外观较质朴，常以蘑菇草顶置于水井上方作为遮盖；彝族水井的外观则比较注重华丽的彩绘与雕刻装饰，在彝族寨群内部的"公房 - 水井"组织结构中，水井的大小、装饰的华丽程度甚至是该"公房 - 水井"区域内的寨群"财力"的象征。不同民族水神信仰意义上的水井祭祀仪式和内容更是不相同。

　　应该说，不是灌溉社会中出于结盟和资源配置需要而产生的那些组织，而是灌溉社会中的全体成员，因为自上而下的水资源的共同配置的需要而发生了社会关系，在很大程度上，农耕族群社会组织通常以群为单位，在传统、语言、宗教信仰甚至心理上维持着边界，而那些突破族群、寨际边界的，扩大的社会交往，通常是在灌溉社会中实现的，"在任何一个不存在重要自然边界的地区，地图上相邻地区的人们很可能相互之间——至少在某种程度上——是有关联的，不论他们的文化特征如何。只要他们之间的关系是有序的，并非完全杂乱无章，那么他们内部就暗含着一种社会结构"。① 需要强调的是，在灌溉配水秩序的遵循以及灌溉组织原则的维护上，每种灌溉社会（大、中、小型）中的成员都效忠于自己所属的那个灌溉社会，但是，这种超越村落和族权的灌溉行动逻辑效忠，仅仅表现在梯田灌溉社会组织结构中。笔者在第三、四、五章关于哈尼族、彝族、傣族梯田灌溉社会的极简民族志描述中，已经尽量翔实地刻画三个民族各自的传统社会组织（民族－寨群社会组织）结构和他们各自的灌溉社会组织结构之间的差异与联系，无论是在外延还是内涵上，梯田农耕民族各自的传统社会结构都是要大于他们各自的灌溉社会结构的。因此，本书所有个案中提及的那些超越族群、村寨边界的"灌溉秩序"的集体效忠原则，并不适用于解释梯田农耕社会中各民族的传统社会及其结构，梯田灌溉社会中的多民族在各自传统村落社会及其结构中，依然边界明确（语言、文化、信仰、认同、心理），"他我之别"的心理和话语边界清晰可见。

二 "山有多高，水有多高"——边界和秩序的隐喻

尽管我们极力论证，在且仅在灌溉社会（而非每种民族所维持的各自的传统村落社会）中，多民族因为制度交换、资源配比秩序而出现了超越族群、村寨边界的灌溉组织原则以及灌溉秩序效忠，但是"边界"确实也在灌溉社会中得到了强化，灌溉水资源、土地（梯田）的空间布局等因素导致灌溉社会类型（大、中、小型）与民族、村寨并不是完全重合的关系，但也有重合的部分。事实上，最初的哈尼梯田里的稻作农耕民族一定是按照他们各自的"水路"（可以引水灌田的哀牢山纵向垂直水系）来开沟造田的

① 〔英〕埃德蒙·R.利奇：《缅甸高地诸政治体系——对克钦社会结构的一项研究》，杨春宇、周歆红译，商务印书馆，2010，第29页。

（这一点可以从三种民族各自的集体历史记忆和民间古歌里找到支撑），因为在山地农耕环境中，开沟造田的基础就是引水灌溉，在开沟筑渠活动还具有较多空间选择（人口还没有膨胀到人地矛盾凸显的时候）的时候，各个民族或者各个寨群基本不会选择从那些有争议的水源地上引水造田。所以才会有"哈尼族用哈尼族的水灌田，彝族用彝族的水灌田"的说法。

灌溉水事安排中的边界意识。在笔者的田野调查中，一直被哈尼族、彝族、傣族的报道人不断强调的那句"山有多高，水有多高"的地方谚语所困扰。如果这句谚语只是像字面意思那样阐述一个地理环境资源优渥的基本事实，"云海水分含量高，随时化为蒙蒙细雨，常年滋润群山，并与森林植被发育成涓涓细流、小溪泉源共同造就了常年流淌不枯的'绿色高山水库'。故在哀牢山有'山有多高，水有多高'的奇景，这为梯田的灌溉提供了天然的、得天独厚的条件"①。在山地河渠灌区的哈尼族、彝族灌溉社会，这句民谚对他们所理解的自然、人水关系具有解释力，事实上，诚如低地河谷报道人的总结，"山有多高，水有多高"除了"自上而下水体循环，山地垂直径流各流域水源充沛"的字面意义之外，还隐含着最初的灌溉社会中的各民族之间引水灌田互不干涉的秩序逻辑。在最初的梯田灌溉社会中，不同的民族开沟造田，会先确定灌溉水源，然后组织开田活动，以确保灌溉秩序：各有所用，各取所需，开田就有相应的水路，互不干扰。

而现代意义上的"山有多高，水有多高"为什么演变成了对自然环境特征的概述，而关于边界的"秩序性"话语功能被弱化了？这与中华人民共和国成立以来，哈尼梯田灌溉社会中国家行政力量主导下的土地权属关系的重新集中整合和分配，也即土地资源分配制度的变迁有关，今天所见之村寨、民族与各自的土地（梯田）权属关系，经历了封建领主制（元明时期分封土司管理红河南岸地区，土司是辖区内土地的最高所有权者）、封建地主制萌

① 王清华：《梯田文化论——哈尼族生态农业》，云南人民出版社，2010，第12页。

芽（清代改土归流，红河北岸的土地以封建地主经济为主要占有
形式，红河南岸梯田稻作区仍大量存续封建领主制经济基础及土
地占有形式），至民国时期封建领主制、封建地主制并举。根据
1954 年的调查，红河思陀土司地区，土司和新兴地主、富农占总
户数的 19%，占有全部土地的 70%，阿孟寨竟达 90%，土司收取
全部土地 20% ~ 60% 的产量作为官租。土司制度崩溃的地区，地
主占有全部水田的 70% 以上，土司和地主采取出租土地、放高利
贷和雇工三种方式剥削农民。元阳县麻栗寨 298 户中，有地主和富
农 24 户，但在 1518 亩水田中，地主和富农就占有 890.3 亩；有放
债户 99 户，放债额为 4717 万元（旧币）。① 中华人民共和国成立
以来，随着国家土地政策和农业体制的改革与变迁，红河南岸梯
田核心区的土地所有制经历了集体所有制—生产责任制—全民所
有制的变革，中国共产党的十一届三中全会以来，农村家庭联产
承包责任制的农村基本经济制度在红河南岸得到了不断的推行和
完善，1998 年，在坚持"明确所有权，稳定承包权"的基础上，
土地承包期在第一轮承包的基础上延长到 2030 年不变。同年年底，
元阳（梯田核心区所在地）全县 15 个乡镇 131 个村公所 970 个自
然村 1384 个合作社 69480 户农户续签了承包合同。2005 年，元阳
全县实行家庭联产承包责任制，承包农户达 7.94 万户，承包耕地
35.92 万亩。根据省政府决定全县免税面积达 35.8 万亩，免征金
额达 373.63 万元。②

　　总的来讲，在当代国家不断演化的农业和土地政策制度作用
之下，今天的红河南岸哈尼梯田稻作区的土地与民族、村社的空
间分布关系，既是联系的又是离散的，国家在集中整合和重新分
配土地（水田）的各个历史时期，集中考量了人口、水田的产
量、肥瘦程度、与民族及村寨的距离远近、灌溉水源的界分等

---

① 郭纯礼、黄世荣、涅努巴西编著《红河土司七百年》，民族出版社，2006，第
166 ~ 167 页。

② 元阳县地方志编纂委员会编纂《元阳县志（1978 - 2005）》，云南民族出版社，
2009，第 79 ~ 80 页。

方面的包括公平正义等内容的诸多要素。因此，尽管现当代学者通常用"森林－村寨－梯田－水系"来描绘梯田与村落、村寨与自然的空间布局关系，而事实上，寨脚的梯田的使用权未必就是本村寨或本寨民族所属，正如前文提到过，梯田核心区攀枝花乡勐品寨脚的老虎嘴梯田景观区，其水田的使用权属关系涵盖了勐品村委会的多沙、东林寨，旁边的阿勐控村委会阿勐控村，以及与勐品村委会相邻的峒蒲村委会、保山寨村委会的一部分农户。

这种土地（梯田）使用权属与寨群、民族在空间上既离散又互嵌的关系，使得梯田灌溉社会成员最初开沟造田活动中引水灌田"互不干扰"的秩序标准在空间范围内被打乱并且重置，因此，"山有多高，水有多高"在灌溉水源上民族之间彼此不相受制的"边界"化隐喻被淡化了，也正因为如此，多民族互嵌交织的灌溉水资源竞合关系中，正向竞合的"灌溉有序"和谐与负向竞合的"灌溉失序"纷争问题，会在民族之间、村寨之间、民族内部、村寨内部出现相同的概率。

三 纷争的实质是灌溉水资源配置的不平衡

存在差异导致的"文明冲突"的说法在梯田灌溉社会里是不成立的，而民族多元和文化多样导致信仰、价值、文化方面的冲突的表述更是武断的，因为在梯田灌溉社会里基本找不到这样的冲突的个案，在笔者的田野中，偶尔能见到的局部冲突，都与灌溉水资源、山林（水源林）、土地（集体林地、有争议的其他集体用地等）等的配置性资源的支配和使用相关。

哈尼梯田灌溉社会因灌溉水系及其灌溉流域面积的纷呈性，而类分为大、中、小型各类灌溉子系统，这些灌溉子系统又在各自的水域内依据水源、森林、村寨、民族等物理和文化边界而生成一个个独立的、配水机制完整的灌溉社会，这就意味着，除了最顶层的整体梯田灌溉社会中被全体灌溉社会成员所集体遵循的那些"实践意识"之外，每种灌溉社会类型都还有它们各自独立的配水秩序。需要说明的是，在前民族国家时代的梯田农耕社会中，这些为全体灌溉社会成员所集体共享的"实践意识"——灌溉组织原则，并不是出于一个集权的地方政治实体的"顶层制度设计"①，相反，这种"实践意识"往往是在水资源相对充沛的历史时空条件下，多民族集体认可的一种心理秩序，因此，具体到一个一个的灌溉子系统中时这些"实践意识"往往就会失范，这就形成了纷争的起源——灌溉失序，在某种程度上也可以理解为学者提出的"灌溉不经济"，张俊峰教授基于西北"泉域社会"水争端的个案来理解灌溉不经济，认为水最初作为一种公共资源，供人畜汲饮和农田灌溉，具有很大的随意性。只是随着社会经济的发展，用水需求不断扩大，有限的水资源在满足某一群人和村庄用水需求的同时，就难以同时满足另一群人和村庄的同等需求，于是便会产生谁来用、用多少、孰先孰后等一系列用水争议。② 值得注意的是，灌溉失序与灌溉不经济造成纷争的一个基本前提是：灌溉水资源稀缺性达到了临界值——各个灌溉子系统中那些曾经被集体承认的灌溉秩序、集体灌溉组织原则再也平衡不了多民族、多寨群之间配置水资源的内在张力，平衡被打破，配水纷争问题随之而来。

---

① 中华人民共和国成立之前，历史上的滇南红河南岸（江外地区）梯田稻作区的大部分尚处在中原王朝集权制"国家"的边缘，尽管明清时期中原已经赋权地方的"土司""掌寨"等主理诸如梯田核心区之类的红河南岸部分地区的相关事务，并将这些"土官"纳入蒙自、建水一带的府郡管理体系中，但是当时江内的"府""郡"系统对江外"夷地"的实际和在地管控依旧非常微弱，而"土司"和"掌寨"依然是在各自的划片区域范围内以族群和村寨地域为边界进行以土地赋税为前提的松散管理，并没有一个统一的"土司"或者其他"土官"在当地实现集权化的在地管理，因而也谈不上开发大型水利灌溉管理工程，或者为整个梯田灌溉社会的配水秩序做出"顶层制度设计"式的集体安排。

② 张俊峰：《水利社会的类型——明清以来洪洞水利与乡村社会变迁》，北京大学出版社，2012，第58页。

第二节　地缘交界地带的局部性水利纷争案例

尽管前文在提及梯田灌溉社会的水系资源时，总是使用"上满下流""纵向过水"这样的字眼，但历史上，灌溉社会中的多民族围绕灌溉水资源支配发生的竞合关系及其相应的配水秩序，却总是纵横交织的，也即，在灌溉实践中，稻作农耕民族之间既要发生纵向的关联，也要发生横向的互联；既要在族群内部组织配水活动，也要与其他族群在灌溉行动中相遇。格尔兹注意到了苏巴克灌溉系统里的相应问题："为了控制任何一组特定的突出地带，那些坐落在位置较高、上朝山脉的君主和那些位置较低下、下临海洋的君主之间长期以来就在进行着纵向争夺，而某些在这些为争夺一个整体的灌溉水系之控制权而展开的地方性竞争中较为成功的君主彼此之间还会进行横向争夺。"① 当然，相较而言，历史上在国家边陲（这里指中华人民共和国成立之前尤其是封建领主制和封建地主制时代的哈尼梯田灌溉社会）的"夷方"——红河南岸的哈尼梯田稻作农耕区——并没有被一个集权的地方性政治实体所整合，即便有多个土司、掌寨划片而治，那也是一种象征性的松散管理，自然也不存在横纵水系上的权威性资源（水源、水域、水系的绝对控制权）的争夺，然而，配置性灌溉水资源的竞合关系，尤其是灌溉失序的负向竞合关系则是确实存在的。

与文化和物理边界带来的族群、寨群因素相比，对多民族的梯田灌溉社会产生深刻影响的要数那些田阡交错和水网密织的"水－田"关系，这种错冗的灌溉水系和梯田分布格局，将灌溉社会里的多民族整合在灌溉组织行动中（尽管在居住空间分布上，不同的民族都是以族群为边界围聚他们的村落，形成相互毗邻的"大杂居，小聚居""梅花间竹"式的布局）。而随着国家行政管

---

① 〔美〕克利福德·格尔兹：《尼加拉：十九世纪巴厘剧场国家》，赵丙祥译，上海人民出版社，1999，第22页。

理单位在民族地区的日渐细化和下沉，与传统的族群、信仰、文化等的边界相比，那些经由国家和地方自上而下的权力话语系统所推进和确立的边界——基层的行政管理单位及其延伸的管理单位——在村寨中重新确立了边界，这些边界，有的与梯田农耕社会中的传统村寨边界重合，有的将那些传统既有的村寨、族群分别切割到了毗邻但不同的基层政治单元中去了，一旦水资源的稀缺性（无论是在时令季节上还是在横纵向空间上）突破了临界，那些被"制造"出来的边界及交界的地方，也是水利纷争最易出现的地方，来自哈尼梯田核心区所在的新街镇和缓冲区牛角寨镇交界处的一个纷争个案，证明了这种外力"边界"和灌溉水资源稀缺性突出的二重张力下的负向竞合关系。

一 一场旷日持久的跨地域"族内"水利纷争

在哈尼梯田核心区新街镇与梯田缓冲区牛角寨镇的交界处，在四个山水相连、水田交错，并且有姻亲往来关系的村寨（哈尼族、彝族）① 之间，一直存在旷日持久的水利纷争事件，历史上亦出现过水源纷争导致的寨际械斗问题。哈尼梯田核心区新街镇边界四至中的西部与梯田缓冲区的牛角寨镇接壤，位于新街镇正西方并隶属新街镇的陈安村委会下辖的 C 寨（哈尼族）②、Z 寨（彝族）③ 两个村民小组，与牛角寨镇良心寨村委会的 Y 村（哈尼族）④ 和 W 寨（哈尼族）接壤，互相毗邻，尤其是 Y 村、Z 寨、C 寨三个村民小组的集体公益林、水源林、水源点都是相互交织的，

---

① 笔者注：本章及以后所讨论的，凡涉及水利纷争的村寨，皆同于此章，将村寨名称用字母化用代替，下文不做特别说明的村寨命名皆同此注释。

② C 寨：隶属元阳县新街镇陈安村委会，自然村，纯哈尼族寨子，共有 120 户 606 人，根据当地民间宗教人士贝玛的口传历史记忆，该村建寨史近百年。

③ Z 寨：隶属元阳县新街镇陈安村委会，自然村，彝族寨子，其中穿插有 3 户哈尼族，共有 108 户 526 人，建村建寨口述史已不详。

④ Y 村：隶属元阳县牛角寨镇良心寨村委会，Y 村又包括四个寨子，即上寨、下寨、新寨、W 寨。Y 村属纯哈尼族寨子，全村共有 380 多户 1500 余人，根据当地民间宗教人士贝玛的口传历史记忆，该村建寨史逾一百年。

是典型的"共用一个山头水"的被纵向整合的灌溉社会，从 20 世纪 50 年代开始，三个村落之间就因灌溉水源的配置问题而断断续续发生过规模时大时小的冲突。

从隶属关系来看，Y 村、W 寨（W 寨是 Y 村的一个村民小组）在良心寨村委会范围内，C 寨和 Z 寨则属于陈安村委会的范围。在笔者的田野观察中，该区域最近一次水资源纷争事件发生在 2017 年 7 月，这个时候正是梯田稻谷扬花，需要大量配水灌田的时节。

事件的起因在于 Y 村的一场庆功宴。20 世纪八九十年代，在新一轮的国家土地管理制度改革①中，Y 村与其他的村寨划分边界（土地、集体林权的物理边界），Y 村因为处于新街镇边界四至中的最西边，与多个村委会、自然村甚至是跨乡镇的村落接壤，其中，Y 村与 J 村委会（隶属牛角寨镇）的 J 村民小组接壤，并与该村有一片集体林场，被乡林业站承包管理，到了 2017 年 7 月承包期限到了，Y 村和 J 村收回了各自所属的林地，为了庆祝该事情，Y 村杀了一头牛，全村庆祝，喝酒的时候村集体商议收回全村集体所有林地，杜绝私人随意占用村集体林地的事情（土地和林地确权之前，Y 村个别村民有在集体林地上种植私人木材以圈地的历史行为）。为了杜绝私人侵占集体土地和山林，全村集体商议去村集体林里将私人种的树木砍伐掉。而这片集体林地所在的位置刚好与相邻的新街镇陈安村委会 C 寨的集体林地相邻，两个寨子历史上一直存在水源争端和冲突问题（按照 Y 村村民的口述：

---

① 从 20 世纪 80 年代起，中国开始土地管理制度的改革，主要分两方面进行。第一，土地行政管理制度的改革。1986 年，国家通过了《土地管理法》，成立了国家土地管理局。第二，土地使用制度的改革，把土地的使用权和所有权分离，在使用权上，变过去无偿、无限期使用为有偿、有限期使用，使其真正按照其商品的属性进入市场；1987 年 4 月，国务院提出使用权可以有偿转让；1988 年，国务院决定在全国城镇普遍实行收取土地使用费（税），土地使用权可以依法出让、转让、出租、抵押。同年，进行集体土地使用制度改革。

尤其是近几年，C 寨在两个寨子交界的地方架起了许多自来水管引水，导致 Y 村的灌溉用水不足），因此，酒后的 Y 村村民，在村集体林地里砍本村人私种的树木时，有几个人"无意间"（按照 Y 村村民的口述，此次行为本身不是冲着 C 寨的引水管去的，只是在砍私人种树的时候不经意砍断了 C 寨的水管）把 C 寨接的自来水管全部砍断（这些被砍断的水管于20 世纪 90 年代开始给 C 寨供水）。这个事件，因为一些现代自媒体社交 App（可能是 Y 村、C 寨双方村民所发的微信朋友圈等）的传播，被迅速扩散，引起了当地县政府相关部门的关注。

在笔者的相关田野调查和访谈中，这个自 20 世纪 50 年代开始就出现过摩擦的旷日持久的水利纷争事件，仿佛已经变成了一场无解的罗生门事件，水利纷争各方的历史记忆、表述，以及他们提供的种种直接和间接证据，都从一个侧面证明了，山水相连、田阡错节的现实问题将他们裹挟进了集体的灌溉组织活动中，出于对同一水系的灌溉水资源的极度依赖，而偏偏这一水域又不能同时满足相邻几个村寨的生活用水和灌溉用水需求，于是水资源稀缺性的矛盾就开始凸显了。

这种间歇性的冲突，自 20 世纪 80 年代以来，变得更加频繁和复杂。在变迁的现代社会中，传统配置性水资源的利用方式也开始从基本的灌溉功能变得多元化了。按照 Y 村村民的口述，C 寨引水的这个水源林在所有权上是属于 Y 村的，因为大家都是哈尼族，虽然属于两个不同的乡镇，但是之前经过两村的长老和村委会集体协商是同意 C 寨从该水源林引水作为生活用水的，但是不允许他们用这股水灌溉他们的水田，后来，随着生产生活质量的提高，社会主义新农村建设过程中，这里的农户家家建新房，在社会主义新生活的倡导下都装上了太阳能热水器，这对自来水水量的需求就倍增了，水资源的稀缺性开始加剧；此外，又加上世界文化遗产旅游开发语境中的梯田稻作生计空间多民族生计变迁、空间重塑，国家行政管理单元的下沉、细化，行政管理边界的再度强化，出于开发世界文化遗产哈尼梯田观光旅游产业交通基础设施建设的需要，梯田交通旅游环线的建设刚好穿过了牛角寨镇良心寨村委会的 L 寨、Y 村等村的水田，修公路加剧了当地的塌方、滑坡等地质灾害问题，包括 Y 村在内有将近 300 亩水田变为旱地，或者抛荒（笔者注：良心寨村委会位于哈尼梯田的 I 类缓冲区内，其水田抛荒问题没有得到梯田核心区内那样严格的管控），这些问题，都使当地历史遗留的水资源冲突问题变得更加复杂和不确定。

当然，面对这样一场旷日持久且目前还没有得到妥善解决的历史配水资源纷争，从民族学研究的旨归来看，基于社会和文化变迁的考量，做持续性的跟踪与观察，呈现基本事实，远比急于得出孰是孰非的结论要有意义得多。因此，在这个个案中，笔者倾向于将事件的多方并置在一起，做一个多声部的呈现。

首先呈现的是直接冲突的双方——Y 方和 C 方的表述。在对事件的多声部表述中，不仅仅是当事的两个村寨，还包括他们的近邻 Z 寨和 L 寨的村民，以及他们根据各自见闻对事件的"他者化"陈述。

【访谈 6-1】访谈节选："Y 村-C 寨"配水纷争的"Y 方"表述

访谈对象：XZX，男，哈尼族，元阳县牛角寨镇 L 村委会 Y 村人；LJ，男，哈尼族，元阳县牛角寨镇 L 村委会 Y 村人

访谈时间：2017 年 7 月 25 日

XZX：C 寨的具体建寨时间不详，是从 C 大寨分出来的，一开始连房子都没有，他们的祖先有人住田棚、窝棚，后来陆陆续续有人搬过来，慢慢地就建出了寨子。从我记事开始（受访人生于 1953 年），C 寨就用我们的水，一开始他们寨子人不多，分给他们一些生活用水，我们完全没有意见。我们最初是和 C 寨旁边的 Z 寨（彝族村寨）协商分水的，因为他

们人少一点，我们人多一点，所以分给他们三分之一，我们用三分之二，C寨是后来慢慢来的。C寨寨脚下面的那些大田都是C大寨的，小寨可能是慢慢从大寨分下来的，但是具体什么时候来的，我们就不清楚了。我们跟Z寨分水，从国民党统治时期就这么协商下来的，当时有石刻分水器，一直到修公路（一条连接新街镇和牛角寨镇的公路——"新牛公路"是2000年前后挖通的）的时候，这个石刻分水器被挖断了。后来人增加了，田也不断增加了，水就不够用了。

LJ：石刻不在了以后，现在分水用水，也是按照原定的比例来分，用水高峰的时候，两个寨子的人一起去分水口，分完之后也有人去巡查，但是水口离Z寨更近，所以他们的人也会到水口多给自己的寨子分一点水，这个事情也不可控，毕竟他们离得近，但是我们跟Z寨没有任何关于水的纷争。

XZX：C寨用了Z寨和我们Y村共有的水，我们与C寨的纷争，他们Z寨历来是不参与的。

LJ：毕竟他们（C寨和Z寨）是同一个村委会的，都隶属陈安村委会。我们与C寨有那种嫁娶的通婚关系，但是没有直接的亲属关系。因为缺水，我们寨子的很多水田都变成了旱地，种植苞谷了。加上水管被挖断处的那个坝塘，C寨一共从我们Y村的三处地方取水，以前人少，水多，我们都是给他们用生活用水的，但是我们要灌溉梯田的时候，用水量大，首先要保证我们的灌溉用水。现在科技又发达，太阳能这些都有，他们的想法就不一样了。他们想自己在哪里挖一个坝塘，直接用自来水管将水引过去。

XZX：水我们是愿意给他们喝的，以前一直都是默许给他们喝的，他们从来没有正式地来跟我们商量过要喝这些水。你今天去看到的，靠近我们村子的那股水，是给他们喝的，他们以前来背，来挑，来扛，我们都没有意见，但是他们接自来水管的那个地方，我们是不同意给他们喝的。

LJ：我们Y村的田的产量，过去有两三千旦（一旦是

150 公斤）。现在受到的影响非常大：一是修那个公路，阻断了我们的一部分灌溉用水；二是因为修路引发的地质灾害，有两处大的滑坡点，影响了我们的水田。在这样的情况下，C寨再过量地占用我们的灌溉用水，我们就是雪上加霜了。

XZX：C寨从来没有正式来协商过用水的事情。一开始我们村子旁边的这股水是让他们喝的，而距离 C寨更近的那处水源，是我们主要的灌溉用水。

LJ：我们中国不是有一个物权法吗，一旦一件东西被人使用了多少年以后，这个东西就变成他的了。你想，一块地被别人栽了五六年之后，它上面的所有附着物就属于他了，不可以改变了。我们 Y 村的生活用水是从高山上的龙潭水里引过来的，C寨喝的那股水是我们的灌溉用水，用来灌田的。

XZX：这个纷争有无数次，我都记不清楚有多少次。我记得的就有，从 1983 年开始到现在我们争过四次。

LJ：我五岁左右（1990 年前后），有过一次大规模的争端。这个争端从来没有真正解决过，现在僵持不下，我们开出条件，政府和 C寨也满足不了。

XZX：我们 Y 村的条件就是，如果政府从水源林（C寨引水处）给我们挖一条沟，一直联通我们 Y 村村脚与 L寨交界处的那条河，保证我们的灌溉用水，我们就愿意把水给 C寨。但是，政府应该不会同意，我们又没有经济条件。因为挖这条水沟的话，要占用 Z寨大量的水田，Z寨也不会同意。

LJ：这次砍水管的起因是，我们要收回本寨子被私人占据的集体荒山（就是 C寨和 Y 村纷争水的水源林），村民在自发地收回荒山时，当天砍树的时候，不知道是谁砍的水管，现在信息发达，有人通过微信发了视频，县委、县政府看到了视频中有人提着刀子，就以为是群体性事件，但是其实没有那么严重，根本不是什么斗殴事件，并没有发生任何肢体冲突。

两个寨子之间有亲戚，相互往来、嫁娶的关系比较频繁。

我们给出的条件，只要他们满足的话，我们还是愿意把水给 C 寨的，我们的条件就是帮我们修一条沟通往 Y 村和 L 寨交界处的河里，将水源与河流联通（再次强调修灌溉水沟的问题），如果这样的话，C 寨用太阳能也足够使用。不是村寨之间的冲突，也不是人与人之间的冲突。政府无法满足这个条件，资金不足，政府的态度只是协调。冲突以前发生过很多次，但是没有协商解决。政府让我们赔偿，但是我们 Y 方拒绝签字，不承认政府的协商。县里面领导、水电局的、公安局的都来解决，但是都不了了之了。发生大规模的冲突也不是。这次没有任何人员冲突。当天，砍完水管也就是十来分钟的事情，砍完之后 C 寨也从来没有人过来说，就是小孩子发微信，使事件变严重。他们从来不来跟我们商量用水的事情，事情直接到了县里面，我们两边乡政府都无法管理。

XZX：我们是两个乡镇。Z 寨和 C 寨虽然属于同一个乡镇、同一个村委会，但他们两寨之间也是有矛盾的。

LJ：对于 C 寨来说，Z 寨只不过是个小寨子，他们两寨其实不缺水。C 寨现在有一百多户，以前只有二三十户。他们两个寨子从来没归过牛角寨镇，一直都是归新街镇的。我们 Y 村有 380 多户 1500 余人。因为缺水和修下面的公路，我们村现在抛荒的水田有三分之一。Y 村的田并不完全由有争议的那条水沟来灌溉。Y 村有三条水沟用来灌溉，有争议的水沟是最大的一条灌溉水沟。因为一些地质灾害，水沟断裂，所以影响水田。下面的公路修通之后，学校附近的田一点水都积不住。

XZX：以前我们跟 C 寨关系还是很好的，农业生产合作社时期，我们挖水沟时，C 寨的人会来帮忙，我们寨子脚下的一条水沟，也灌溉他们的田，他们也会来一起挖水沟。

LJ：水源的话，他们也没得喝，但是他们也不好好来商量，就像这次事件，直接告到县里面去。我们这边每天都有一两个人被叫到派出所做笔录，我们也很气愤。我们觉得没有必要这样，在我们民间，多数事情是自发的，也不把他们当作很严重的事件。这次紧张分分的冲突事件，导火线就是我们去集体荒山上砍私人栽的树——有松树、水冬瓜树。我们与脚弄村委会（牛角寨镇）的 D 村接壤处的集体荒山上，我们为他们种了一大片水源林，一年一亩只给十元钱的补助。以前他们没有水喝，现在他们的水已经充足用不完了，但是我们从来不截断他们的水源，因为他们的地势比我们低，需要这个水作为生活用水。我们与 J 村、O 村和牛角寨镇另外一个村委会三村交界，当时合伙栽树，由林业站（牛角寨镇的林业站）来管理，他们占几分之几，我们占几分之几这样来分，现在到期了，就收回来了。

XZX：我们 Y 村村脚有本村的田，还有 L 寨的田，还有 C 寨的田。我们与 P 寨也一起挖水沟，但是都没有什么冲突。一起挖沟，管水的水利委员一年到底，收谷子，一斗两斗都有。水利委员负责管水、管沟，给多少谷子看他家有多少田用到这股水，水利委员现在还有，都是我们 Y 村选出来的。河底边上的田，L 寨的多一点，所以两个寨子都可以选水利委员。

LJ：这个事情，不是寨子之间有矛盾，而是水源纠纷（再次强调纷争的实质）。沟连接到河里的话，可以一直汇聚沿途的漏沟水，然后就足以灌溉 Y 村的田，这个条件，以前县政府调解的时候，我们就提过，但是一直没有得到解决。Z 寨不愿意他们的田被占用，一条水沟从他们那里挖下去，要占到他们很多大田。C 寨接走我们的水，对 Z 寨影响不大，因为 Z 寨的田的灌溉用水，在我们跟 C 寨争水源头的上面，不影响他们灌溉。如果我们真的做到非常绝，他们会一滴水都没有，都是同一个民族，我们也不愿意这么做。现在我们村因为这个事被喊去做笔录的村民非常多，我们还是非常气愤的，同一个民族，他们为什么要这么做，不好好商量，动不动就去告状。我们与 Z 寨彝族的水都还可以商量着用，也不见有什么冲突，C 寨的态度，真是不好。

Y村为什么不可避免地要与周边的村落发生灌溉水资源的冲突？从图6-3可以看出，Y村的梯田与周边若干个村落的空间嵌合关系，决定了他们在配置灌溉水资源时，必然要与不同的村落、不同的族群发生种种关系，在灌溉水资源配置的过程中，有能够协商一致达成秩序"合力"的，也有不能有效沟通变为冲突的负向竞合关系的，但是无论是形成协商一致还是冲突关系，都不必然以民族和村寨作为边界，这是这个个案最直接的贡献。

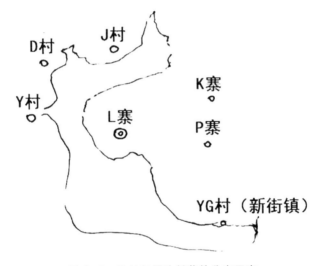

图6-3 Y村与周边村落的分布示意

说明：实线内部是Y村的水田分布区域。

资料来源：笔者于2017年7月在"Y村-C寨"田野调查过程中，由报道人绘制提供。

关于笔者在田野中遇到的"Y村-C寨"的最近这次水资源配置冲突的表述中，Y方的叙述最没有趋避性，Y村村民以非常开放的论述姿态，不断向反复进入村寨了解事件的官方、学者甚至他们的邻人（与冲突事件无关，但又可以耳闻目睹到事件的邻人们）表述事件，他们的叙事策略是高度统一和契合的，首先，不断强调Y村"自古以来"对该片水源林就有天然的集体所有权。其次，不断强化冲突的对方——C寨对两个寨子集体配水秩序（民间协商一致的口头协议）的破坏行为，在他们看来，C寨的违规配水行为才是冲突的导火线，这种对契约精神的违背也就是对民族内部那些传统及其权威的合法性的一种公然挑衅。最后，Y村中的每个个体（至少是受访者中的每个个体）在表述事件时都保持那种有理有据背后的小心翼翼，即他们不会给"聆听"事件的任何"他者"（包括官方，即地方政府的派出机构、学者或者其他与村寨没有世袭的血缘和空间的地缘关联的人）做出任何能够诱发联想的提示，在他们看来，相对于村落空间而言的外来的"他者"，一旦去联想那些"当事人"——到水源林砍私人乱种植的树木进而挖断了C寨引水管的那些人，那么就是危险的。这种对"砍水管的那群人"的保护性策略，是以Y方全体灌溉社会成员的灌溉组织原则为支撑的，在他们看来，配水和灌溉行为当然不是Y村村寨社群中某一个成员的单独事情，而是全村集体的公共事务，而挖断C寨引水管的那群Y村村民的行动，在对方看来或许是非正义的，但在Y村的全体灌溉社会成员看来，这种或许有些激进的行为恰恰是为了维护他们灌溉组织原则和灌溉秩序的正义，这就是村寨主义组织结构的传统哈尼族社会集体行动背后的那些逻辑基点。

虽然Y村村民在陈述事件时都在极力表现出那种已经被集体行动的逻辑所规训出来的克制，但是，他们语气中的愤怒还是隐隐可以被捕捉到的，这种愤怒主要源自"C寨对两寨之间那些传统的约定俗成的配水秩序和规则的屡次破坏"，Y村寄望于每次冲突之后C寨能回到信守传统的原点上去——遵守那些双方所达成的"共识域"，但是，结果似乎一直在超出Y方的期望，每次冲突不了了之之后，C寨又再次架起引水管，而且随着现代生产生活用水需求量的不断增加，C寨持续增长的用水量甚至影响到Y方的灌溉用水问题，在Y村的话语表述中，让他们更为愤怒的似乎还是C寨的态度问题，C寨每次"都直接将事情闹到县里去"的做法，于Y方而言不但是给参与冲突的灌溉社会成员带来了困扰（不断被喊去做笔录），而且被视作来自C方的一种象征性权力资源的炫耀与挑衅，在Y方看来，C方动辄把事情"闹到县里去"

是因为"他们村出去（在县里）的人比较多"，这当然是梯田灌溉社会成员对社会资本、权力资本的一种浅层理解，但也从一个侧面反映了在地方小传统（诸如民族习惯法和集体协商性的民间议事原则，民间惯习和秩序规则）还没有完全撤离和失范的梯田灌溉社会，寨群成员更期望通过传统的协商和议事准则来解决那些可以调解的冲突。

事实上，无论是笔者在田野调查中遇到的本次纷争，还是在事件各方的集体历史记忆中的数次水利纷争，大多只是以人口占较大优势的 Y 方破坏或损毁 C 寨的水池、水管等储水引水设施为主要表现形式，而基本上并未涉及人与人之间的群体性械斗或肢体冲突。关于纷争的表述，与 Y 方那些听起来有理有据、铿锵有力（基于 Y 方灌溉社会成员确定的对水源林所有权的合法性的集体心理认知）的表述不同，人口不占绝对优势的 C 寨采取的是更加隐讳的话语策略，相对于 Y 方（C 寨人对 Y 村的称谓）的略有克制但又不乏愤怒和谴责式的言说方式，C 寨的语言表述更多地夹杂着无奈和些许的忧伤，当笔者围着 C 寨转了一圈，尤其是看到了他们的饮水井、磨秋场和"普础突"祭祀场所的现状以后，才真正理解了他们话语中的这种"忧伤"情绪的多重来源：首先，与 C 方确实紧缺的生活用水资源有关；其次，缺乏这股争议的灌溉水源，于 C 方而言，甚至事关传统的延续性（哈尼族一年生产周期内与梯田农事相关的农耕祭祀礼仪仪式用水也都取决于这股争议之水）；最后，与 Y 方论述一致，社会主义新农村建设项目在 C 方落地开展后，当地传统的水资源利用方式和结构发生了巨大改变，这时"日益增长的美好生活用水需求"和"日益增长的水资源稀缺性"这一对矛盾就再也无法被传统的那些协商边界、秩序逻辑所规范了。

【访谈 6-2】访谈节选："Y 村-C 寨"配水纷争的"C 方"表述

访谈对象：LWX，男，哈尼族，元阳县新街镇 C 村委会 C

寨人

访谈时间：2017 年 7 月 27 日

我们 C 寨是哈尼族寨子，隶属新街镇的 C 村委会，目前共有 120 户 606 人，根据老一辈讲述我们来这里建村建寨也有将近一百年了。最早来建村建寨的是李姓人家，现在村里的大咪谷必须来自李家，老贝玛必须来自徐家。C 寨一共有 7 种姓氏，分别从不同的方向搬过来，寨子内李、卢两姓最多。李姓又分为几个家族，这个家族也是汉族人说的了，我们哈尼族一个姓分成好几种是根据他们从哪个地方来分的，比如说，我们这一支李姓，从陈安大寨迁到我们小寨，后来迁到英乌这一支李姓，我们老祖说他们最早是从攀枝花乡的硐着村搬来的。为什么四面八方都会有人搬来这个就说不清楚了，有的是从别的地方来这里上门，有的是从大寨里兄弟分家分户来的，有的是因为有一些矛盾纠纷，现在 Y 新寨的姓李的哈尼族，大多数是从我们 C 寨迁过去的，也有一部分我们 C 寨的哈尼族迁到了现在的良心寨（良心寨村委会良心寨村民小组），跟彝族住在一起。

图 6-4　C 寨的引水管

　　我们 C 寨距离 Y 村就是 2 公里左右，说到寨子的这个生活用水，我记得，2007～2008 年，政府来帮着规划，就在寨子里修建了 5 个水池，政府出材料，老百姓投工投劳，大家高高兴兴地把水池修好了，当时我们还高兴了好长时间，我们 C 寨这个地方，没有一个地方能挖出水井来，你刚才转了一圈寨子，是不是只看到储水的那些水池，没有一口水井？这些水池的水源就是在我们 C 寨和 Y 村隔界的冲沟上方的一个出大水的龙潭里。从我记事开始，有几百年了我不知道，这股水就一直在这里，我们两个寨子分着用，干旱的二三月份，Y 方拉断水，我们一滴水都不会来，一滴水都没得喝，Y 村上寨和新寨从冲沟上方把水拉完了。我们 C 寨从 2008 年开始，从隔界那里的大龙潭水里引生活用水了，从 2008 年开始，Y 方就破坏我们的水管，我们水源供给断断续续，还是提心吊胆的，水管接好了又怕他们随时再来给我们挖断了。水源纠纷问题，从我小的时候，断断续续地也好像有好多次了，但是我们两个寨子的人之间从来没有打过架，大家都是一个民族嘛，有的还沾亲带戚，我们哈尼族不爱打架，别说是冲突，就是他们砍我们的水管，我们砍他们的树这些了。

　　要细细地说我们跟 Y 方的这个水的问题，估计是老古的时候就有了，听老一辈讲，从 1953 年开始就闹得很厉害了，我记得的就有好几次，政府还来给我们判呢，以前的区政府、现在的县政府水务局、镇里的水管站那些，县里、镇里都来，新街镇的、牛角寨的镇长都来解决过，我家里还保留着那种八九十年代的政府调解文书呢，我翻出来给你看，文书上都判呢，说我们可以喝这股水，Y 方挖我们的水管，要他们赔礼道歉、赔钱什么的，他们从来也不会来赔礼道歉。

　　我们也不是说不讲道理，硬是要跟他们抢水，但是不引这股水来喝的话，我们确实也没有水喝了，现在闹成这样，你看，水也没有，生活都困难了，我们前几天过"矻扎扎"节啊，硬是没有水，大咪谷他们搞仪式、宰牲口那些，都是去公路上方就是龙潭水那里整的，惨了，连节都不能好好过，磨秋场旁边那个水池，一直是当作老水井的水，你知道我们哈尼族，"昂玛突"和"矻扎扎"都要用这个老水井的水来搞仪式，本来今年要拿水池水来做仪式用的，但是水管被砍了，水池水也没有了，今年怕是大神要怪罪了。

图6-5　C寨建寨的第一口老水井

图6-6　建寨老水井旁的磨秋场

我们其实只是用Y方界沟上的这股水来喝，不用这股水灌田的。我们寨子海拔高一点，你看寨脚那些种红米的梯田，海拔平均在1600米左右，我们田里种的红米品种，新的老的都有，现在主要是种新品种了，因为海拔1600米以上的高山龙潭水太冷凉，这些水直接引来灌我们的水田，水田里又种老品种的话，谷穗就会不饱满，水太凉，Y方引这股水去灌他们的田就没问题，你看嘛，Y方的田都到L寨、J村那些寨子的寨脚了，水从上面冲沟淌到他们那些地方去，这么长的距离，冷水也变热了。我们灌田的水是从大寨（C大寨）那边更远的地方引来的，我们小寨的水田边也有水，但是水也是太冷，长期引这些水渠的水灌溉小寨的田，谷子会不饱满，水田也会不肥沃，田里养的鱼也不肥。我们就想着，干脆把这些水放到冲沟里，让他们顺着冲沟往下面淌，这些水经过一段距离的输送后，温度不是增高嘛，也可以给下面Y村、L寨和Z寨的田灌水。这些水给他们灌田，久而久之到现在，还不是成了他们的水了，他们可以直接在我们的田边挖沟引水渠灌他们的田呢。历史上，各个寨子都是人少、田少，我们田边的这些冷水放出去，灌溉了他们的田，久而久之，也就成了他们的水，我们也没跟他们计较这些了。现在，你看，我们想要喝这股界沟里的水，Y方就不让了，我们最大的问题就是没有水喝了，灌田的水我们是不缺的，山有多高，水有多高嘛，哪里都有水，但是能喝的水就少了。

你看，Z寨再出去就是W寨（小W寨），从W寨开始就是牛角寨镇的地界了，我们和Z寨都属于新街镇，所以说，这两个乡镇就没有配得活了（意思是乡镇单位切割的村寨边界不对），要是都在同一个镇，我们就不会有这么多麻烦了。分到两个乡镇不好扯了，都是一个哈尼族，但是放在两个乡镇，又不能在一起商量。政府要是帮我们C寨把水源问题解决了，哪还会有什么问题，现在没有水生活也过不下去了，要怎么办，我们也是国家的人，也是中国的人民，希望政府能管我们帮我们。

当然，Y方和C方对冲突事件的表述自然是要采取对自身最有利的话语策略，双方都极力试图寻求那些更能凸显自己在这一场冲突中的被动和无奈的直接或间接证据，因此，针对相同细节的阐述，双方言辞上的闪躲和避重就轻也是对各自村寨集体利益的一种保护性策略。

　　Y 方的叙述一是明确的产权和边界意识，民族感情不能抹平资源配置里的公平、正义，乃至传统的逻辑。申言之，同一个民族之间旷日持久的水资源配置纠纷的原因还在于，本来平等的双方（在均质化的传统灌溉社会里，你有的我也有，你的就是我的，我的也是你的），却因现代社会变迁过程中拥有社会资本、信息及其他竞合性资源变得逐渐不平等，而产生纠纷。此外，纷争的双方或多方对传统民族习惯法、传统协商性秩序逻辑等的情感因素也不能被忽略，因为水田交织，灌溉水源交互，所以 L 寨和 Y 村的水利管理委员会可以由两寨共同选举（因为按照两个不同民族的村寨的水田分布格局来看，那种密实的穿插分布，实在没有办法保持灌溉水路的完全独立，我的灌田水路必须先经过你的田才能进入我的田），接受集体监管。但是在 Y 方看来，协商性的传统水资源配置原则被同一民族的 C 方屡屡打破，C 方反而回避这种集体传承的协商性议事原则，而试图去寻求外部机构（政府相较于传统村落内部社会组织结构的外部性）和行政力量的干预。

　　相对于 Y 方的愤怒，C 方的忧伤与焦虑似乎也是可以理解的，事实上，根据笔者的观察，尽管 C 方在用水过程中可能未能一贯地遵守与 Y 方所达成的传统契约和秩序规则，但从其村寨内部的灌溉组织原则以及寨群集体组织的结构活动来看，并没有像 Y 方所描述的那样完全摒弃传统，因为笔者进入田野的时间刚好在当地哈尼族一年之中最盛大的传统节日"矻扎扎"节过后不久，对村寨中的大多数人而言，因为引水管被砍断缺乏日常的生活用水所带来的不便，还不是他们集体焦虑中最重要的因素，而"矻扎扎"祭祀活动中，没能用建村建寨第一口老水井（图 6-6 中的水池所代表的象征性老水井）中的水来清洗"牺牲"祭祀诸神，才是焦虑的主因之所在，我们在分别讨论哈尼族、彝族、傣族灌溉社会时，都提到过建村建寨老水井所提供的"仪式"之水的"洁净"功能及其重要意义，而在一年最隆重的传统节日"矻扎扎"

节祭祀仪式环节中没能实现这一步骤，那种"去秽"和"迎新"的象征功能的缺失，本身隐喻着对神灵的不敬，那种"害怕来年寨子里会有不好的事情发生"的集体焦虑和恐慌，本身也是对未来不可期的一种心理投射。基于这种来自冲突双方的对对方"毁约"行为的愤怒、对未来的焦虑的两种情绪，与冲突事件关联起来再去理解双方对彼此的表述，我们就很容易理解了。Y方认为都是一个民族，C寨不但单方面撕毁契约，还非要把事情闹到县里去，很伤感情；C方的忧伤和委屈则在于，都是同一个民族，C寨和Y村还在相同的时间过着相同的传统节日，明明知道水在传统祭祀仪式中的重要性，Y方偏偏在这个时候挖断了水管，很不能理解。按照这种没有沟通的交互性表述逻辑，这场历史以来旷日持久的水资源纷争事件似乎陷入了无解的僵局。

二 "他者"的迷思：水利纷争的多声部表述

有关"Y村－C寨"水源纷争历史冲突的表述，他们的邻人（与两个村寨毗邻而居，但是都没有牵涉到水资源纷争的周边村落）——L寨村民小组和Z寨村民小组的彝族，并没有摆出事不关己的那种冷漠或者回避表述的态度，相反，针对此事件，他们都愿意旗帜鲜明地表达他们在"涉事双方"中"站位"的明确态度。Z寨和L寨两个村寨的彝族，作为冲突事件的第三方，甚至是长历史时段中的目击者，对事件的集体历史记忆与表述，实质上也反映了他们深涉其中的历史必然，因为那些错节交织的水田和错落交织的村落空间，甚至是梯田稻作生产中包括劳动力交换在内的紧密纠缠在一起的灌溉、农事生产的历史关联，都说明他们无法真正置身事外。

【访谈6-3】访谈节选：Z寨关于"Y村－C寨"配水纷争的表述

访谈对象：HGM，男，彝族，元阳县新街镇C村委会Z

寨村民小组人

访谈时间：2017 年 7 月 27 日

我们 Z 寨共有 108 户 526 人，是一个彝族村落，我们的老祖都是彝族，具体从哪里搬过来的就说不清楚了，不同的姓从四面八方搬过来，能说清楚的老人现在都不在世了，村里的大多数人会说哈尼族话，和旁边哈尼族相互帮忙时学着学着就会说了。村子里面也有几户哈尼族，其中一家的儿子现在当着一个地方的领导，他们家就是 Z 寨的哈尼族，这家人很优秀。

关于分水的问题，我们跟 Y 方就靠中间冲沟上的那个石刻分水了，我们又不属于同一个乡镇，他们是牛角寨镇，我们是新街镇，以前两个寨子就说好了（协商好了）Y 村分三分之二，我们 Z 寨人少，就分三分之一。C 寨跟我们 Z 寨中间，有很多挨在一起的水源林、鱼塘（哈尼族鱼塘分类中的那些高山森林鱼塘）。以前我们跟 C 寨也发生过纠纷呢，不是谁的问题，是那个山头（水源林）的问题，现在纠纷没有了。

我们 Z 寨跟旁边的两个哈尼族寨子——C 寨和 Y 村，分别有两个隔界的水源点，跟 Y 村冲沟隔界水源点就是通过分水石刻来分水了，他们三分之二，我们三分之一，说好了不变，跟 C 寨那个冲沟分水就是一家一半，都是拿来灌田的，没有什么纠纷了。

我们是好好地遵守分水石刻的规则的，当然，也不排除一点，我们村比 Y 村距离分水石刻要更近，所以，春耕用水量大的时候，我们村的人路过石刻也会把流向我们这边的水口放大一点，Y 村的水自然就变小了一些，但是我们绝对不会把水全部扒来我们这边，因为 Y 村也需要用这股水灌田，全部扒过来，他们没了水，谷子也不会长了，一年收成就不会有，这种事情我们不会干，人家都说"人心不平木刻平"，我们是两个寨子商量好了的用分水石刻来分水，不能不遵守那些老古规呢。

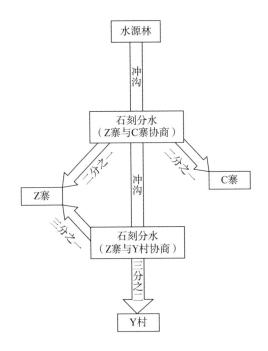

图 6 - 7　"Y 村 - C 寨 - Z 寨"水源分割

资料来源：笔者根据 2017 年 7 月田野调查中获得的相关信息绘制而成。

【访谈 6 - 4】访谈节选：L 寨关于"Y 村 - C 寨"配水纷争的表述

访谈对象：LFC，男，彝族，元阳县牛角寨镇 L 寨村委会 L 寨村人

访谈时间：2017 年 7 月 27 日

当时 L 寨所在的区叫作第五区，区公所设在我们 L 寨，我当过副区长、区长，区改村之后，我当过村主任、党支部书记（相当于现在的村委会书记），后来又到 L 寨茶叶厂当厂长。我在村委会待了 10 多年，在茶叶厂也干了 15 年，对这段历史，我还是熟悉的。Y 村民小组有 400 多户，包括四个寨子，下 Y 寨、上 Y 寨、Y 新寨、W 寨，W 寨最小，只有 12 户人家。C 寨一直属于新街镇，历史以来都是属于新街镇，小寨

子如果划分进我们牛角寨镇，那就好办了。

Y 村和 C 寨的纠纷历史上就一直有了。从 1953 年开始，就有纠纷，调解协议书都有，到县级人民法院解决，判决经过水源林的水都是给 Y 村的。后来，不知道调解了多少次了，这个水，因为 C 方饮用水确实困难，所以就以冲沟为界，水源 C 方可以饮用，但是水权是属于 Y 村的，是 Y 村的灌溉用水。这种分水方法，用他们哈尼族的话来讲，叫作"嘎活阿美，哈隆隆嘎"①，冲沟的水源头属于 Y 村所有，水可以给 C 寨饮用，他们只能拿去当生活用水，但是不能灌溉 C 寨的农田，只有 Y 村可以用这股水灌溉农田。1953 年以来，我们调解过无数回，水权一直是判决给 Y 村。1988 年也发生过纠纷，就是两个寨子之间争夺 Y 村和 C 寨中间的一股龙潭水，本来这股龙潭水水沟的水是 Y 村的，后来，通过政府的相关项目支持，为了给这个长期缺乏生活饮用水的 C 寨解决他们长久以来的用水困难问题，政府政策规定以工代赈②帮 C 寨修引水沟和水池，但是他们（政府）好像不知道，这个地方一直存在水源纠纷（因为 C 寨和 Y 村分别属于两个不同区、后来的乡镇来管），C 寨将这股龙潭水，用自来水管引水进村寨，他们到处拉水，Y 村的水肯定就不够了。1988 年 6 月，Y 村的人民群众发动起来，把 C 寨的水管全部打烂了，拴在树上，并把寨子里的水井全部打烂。当时，这种纠纷，属于人民内部矛盾问题嘛，本来可以自己用民族习惯法内部解决，但是 C 寨控告到县人民法院。解决纠纷的地点选在 C 寨旁边的 Z 寨（彝族）茶叶厂，当时的一位县领导×××下来调解，县里的意思是要抓人，抓 Y 村的人，因为他们破坏公共设施，我当时当了 L 寨村委会的村主任，我说，县人民政府应该公正客

---

① "嘎活阿美，哈隆隆嘎"，哈尼语音译，直译过来汉语意思是"在有岩石的垭口上分水，中间以冲沟为界"。

② 以工代赈：是指政府投资建设基础设施工程，受赈济者参加工程建设获得劳务报酬，以此取代直接救济的一种扶持政策。

观，新街镇 C 寨群众是县人民政府的人民，我们牛角寨 Y 村群众也是县人民政府的人民，1953 年的调解协议现在还有，但是现在要新事新办，尊重历史，领导你不能偏向哪一方，我们所属的 Y 村的思想工作我一定会做通，但是你要我们赔偿，我们一分都不会赔，因为水源水权是属于 Y 村的。

Y 村与 C 寨的水利纠纷，近代以来，从 1988～1989 年开始就一直都有，因为 Y 村占的面积太广，四面八方都有。在新安所这个卫所中，Y 村是附近第一个建寨的寨子，L 寨第二，N 寨第三，这个山头上面，Y 村是第一个建寨的寨子，交界、边界最多。Y 村和 C 寨之间在 1989 年发生了一次大的纠纷，县人民政府来解决，直接到我们 L 寨村委会来调解，当时的公安局局长×××下定论，这是人民内部矛盾问题，土地林权纠纷引发的水利纠纷，抓哪一边的人都不对。我当时担任区长，按照民族习惯法就杀了两只狗，邀请调解工作组来吃，协商解决事情。1989 年的这次纠纷，发生在 9 月前后，当时解决结果是将水判给我们 Y 村了。

Z 寨和 Y 村倒是没有因为水源发生过纷争，当时两个寨子之间有一个木刻分水，三分之一分给 Z 寨，三分之二分给 Y 村。当时我们 L 寨在现在的 C 村委会附近发现了一股非常大的龙潭水，水源在牛角寨镇和新街镇的交界处，我们就从 L 寨这边挖沟挖向水源地，而不是从水源头挖下来，而新街镇的 B 寨则直接从水源头向他们的寨子挖沟，于是 L 寨就和 B 寨发生矛盾打官司，当时打了很长时间的官司……

在新街镇与牛角寨镇交界处（世界文化景观遗产哈尼梯田由核心区向缓冲区的延伸过渡地带）断断续续出现的这场尚无定论的水利纷争中，多声部表述的各方也不可能完全不带价值判断、摒弃心理和情感因素来客观地论述事情。

三 一场"罗生门"：切割的地缘与无解的"公地悲剧"

梯田灌溉社会中水资源对于联合灌溉行动的全体成员而言当然是公共资源，水利纷争的出现，是公共资源治理的传统规则失范的结果，究其原因，资源配置活动所处的变化着的"外部性"的干预因素不容小觑。"Y村－C寨"水利纷争个案的悬而未解貌似陷入了奥斯特罗姆所讨论的"公共池塘资源治理"问题中所遭遇的"系统与规则之间的交互"问题。首先，在足够多的诸如菲律宾的桑赫拉灌溉社群、西班牙瓦伦西亚的韦尔塔灌溉系统的个案中"资源占用者都设计了基本的操作规则，创立了各种组织去对他们的公共池塘资源进行操作管理，并按照他们自己以往在实施集体选择与宪法选择规则中的经验，随时修改他们的规则"①。当然，规则一定是变化的，因为规则所栖身的环境和外部（社会结构、组织、被治理）情境是持续变化的。关于"Y村－C寨"之间这一场旷日持久的水利纷争，从现有的材料来看，政府在每次冲突之后都不遗余力地出场，并开展调解工作，可以说在现代意义上世界文化遗产地——哈尼梯田灌溉社会中，国家从来都是在场的，并且在多民族聚居区的一些地方，国家细化且行政建制边界明确的基层行政管理单元切割下的民族和寨群，历史相连、地缘毗邻却被切割到了不同的地方管理单元中去。其问题就在于"当地方设立的规则和产权不被上级治理遵守，尤其是当上级机构响应外部利益集团的需求允许访问资源库的时候，公共池塘资源系统可能变得脆弱……（相应的）在中央政府决定治理资源使用的大部分规则的环境下，地方寻求方法设计自己治理安排的动机将减少"②。因此，诸如被重新整合和切割到不同的行政管理单元

① 〔美〕埃莉诺·奥斯特罗姆：《公共事物的治理之道：集体行动制度的演进》，余逊达、陈旭东译，上海译文出版社，2012，第68页。
② 〔美〕埃莉诺·奥斯特罗姆：《公共资源的未来：超越市场失灵和政府管制》，郭冠清译，中国人民大学出版社，2015，第6页。

中去的 Y 村和 C 寨旷日持久的无解水利纷争问题一样，地方利用传统规则来调适和平衡冲突的治理安排空间已经被无限压缩了，从而，在类似灌溉水资源配置失序引发的现实问题的解决上，往往陷入了无解的"罗生门"中，尤其是在现代集体资源——林权、土地的新一轮确权过程中，在公共资源勘界、所有权和产权界定中，政府刚性、明确的态度比暧昧、放任的态度更受期待。

事实上，这场水利纷争长时段无解，对地方政府、学者来说，都存在一定的反思空间。严格来讲，在面对类似"公共池塘资源"的灌溉水资源时，联合灌溉劳动的多方"为占用更多的水资源而在集体林中私自引水及抢占水源等行为导致了水源的公地悲剧发生。象征水权和实物水权的分离，尤其是象征水权的式微使公地悲剧难以避免"①。"Y 村 – C 寨"水资源纷争出现的"公地悲剧"现象比经济学意义上的"公共池塘资源"的治理更具有多义性的意义在于，参与公共灌溉水资源治理的联合灌溉行动者内部，因"族群的边界"而具有多样性，也即，考虑梯田灌溉社会中公共灌溉水资源的配置和治理问题，必须充分考虑资源配置中的族群关系问题，以及与"族群"多样性并存的统一的文化基础——村寨主义的集体组织原则。

一如"公共池塘资源"的治理，在梯田灌溉社会公共水资源的治理中，过分的行政手段介入反而使得从前"公共资源与族群关系"的治理原则被解构，导致村寨主义失范，地方基层行政区划上的地缘跨界切割将有着集体迁徙历史记忆并且山水相连、依山依水的相同民族放置到了不同的行政管理单元板块中（同住一山下，共饮一沟水的 C 小寨哈尼族与 Y 村哈尼族，分别被放到了新街镇和牛角寨镇两个农村基层行政管理单元中），其实质上是解构了当地哈尼族村寨主义的集体行动逻辑，分属两个行政管理单元的哈尼族村寨，纵然山水相连，稻作灌溉命运休戚与共，但是

———————

① 马翀炜、孙东波：《公地何以"悲剧"——以普高老寨水资源争夺为中心的人类学讨论》，《开放时代》2019 年第 2 期。

基于地缘边界的割裂，两个寨子都以彼此灌溉诉求上的"最高村寨利益"为组织原则，无法突破这种限制在共享的灌溉水系上结成灌溉联盟，开展联合劳动。地缘和行政建制切割外部性因素导致村寨主义集体组织原则并不能有效外延，从而导致了灌溉失序的水资源配置冲突问题。

将目光放大到关于水利纷争多声部叙述的多方关系中去，从行政建制来看，Z 寨和 C 寨共同隶属新街镇的 C 村委会，而 L 寨和 Y 村都同属于牛角寨镇的 L 寨村委会，在物理空间上，Z 寨与 Y 村却是紧密的近邻，他们的姻亲缔结和互动往来关系密切度要高于 Y 村与 C 寨的往来。在国家基层行政管理单位划定边界的基础上，近半个世纪以来，冲突发生区域的四个村寨"梅花间竹"地穿插分布着的两种族群，分别默认各自被划定的行政空间，并且在冲突事件中，这种基于行政区划的物理边界甚至演化成了心理边界，似乎在表述上，如果 Z 寨不支持 C 寨，或者 L 寨不支持 Y 村，就说不过去，但事实并非如此，那些相互毗邻、互嵌而居的民族和寨群围绕配置性资源的竞合关系尤其是灌溉失序所导致的负向竞合关系（冲突）——至少在梯田灌溉社会中——从来不以民族和村寨作为明确和严格的边界。

第一，冲突并不明显地以民族为边界，一旦那些曾经被同一民族或多民族所集体遵守的资源配置秩序（灌溉逻辑和灌溉配水秩序）被双方或多方中的一方单方面破坏，那么，灌溉失序所导致的冲突既可能发生在相同民族之间也可能发生在毗邻的不同民族之间。

第二，冲突也并不完全以物理空间意义上的村寨为严格的边界。尽管叙事的多方都在强调，是因为村寨隶属的基层行政建制单位的切割（毗邻的村寨归属不同的乡镇辖制）才加剧了"Y村－C寨"之间纠纷调和的复杂性，但事实上，在本次冲突的田野调查中，叙事的多方都分别向笔者提到了十年前在 Z 寨和 C 寨之间的另一场纠纷（关于水源林所有权引发的争端），这场迄今令 C 寨心有余悸的纠纷和械斗事件因为涉及一些敏感信息，故笔者有意将之从多声部叙述的个案呈现中全部删减了，虽不便将这场冲突的细节呈现，但该纠纷本身并不是因为 Z 寨和 C 寨的彝族和哈尼族出现了文化、信仰和价值方面的冲突（诚如前文所述，Z 寨还有哈尼族与彝族插花居住），而是与交缠在一起的集体水源林所有权有关。这也证明了即便是由国家基层行政管理单元的同一建制单位管辖，只要涉及配置性资源（山林、水源）的竞合问题，且一旦那些传统协商一致的秩序在变迁的现代产权意识等因素的共同作用下走向崩溃，那么，以冲突为表现的资源负向竞合关系，就有可能出现在村寨内部、族群内部。

导致梯田农耕社群身份模糊化、产权意识抬头的外部性因素纷繁复杂，譬如世界文化遗产旅游资源的商业化开发和外来资本、利益集团的介入等，都是促使村寨集体性消解的因素之一。值得注意的是，引发以纷争为表现形式的负向竞合关系的那些配置性资源，已经从传统的物质和社会资料变得更加多元和多样了，传统的山林、水源、土地（梯田）等的配置性资源在梯田灌溉社会中，对全体灌溉社会成员是均等重要的，但是随着生计方式的更多的可能性选择的获得，以及生计空间重塑过程中青壮年劳动力的外流，这些纷争似乎都没有那么迫在眉睫了，"都是一个民族或者乡里乡亲的，年轻人也不回来争夺啦"，而相反地，关于纷争的多声部表述的各方，都口径一致地表达了一点，即"我方"在冲突中失利或者居于下风是因为"对方出去的人多，能人多，在政府部门的人多"，且不论这种表述带了多大的情绪宣泄的成分，这些话语至少透露了一点，传统配置性资源已经不再是梯田灌溉社会中的资源竞合关系中的唯一内容，分享社会机遇、获得社会资本等的权威性资源的竞合关系也在他们灌溉组织生活的日常中形成了概念。

第三节　者那河灌溉水系上的水资源纷争个案

与发生在世界文化遗产红河哈尼梯田的核心区与缓冲区交界处的"Y 村－C 寨"水资源配置冲突问题略有不同，在梯田灌溉社会中的大大小小的垂直纵向水系上，也存在灌溉失序的水资源纷争个案，冲突的多方在族群、地缘关系上更为错综复杂，但是相反地，因为水利纷争的多方都位于同一基层行政管理单元的统辖之下，所以，水利纷争事件本身并未陷入无解的困境。

一　者那河水系上的民族和村寨

如绪论部分田野点概况中的简述，者那河水系是本书田野点"二区两水系两山八寨"中的"两水系"之一。者那河水系是元阳县29条河流中，纵向流域最长的一条，刚好位于哈尼梯田核心区与缓冲区的过渡地带，与梯田核心区重要的灌溉水系麻栗寨河（后面章节详述）相呼应。者那河发源于西观音山，自上而下串联着哈尼族、彝族、壮族、傣族、汉族等多民族的村庄聚落，发挥着重要灌溉功能，径流量和落差势能较大，因而在水系向河谷平坝热区交汇处建有一座民用水电站。作为本书重要的田野点之一，者那河不仅是一条海拔温层、植被稻种立体差异鲜明的流动着的"生态线"，同时也是民族文化多样、灌溉文化多元的活态的"文化线"。在者那河水系"诸水之源"的西观音山上，超越民族、村寨边界的集体的"神山圣水"祭祀仪式至今依然存在，与位于梯田核心区的麻栗寨河水系一起构成本研究的重要田野参照系。

在梯田灌溉社会中，者那河又称排沙河，位于红河州原阳县境内，主源头位于元阳县沙拉托村漫江河村，河源最大支流位于牛角寨镇新安所村委会（西观音山脚下），河流上游区域有四条重要的支流汇入，流经区域包括沙拉托乡—牛角寨镇—新街镇—南沙镇—马街乡，于马街乡麒麟台村汇入元江（红河），全长41公里，区间面积431平方公里。

20世纪90年代末，在者那河水系的上游，西观音山脚下的果期村委会与果统村委会（都隶属牛角寨镇）交界处的两个寨子之间发生过一次灌溉水资源配置引发的冲突事件。G1与G2村委会之间有一条自上而下汇入者那河水系的天然界河，作为两个村委会的物理空间边界，这条界河又同时灌溉了来自两个村委会的四个村寨的梯田，这四个村落分布着哈尼族、傣族、壮族三个民族：G1 村委会 GQ 大寨（哈尼族），G1 村委会 DX 寨（傣族），G2 村委会 FX 村（壮族），G2 村委会 GT 小寨（哈尼族）。与"Y 村 – C 寨"的灌溉失序冲突相比，G1、G2 村委会的这场水利纷争事件所涉及的民族、村寨要更加广泛，并且，非常明显地以灌溉水域和水域所覆盖的灌田户（事实上也可以理解为以集中分布的梯田为基本单位组合起来的超越族群边界的全体灌溉社会成员）为纷争的边界。水利纷争的复杂性在于，涉事的多方来自一个中型灌溉社会上的不同民族、不同村寨，乃至相同村寨（自然村意义上的村寨）里的相同民族（或许称作灌田户更为贴切）。

二　者那河水系水资源纷争事件始末

以者那河水系水资源配置失序引发的局部冲突历史事件的外部参与解决者的口述，来全面客观地呈现事件始末。

【访谈 6 – 5】访谈节选：G1 和 G2 村委会两个寨子、两种民族"东沟/西沟"灌溉用水纷争始末

访谈对象：CJZ，男，彝族，元阳县民族宗教事务局

访谈时间：2017 年 4 月 5 日

G1 – G2 的水利纷争事件是一个历史事件，当时已经得到了圆满的解决，现在该区域没有再发生过类似的冲突事件。该事件发生在 1997 年前后，距今约有 20 年。冲突涉及果期和果统两个村委会中的两个寨子，民族涉及傣族、哈尼族和一小部分壮族，但是严格上并不是民族之间的冲突，也不是两个村委会之间的冲突，而是围绕两条水沟所灌溉的过水面积中的两伙灌田户之间的冲突，因为这两伙灌田户，并不是严格以哈尼族、傣族或者壮族来区分的，而是以他们的梯田和灌溉他们的梯田的那两股水源来分的，所以你就会发现，产

生纠纷的时候，DX 寨（傣族村寨）的傣族和傣族，G1 的哈尼族和哈尼族，G2 的壮族和 DX 寨的傣族，全部交织在一起了，这次纠纷甚至发生在同一个寨子的同一种民族之间（DX 寨傣族）。

事情的具体缘由是：G1 和 G2 村委会中间有一条天然的界河，作为两个寨子天然的物理边界，这条河旁边刚好有两条水沟（其实这两条水沟就是分别从冲沟结合里引水灌田），一条流向东边，一条流向西边，其中，流向东边的这条是一个重要的集水线①，汇聚了两边高山的水流，除了中间的那条界河冲沟，流向东边的这条水沟也为流向西边的水沟提供水源。理论上说，依据现在村委会的边界划分，这两条沟，东向的那条主要灌溉了 G2 村委会的 GT 小寨（哈尼族）、FX 村（壮族）的一小部分梯田，西向的那条主要灌溉了 G1 村委会的 DX 寨（傣族）、GQ 大寨（哈尼族）的一小部分水田（梯田）。当然，实际情况并没有这么简单，哈尼梯田系统里的各种水田，都是错落分布的，比如说，FX 村壮族的水田，可能会在 DX 寨傣族的寨脚，而 GQ 大寨哈尼族的水田，又有可能在 GT 小寨的寨脚，所以，这些村寨、民族之间的水田都是错综灌溉的（可能是由于不同村落水田交错分布"你中有我，我中有你"）。也就是说，东沟的水有可能灌溉了本来应该由西沟来灌溉的水田，反之也有可能。举个例子，仅仅就 DX 寨里的傣族而言，因为他们的水田既有分布在东沟灌溉区域内的，也有分布在西沟灌溉区域里的，那么，同一个村寨的同一种民族，就被切割成了两伙灌田户，他们肯定是要按照两条大沟的灌溉流域，各自组织他们的灌溉生活。而 20 世纪 90 年代末的那场历史纷争的实质就是东沟水域所灌溉的农户与西沟水域所灌溉的农户之间的冲突，既包括 DX 寨内部的傣族之间，也包括其他几个哈尼族和一小部分壮族寨子之间，总

---

① 地貌中等高线的弯曲部分向高处凸出，其两边的雨水向此集中，又名集水线。

之，不管他们是什么民族，你就这样理解，他们分别被东沟和西沟分成了两伙灌田户组织就是了，从我们民族工作的角度来讲，这显然不是民族冲突，也不涉及民族问题，它就是单纯的灌溉水资源纷争了。

最初这两条水沟是密切相连、相安无事的，都是从两个村委会分界处的山的集水线上获取水源，东沟的灌溉用水足够了自然就会回流到西沟里，后来，东沟的那些灌田户在两条水沟的分支处建了一座坝塘，但是坝塘是普通的泥坑，有一些石头砌在上面，也不影响水继续下渗到西边的水沟，所以西边水沟灌溉流域内的梯田灌溉用水也能得到满足，两条水沟流域相安无事。到了1997年的五六月份，梯田农耕区进入相对比较干旱的季节，随着现代建筑材料沙石水泥大量被用于村寨基础设施建设，东边那条大沟的老百姓，为了获取更多的水源来应对干旱，就用沙石水泥把原来的土坝塘修筑成了水泥坝塘，其实也不是特别大的大水坝，但是，这样一来，问题就来了，与之前的泥土石头坝塘相比，水泥坝塘是隔水的，水再也渗透不下去，导致天干正需要引水灌溉的时节，西沟完全没有水可以灌溉水田了，那个年代，水田稻作还是梯田区域各个民族的主要生计方式呢，西沟这个灌溉水域的全部灌田户，在没有灌田水的情况下，完全无力应对干旱了，西沟那些灌田户（包括 G1 村委会 DX 寨的大部分傣族、GQ 大寨的一部分哈尼族以及附近几个小寨子的哈尼族，还有极少一部分彝族）开始愤然了，最后"灌田户 - 沟长"组织里面的沟头和几个沟长召集西沟片区的灌田户村民代表商议对策，经过商议，西沟的灌田户决定去炸毁东沟人修筑的那个水泥坝塘，并且真的付诸行动了。在炸毁坝塘事件中，召集大家商议的是沟头、沟长，提供炸药的是西沟灌田户中的一位群众，最后实施点火引爆炸药的则又是西沟灌田户中的另一位群众。他们用雷管炸药炸毁了东沟水泥坝塘的一部分，当然，组织这场事件的人也很小心，整个过程没有任何的人畜伤亡，也没有发生其他的安全隐患，没有构成社会危害。但是这个事件就引发了东西两沟灌田户组织的口头争执与纠纷，并且分别关系到了两个村委会几个村民小组之间的矛盾冲突。

为了解决此事，县、乡两级政府专门成立工作组去调解事态。工作组包括公安、国土、水利相关部门的工作人员，当时政府的一位相关领导将此事定性为刑事案件，要求调解工作组的公安方面的负责人组织派出所人员对炸毁坝塘的相关人员实施抓捕。工作组到 DX 寨（因为 DX 寨是主要的事发地）召集 G1、G2 村委会以及涉事的几个村民小组、相关沟长、村民代表，进行调解，经过调解之后，确定了多方一致的调解方案：判定炸毁坝塘的一方集体出资出力（主要是炸毁坝塘的几个人）将炸毁的坝塘部分修复，同时，东沟的坝塘高度以及储水量也要适当调整，保证不阻断西沟的水源。到目前为止，县、乡两级政府都还对纠纷区域实施备案监控管理，但是这个区域再也没有发生过类似的纷争事件。这件事情本身不是民族矛盾问题，更不能定性为群体性事件，它就是一个寻常的梯田灌溉水资源纠纷事件，并且得到了合理的解决，关键是当地的各个民族都认可这种解决方式，你想想看，就拿 DX 寨的傣族来说，虽然分属两个不同的灌溉组织群体，但是世袭血缘相同，血脉相连，一起建村建寨时代居住在一起的同一个民族，能有什么深仇大恨呢。

截至笔者进入该区域开展田野调查的阶段，这场水资源纷争事件在当地人的口述中已经成为遥远且微不足道的历史事件。由于 G1 - G2 一带处于梯田遗产的 II 类缓冲区，随着现代农村产业发展模式的转型与升级，作为元阳县粮仓核心的牛角寨镇 G1 - G2 一带已经开始尝试引入外来资本，规模性流转土地探索以"政府 + 公司 + 支部 + 农户"为前提的"稻 - 鱼 - 鸭"的现代立体综合种养发展模式，随之而来的中小型水利灌溉工程设施建设也大力开展，加之当地梯田农耕民族的青年一代生产生活方式的逐渐变迁，即便水资源稀缺性突破临界值，灌溉用水配置关系也不会再突破张力演化为水利纷争问题。

三 者那河水利纷争个案启示：村寨主义逻辑与公共资源的治理之道

仅从"灌溉失序"的水资源负向竞争产生纠纷的个案来看，相较于"Y村－C寨"水利纷争个案，"G1－G2"水利纷争个案最大的特点在于该事件里的所有村寨，尽管分属两个村委会，但在国家行政管理的基层单元中他们都隶属牛角寨镇，强调这一特征的原因在于，乡镇作为我国最基层的行政机构，兼有加强社会管理、维护农村稳定、推进基层民主、促进农村和谐四个方面的职能。在乡镇的权限范围内，像局部地区水资源纷争这类不涉及群体性事件的冲突，乡镇具有统一组织调解的权限，也正因如此，"G1－G2"这场看上去更加复杂难解的水利纷争可以在短时间内迅速得到回应和解决。这两个水利纷争个案，实质是两个鲜活的奥斯特罗姆式的"公共池塘资源治理"个案，相较于"Y村－C寨""陷入无解的公地悲剧"悖论，"Y村－C寨"水利纷争的顺利解决的启示在于"当资源有一个清晰的边界，社区有高水平的人际互信或社会资本，存在解决冲突的诉讼程序，以及社区有足够的建立、监督和执行规则的决策自治权，并能排除外部进入时，激励的作用可以避免'公地悲剧'的发生"[1]。

值得深入思考的是，至少在多民族的梯田灌溉社会，村寨主义的集体组织原则在解决公共资源与族群关系问题上发挥了机制作用。在本章讨论的两个水资源纷争个案中，最发人深思的其实是冲突本身所标识出来的"冲沟－水系边界"——发挥灌溉功能的水系（冲沟和冲沟汇聚而成的河流），村寨主义组织原则外扩的

---

① 〔美〕埃莉诺·奥斯特罗姆：《公共资源的未来：超越市场失灵和政府管制》，郭冠清译，中国人民大学出版社，2015，第6页。

地缘联盟的逻辑再次在灌溉社会中发挥规范功能。显然，这种
"边界"是梯田灌溉社会成员分组的重要依据，灌溉社会中的全体
成员，根据他们引水灌田的水源、水系，以及他们的水田的空间
布局，来区分灌溉社会，这样的灌溉社会在边界上时而与民族和
村寨的边界重合，时而又突破了民族和村寨边界，在联合灌溉行
动中经由协商原则结成的水系——地缘联盟，在这样的灌溉社会
类型中，同一灌溉水系上的多民族或多寨群，从对本村寨"最高
利益"的效忠转向了对整个水系上的协商性灌溉秩序、配水规则
的效忠，这种外扩的"村寨主义"式的组织原则成为灌溉秩序的
一部分，并成为全体灌溉社会成员集体行动的逻辑起点。譬如，
"G1－G2"水源纷争个案中，两个村委会下辖的四个村民小组的
三种民族，被切割为"东沟""西沟"两个灌溉组织系统，在灌溉
组织活动中（注意仅仅是在组织灌溉活动的集体行动中），民族和
村寨不再是他们的边界，因此，当灌溉失序出现水资源配置的负
向竞合关系时，同一个村寨的同一种民族也没有回避冲突；"冲
沟－水系边界"同时也是小型、中型灌溉社会的划分依据，通常
"共用一个山头的水"的全体灌溉社会成员及他们的灌溉组织原
则、灌溉行动共同维持着一个大型灌溉社会，本案例中的西观音
山水源分流下来的者那河、丫多河、乌湾河围绕西观音山水源构
成一个集体的大型灌溉社会，而一条者那河水系上的全体灌溉社
会成员又可以构成一个中型灌溉社会，再细化到个案中所涉及的
"G1－G2"的"东沟""西沟"水利纷争区，便是者那河水系中型
灌溉社会上的小型灌溉社会之一。"冲沟－水系边界"通常表现为
哀牢群山上那些大大小小的集水线所演化而来的冲沟。这些集水
线和分水岭在界分村落和族群筑居空间上的重要功能，尤其是集
水线（通常被梯田灌溉社会成员描述成"冲沟"）一是作为寨群的
天然物理边界，将多民族村寨的物理空间和神圣空间区分开来；
二是汇聚成为纵向河流，为山地河渠灌区的梯田农耕民族提供重
要的灌溉水资源；三是构成梯田农耕民族历史上开沟造田活动的
"水路"依据。

在具体的自然和社会条件下，固然存在配置性水资源稀缺性突破临界而产生灌溉失序的纷争个案，但是来自田野的民族学个案更多地表明了梯田灌溉社会面对纷争所拥有足够的自我调适的功能。事实上，整个梯田灌溉社会为我们呈现的多民族灌溉水资源的配置关系并没有如同传统冲突理论学者所想象的那样，因资源、空间的竞争而诱发族群间文化、价值的冲突，使社会整体秩序破裂走向动荡，相反，多元并置的梯田灌溉社会的背后隐含着某种足以调适和平衡局部水资源冲突的机制，它刚好可以把水资源竞合关系中的冲突与和谐维持在多样性的多方所公认并且可控的范畴内。

在面对相同的基础资源（灌溉水资源）以及一系列的外部性变迁时，置身于梯田灌溉社会中的村寨和族群，该以何种路径去解决公共资源配置中传统规则失灵所导致的"公地悲剧"，这一看似无解的问题似乎有了新的答案，那就是基于传统重构秩序和规则。"重构新的共同遵守的社会规则是必须的……重构社会规则和秩序都是需要成本的。传统的村寨主义的树立和维护是需要成本的，象征水权需要通过年复一年村寨集体性的仪式活动来确定。每户村民在仪式中的支出和时间付出等就是维系社会、建立社会规范、保有文化价值观念的成本。在一个人员身份都已经变得复杂的社会中，不同利益诉求者在寻求共同遵守的社会规范和文化价值的时候，谈判、协商等都是需要付出成本的。要建构一个更加包容并且具有实质性平等的新的用水制度，这个制度还不能只是简单地以利益最大化作为目标，市场的规制就是必须的。而社会本身无法规制市场，这重任只能落在有权规制市场的政府身上，如何采取一些更加积极的措施来建构更具包容性的新的社会关系，解决村寨内部新近产生的各种问题，从而解决'公地悲剧'问题则是又一个具有重要现实意义和理论价值的问题。"[1] 尽管前文分

---

[1] 马翀炜、孙东波：《公地何以"悲剧"——以普高老寨水资源争夺为中心的人类学讨论》，《开放时代》2019 年第 2 期。

析基层行政权力的过度介入存在压缩传统内生资源治理规则的调整空间和平衡功能的可能性，但也需考量那些并非一成不变的资源配置规则对变迁的制度的适应能力，制度变迁中"有权规制市场的政府"与"村寨主义"这样的内生传统如何更好地结合作用于公共资源配置和治理问题，从而以更积极的措施克服"共有资源"管理中的"公地悲剧"，也是梯田灌溉社会已经并将长期面临的现实问题。

第七章 灌溉有序：多民族协商过水与交往交流

　　梯田灌溉社会并不是一个由单一族群构成的独立社会，严格来讲，它是人的"合类性"的产物，是一个差异和多元并置的，以稻作灌溉活动作为传统生计的普遍性的多民族社会，相应地，"只要一个群体希望提高他的地位并注重自己的生活方式，他就面临着邻居的问题——正如我更喜欢称呼的那样——相互毗邻的不同民族之间的关系。研究者不再对单一族群的独立社会进行研究，而是转向相互为邻的多族群的研究"①。诚然，民族关系具有历史的相承性，除非发生剧烈的社会动荡与变革，否则那些历史上的、传统的一以贯之的秩序逻辑、和谐因子在其规范意义上都具有延续性。但是社会变迁所带来的新变量也在不断丰富着这些传统秩序观的内涵，因为"在环境和历史发展的不同情况下，人们不能期待应用于这些场景中的各种特定规则是相同的"②。在探讨梯田灌溉社会的资源配置（尤其是灌溉水资源）和制度变迁过程中，不能不谈到历史上一贯相承的那些已经被多民族共同确认的"共识域"——全体梯田灌溉社会成员在交往交流的过程中，双方共同拥有的经验范围。"共识域"的达成，是一种基于资源竞合关系的正向性"妥协"的艺术，只有互动与交往的双方或多方，在自身的资源配置价值标准和组织原则的基础上各自让渡一部分利益，

---

① 〔挪威〕弗雷德里克·巴斯主编《族群与边界——文化差异下的社会组织》，李丽琴译，马成俊校，商务印书馆，2014，第121页。
② 〔美〕埃莉诺·奥斯特罗姆：《公共事物的治理之道：集体行动制度的演进》，余逊达、陈旭东译，上海译文出版社，2012，第69页。

并经由制度化（全体梯田灌溉社会成员所必须遵循的那些灌溉组织原则、灌溉技术、制度、协商过水秩序）的确立，"共识域"才能实现稳定性，并在梯田灌溉社会中发挥持续的规约功能。

作为各自土地的拥有者和耕种者的梯田农耕民族，他们为什么愿意去协商，并在灌溉水资源的配置行动中各自让渡一部分自己的利益，尽量避免纷争，努力去维持资源竞合的正向性呢？事实上面对相同的公共基础资源——例如有限的土地（梯田）和定量的灌溉水资源，人们"为了解释在以高度不确定性为特征的环境中这些制度和资源系统本身为什么始终是有效的，人们需要探讨得以具体解释这种持续性的水平的、隐含在这些制度中的共同特征"①。多民族的梯田灌溉社会从"水善利"到"人相和"之间本身就隐含着一个从自然到人再到社会之间的秩序逻辑——以族群为边界的多样性也存在统一的机制——村寨主义的社会组织结构，它为经验范畴的"共识域"的达成，提供了足够的价值、心理、文化、认同方面的铺垫。

第一节　灌溉秩序联结：从"水善利"到"人相和"

梯田农耕社会中水的"善利性"是成立的，"其实，如同土地一样，水在人创造的人文世界中，重要性不容忽视。关键的问题在于，我们怎样更贴切地理解包括水在内的物与人之间的关系为何"②。事实上，从人类发展的本质性要求出发，"人类为求得自身生存的第一个前提活动，便是人与自然界的物质交换活动"③。如同土地要在被开垦用以维持生计或被用来支撑其他的发展方式并

---

① 〔美〕埃莉诺·奥斯特罗姆：《公共事物的治理之道：集体行动制度的演进》，余逊达、陈旭东译，上海译文出版社，2012，第69页。

② 王铭铭：《心与物游》，广西师范大学出版社，2006，第162页。

③ 陈庆德：《资源配置与制度变迁——人类学视野中的多民族经济共生形态》，云南大学出版社，2007，第29页。

衍生相关的产权制度的过程中，才真正与人发生社会意义上的关系一样，在物质和能量交换的关系中理解包括土地、水等的自然之"物"与人的关系，才是正确的逻辑开端，更进一步来说，"只要人与自然的物质交换一开始，便产生了人们以什么方式组织起来同自然界交换的问题。人类社会就是在人与自然、人与人、民族或各种社会组织之间的物质和精神的交换活动中，获得发展或进化的"①。制度化的规则在这些交换过程中出现——例如在梯田灌溉社会中，这些规则被差异化的多民族共同认可之后，被称为灌溉水资源的配置秩序——它不但规约着人与自然的物质和能量交换法则，也规范这个过程中的人与人的关系。

在梯田灌溉社会中，水与人的关系，存在从自然到人再到社会之间的秩序链。

理解灌溉社会水的"善利性"的第一个层面即人与水（自然）的关系。从资源配置的角度来看，水的"善利性"首先表现在水资源的存量（也包括循环更新中的水体）的充足或优渥的程度上，也即在一个多民族共同支配水资源的灌溉社会中，水资源在一定的历史和空间上能够相对满足全体成员的大致需求；其次，"善利性"还意味着人水关系的协调性，即人们能够基本遵循与自然界进行物质（水）交换的过程中不但能够得到基本生存需求的满足，也不至于在水资源利用（引水灌溉）的过程中，遭遇诸如水患、山洪，以及与水有关的不可控的自然灾害等。② 第二个层面是人与人的关系。在人们共同支配灌溉水资源的过程中，围绕"以什么

---

① 陈庆德：《资源配置与制度变迁——人类学视野中的多民族经济共生形态》，云南大学出版社，2007，第29页。

② 与水相关的自然灾害：在水体纵向垂直循环的哈尼梯田灌溉社会中，首先可以排除平面江河流域上的洪涝灾害，但这也并不意味着，该区域内完全没有与水相关的自然灾害，在丰水期和多雨水的年份，梯田灌溉社会中的局部区域也经常会发生局部的山体滑坡、泥石流灾害，冲毁农田甚至威胁到人畜安全的实例也不少，例如，梯田核心区三大景观区中的老虎嘴片区，自21世纪以来，就发生过两次重大的山体滑坡泥石流灾害事件，其中2018年6~7月的滑坡泥石流灾害损毁老虎嘴片区梯田数量为史上最严重，梯田修复工程迄今尚未完工，造成直接和间接损失不可估算。

样的方式组织起来""遵循什么样的组织原则""形成什么样的秩
序逻辑"等主题所产生的人与人之间的关系。第三个层面是人与
社会的关系。虽然我们反复论证和强调，历史上的梯田灌溉社会
没有大型的国家集权力量主导的水利灌溉管理组织，以及服务这
种集权管理组织的大型水利灌溉工事的存在，但是曾经"在国家
边陲"的梯田灌溉社会基本上是一个持续稳定的社会实体，更重
要的是它还是一个多样性并置的灌溉社会，我们在文献史料中不
难发现，在族群、文化多元并置的灌溉社会中，那些围绕水资
源配置的组织、制度和技术，甚至出现了非同质性的交叉和叠层效
应，而长期以来，不同的人群在这个灌溉社会实体中，既维持着
边界又发生着深刻的交往交流和交融活动。

一 人与自然的关系："上满下流"天然过水

梯田灌溉社会中各个农耕民族因山就势开沟造田的集体历史
活动，本身就是建立在对哀牢山自上而下的纵向垂直水系分布的
理解的基础上的。在空间的布局上，梯田农耕民族的先民们在建
村建寨选址的同时就确立了饮用水和灌溉用水的水源点，之后便
会沿着各自的"水路"开始修田筑渠，开始他们的稻作灌溉活动
并完成包括人口再生产在内的社会再生产活动。

"上满下流"的灌溉配水秩序，是梯田灌溉社会成员普遍遵循
的最基本的自然秩序，其依据就是山川形变和流水态势，因此是
人与自然关系的基础表现。"从高山顺沟而来的泉水，由上而下注
入最高层的梯田，高层梯田水满，流入下一块梯田，再满再往下
流……直到汇入河谷江河。这样，每块田都是沟渠，成为水流上
下连接的部分。"[1] 梯田稻作灌溉中的"引水—储水—配水—退
水"等环节就在灌溉水源的自然循环过程中，加以人工维持实现
运转。除了前文论及的沟渠、水井、鱼塘等器物外，梯田能够承担

---

[1] 王清华：《梯田文化论——哈尼族生态农业》，云南人民出版社，2010，第26页。

图 7 - 1   "上满下流"的梯田过水秩序

资料来源：笔者拍摄。

图 7 - 2   "上满下流"梯状分水

四个灌溉环节的每种功能，这也是梯田农耕民族理解并合理利用
灌溉水源的智慧象征。

当然，随着梯田灌溉社会成员生计方式的日益多元化，以及生计空间的重塑，人们理解人水关系、运用水这类自然资源的观念、方式、制度也发生了相应变迁。与开沟造田引水灌溉的传统水资源利用方式不同，在梯田灌溉社会中，水资源从灌溉的专用性日趋变得多元起来。诚如挪威南部山地农民社区"遍布该地区的国家公路网的延伸、与水力发电企业相连的水库大坝建设、旅游业的发展以及当地工业发展的可能性都为山地农民更加有效地利用其时间和本地资源提供了选择"①。和土地（梯田）、村落（传统民居）一样，梯田灌溉社会成员开始重新审视、考量和评估他们所持有的，或是与他们相关的一切配置性资源的关系。比较突出的就是，人们已经通过国家运用自上而下行政手段保障推行山林、土地确权运动，感知、收讯，并逐渐确立了相应的"产权意识"，这些在城乡现代化建设中伴生的林权、地权、水权意识成为影响当地民族资源竞合关系的新变量，一部分因素甚至诱发了资源配置失序的负向竞合关系——冲突。曾经世代为耕的梯田稻作民族开始意识到传统的集体性过水秩序除了发挥传统的灌溉、生活和仪式用水功能，还具有其他的价值属性，可以开发成为商品，于是与梯田农耕社会里最常见不过的主食——梯田红米一样，来自高山水源林——东观音山的天然龙潭水也被开发为山泉水面向市场出售。

尽管梯田灌溉社会成员对水的利用方式既传统又现代，但无论是满足传统的灌溉用户水需求，还是现代意义上商品开发，梯田农耕民族处理人水关系的传统从来都不是那种简单粗暴的支配与征服的关系，而是顺应自然规律的有序利用和适当开发。当然，对水资源的支配以及人水关系的处理，进而形成的"尊崇自然"的天然过水秩序，只是梯田灌溉社会成员理解人与自然关系的一个层面。梯田灌溉社会中的人与水、人与自然的关系也在资源配

---

① 〔挪威〕弗雷德里克·巴斯主编《族群与边界——文化差异下的社会组织》，李丽琴译，马成俊校，商务印书馆，2014，第 70 页。

图7-3 观音山水资源开发

图7-4 东观音山主峰"五指山"

置与制度变迁的二重关系中不断被注入新的影响因子和关系变量。

二 人与人的关系：灌溉组织活动中的交往交流

多民族梯田灌溉社会中人与人的关系，通常体现在人与自然物质展开交换的最初，人们考虑如何将自身与他者组织起来以最优路径与自然展开能量和物质的交换，在探寻这种最优组合以期

实现自身发展的过程中，持异文化的多方交往交流甚至交融的互
动就出现了。质言之，在语言、文化甚至抽象的心理和认同边界
都维持得相对严格的多民族梯田灌溉社会中，持不同文化和相同
文化的人群之间却并非截然绝缘不相往来的。梯田稻作生计空间
的维持和拓殖，本身就是基于灌溉社会成员物质资料再生产和人
口再生产的双向需求，而占据了不同生态位的不同民族为了实现
社会再生产，必然将交换作为其中一个重要环节，于是有了人通
过组织形式与自然界发生物质和能量的交换，生成人与自然的秩
序，而这种交换通常也出现在社会层面——人与人之间的交换，
这也是社会发展规律之所趋，而以人的需求互补为前提的社会交
换——无论是从经济意义来看还是基于人类学意义来分析，都是
梯田灌溉社会中人与人（不同的民族）发生互动往来关系的主要
路径。

我们主要讨论稻作灌溉活动相关的那些物质资料或自然物资
的交换和劳动力以及生产技能的交换。严格来讲，物质资料方面
的交换更偏向于人类学意义上象征性交换的"礼物"，而非经济
学意义上的一般产品和商品交换，在传统和变迁着的梯田灌溉社
会，这种以物易物的交换形式，本质上是族际互动关系的一种形
式，而非期待经济报偿的商品和货币交换；而劳动力和技能方面
的交换也是梯田灌溉社会多民族互动往来关系的重要层面，在一
个整体的由自上而下的灌溉水系纵向串联起来的梯田灌溉社会
中，梯田灌溉社会成员之间必然存在分工和协作，他们被整合到
以灌溉组织活动为中心的社会实体中，也必然进行活动和能力的
交换。

需要指出的是，人与人之间的社会交换并非杂乱无序没有章
法的，在本研究中，我们更多地讨论文化人类学意义上的那种
"礼物"性质的交换，但这并不意味着交换的双方或多方完全杜绝
社会交换意义上关于投入产出比的考量。也即，我们试图求解梯
田灌溉社会中的多民族交换的理由（动机）和他们极富地域性色
彩的交换形式，以及交换过程中所呈现的秩序逻辑。在一些个案

呈现之后，我们会发现，与梯田稻作农耕活动相关的那些支撑着族群之间交往交流的交换行动，本身也具有灌溉秩序的隐喻。

总的来讲，梯田灌溉社会中体现多民族的交往交流的社会意义上的交换可分为两种类型，其一是民族之间互补性质的物质资料或自然物资的交换；其二是劳动力或稻作生产技能方面的交换。

首先来看山坝之间的哈尼族、彝族、傣族之间的物质资料或自然物资交换过程中所串联的人与人（族群）之间的关系个案。

【访谈 7 - 1】访谈节选： 山坝稻作民族的物质资料 "交换" 与互动往来关系

访谈对象： LCT，男，彝族，元阳县政府公务员

访谈时间： 2016 年 5 月 23 日

梯田这里的山坝民族之间生产和生活用品的交换是最基本的，也是互补的，比如山上有东西的河谷不产，河谷的热带水果那些山上也产不了。这些交换，有的是必需的，因为双方需要但是他们生活的环境里没有，有的不是必需的，对于交换的双方来讲可有可无，但是他们还是会用来交换，这就叫作礼尚往来。

具体来说，比如大家都会吃的豆腐，山区和半山区的水质做出的豆腐品质和口感相对较好，河谷那些傣族、汉族他们就比较喜欢吃这种水质做出来的豆腐；除了水豆腐，半山区和山区的梯田、鱼塘里养出来的鱼口感比坝区的也要好，你就拿平均价格来算，平均一丘梯田（一亩以内的一丘水田）大概能产鱼 100 斤，南沙坝区的鱼卖到 15~20 元/公斤，但是梯田鱼大概能卖到 25 元/公斤，这个是老百姓生活中的平均价格，不是指旅游产业中的那种市场价格。哈尼族、彝族在高寒山区适宜种植的蔬菜少，你看他们的饮食结构里，绿色蔬菜到现在都还很少，山上梯田田埂上的折耳根这些在南沙还是比较受欢迎的，另外就是，南沙的水稻产量倒是多，但是

口感不是最好的，牛角寨和小新街种出来的稻谷比较受本地其他民族的欢迎，牛角寨被称作元阳地区的粮仓，尤其要数牛角寨、小新街这些乡镇产出的大米品质好。小新街以东地区的稻米种植方式跟梯田其他大多数地方不同，他们一般是收完稻谷之后，就把梯田放干任由其长荒草，来年要种植稻谷时再进行梯田维护，但是要是其他地方的梯田这么放干半年，来年就硬得挖不开了，你知道的，这边的梯田，一年四季都要保水的，放干几个月就要毁两三年了。半山区的水果可以种出来的少了，有一些梨、杜果、李子等，南沙傣族地区，水果种类多，产量也十分丰富，适合种植热带水果。

至于盐糖棉麻这些日常生活用品之间的交换也很频繁。以前物质条件不发达的时候，我小时候听老人讲我们的食用盐是从思茅等地用马帮驮运过来的，这些马帮通常还会运来糖、茶叶等其他物资，现在南沙镇的石头寨、新街镇的芭蕉岭村都有马帮驿站的遗址；糖的话，我们梯田农耕社会里面，自己会产一部分，那些住在中下半山的汉、彝、傣等民族能种植甘蔗，生产蔗糖，上半山要的红糖主要就是去下半山购买了，但是你发现没有，在我的理解看来，糖这个东西在山上的哈尼族、彝族，还有更高处的苗族、瑶族的生活里，好像不是必需品，我是指传统时期物质生活资料相对比较匮乏的时期，据我的观察，那些哈尼族的老贝玛和彝族的大毕摩搞仪式的时候很少用到红糖，现在是因为商品流通方便了，很普及了；至于棉麻这些，我们元阳当地不太产棉，（20世纪）五六十年代的时候，好像搞过种棉花试点，但是失败了，① 所以需要的棉花主要是由外地供应。住在高山地区的苗族种麻倒是比较多，半山区的彝族、哈尼族也有一小部分种

---

① 笔者注：根据《元阳县大事记（1832～2005）》记载，1959年2月，元阳县（当时的新民县）县委、县人委决定"放干水田，大种棉花"，当年在河谷地区的五亩等村放干水田700多亩，引种"岱字15""徐州209"等棉花新品种，因自然条件不适，试种失败。

植，半山区、山区使用的麻袋主要就是依靠苗族种植的麻了。90年代中后期，麻制品在街上到处都有售，也不是什么紧俏物资了。

山坝民族之间相互购买的其他物品种类也比较多，比如衣食住行中的住，就是那些建筑材料，山区、半山区的哈尼族、彝族，会盖一些专门用来存放杂物的石灰房，用来打顶的石灰就是用石膏烧制而成，同时用石灰和白沙混合刷墙，而这个石膏矿石主要产于河谷地区的傣族地方，白沙主要产于半山区。当然，如果需要大量的石灰粉的话，现在主要还是去建水等地方购买了。盖房子，除了要这些石灰粉之类的，还需要木材，你别看山下河谷地区的林木资源丰富，但是，热带地方的树木生长周期太短，那种很快就长起来的大树，材质不适合用于盖房子，太软了。但是，在半山区哈尼族、彝族地区长的麻栗树材质就比较坚硬了，可用来做房梁和柱子，半山区的黄椿、红椿（生长周期较长的树木）也同时主要用来做房屋建筑材料。而常见的松树主要就是用来做家具，沙木适合用来做棺木。事实上，每种民族都有他们自己的自然经验和智慧，我没有你有，那我们就相互交换，只不过，现在建房子，大家都用砖混结构了，建材都是一车一车拉进来，以前那些相互交换的关系也不存在了。

除了这些起房架屋的交换，就是其他的一些生产工具、生活用品的交换了。比如说竹子和竹编工艺制品那些，竹子山上山下都有种，大竹子在中半山区，竹编工艺，哈尼族、彝族、壮族、瑶族都有较好的工艺，不能说哪个民族工艺就更好。梯田民族日常生活中主要的竹制工艺品有煮饭用的甑子、背篓、竹筐、烟筒、鸡笼、桌椅板凳、篾巴等。

至于冲突之类的，除了天干时的灌溉用水纠纷，退耕还林之后，关于调解寨子内部的、外部的林权纠纷的更多，林权涉及各家的经济利益，村与村之间、户与户之间，通常也会争夺自留地。跨村、跨民族的村民小组之间也会有山地、林地纠纷。传统上的纠纷调解模式为先找村寨传统社会中权威人士进行调解，调解不成再找村三委主持，村三委不能调解才走司法程序。

以物易物的生活物资交换所连接的和谐共生关系，并不仅仅限于山地河渠灌区中的哈尼族、彝族以及他们的其他近邻们，在山地与低矮河谷地区之间的交换显得更加频繁，因为随着立体温层的急剧差异，族群间用以交换的生活物资、生产资料同质性减弱，差异性和互补性增强，也即，交换双方或多方对于对方用来交换的物品的稀缺性、不可替代性方面的需求显然要高于同一海拔、温层的族群间可以用来交换的物品。

【访谈 7-2】访谈节选：山坝之间的哈尼族、彝族、傣族之间的物质资料或自然物资交换过程中所串联的人与人（族群）之间的关系

访谈对象：HZK，男，彝族，元阳县非物质文化遗产中心

访谈时间：2016 年 5 月 24 日

历史上，高山的彝族、哈尼族与低海拔的傣族、汉族等进行的主要互动形式就是"以物易物"。在红河南岸地区还没有棉花这一物种引进时，这片区域里主要的纺织品是河谷地区的木棉（攀枝花），高山地区苗族种植的麻比较有限，不可能支撑整个梯田农耕区所有民族的需求，此外，高山苗族流动性较强，中半山区和河谷热区的其他民族很难找到他们，跟他们开展物质交换活动。

茶叶的话，在农业生产合作社时期大力发展过山地茶产业，现在哈尼族、彝族居住的中半山区还有很多茶厂，比较出名的本地茶有云雾茶。历史上红河南岸地区食盐主要由走夷方的马帮带入交易。糖是稀缺品，也不是当地少数民族饮食结构中的必需品，现在物质条件极大丰富了，糖也是常见的食材了。也正是因为这些原因，中华人民共和国成立以前，

彝族和哈尼族主要食用腌制品，这样利于将食物长期储存，也是为生计所迫，在物质生活资料匮乏的历史时期，中半山区的哈尼族和彝族也会用他们山上打猎得到的野味、梯田鱼等的腌制品向河谷热区的傣族换取新鲜果蔬，甚至谷物之类的生活资料。

事实上，两个个案中分别提到的多民族之间的交换，已经不仅仅限于灌溉社会活动中的交换，而是整个梯田农耕社会中全体社会成员社会分工的一种表现形式，个案中虽然提及山坝民族之间集市互动和商品交换，但在更为古老的梯田农耕社会中，不同民族之间的物质资料或自然物资的交换，更多的是指前货币经济时代的那些古老的人与人之间的契约和交往关系的表征，诚如莫斯对礼物的交换形式与理由中所基于的基本前提"古式社会"——"我们要弄清楚，在我们所谓的契约或销售的现代形式（如闪米特人的、古希腊的、希腊化时代的或罗马时代的契约与销售）和记名货币出现之前，市场是如何运作的。我们也将观察这些交易中起作用的道德和经济"①。本书重点想要讨论的也是灌溉的"古式社会"中的那些在人与人的交往关系中起作用的交换的秩序范畴。

显而易见，在传统的梯田灌溉社会中，交换是多民族交往交流的一项重要内容，以物质资料为基本形式的交换或许直接目的不在于获得经济上的利益，因为在多民族共生的稻作农耕社会中，族群间的交换并非简单的互通有无，在个案表述中我们意识到，梯田灌溉社会成员之间用来交换的物品并非都是双方生活中所必需的、不可替代的稀缺品。社会成员在交换物质资料的过程中往往要比较机会成本，生产某一物品耗费的时间、资源的比例，物质间的交换可以建立在节省成本的技术互通有无上，有时这种

---

① 〔法〕马塞尔·莫斯：《礼物——古式社会中交换的形式与理由》，汲喆译，陈瑞桦校，商务印书馆，2016，导论第 7 页。

"无"并非由于没有生产技术或制造资源，而是因为某一族群生产它比从其他族群那里交换回来更耗费成本。实际上，生产生活经验指导下的普通老百姓都是理性经济人，而他们在交往交流过程中常出现的一些非理性非等价的交换行为，其实背后都有社会秩序逻辑的隐喻。

接下来，要论述那些与稻作灌溉社会分工相关的劳动力和稻作生产技能方面的交换，以传统梯田农耕社会中历史悠久且最具代表性的"牛亲家"和"寨亲家"为个案来呈现。

【访谈 7-3】访谈节选：哈尼族口述史中"牛亲家"和"人亲家"

访谈对象： MZQ，男，哈尼族，元阳县文体广电局

访谈时间： 2017 年 4 月 6 日

牛亲家

山坝之间的哈尼族和傣族，包括彝族、壮族等在较早的历史时期就结下了深厚的友谊，一直保持着良好的互动往来联系。即便是在特殊的历史时期，阶级成分身份被划定，人与人之间不便往来，也是以牛为桥梁继续保持联系的。因为傣族寨子和哈尼族寨子庄稼生长的周期和季节不同，河谷傣族热区 6 月收割稻谷，半山区的梯田庄稼正在茂盛生长，所以，农忙时期的劳动力交换是不同民族之间最常见的交换关系。

说到这个牛的地位，因为它是重要的生产工具，所以在哈尼人的传统认知系统中，牛的地位很高，仅仅比人差一点点，牛亲家中的牛，根据生产耕作的需要合理分配，两个寨子之间劳动力的相互接济，也以牛亲家为基础。结成牛亲家的山坝民族之间除了劳动力互济、生产生活资料互助、节庆往来，还对共同饲养的牛有共同的处理决定权，如果牛亲家中的一方急需用钱，可以酌情处理牛，所得的回报两家均分。牛亲家之间的劳动成果，可以在双方的节庆、婚丧嫁娶中根

据双方的条件来分享。因为粮食收割的周期不同，所以可以相互接济，当然，生活资料交换的现象主要出现在物质匮乏的时期，现在主要是劳动力交换和节庆往来。

哈尼山寨与下半山傣家牛亲家缘①

哈尼山寨无一平川，无一坦道，举目崇山峻岭，重崖叠嶂，像一条舞动着的蛟龙，放眼鸟瞰，沟壑纵横，鸡犬相闻走半天；因为地理环境，一山气候分四季，不同等高线上的山山岭岭，不同民族的村寨星罗棋布，下半山以傣家居多，上半山以哈尼彝家为主，他们都是农耕民族，日出而作，日落而歇，农耕民族最少不了的就是耕牛，与耕牛结下了深厚的情谊。

冬季高山上降霜，草木枯萎的时候，耕牛难以越冬，下半山正值草木河坝水草发绿之际，不冷不热，正适合放牧催膘，当河坝地区种下五谷，四处是庄稼、牧场减少的时候，高山牧场正旺盛，庄稼也没种下，正好四处可放牧。同时，因为立体气候，高山与河谷庄稼栽种季节不同，畜力可以充分得到利用，因此，高山的哈尼彝家与河谷地区的傣家合伙养牛，以牛结成牛亲家。

牛亲家之间的情感是十分深厚的，有的几十年甚至两三代都结成牛亲家，不但婚丧嫁娶、过年过节要相互来往，重大的农耕庆典中也要相互来往，互赠蔬菜水果之类的，河谷地区的杧果、荔枝熟了，傣家人就叫高山的哈尼家来背，高山的蔬菜熟了，哈尼族人家三背两背地背给傣家牛亲家。收早稻种晚稻是傣家农忙最繁忙的时候，哈尼的牛亲家主动前往，帮助干活，同时，高山正处于五黄六月天，缺少粮食的哈尼族人家三背两背随意从傣族人家背回粮食来度荒，亲家不走不亲，牛亲家每年相互走动几次，杀鸡宰鸭款待，相互

---

① 来自 MZQ 先生私人所调查整理撰写的元阳县民族文化札记，经他本人允许，特摘录在文中。

赠送土特产品，友谊代代相传。

耕牛发展了，遇到要出售，只要通知对方一声即可，有单方出售的，绝不在售价上有质疑，说多少就是多少，有时，一方遇到特殊困难情况，被迫需要出售耕牛，另一方也会慷慨解囊相助，保全必需的耕牛。

农耕民族崇敬耕牛（哈尼族的传统习俗），到了栽插秧结束的时候，牛亲家相约杀鸡宰鸭给牛"叫魂"。打扫牛圈，杀生祭献，给牛喂稀饭和傣家的甜白酒。邀请上方亲友做客，席间各族谈笑风生，亲密无间，交流牛的特性、养牛的经验，展望养牛发展的前程，牛亲家真正成了民族团结、和睦的象征。

人亲家

除"牛亲家"，哈尼族与傣族、彝族等其他民族之间还会结成另一种关系。当家里的小孩身体不好的时候，会到路边去等着遇上的其他人给孩子取名字，消灾解难，这种情况结成的叫作"人亲家"。人亲家关系一旦稳定的话，也会形成上述的包括劳动力、物质生活资料等在内的各种交换和互赠关系，同时，也存在不同民族之间生产技能的传递。

此外，还有一种更加神秘的象征关系。哈尼族男女与傣族男女之间会结成一种异性"情人"关系，当然这与现实男女之间情人不同，事实上迄今为止哈尼族与傣族也是很少通婚的，所谓的异族异性间的"情人"关系只是一种象征性的关系，没实际意义。当哈尼族一方死后，贝玛帮他念指路经回到先民所在的地方时，也要将这个傣族的异性情人念进去，这就意味着，哈尼族的传统宇宙观中也是承认这种异民族之间的亲人关系的。当然，实际上，这是一种古老的具有传说和象征形制的习俗，并不意味着两个民族之间会有什么禁忌之恋，这种传说中的传统习俗在果期、果统一带的哈尼族和大顺寨傣族寨子之间流传较多，因为两种民族在这个区域是相对的近邻，而半山区哈尼族和河谷低地南沙傣族之间传说较少。事实上，这也是两个民族传统的良好互动往来联系的象征记忆之一。

在围绕"牛亲家"的生产工具、劳动力交换与互动往来环节中，牛同样不是作为商品和财富来进行交换的。在哈雅方言区的哈尼语中虽然没有与"财富""牲畜"这两个抽象概念直接对应的词语，但是"财产"一词的哈尼语与牲畜中被驯养的"家禽"的表述方式是对应的，同时，哈尼语中代表"财产、财物""家畜"的词"zeiq"，也会与稻作物的前缀词"ceiq"连用，"ceiqzeiq"① 也表示"财务""财政"的意思，因此，这意寓着传统农耕社会中的哈尼族以拥有很多家畜（畜力），或者拥有很多粮食（稻作物）为拥有"财富"的象征，但这只是浅层意思，更深层次的意义在于，他们已经掌握了在农耕社会中要不断获取畜力（牛）和稻作物这两项生产资料，才能更好地发展生产力的基本规律，而在民族交往交流过程中，他们也愿意将畜力这种表征财富的生产工具与其他民族共享，意味着梯田灌溉社会中的哈尼族很早就建构了与其他人群组织起来去消解"来自自然的限制"的意识。

【访谈 7-4】访谈节选：傣族口述史中的"牛亲家"和"寨亲家"

访谈对象：BW，男，傣族，元阳县民族宗教事务局

访谈时间：2016 年 5 月 24 日

山区的哈尼族和彝族，即便和我们傣族结成"牛亲家"关系，也只是互为亲家的两户人家在彼此的节日庆典中相互道贺，不会逾越禁忌去参加彼此村寨组织的集体祭祀活动。我认为，从"牛亲家"到"寨亲家"其实是一个历史演变的过程。牛亲家的存在应该在 20 世纪 50 年代以前以及更早的中

---

① 车树清、寒凝然：《哈尼语汉语常用词汇对照》，云南民族出版社，2015，第 60 页。

华人民共和国成立之前的历史时期。到了 20 世纪 50 年代初的农业生产合作社时期，因为牛都是集体的，所以不存在单户之间打"亲家"的说法，通常出现以生产队为单位的，整个村寨之间打亲家，"文革"时，山上的村寨因为资源紧缺，会举寨到下半山的村寨借粮食，在粮食借取的互动往来中，逐渐形成友好的关系，山上和山下的两个寨子，通常会根据各自的户数，来调整这种寨亲家关系，例如，一户对一户或一户对两户的关系。

听我的老父亲讲，在 20 世纪 70 年代的"文革"时期，我们旁边的南沙新寨就和胜村（今新街镇胜村村委会）的阿磨寨（彝族聚居村落）结成过寨亲家关系，这种互动关系一直持续到改革开放以后实施家庭联产承包责任制的时期。在河谷傣族秋收的农忙时节，阿磨寨的彝族人下山来帮忙，主要帮忙插秧、打谷子，双方在对方农忙时相互帮忙，都是按照坝区的生产耕作规律、规则来帮忙，从 50 年代的农业生产合作社时期到六七十年代的"文革"时期，这种相互的帮忙，按户出力，每个劳动力挣得的工分记在原生产队中。到了 20 世纪六七十年代的"文革"时期，我们梯田农耕坝区排沙河边的傣族村落，生产、交通工具都已经相对发达了。其实呢，山上和山下在寻找牛亲家、寨亲家时一个重要的条件就是双边要有能够便利沟通的交通条件，同时，两个寨子的人口、实力要相当（包括田地、林地面积大小相当，经济基础、劳动力等相当）。相互帮忙的主要活计就是：砌石头、打土基等。我们傣族的老一辈说，彝族不怎么会盖房子，像砌石头、打土基、架房梁之类的活计，哈尼族比较精通，所以，这方面的活计就经常请哈尼族来帮工。再发展到 20 世纪 90 年代，沙仁沟的进村道路就已经修成了，沿排沙河地区的傣族在 20 世纪八九十年代每户基本拥有了一辆农用车，交通基础条件相对较好。

那我们为什么更多的是和山区、半山区的哈尼族、彝族结成牛亲家和寨亲家，而不是和旁边的壮族和汉族结亲家呢？因为壮族的语言、风俗、稻作农耕生产周期节令都跟我们傣族比较接近，相互交换劳动力的话，无法错开农忙和农闲时令，所以这样的换工是没有意义的；高山地区的苗族和瑶族与我们坝区的傣族生产生活习惯实在差异巨大，且这两个民族常年处于流动状态，所以我们通常也难以和他们结为稳定的亲家关系。

根据上述的个案表述，不难发现，劳动力和生产技能方面的交换也是存在选择性的。这与世界上许多相对单纯的多民族社会中的交换形式近似。"在许多民族的简单社会中，理性原则普遍地发生于生产领域和资源配置的行为和活动中，但同时在交换领域，却广泛地以'非经济'的方式把产品作为礼物而相互赠送。"① 在梯田灌溉社会的多民族交往交流过程的交换个案中，我们发现交换的双方并不是完全非理性的基于情感的自愿贡献，而是要适当考量交换为自身的生产生活带来何种便利，或者为自身的投入产出节省了哪些成本。

从劳动力交换所串联的民族与民族（民族内部）关系层面来看，位于山地河渠灌区的哈尼族和彝族是使用基本相同或相近的稻作农耕技术来开发同一生态位的两种人群，尽管他们在语言、习俗、仪式方面存在明显的边界与差异，但是他们族源相同，有着包括万物有灵、自然崇拜等在内的一系列可共享的价值体系，加上前文所述的，彝族更擅长于掌握双语（彝语和哈尼语）技能，所以他们在交往交流、姻亲往来方面更加频繁，此外，由于他们的梯田布局以及灌溉水系之间盘根错节的互嵌关系，在稻作生产周期的重要时令中交换劳动力成了必然。

从稻作种植技术和灌溉技术来讲，山地河渠灌区和河谷热区

① 陈庆德：《资源配置与制度变迁——人类学视野中的多民族经济共生形态》，云南大学出版社，2007，第23页。

之间的差异性较大，譬如因为水热光照的综合因素，南沙傣族插秧的植株间距密度要大于中半山区的哈尼族和彝族，所以这一部分劳动力交换相对较少；而割秧打谷子以及背谷进仓之类的秋收活动是需要耗费大量劳动力的密集型活动，恰好河谷低地的傣族收谷子时（南沙傣族稻作区一般阳历六月份前后就可以收割稻谷），高地山区的哈尼族、彝族的梯田还在谷穗初黄的时节（山地稻作民族的收割时节随着海拔高度的增加而推迟，最晚到每年阳历的十月末才将谷子完全收进仓内），因此，存在劳动力相互交换的可能性。

三　人与社会的关系：多民族协商一致的灌溉组织原则

毫无疑问，梯田农耕社会里的多民族，无论他们的差异性有多大，他们都被统一到一种同质生计方式——以人工灌溉为主的劳动力密集型农业。因此，在资源配置与制度变迁的视域下去理解多民族与灌溉社会的关系，既要关注灌溉社会成员如何组织起来，去与自然实现能量和物质的交换，也即本研究的旨趣——不同的人群如何组织起来，共同配置灌溉水资源以维持稻作生计并实现再生产，同时也要关注灌溉社会成员之间的关系，也即围绕灌溉组织活动所发生的人与人（尤其是持有不同文化的民族之间）之间的交往交流活动。历史上生活在相同的稻作生计空间占据着不同生态位的不同人群，在族群、语言、文化、信仰等方面维持着各自的边界，却没有彼此对立起来，而是将互动关系维持在一个平衡的限度内，即便目之所及的那些偶发性的冲突也仅仅是因为灌溉水资源以及山林、土地等配置性资源竞合失序所致，而非文化或价值冲突。

相应地，在梯田灌溉社会中理解人与社会的关系，实质就是在灌溉组织制度框架内理解人与自然（如水、梯田、山林）、人与人之间的关系如何走向秩序化和规范化的过程。从人类的发展史来看，人们不断尝试的使"来自自然的限制退却"的努力过程不能说是一帆风顺的，譬如个案 7-1 提到的，历史上的红河哈尼梯田区域出现过强行改变梯田稻作垦殖自然规律，将稻田改种棉花，因物候水土各个方面条件不相符而导致该种植失败的个案，这便是典型的因人未能尊重自然规律而导致的人与自然关系失序的例子。人与人之间关系有序与否对多样性整体社会秩序的建构具有举足轻重的意义，多民族共构相同生计空间的个案在世界上比比皆是，仅仅《族群与边界——文化差异下的社会组织》一书中就有数十种来自世界各地多民族生计互嵌个案，包括《弱者的武器》《缅甸高地诸政治休系——对克钦社会结构的一项研究》《农民的道义经济学：东南亚的反叛与生存》等有关东南亚多民族社会结构的民族志描述，再到当前资源冲突理论的《何故为敌——族群与宗教冲突论纲》，这些著述中所论及的统治与被统治、冲突与共生、互补与互嵌的社群多样性关系，都是被置放到某种社会结构和地域空间内，去做一个整体性的比照和探讨的，也即，讨论人与人的关系，事实上是在讨论该关系所支撑的水的秩序和规范的问题，无论是失序的冲突、战患频发，还是有序的大致平衡，都是社会多态性的一种个案或说是地缘呈现。

梯田灌溉社会中的社群组织为我们呈现的就是一种协商一致的基本社会秩序规范，这些秩序和规范突出体现在他们安排和组织灌溉生活的日常中。我们在田野中不断发现，在族群构成单位越复杂、越大型的灌溉社会（依据前文划分的灌溉社会类型）中秩序和规范越被强调，尤其是在多民族口述的那些集体历史记忆中，规范的重要性越被强化，这就是莫斯讨论的社会分工为基础的交换中所存在的那种前提——"古式社会"的基本特征，梯田灌溉社会成员集体历史记忆中的"古式社会"中的资源配置秩序也呈现这样的关系。"当我们观察世界上许多被称之为仍保留'原始'经济形态的民族时，资源配置的财产权利制度和技术组织制度，就展现出了非同质性和重合交叉的存在。"[1] 为什么在大型灌

---

[1]　陈庆德：《资源配置与制度变迁——人类学视野中的多民族经济共生形态》，云南大学出版社，2007，第48页。

溉社会中通常要更加强调基于多民族集体"实践意识"的协商性秩序与规范？因为这种类型的梯田灌溉社会是多样性并置的，并置的多样性也包括不同民族各自的核心价值体系所支配的那些资源的个体性配置原则，而"在某个确定的共同体公有制下，既可以由全体成员的联合劳动进行资源的集体配置，也可以由其部分成员进行资源的个体性配置"①。所以，多民族的梯田灌溉社会在灌溉水资源的配置上，为保持资源竞合关系的正向性（有序性），就必须注重跨民族、跨村寨之间的联合灌溉行动中的那些基于利益让渡、协商一致的集体配置规则。概言之，梯田灌溉社会中人与社会的关系，是人与自然之间、人与人之间维系和调整相互关系，达成动态平衡（在灌溉失序的冲突和灌溉有序之间的调适）的一种保持社会稳定和持续的状态。

第二节　协商过水：基于利益让渡实现灌溉
水资源的平衡配置

在前文关于哈尼族、彝族、傣族各自的灌溉组织活动的讨论中，我们分别提及他们那些围绕灌溉组织生活的扩大的社会交往活动，事实上，这种突破民族、村寨边界的扩大的社会交往是稻作生计空间内实现有序灌溉的必然，"由于灌溉的发展改变了人们原有的社会与经济关系，使人们形成了大量的与灌溉相关的社会的、经济关系。例如在灌溉设施的修筑与管理的过程中所形成的合作的规范，灌溉过程中所形成的新的经济关系，例如水的分配、水权、相关的法律制度、管理制度，甚至灌溉的水源地区以及中游、下游之间的社会网络关系，使对水的控制成为社会控制新的力量"②。当然，在梯田灌溉社会的制度变迁中，并没有形成必须

---

① 陈庆德：《资源配置与制度变迁——人类学视野中的多民族经济共生形态》，云南大学出版社，2007，第49页。
② 郑晓云：《水文化与水历史探索》，中国社会科学出版社，2015，第158页。

以一种价值观去凌驾和统御其他文化和价值的历史趋势，也不存在必须牺牲一部分（一群）人的生存和发展权利而去服务另一部分（一群）人的生存与发展的非此即彼的竞争关系。因此，围绕灌溉水资源等的配置性资源的权力竞争，也并不像中国北方治水社会或中国东南宗族组织制度下的灌溉水利组织之间那般白热化，应该说，不断地"为自己供给新制度来解决（诸如灌溉水资源配置之类的）公共池塘资源问题"①，也是梯田灌溉社会中的联合灌溉行动主体在延续那些传统的公共资源（山水林田）治理规则时适应制度变迁的一种策略。

灌溉水资源的竞争与合作关系，无论是正向的还是负向的，当然都有权力竞争的隐喻。在多样性并置的哈尼梯田灌溉社会，历史上包括灌溉水资源配置权在内的支配权之争，更多的是配置性资源的控制权之争，而非与权威性资源相关的统治权之争，故不会出现因权力竞争多方之间张力过度而引发大规模的暴力冲突和权力兼并的问题，此外，围绕灌溉活动开展交往交流的多民族所共同拥有的经验范畴，也即所达成的"共识域"，往往会成为纾解配置权竞争张力的润滑剂，基于这些共同的经验范畴，灌溉社会中的多民族在历史社会互动实践中面对资源互竞冲突时积极调适与和解，实现利益的让渡及整合，经由协商一致而共构了集体认可的配水秩序，以及灌溉组织原则。

梯田灌溉社会中的多民族基于"共识域"的协商性过水秩序分别从组织、制度、精神层面得以体现。就灌溉组织而言，山地河渠灌溉的哈尼族和彝族更易于结成突破族际和寨际边界的水利队、赶沟人组织，而历史上基于梯田农耕社会所处的制度环境的变化（封建领主制、封建地主制），在"土司""掌寨"的土地（梯田）上也有沿着灌溉水系自上而下串联多民族的集体水利灌溉组织体系；就灌溉制度而言，各个层级灌溉社会中的配水秩序和

---

① 〔美〕埃莉诺·奥斯特罗姆：《公共事物的治理之道：集体行动制度的演进》，余逊达、陈旭东译，上海译文出版社，2012，第122页。

配水行动，终将在最大型灌溉社会的顶层——"诸水之源"找到一个分水木刻或分水石刻的聚合点，也即，自上而下的灌溉水系和"上满下流"的过水秩序，已经将梯田灌溉社会中的一切成员和他们的配水行动整合到了总体的分水度量系统中去了，即便不同的民族和村寨会在各自的梯田和灌溉"水路"上进行灌溉水资源的个体性配置，但因山水相连、田阡互嵌，作为梯田整体灌溉社会的成员，他们要在联合灌溉行动中遵守那些经由协商达成一致的灌溉水资源配置秩序；就多民族精神层面的水崇拜、水知识和水文化系统而言，最具关联性的是那些突破族群、信仰边界的多民族共襄的"神山圣水"集体祭祀仪式，对"诸水之源"的集体祭祀仪式，其功能仅指向多民族的联合灌溉行动，也即，仅对集体的灌溉水事活动有效。不同的梯田农耕民族在他们各自的经验范畴内，在他们的物理空间和神圣空间内，还同时维系着以自身信仰为特色和边界的大大小小的祈雨仪式活动。

一 组织："官沟"和"民沟"与"赶沟人 – 灌田户"组织

简单来说，梯田农耕社会中的不同人群，总是被土地和水这两种与稻作农耕生计密切相关的自然资源——配置性资源关联起来，在资源配置与制度变迁的过程中，他们总是围绕灌溉行动而开展交往交流活动，这便是突破族际和寨际边界的梯田灌溉组织出现的原因。

首先，田块之间的交错分布，使人的关系交织在一起。具体到梯田最细节的组成部分——田埂，都可以在灌溉生活的日常中串联人与人的关系，在梯田灌溉系统中，从人们日常栖居的村寨到开展农事活动的梯田的唯一通道就是这些遍布蜿蜒的田埂，也即你到你的水田里从事稻作农事活动，需要从我的田埂经过，田埂不仅是生产劳作的必由之"路"，也是劳作间歇栖息、搬运稻谷的重要载体，因此，田埂的宽度、长度、硬度以及开放度都是人与人关系融洽的表现。土地一旦被开垦为人类用以维持生计的梯田，就被赋予了社会文化意义，自然属性的梯田蕴含了人与人的社会关系，正因为田是有历史的，是社会性的田，所以同为梯田灌溉社会成员的族群、田户之间，因为开沟造田的集体历史记忆、田的现代产权、灌田的水资源的配置问题，而必须组织起来联合行动，因此，土地（梯田）资源成为人与人的联合劳动组织关系的第一项自然基础。

其次，灌溉渠系的"水路"与作为"路"的梯田田埂一样，也具有关联人与人关系的社会意义。田既是重要的生产资料，也是水的载体；水是重要的灌溉资源，也是梯田得以千年存续的前提（哈尼梯田必须常年储水保水）。哀牢山上自上而下的地表径流，如若不经由成千上万级梯田层层过水和储水，便也无从成为制约人与人社会关系的配置性资源，因此，水从何而来，经过谁的寨子，流过谁的田，灌溉谁的田，这一系列错综复杂的关系又要求不同的人群必须克服族群、文化层面的边界，通过联合的灌溉行动组织他们的稻作生计，维持灌溉社会的动态平衡。这种围绕灌溉水事组织起来的大规模族际联合劳动在史料和不同民族的集体记忆口述史中屡见不鲜。"清乾隆五十二年（1787年），龙克、糯咱、绞缅三寨合议，决定在浦壁河源头（今纸厂）开挖水沟，灌溉良田。三寨出银160两，米48石，盐160斤，投工匠近千个，结果修沟未通。嘉庆十一年（1806年），三寨再议修沟，并决定每'口'水（'口'即当地放水计量）出谷150斤，银180两，米20石，盐100斤重修，经过两年多努力，终于将沟修通，此为境内由群众集资集劳开挖的第一条水沟。但是清嘉庆二十二年（1817年），由于社会动乱，水沟年久失修，未显效益。清道光九年（1829年），三寨又出银52两，重新修沟，并定下规约，立下石碑，凡不按规定参与整修，违约放水者一律处予重罚，致使沟渠长期受益于人民。"① 这种由民间集体投资投劳修建的，保障一群

---

① 云南省元阳县志编纂委员编纂《元阳县志》，贵州民族出版社，1990，第151页。

灌溉社会成员灌溉需求的水沟称作"民沟"（将与后文中土司主持修建的"官沟"形成对照），类似地，跨地域、跨村寨、跨族群联合劳动修建"民沟"的案例，在多民族的历史记忆口述史中也较常见，如第六章的个案中提到的 L 寨的彝族沿着 C 村哈尼族、彝族等民族的"水路"一直向水源点百胜寨开挖灌溉渠系最终未果且引发纷争的个案。灌田户组织，超越民族、村寨边界，以土地和灌溉用水为联合劳动的新标志，这种水田交错分布的格局下所形成的灌溉组织及其协商过水的组织原则，是避免老百姓发生用水冲突的最有效的办法，因为水田的错落分布"你中有我，我中有你"，所以在水源的利用上也能起到相互节制、制衡的作用。大家总体上呈现和谐的相互共赢的协商用水模式。无论是灌溉失序的负向冲突竞合关系，还是像龙克、糯咱、绞缅三寨这样正向有序的集体灌溉组织行动，都是多民族围绕灌溉水资源联合组织的竞争与合作关系，是族群关系的一种镜像。

在历史社会变迁中考量梯田灌溉管理组织的制度设计及其变迁的话，则应该从红河南岸地区确立了封建领主制的历史时期说起。尽管在封建领主制、封建地主制以及之前的各种社会形态中的梯田灌溉社会本身没有被纳入集权国家的水利社会管理体系中，但是皇权或王权的地方"代理人"土司和掌寨，也会在自己直接辖制的"官田"范围内，组织佃农开凿对应的"官沟"。"红河土司在唐宋时期已有开沟引水，垦造梯田。经过明代、清代和民国几百年的发展，水沟和灌溉面积不断增加。至 1949 年止，红河南岸的元阳、红河、绿春、金平等地土司地区，共修建有大小水渠14450 余条，灌溉面积达 259500 余亩。其中元阳县 2600 余条，灌溉面积 90000 余亩。"[①] 土司和掌寨等在地化"夷官"在哈尼梯田核心区围绕灌溉水事和梯田农垦活动，将辖区内不同民族的佃农组织起来开展大规模的联合劳动的个案在史料中也较常见。"清光

---

① 郭纯礼、黄世荣、涅努巴西编著《红河土司七百年》，民族出版社，2006，第170~171 页。

绪二十年（1894 年），芦子山村的方公明，在猛弄土司的支持下，带领村民在寨边开挖了一条长四公里的水沟，耗资 3000 元（半开），消耗大米 200 石。历时一年，建成通水，灌溉农田 500 亩，改变了芦子山历来无水田的状况。"[1] 这条水沟与"路那沟"一样，被当地百姓称作"土司沟"，迄今在梯田核心区攀枝花乡的梯田灌溉水系中发挥着持续灌溉功能。

　　无论是土司（或其他社会形态下的封建领主、地主）主持修建的"官沟"还是普通灌田户联合开挖的"民沟"，都有相应的"赶沟人－灌田户"组织以及"沟头－水利队"组织来保障协商一致的灌溉过水秩序。"红河南岸土司地区都有一套管水用水的水规水法，违者罚款。由土司（笔者注：主持）修建的'官沟'，设一沟长专门管理，按灌溉田亩多少，木刻放水，每刻水收取若干沟谷作为土司的管沟收入。如元阳县的纳土司，'每刻水收取沟谷 2 斗 5 升（75 公斤），年收沟谷 20 石（2000 斤）'。"[2]"官沟"存在"河沟长"管理组织，其"沟头"自然就是区域内享有最高组织权的封建领主或地主，而"民沟"的管理组织也并非松散无序的。"数村或数户联用的水沟，由当地里长、招坝指定，或由群众推举，或各村寨老协商，推选出代沟长（管水员）1 人或数人，统一管理或分段管理，以木刻放水，用水户按木刻缴纳沟谷，作为沟长的报酬。水沟的维修，工程不大的由沟长自负，工程较大的由用水户投劳投资，共同修理。"[3] 应该说，在梯田灌溉社会成员尤其是哈尼族的集体历史记忆中分量较重的"赶沟人－灌田户"组织在梯田农耕社会的灌溉水事安排中，具有悠久的历史且沿革至今在梯田灌溉社会中依旧发挥了持续的社会功能。

---

[1]　云南省元阳县志编纂委员会编纂《元阳县志》，贵州民族出版社，1990，第 150 页。

[2]　郭纯礼、黄世荣、涅努巴西编著《红河土司七百年》，民族出版社，2006，第 174 页。

[3]　郭纯礼、黄世荣、涅努巴西编著《红河土司七百年》，民族出版社，2006，第 174 页。

二 制度：沟权与木刻/石刻分水制度

应该说在梯田灌溉社会特定的制度环境中"占用者（这里指共同支配灌溉水资源的集体行动者）已经设计出种种治理体制，它们在各种相当不确定的、变化的场景中存在了很长时间。虽然处理公共山地所涉及的特定问题不同于治理灌溉系统所涉及的问题，但是所有这些长期存续的制度安排都具有共同的特点。这些案例清楚地显示了处理复杂的公共池塘资源场景的、有效的自主治理制度的可行性（但显然并不是可能性），但这些资源制度的起源却仍不得而知"①。哈尼梯田灌溉社会中围绕公共灌溉水资源配置的那些古老的内生秩序也随着制度变迁而自发调适着，于今之制度场景，亦很难回溯那些基于"共识域"而生成的治理制度的起源。

以改土归流之前的梯田灌溉社会为例，在红河南岸地区"十土司和十五掌寨"的分片辖制之下，不同的封建领主、大小地主在各自的势力范围内收取赋税"保境安民"，一部分土司和掌寨，也会组织辖区内的各民族开展围绕灌溉水事的联合劳动，沟权虽有异，但因为是在同一个灌溉系统中共享古老的引水—储水—配水—退水的地方经验知识，所以无论是土司在各自辖区范围内组织不同民族开展联合劳动所修造的"官沟"，还是跨民族-村寨集资投劳组织修建的"民沟"，其水资源配置制度基本相同。实际上，无论是土司所有的"官沟"还是民族-村寨共有的"民沟"，都有近似的木刻/石刻分水制度作为配水机制，来规范和调整灌田户的用水秩序。"民沟"的配置制度也一样，"数村或数户联片梯田共用一木刻用水时，用水需遵循'上满下流'的乡规民约。下方的农户不得在上方田未灌满水的情况下，放上方田水灌下方的田；上方的农户灌满自家田水后，也不得将溢出的田水引向别处。如违

---

① 〔美〕埃莉诺·奥斯特罗姆：《公共事物的治理之道：集体行动制度的演进》，余逊达、陈旭东译，上海译文出版社，2012，第123页。

反就要处以罚款或者赔偿由此造成的损失"①。木刻/石刻分水制度是处在各个社会形态中的全体梯田灌溉社会成员——各梯田农耕民族协商一致的集体共享的灌溉秩序之保证。

制度和权力通常被人们用来理解资源的配比关系，常规来讲，掌握了权威性资源的绝对配置权的人或阶层，往往就会将自己对配置性资源的绝对控制权及配置意志变成制度，以此规约那些在制度框架内服从其资源配置秩序的人。但是，梯田灌溉社会没有验证这一常规理论。改土归流之前的滇南红河南岸地区，甚至在中华人民共和国成立以前的近现代，由于存在土司制度以及封建地主势力，所以，这一时期的梯田农耕社会往往被想象成被控制在某个大封建领主的集权控制之下，而灌溉组织活动和灌溉制度也被理解为土司的意志。"土司不仅是本区政治上的最高统治者，而且是所有土地山林的最高所有者……土司在上述金字塔层层梯田般的政治结构和经济结构中，具有至高无上的权力。用当地哈尼族百姓的话来说，土司梯田顶上通通观水口的人，他把水口堵住，全部梯田都要干枯，他把水口放开，恩泽广被群山。"② 尽管土司或掌寨在梯田农耕社会中确实组织过佃农进行开沟造田活动，但事实上，他们的这种组织很是有限，他们的分水管水制度也不能规约整个梯田农耕社会的全体灌溉社会成员。土司和掌寨只管直接属于他们的那部分田（土司的私产，亦称官田），也即，他们组织的灌溉行动在梯田灌溉社会中并非全覆盖的，整个梯田灌溉社会在封建地主制社会形态及以前，由"十土司和十五掌寨"分别划地辖制，因此并不存在一个最高层级的土司的集权辖制和相应的灌溉水事管理和组织制度。

质言之，在传统的梯田灌溉社会中，与其说是土司的管水分水制度，不如说是一部分梯田稻作民族的配水原则和地方性知识，

---

① 郭纯礼、黄世荣、涅努巴西编著《红河土司七百年》，民族出版社，2006，第174页。

② 王清华：《梯田文化论——哈尼族生态农业》，云南人民出版社，2010，第57~58页。

在维系着集体灌溉组织行动中的大部分配水秩序。如前文所述，在多民族的立体筑居分层习惯上，哈尼族总是喜欢居住在自上而下的河渠水系的水源林附近，因此，对水源林具有天然的"控制权"，这也便解释了为什么多民族灌溉社会"上满下流"的过水秩序，往往要在哈尼族的顶层水源林的木刻/石刻分水系统里找到一个最高聚合点，但这并不意味着哈尼族就要绝对占据梯田灌溉社会汇总全部灌溉水系水源的总控制权，即便哈尼族更多的是分布在"诸水之源"附近，但是他们的田往往是和彝族、壮族甚至是傣族交织在一起的，哈尼族的灌田"水路"也许分别经过其他民族的寨子和水田，因此，并不存在哈尼族或某一民族要争夺至高的水源林和水系等权威性资源的控制权的历史现象，这也是梯田灌溉社会中配置性资源竞合关系总是能够趋向正向竞合，且能从灌溉失序的负向冲突中走向协商过水、一致和谐的深层社会原因。

三 精神：多族共襄的"神山圣水"集体祭祀仪式

在多民族的梯田灌溉社会中，与那些基于联合劳动而产生的突破族际、寨际边界的灌溉组织和相应的联合水资源分配制度相比，民间宗教信仰体系是最能界分"族群""他我之别"的边界的标志。尤其是在族源迥异的氐羌与百越两大系统后裔民族之间，因为在他们各自的传统宇宙观中对"天地人鬼神"之间的关系的认知和理解各不相同，但是，在哈尼梯田灌溉社会的田野个案中，"边界"的突破，不仅仅表现为多民族联合稻作灌溉行动中出现了跨民族、跨村寨的"沟头－水利队""赶沟人－灌田户"组织，还表现在同一条灌溉水系上自上而下立体筑居的多民族共同参加"诸水之源"的"神山圣水"集体祭祀仪式上，这意味着，这一条水系上联合灌溉的多民族在以"祈雨"为象征的灌溉水事诉求中超越了信仰的边界，至少是在以灌溉水源为诉求的祭祀仪式过程中突破了信仰边界。

关于哈尼族、彝族、傣族等梯田农耕民族在他们各自的信仰体系指导下的灌溉社会中的水崇拜、水神信仰、与水相关的农耕礼仪、祭祀的仪式的异同点，就不在此复述。但是，为什么同一灌溉水系从山上到山下的所有族群都要共同参与到同一场仪式中，在这种集体"酬神""敬天"的象征性仪式中，多民族默认以居住地距离"诸水之源"最近的那种民族的祭祀仪式为集体祭祀活动的基本形式（注意：不同民族的水神信仰或灌溉农耕祭祀礼仪在内容和形式上是不同的，即便在同一个梯田灌溉民族内部，家祭、寨祭和寨群之间的公祭活动仪式的内容和形式也不尽相同）。这种"将单个的灌溉社会联进了整个水系范围的生态系统当中"① 的季节性祈雨仪式，所发出的讯号就是："特定群体的成员在履行其责任与义务之后而享有的权利。"② 因此，作为整体梯田灌溉中的个人的行动要与集体的利益一致，要符合集体行动的基本逻辑，以集体组织原则为依据。

在哈尼梯田灌溉社会的核心区与缓冲区，分别有两座被多民族集体祭祀的水源神山——东观音山与西观音山。如绪论中的田野点介绍，两山是世界文化遗产哈尼梯田区域内的许多纵向水系的重要水源，分别为梯田核心区和缓冲区的上万亩梯田提供了重要的灌溉水源，是梯田稻作与灌溉农耕活动中不折不扣的"诸水之源"。因而，纵向水系上分布的多民族，突破各自水崇拜、水神信仰和灌溉农耕礼仪的边界，以某一民族的祭祀礼俗为内容和形式，到水源"神山"东、西观音山开展的集体祭祀仪式及其组织活动就有了典型的代表意义。

位于梯田核心区东观音山脚下的爱春村委会、胜村村委会（两个村委会属于元阳县新街镇）以及相邻的新寨村委会（隶属元阳县嘎娘乡）的哈尼族、彝族聚居地，至今还延续着一种古老的集体祭祀山神的祈雨仪式，哈尼语称作"波玛突"。根据当地哈尼

---

① 〔美〕克利福德·格尔兹：《尼加拉：十九世纪巴厘剧场国家》，赵丙祥译，上海人民出版社，1999，第89页。

② 岳永逸：《社会组织、治理与节庆：1930年代平郊的青苗会》，《文化遗产》2018年第2期。

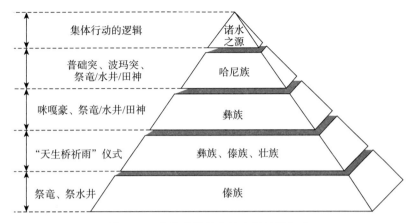

图 7 - 5　多族共襄的山神水源祭祀仪式

族民间宗教人士——贝玛的记忆口述史描述，"波玛突"祭祀仪式
在当地已经持续了数百年之久，这项盛大的集体祭祀神山仪式由
东观音山脚下的哈尼族村寨——爱春村来组织，历史上，沿着东
观音山水源向下流淌的两条纵向水系马龙河以及大瓦遮河流域上
的各族人民都会来参加哈尼族组织的"波玛突"东观音山祭祀仪
式，甚至会有河谷热区的南沙傣族来参加祭祀仪式，这些傣族主
要来自南沙地区的五邦、冷镦等傣族聚居区，而五邦和冷镦刚好
是东观音山水系主要支流——马龙河汇入低地红河水系的冲积平
坝地区。

【访谈 7 - 5】访谈节选：东观音山集体祭祀山神仪式的各
民族参与者

访谈对象：MYJ，男，哈尼族，元阳县新街镇爱春村委会
大鱼塘村，贝玛

访谈时间：2016 年 4 月 13 日

我们多依树和爱春村原来属于同一个村委会。所以，历
史上我们是一起祭祀东观音山的，传统祭山祈雨仪式，我们
哈尼语称"波玛突"，"波玛"意指大山，"突"就是祭祀、
献祭的意思。我们祭祀的神山哈尼族话叫作"阿波普础突"，

图7-6 从仪式祭祀点仰望的东观音山主峰——"五指山"

就是祭祀"圭山"，但是他们汉族听成了"观音山"，就把"圭山"叫成"观音山"，我们哈尼族也就跟着叫"观音山"了。我们献山，主要是献山上的山神，山神住在观音山最高的主峰"五指山"上。参加祭祀观音山的村子以前很多，哈尼族、彝族寨子，还有南沙的傣族也会来。现在主要就是多依树和爱春两个村委会的人参加了。我们多依树村委会共有8个村民小组，其中多依树小寨和平安寨是彝族寨子，其余都是哈尼族村寨。每年的祭祀东观音山活动，多依树村的哈尼族寨子都会派代表去，多依树小寨和平安寨这两个彝族村寨中的村民，愿意的可以去参加仪式。

活动经费爱春按照爱春的算，多依树按照多依树的算。我们多依树组织献山的费用，主要由村民凑，每户人家平均摊，多依树村委会的集体公款也会拿出来开支一部分，因为这是村寨集体的事情，所以全村都不会有意见，公款开支不足的由老百姓凑齐；现在，村委会会找相应的县级部门单位筹款。

到了山上，献山仪式的活动由爱春村委会的大咪谷和老贝玛主持。其他买"牺牲"、做准备那些活动主要由两个村委会共同组织，贝玛主持活动。每年根据经费状况决定杀牛还是杀猪。仪式的主要目的是祈求风调雨顺，寨子安康。在山上杀牛、杀猪时，我们老贝玛要念经，祭祀竜树（神树）时，贝玛要扎黑色的"包头"。"牺牲"需要活着抬上山，祭品由专门的人在山上宰杀，在山上吃一部分，吃不完的要放在山上祭祀，不能带回家。我们一起祭祀东观音山的地方，并不是东观音山最高的地方，而是选在看得见最高主峰"五指山"的地方祭祀。为什么每年的献山活动都要由爱春那边的大咪谷和老贝玛来主持，是因为东观音山比较高的那座主峰，主要偏向爱春那个方向。

下面以笔者亲历的东观音山集体祭祀仪式——"波玛突"的过程为例，来描绘当地梯田农耕民族祈雨祭山的大致过程。

基于之前的大量深入的田野接触、准备工作和与当地各级政府人员的相关沟通，2016 年 4 月 15 日，笔者获准参加了元阳县新街镇爱春村委会大鱼塘村组织的一年一度的东观音山"波玛突"祭祀仪式。据主持仪式世家的老贝玛介绍，中华人民共和国成立前，以附近的马龙河和大瓦遮河为界，从山头到山脚的，都集中到东观音山来参加这个山神祭祀活动，包括傣族、彝族，还有壮族。该祭祀仪式在爱春一带持续了无数代人了，中间因历史原因有过间断，20 世纪 90 年代以后到现在年年祭祀，演变到现在，主要就是整个爱春村委会的人参加了，还有多依树小寨、平安寨那边的彝族也会来，南沙傣族已经有二三十年没来过了。

祭祀东观音山，其实并不是说由仪式的主持者和参加者们一起爬到东观音山的主峰制高点去完成祭祀仪式（因为据当地传说，迄今为止也没有当地人真正登上过该主峰），实际上，祭祀东观音山主峰五指山的地方，是在五指山的对面，一个两面环山的地方，中间有一条小路，从村子到神树旁约半小时脚程。据主持仪式的老贝玛描述，祭祀的"牺牲"（祭品）就是一年杀猪隔年再杀牛，轮流地杀，献山用的"牺牲"如果是杀猪，就需要一头健全的黑色公猪、一头黑色母猪，如果是杀牛的话也要健全的黄牛，猪、牛身上不能有任何瑕疵，还要一只成年红公鸡、一只成年红母鸡、一只母鸭子、一对小鸡仔（小公鸡、小母鸡）。买"牺牲"的钱就由整个村委会每户人家平摊。所有参加的都要平摊，多依树小寨、平安寨那些，他们自己均摊，爱春村委会以自然村（村民小组）为单位，出人、财、物力参加，限男性，18岁以下的不能参加。爱春村委会每个村民小组至少要出一至二人，高家的小孩不满18岁也可以去。但是，家中有孕妻的丈夫不能参加仪式，山上的祭品只有男人可以吃，吃剩的祭品要挖个坑埋在山上。整个爱春村委会有六个村民小组，每个村民小组每年都必须参加，不出人参加也要凑钱，钱一般由村民小组长收齐再交村委会，活动现场会将财务收支状况进行公示。据笔者亲历所见，2016年的东观音山"波玛突"仪式杀的是一头公牛。

根据爱春一带哈尼族村寨的建村建寨史，"波玛突"祭山神活动的队伍，每年必须在爱春村委会大鱼塘村高姓人家开始（高家的祖先是爱春这片区域最早的建寨者）出发。高家也是咪谷的世家，现任咪谷是大鱼塘村的高有祥。祭祀仪式当天，六个村民小组派出的代表先到高家集合，"牺牲"在前一天已经摆在高家。高家世世代代保存着一个专门用来盛放祭祀用酒的罐子，在当地哈尼语中称为"哩古多"，"哩古"指放酒的小罐子，这个小罐子是神物，世世代代放在高家，放在外人看不到的安全的地方，主要保佑寨子平安。咪谷每年从高家将小罐子请出来放酒进去时，要念经。2016年，笔者亲历参加的"波玛突"仪式的日子，是农历四月第一个属马的日子，所有参加献山仪式的人同时从高家出发，出发时间在上午十点到十一点。每个寨子上山的人数都有相应的名额规定，笔者发现由来自爱春村委会不同自然村的几个年长、资深的长者负责将祭品用背篓背上山（这些人家族内部没有不好的"不洁"的事情发生），除祭品外，需要背上山的还包括七个竹子编制的椅子，这些背祭品的人要身披蓑衣，并用芭蕉叶覆盖住祭品。上山后，咪谷、贝玛及其助手便各司其职，着手准备工作。负责背东西上山的长者们也开始着手各种事宜。参加仪式的人们用新砍下的树枝搭起一张小桌子，并用树叶和芭蕉叶覆盖其上，在这个搭起的小桌子上放置主要的祭品，三只小碗里放白开水，贝玛主刀杀了牛，整理干净的牛的下巴被放在祭桌上（贝玛还介绍说，如果是杀猪的那年，要在这个地方放猪的右前脚）。祭桌上的祭品，除三碗白开水外，还要一碗姜汤水、三碗肉（现宰杀的肉）、三碗米饭、一个煮熟的白鸡蛋、三碗酒（这三碗酒是从高家掌管的罐子"哩古"中倒出来的，这个"哩古"罐子在上山之前从高家的祭台上取下时，必须由高家的人取下来，在山上的祭祀仪式中可以由别人来将其中的酒倒出）、三双筷子。一对小鸡仔中的小公鸡，宰杀后，要用火烧再用于献祭，不能煮。祭品宰杀完以后，要让背碗筷和祭品上山的人先吃饭，所有食物一律不准加佐料，吃饭时只能一块一块地夹菜。大红公鸡要活着带回家，交给贝玛，在贝玛家中单独做一次仪式（主要用来献祭祖先、师父之类的）。小母鸡要活埋在山上作为祭献。一切准备工作就绪之后，在贝玛的主持下开始了正式祭祀仪式，贝玛按照记忆念经祈福，祈求全年风调雨顺、寨子安康。经文是分为好几个阶段念诵的，前后做了两个小时左右的仪式。事实上，在上山之前，贝玛就已经开始了仪式的祝祷词念诵，例如在"哩古多"家里请出神罐"哩古"时念相应的经文，在山上宰杀祭品时念一段经文，在正式祭祀中念一段经文。在所有仪式结束之后，上山参加仪式的全体男性成员也完成了对祭品（牛、猪、鸡等）的清洗和烹制，于是大家便以村寨为单位，席地而坐，开始共餐仪式，分享祭品，集体共餐仪式开始之前，咪谷、贝玛、"九人"①以及负责背祭品上山的各村选举出来的长者要作为桌首，最先开始仪式性用餐，之后才是所有人集体共餐。当山神祭祀仪式结束之后，下山的过程也具有仪式规范，待所有参加仪式的人员（这里是指除咪谷、贝玛及其助手，负责运送祭品的人，以及集体"九人"之外的其他男性，包括各个民族的仪式参加者）下山之后，咪谷、贝玛、"九人"以及长者要留下完成后续收尾工作，收拾东西的同时，主持仪式的大贝玛还要给当天所有上山的人叫一次魂，才能下山。共餐仪式之后，吃不完的祭品不准带下山，要在山上就地掩埋，以示对山神的尊重。

和那些古老的公共灌溉水资源治理规则和秩序一样，随着环境变化、情境迁移和制度变迁，东观音山的"波玛突"山神祈雨仪式的来源也有较多演绎。

【访谈 7-6】访谈节选：爱春祈雨仪式的来由（大瓦遮水系上游）

访谈对象： 国家级非物质文化遗产代表性传承人，MJC，男，哈尼族，元阳县新街镇爱春村委会大鱼塘村，贝玛

访谈时间： 2016 年 4 月 15 日

旁边的嘎娘乡和我们爱春村委会交界的哈单普村的尽头有条洪沟（冲沟），是一条水源河流，叫作大瓦遮河，一直从山上流到南沙热区，从这个地方到石头寨（彝族）、南沙五邦（傣族村寨）的人都会来参加我们一年一度的"波玛突"仪式。主要有南沙五邦、冷镦的傣族，新街石头寨的汉族和彝

---

① "九人"通常是每个寨子各出一个人，这个人身份、家庭环境必须清白、干净，没有不好的事情发生。一个寨子中有符合这样条件的多个人可以多出人，没有符合条件的也可以不出人，但是一定要凑足"九人"。

族仆拉人，黄茅岭乡的傣族、哈尼族、壮族。这些人来我们
爱春和旁边的多依树（属于胜村村委会）参加"波玛突"仪
式是新中国成立前的事了，山下面的那些傣族、彝族骑着马
上来，新中国成立前后，来参加"波玛突"祭山神活动的其
他民族在半路上被打劫，加上"文革"时期"波玛突"活动
被禁止，那个时期，仪式也是断断续续的，所以慢慢地，傣族
和远处的彝族那些就不再上来参加我们的"波玛突"了，这些
历史记忆，南沙那些傣族中估计七八十岁以上的老人才知情。

　　"波玛突"仪式举行得不恰当的话，会影响从山头到南沙
五邦、冷镦地区的庄稼收成情况，这些地方的傣族的灌田水
直接就来自我们东观音山嘛。老古说，我们祖先搞"波玛突"
献山仪式就是为了求雨，求山神保佑寨子安康，风调雨顺，
庄稼好收成，没有灾难祸害。一般"波玛突"祈雨仪式举行
之后即便不马上下雨，风通常也会很大。如果说当年雨水太
多的话，也可以通过仪式改变天气。如果仪式不灵验的话，
就会影响一个山头下面的所有庄稼户当年的收成。"波玛突"
仪式一般是在每年农历四月第一个属马的日子举行。关于
"波玛突"仪式是怎么来的，这个要从我们爱春村最早来建村
建寨的高家说起，高姓和马姓是来爱春这个区域最早建村建
寨的哈尼族，历史上也不知道是哪个年代，说是高家有一位
姑娘（名字叫作"诺姒"）一直不愿意嫁人，后来她自己说要
嫁给东观音山，就是我们哈尼话说的"圭山"了嘛，他们汉
族老是叫这座山观音山。诺姒的父母说不过她，就把她嫁给
神山（观音山、哀牢山），把她送到了观音山最高的山峰——
五指山上，我们哈尼话管这个五指山叫"阿什，阿波诺诺"。
它就像人的五个手指头，在观音山的最高峰上。姑娘嫁到山
上去了之后，就跟山下面的父老乡亲说，我嫁到五指山上，
如果你们需要雨水，就要在每年的农历三月到四月给我祭献
一头猪、一头牛，我就会请"阿波诺诺"给你们雨水，保证
有水灌田，谷穗饱满，庄稼丰收。于是从那时候开始，每年

一次的祭山神（"波玛突"）仪式就开始了。在后来的祭献仪式中，"牺牲"（就是献山宰杀的祭品）是轮换的，就是比方说今年杀牛献山，明年就杀猪献，后年再杀牛。

"文革"以前我爷爷一直主持着献山仪式（与来自高姓的咪谷一起），因为爱春一带的贝玛只能出自我们马家，咪谷只能出自高家，我们马姓又分为大马姓和小马姓，远古的时候，这两个姓是同一个爹的两个儿子分户出来的，大儿子是大马，小儿子是小马，我这个马就是小马姓的，以前一直是我们小马家的贝玛和大咪谷一起主持献山仪式，最近几十年都是他们大马家的贝玛去主持。中间还发生过一件事情，以前一直是我爷爷主持"波玛突"仪式，后来有一年，他老人家年老体衰，不能再上山主持仪式，大马家的贝玛那个时候还年轻，不能主持这种盛大的集体仪式，于是寨子（爱春）就去请了其他村寨的贝玛（多依树村那边也是姓马的老贝玛，以前这家人还是土司的管家呢）去献山念经，这位贝玛上去参加主持了仪式之后，当年他家里就有灾祸发生，还有就是当年的"波玛突"仪式也不灵验，咪谷和贝玛念完经之后，没有雨水降下来，后来硬是把我80多岁的爷爷抬上山去重新做了一次仪式，才恢复了正常，历史上一年做过两次"波玛突"仪式的就是那年了，具体是哪年我记不住了，我当时还太小，不能跟着上山去。从那以后，就一直是一年献一次观音山。

现在的"波玛突"仪式由爱春村大马家的老贝玛马有金主持，他也主持了十几年了，从年纪上说，他是我的徒弟，我们老贝玛之间，就是那种互为师徒的关系，年长的、经验多的会教给年轻一点的，下一辈又会跟这一辈教出来的贝玛学。现在光是我们爱春村委会就有十多个贝玛，但是只有我们马家的老贝玛才能去跟咪谷一起主持献山仪式。现在的"波玛突"仪式简化了很多，来参加的人没有以前那么多了，主要是爱春村委会的哈尼族和胜村多依树来的一小部分彝族参加。以前热闹了，附近的多依树、土锅寨、普高老寨、大瓦遮的人都会来参加。仪式买"牺牲"、买吃食等所发生的费用，由全爱春村委会的人户均平摊，其他村委会来参加的人不用凑钱，跟着一起上山参加仪式，完了在山上一起吃祭品。"牺牲"的话除了杀牛或者杀猪，还包括一斗谷子、一只公鸡、两只半大鸡、一只羊、一升大米（活祭），这些祭品到山上才能宰杀，仪式的全过程，贝玛都要念经，在山上宰杀的祭品要全部放在山上，不能带回家。而祭祀用的猪、牛肉则按户数来分配，外村来的人，按全村的户数来分配，以前，从外村来参加仪式的那些其他民族，也是一个人算一户，平均分配给他们，然后在山上吃，也不能带回家，带回家就不吉利。在山上举行仪式时，贝玛念经时，所有人都不能讲话，不能抽烟，要默默地待着。这个仪式只能是成年男子参加，一般是一家出一个成年男丁，但是爱春村的高家可以例外，他们家的男性成员，只要是能走路的，都可以去参加献山，改革开放以前，仪式更严格，所有参加"波玛突"仪式的人不能穿白衣服和红衣服，贝玛和九个咪谷在念经时不能穿鞋子，身子重（家里妇女有孕）、不干净（家里有不好的事情发生）的人不能参加。改革开放以后，规矩变化了很多。

图 7 - 7　咪谷正在搭建祭台（2015）

图 7 - 8　搭建好的祭台（2015）

图 7 - 9　献给山神的公鸡（2015）

　　与东观音山对应的西观音山，位于世界文化景观遗产哈尼梯田的缓冲区。也是许多自上而下的梯田纵向灌溉水系的重要水源区域，多民族集体祭祀西观音山的祈雨仪式，在西观音山脚下的牛角寨镇新安所（彝族、哈尼族聚居）、果期（哈尼族、傣族聚居）、果统（哈尼族、壮族聚居）等地区的许多村落都有，其中以果期村委会组织的包括哈尼族、彝族、傣族等民族在内集体参与的一年一度的祭山神仪式最为隆重，也最典型。

图 7 - 10　献给山神的公牛（2016）

图 7 - 11　献给山神的公猪（2016）

【访谈 7 - 7】访谈节选：西观音山祭祀仪式的组织

访谈对象：BJM，男，哈尼族，元阳县牛角寨镇果期村委会七座村

访谈时间：2017 年 4 月 1 日

我们果期村委会一带，主持圭山（西观音山）献祭仪式的贝玛和咪谷都出自果期大寨，果期大寨是果期村委会一带最早建的哈尼族大寨，而最早建果期大寨的两种姓氏是马姓

图 7-12 均分"牺牲"（2016）

和郭姓，所以必须是马姓的贝玛、郭姓的咪谷一起主持"阿波普础突"仪式。整个果期村委会有 12 个村子，每个寨子都有他们的咪谷和贝玛，有的寨子还有好几个贝玛。我们七座村（隶属果期村委会的一个自然村）从来没有停止过祭竜（祭祀寨神林），有的寨子因为没有咪谷而中断了传统仪式，中断一年，三年之内就不能再做传统仪式。我们七座村建寨300~400 年，从未中断过祭竜。

以前献观音山的那些"牺牲"还有山上需要的东西，都是寨子选出来的"约头"负责去买，现在就由我们村委会领导班子来组织采买了。西观音山祭祀用的祭品，去年杀牛的话，今年就杀猪，村委会支持工作，然后具体就由果期大寨的会计计算出今年所需的全部费用，包括买"牺牲"的费用，付给咪谷、贝玛的相关费用等。然后将所有费用按照 7 份平摊，意思就是献山的时候，我们果期村委会又把所有寨分为 7组：果期大寨因为寨子大人多，分为 2 组；果期小寨为 1 组；

硬村大寨和新寨归为 1 组；西乃座正正地在西观音山脚下，单独为 1 组；七座上寨与下寨归为 1 组；硬村小寨和大顺寨归为 1 组。大顺寨是傣族寨子，以前一直参加集体献山仪式，现在看他们意愿，愿意就来参加，也不需要他们平摊买"牺牲"和其他那些费用。祭祀山神的猪或者牛等"牺牲"，先按照 7 组来分配，再由小组按照组里参加祭祀活动的户头来平均分配到户。即便不上山的人家，也要按户出钱，因为你家也是"住在这个山头下面"的人家。但是这户人家当年没有人上山参加活动的话，你家就分配不到山上的祭祀用品。

应该说，西观音山祭祀山神的传统仪式具有历史的延续性，其灌溉社会内部的整合动员功能迄今得以发挥，尽管随着社会历史的发展变迁，多民族的集体共襄的神山献祭仪式发生了许多变迁，参与的人群从西观音山纵向灌溉水系上的数种民族变成了今天的以哈尼族为主的现状，祭祀仪式的组织方式也发生了变化，但是仪式本身所附着的"敬天""酬神"寻求自然力量庇佑灌溉需求的传统愿景并未消解，仪式形式和内容也具有相对完整的相承性。

【访谈 7 - 8】访谈节选：西观音山祭祀仪式

访谈对象： MXL，男，哈尼族，元阳县牛角寨镇果期村委会果期大寨，贝玛

访谈时间： 2017 年 4 月 2 日

笔者： 阿叔，您能给我介绍一下您从学习到当上贝玛再到参加主持献西观音山的经历吗？

MXL： 每年献山（西观音山）的"阿波普础突"仪式，都是和果期大寨的郭家的大咪谷和其他小咪谷们一起主持。我出生在贝玛世家，我父亲和爷爷都是贝玛，我记得我是从 18 岁开始学习贝玛知识的，跟父亲学习，念口功、背联名家谱。我们祭祀西观音山，哈尼话叫作"阿波普础突"，跟平常每个寨子各自的"普础突"不同，"阿波普础突"是整个村委

会（果期村委会）的人都参加，大顺寨那些傣族也参加，因为我们都是一个山头下面的人嘛，以前，我爷爷他们主持献山仪式的时候，我听说南沙的傣族、新安所的彝族，还有果统肥香村的壮族都会来参加。每年献山时需要的"牺牲"有：一只红公鸡……每年都要猪或者牛，两年之内轮流杀（今年杀猪明年杀牛），必须是公猪、公牛……

笔者：那您和大咪谷他们一起念的口功里面有没有求山神下雨的内容？

MXL：干旱的年份求雨，雨季求天晴，总体上是为了求风调雨顺。

笔者：西观音山上的神在我们哈尼话中怎么称呼？

MXL：阿波普础。祭祀西观音山就是阿波普础突。"普础"是指最高的山上住着的神们。西观音山就是我们这里最高的山头，类似于他们汉族讲的珠穆朗玛峰那样的高山，虽然实际海拔没有那么高，但是在我们的心中它就是最高的山，是我们哈尼族的神住的地方。

笔者：那既然西观音山上住的是我们哈尼族的山神、水神这些，那些傣族、彝族和壮族一起来参加献山神仪式，山神同样也会保佑他们吗？

MXL：当然要保佑啊，我们都是一样的住在西观音山水源头下面的人，"阿撮"（傣族）、"哈窝"（彝族）、"沙人"（壮族）① 老祖们都是一个山头下面一起找食吃的人，他们来跟我们一起献我们的山神，跟我们一起磕头，山神高兴了，我们有水了，水肯定也会淌到他们的田里面去的。

笔者：阿叔，我听说大顺寨的傣族以前一直来参加祭祀的，后来为什么中断了没上来，我看今年他们寨子好像也没

---

① 笔者注：梯田灌溉社会中的各世居民族，基于集体历史记忆，对区域内的各兄弟民族都有"他称"，比如此处，哈尼族老人称傣族为"阿撮"；称彝族为"哈窝"；称壮族为"沙人"。

人来参加？

MXL：大顺寨傣族以前也会上来参加祭祀，但是已经有
十五六年没有来参加。以前主要是他们的村民小组组长、村
干部、竜头、贝玛（应该是指傣族的传统宗教人士），一般会
有7~9个人上来，自己带吃的东西。他们上来参加献山，需
不需要凑钱，我就不清楚了，因为他们是和硬村分在一个组
里，不知道他们具体怎么操作。傣族上山，完全按照哈尼族
的方式，也跪拜哈尼族的山神。后来，他们慢慢地不来参加
了，主要原因是当时的交通条件太差了，傣族要上来参加仪
式也是非常不容易，于是就再也没有上山来参加仪式。

图7-13 修建西观音山祭山道路功德碑

图7-14 西观音山山神栖息的地方

图 7 – 15 献给山神的"牺牲"——公猪（2017）

图 7 – 16 献给山神护卫的公鸡（2017）

图 7 – 17 用来唤醒山神"护卫"的公鸡（2017）

图 7 - 18 　大咪谷正在搭建祭台（2017）

图 7 - 19 　咪谷和贝玛正在进行祭祀仪式（2017）

　　前文分别论述哈尼族、彝族、傣族三种典型的梯田稻作农耕民族的水崇拜、水神信仰和水仪式时，对他们的水神灵系统进行过分门别类的描述，事实上，并没有一个被哈尼族、彝族、傣族集体认可的水神寄身在梯田灌溉水系的水源之神山上，尽管如此，像傣族和彝族社会中灌溉社会成员描述的一样，大家都是"共用一个山头的水的人"，所以"哈尼族的大咪谷和贝玛求来的雨水变成沟水，流进他们的寨子，也流过我们的梯田，所以哈尼族跪拜他们的山神（仪式中的环节）时我们跟着跪拜了”。

实际上，本研究的旨趣并不在于讨论“神山圣水”祭祀仪式本身的宗教功能，梯田灌溉社会的“诸水之源”——东观音山与西观音山，迄今还同时存在的这种多族共襄的集体祭祀（祈雨）仪式，其详细过程以及仪式背后那些古老的原旨诉求已经在个案报道人的论述中得到了呈现，诚如拉帕波特的界定，传承着古老仪式是因为“人类无法控制自身环境中对他们至关重要的许多活动与过程，人们体验到一种无助感。这种无助激起了人们的焦虑、恐惧和不安全感。举行仪式则能抑制人们的焦虑、驱逐其恐惧，并给人们提供一种安全感”①。灌溉与稻作关乎全体梯田农耕民族至关重要的生计和再生产问题，在科学思想和技术还没有发达到令人能够抵御“来自自然的限制”的前工业文明时代，逢干旱年份，“诸水之源”提供的灌溉水体不能满足庞大的关系社会的灌溉用水需求的时节，因缺水而不能维持生计的焦虑便是多民族集体祭祀仪式的最佳驱动力。

相较于这些古老的宗教意义上的功能分析，本书更关注“神山圣水”集体祭祀仪式所蕴含的社会功能，尤其是在灌溉社会中串联人与人的关系，使持有不同文化和信仰边界的人因为灌溉水资源配置行动而联结在一起，实现历史上的交往交流，那么，仪式在这个层面上就变得有意义，因联合灌溉行动而结成的域内“共同体”，在仪式互动中不断强化了“共有精神家园”的地方感以及历史氛围感，仪式的社会功能是清晰的。前文论述中提到，在“梅花间竹”的立体分层筑居空间选择上，更倾向于居住在灌溉水系水源林上的哈尼族，因为与其他民族的田阡和灌溉“水路”的交织分布关系，并未出现争夺灌溉水源控制权的历史行为，但是，在多民族共同祭祀“神山圣水”的集体行动中，哈尼族显示出了天然优势，在上述的数个个案中，我们发现，通常是哈尼族

---

① 〔美〕罗伊·A.拉帕波特：《献给祖先的猪——新几内亚人生态中的仪式》（第二版），赵玉燕译，商务印书馆，2016，第13页。

传统村落社会中的核心权威象征——咪谷和贝玛，在主持多民族共襄的"神山圣水"祭祀仪式，这就意味着，这种超越民族、村寨、信仰边界的，以稻作农耕活动能有序开展为愿景，以社会持续再生产为诉求，以人口绵延再生产为旨归的集体行动中，所有参加仪式的民族，都被整合到了以哈尼族的水崇拜、水祭祀为仪式内容的信仰系统中了。驭水与祈生作为灌溉共同体的行动主题，让行动者在集中、均衡、可持续中守望互嵌，千年赓续。

第三节　灌溉有序的个案：麻栗寨河水系上的多民族及灌溉秩序

在哈尼梯田灌溉社会中，多民族围绕灌溉水资源配置所开展的竞争与合作关系，总体上遵循"上满下流"的天然过水秩序原则。基于灌溉诉求而实现集体联合劳动的逻辑，多民族之间在灌溉组织与管理、灌溉技术与制度、水崇拜与水神信仰和传统稻作农耕礼仪（组织、制度、精神）等方面的联系，使农耕生活中的交往交流得以实现。当然，因稻作生计高度同质而出现的突破民族、村寨、信仰边界的交往交流和实现对存在"他我之别"的对方的选择性认同，并不意味着梯田灌溉社会就获得了一以贯之的和谐性基础。灌溉水资源竞合关系的正向与负向也即灌溉有序或灌溉失序，始终与可供集体支配和共享的灌溉水资源的充裕性相关。

换句话说，作为配置性资源而存在于梯田灌溉社会中并与传统的稻作农耕关联密切的水资源，在一片稻作区域内（或说一条纵向灌溉水系所联结的大、中、小型灌溉社会）是否稀缺，稀缺到什么程度，往往决定了该区域水资源竞合关系的导向性（正向——协商一致，灌溉有序；负向——纷争冲突，灌溉失序）。在不考虑单位梯田灌溉社会内人口自然增长率以及现代文化遗产旅游业开发而大量涌入的外来企业、人口等方面所增加的生活用水消耗量的前提下，基于传统梯田灌溉社会中的水体资源和需要被灌溉的水田数量之间的配比来看，当地人总是有智慧把二者的供需维持在一个相对平衡的水平之内，也即，在不断促使"来自自然的限制"退却以及排除各项社会干扰的努力与尝试中的人们总是有智慧把人与资源的关系控制在一个平衡状态之内。我们不能忽略任何一种地方性知识，在调节当地人与自然的物质和能量交换关系方面，在调节人与人的交换和互动关系方面的功能及这种功能的相承性。

事实上，不同的民族在相邻的空间内各自调整人与自然的关系，并基于灌溉水资源和土地等配置性资源集体配置的需求进而促成人与人（民族与民族之间）的交往交流，这便意味着不同的人群都被整合到了一个连贯的整体性生态系统中去了，质言之，在梯田灌溉社会这个连续的整体空间内，没有一个群体是可以孤立地存在的，所以，基于灌溉行动中的"共识域"而实现的协商一致原则，必然在多民族的集体灌溉水事活动中具有重要的指导意义。

一　麻栗寨河水系上的民族和村寨

1. 麻栗寨河水系概述

绪论部分的田野点简介中，已经就麻栗寨河水系及水系上的部分村寨进行了概述。麻栗寨河位于世界文化遗产哈尼梯田核心区红河州元阳县境内，该水系的主要源头位于元阳县新街镇全福庄村全福庄小寨，也是梯田文化遗产三大景观区之一的坝达景观集群的重要组成部分。麻栗寨河水系上游位于梯田核心区中部，东临大瓦遮梯田，西接牛角寨梯田，主要在新街镇境内，处于梯田旅游小环线上，交通通达度较高。麻栗寨梯田片区"森林－村寨－梯田－水系"四素同构的生态系统以及生物多样性体系较完备。麻栗寨河源头最大的支流来自全福庄，左岸和右岸的各个村寨和山涧都有大大小小的水系汇入，水系灌溉着片区内的6000多亩梯田。该水系的水体一直延伸到哀牢山麓河谷坝区的傣族聚居区，为干热河谷傣族寨群提供了重要水源。因汇入的支流众多，且上游接近水源林区域的水质较好，麻栗寨河的上游修建有全福庄水库、麻栗寨水库、安汾寨水库三大取水点，这三个水库以提供集镇饮用水为主，提供灌溉用水为辅。

麻栗寨河的过水区覆盖新街镇（中高海拔山区）和南沙镇（干热河谷区），河段全长为 21 公里，区间过水总面积为 83.1 平方公里，径流面积为 200 平方公里，年均流量为 2.69 立方米/秒。除了在水系纵向区域上为各梯田灌溉民族提供重要的灌溉用水，麻栗寨河还是元阳县政府（南沙镇）的重要饮水水源地，南沙镇（傣族聚居区）的重要饮用水采水和储水地位于新街镇计且村（壮族村寨），计且村位于麻栗寨河中段，与石头寨（彝族村寨，隶属南沙镇）隔河相望，距离南沙镇约 10 公里。计且村城市用水取水点的水源为麻栗寨河水系上的浅层地下泉水，设计年取水量为 153 万立方米，目前年供水量为 130 万立方米，总计为 2.21 万人提供日常生活用水，其中包括 0.21 万农村饮用水人口。

2. 麻栗寨河水系上的村寨与民族

麻栗寨河水系自上而下，串联了除苗瑶之外的全部梯田农耕民族，是一条立体而生动的民族文化生态线。作为哀牢山上的一条典型的集水线，麻栗寨河水系上的族群分布与筑居格局，将文化的生态适应对族群的空间分布的影响这一生态人类学的观点发挥到了极致。以麻栗寨河水系的流向（自高地全福庄流向低地南山）为参照系，水系左岸多为彝族尼苏支系聚居的村寨，如水仆龙、土锅寨、小水井等聚落；而右岸多为哈尼族聚居的村寨，如全福庄、麻栗寨、主鲁、倮铺等聚落。事实上，河流、灌渠等作为天然物理边界，将不同的民族围聚在不同的方位与不同民族历史上在梯田灌溉社会中进行空间位移时建村建寨选址的偏好等传统因素相关。

要说麻栗寨河对梯田灌溉社会中的多民族"梅花间竹"的立体空间分布格局的呈现，那就要将这条冗长的自上而下的纵向灌溉水系分段来看，以石头寨为切割点（这也是后文将要论及多民族集体仪式的重要分割点）来看，河段可分为上游（全福庄、土锅寨、麻栗寨片区）、中游（芭蕉岭、石头寨，以及计且村片区）、下游（南沙河谷地区的五亩寨片区）三段，不难发现，不同的民族，刚好在麻栗寨河水系上呈现立体分层的筑居布局，哈尼族与彝族在海拔相对较高的水系上游毗邻而居，相应地，哈尼族依然保持着靠近水源头的居住传统，壮族倾向于选择在海拔持中的水系中游居住，他们主要与族源相同的傣族毗邻而居，有时也会选择与彝族为邻，但很少与哈尼族为邻；而在水系汇入江河的低地平坝地区则是傣族和一部分汉族的主要聚居区，干热河谷的炎热少雨、高蒸发量的气候使得氐羌系民族更愿意选择在海拔相对较高的冷湿地区生存。

二 "一致同意"的协商过水秩序

梯田灌溉社会中，处在不同生态空间（以海拔为自然界线）的不同族群，首先分别有一套符合各自文化特征的生态适应策略；其次，他们在纵向灌溉水系上的水资源支配的竞争与合作上，不断地调整着各自的资源（因水田交织互嵌而形成的联合灌溉行动）占有方式，基于协商一致的过水秩序，一直在探索基于灌溉水知识"共识域"的各方都满意的配置制度。

在哀牢山梯田灌溉社会中，诸如麻栗寨河这样的诸多纵向垂直水系上，不同的梯田农耕民族呈现自上而下立体分层、"梅花间竹"的互嵌分布状态。这便意味着，水资源的稀缺性成为影响全体灌溉社会成员之间的水资源竞合关系的重要因素。就水资源的稀缺性而言，一旦纵向水系上的灌溉水资源稀缺性开始凸显，水资源竞合关系的负向性就会相伴而生，上、中、下游之间各民族、各村寨或相同民族、相同村寨的灌溉社会成员之间的用水资源不能同时满足，在居住空间选择上更接近水源的民族或村寨始终更具有优势，约定俗成的"上满下流"的梯田过水秩序本身也隐喻着山地河渠灌区的民族的这种天然优势，这是否就意味着当麻栗寨河水系上的灌溉水资源因季节、年份、气候的原因而达到稀缺的临界时，就会引发灌溉社会成员之间的水资源负向竞合——冲突或水利纷争关系。

事实上，无论是从可以查证的历史文献，还是从河段上、中、下游的世居民族的集体历史记忆来看，麻栗寨河水系上都没有出现过相关的水利纷争个案，这并不意味着该水系历史上没有出现过灌溉水资源稀缺性突破临界的现象，而是不同的民族依据他们的生态位空间选择，进行着适应环境的策略性变革。在环境人类学家全京秀看来，如果将文化视为适应系统，那么适应战略就是"人们为了获得与使用资源或者为了及时解决共同面临的问题而扬弃以往的失误，重新调整人际关系"①的过程，这种针对生态环境而变革的适应战略在麻栗寨河水系上，尤其是水系的中下游地区得到了验证，自20世纪90年代以来，由于麻栗寨河水系上不断在修建水库，历史上专用于灌溉的水源被不断分流出去支撑集镇和城镇的生活用水，水源紧缺问题不断凸显。另外，随着社会尤其是市场环境的变迁，交通的基础设施便捷程度的不断提升，以及元阳县城搬迁（20世纪90年代初，因地质灾害问题，元阳县城从新街镇搬迁到了南沙镇）城镇化问题，以石头寨为界，位于麻栗寨河水系中游的石头寨彝族村落、计且壮族村落和南沙镇五亩、五邦等村寨的大量水田被征收作为城镇建设用地，这些村寨不同的稻作农耕民族的生计方式也随之发生了改变，人们面对更多的可供选择的发展方式时，总是趋向于选择经济回报最优的方式，于是麻栗寨河水系从中游到下游的彝族、壮族、傣族等民族，纷纷选择了将水田改为旱地，种植灌溉需求不是那么大的香蕉、甘蔗等适宜该区域温层特征的经济作物，这种与现代市场经济和社会发展变迁相适应的生计策略选择，对于麻栗寨河水系中下游的不同民族来讲，只是一种相对较优的选择，但对于整个纵向灌溉水系而言，无形中缓解了因水资源变得稀缺而存在的上、中、下游灌溉社会成员之间的张力和隐患。

---

① 〔韩〕全京秀：《环境人类学》，崔海洋、杨洋译，科学出版社，2015，第6页。

图 7－20　麻栗寨河上游丰水期的水量

图 7－21　麻栗寨河水系上游灌溉的梯田

【访谈 7－9】访谈节选：麻栗寨河中下游的生计变迁和民族关系

访谈对象：YZX，男，傣族，元阳县民族中学

访谈时间：2016 年 4 月 9 日

石头寨的田地，是从 20 世纪 90 年代初开始出租或开始产业转型的。由于农村产业经济调整，半山地区的旱地可以用来种植香蕉等经济作物，所以石头寨的村民们不用耗费更多的劳动力和成本到山脚的河谷地区种植水稻，因为石头寨彝

图 7 - 22　旱季麻栗寨河水系中游的水流量

图 7 - 23　麻栗寨河水系中游种植的香蕉

族的水田大多数分布在河谷南沙的傣族聚居区。来自红河县等邻近县区的哈尼族来到元阳县南沙河谷地区，租种石头寨等村寨村民们的土地，主要就是种植香蕉，这些外来的哈尼族有四五百户，因为哈尼族的传统生育观和傣族有所不同，这些外来的哈尼族每户至少有 3 个孩子，他们在租种的土地边上搭建简易的临时居住地，平常种植香蕉，农闲时就就近进城务工。土地租金约 1500 元/（亩·年）。这些哈尼族在农闲时期进城务工，主要从事搬运工、泥水匠等工作，收入约 150 元/天。

从民族关系来讲，我们南沙一带的傣族，在 20 世纪 90 年代之前还不太会做生意，90 年代以后，思想逐渐开放，会在街面上做一些小生意，90 年代以来，傣族也逐渐与当地其他少数民族通婚，与汉族通婚的情况较少，仅有公路沿线的极少部分傣族与汉族通婚。从我爷爷他们那一辈的记忆开始，历史上乃至今天，我们河谷地区的傣族也经常和半山区、山区的哈尼族、彝族、苗族等结成不带血缘关系的"好友"关系，这是一种建立在资源相互交换基础上的友好互动往来关系，河谷地区的傣族会给山区、半山区的"好友"提供稻米等资源，而后者通常会带来山上的野味、药材等。位于河谷热区的傣族地区物产相对比较丰富。

无论是第六章"纷争"中提到的"G1-G2"多民族水利纷争个案还是本章论述的麻栗寨河水系串联的多民族，其实质都指向共享同一基础资源，即同一纵向灌溉水系上的公共灌溉水资源的占用者们，那么"（公共池塘）资源占用者生活的关键事实是，只要继续合用同一个公共池塘资源（合用同一纵向灌溉水系），他们就处于相互依存的联系中。当采用有限的制度规则来治理和管理公共池塘资源时，这种自然的相互依存并没有消失"①。事实上，为了解决共同面临的水资源配置问题，不同民族根据所占据的生态位而做出的"扬弃"或者说是自身利益的让步、让渡，实质上是指那些与集体灌溉行动相关，但是与族群内部的组织和行动逻辑相关不大或是不相矛盾的内核，基于这样的"扬弃"或利

---

① 〔美〕埃莉诺·奥斯特罗姆：《公共事物的治理之道：集体行动制度的演进》，余逊达、陈旭东译，上海译文出版社，2012，第 45 页。

益让渡所调整出来的，就是多民族协商一致的灌溉秩序、过水原则。

在我们田野调查的大量事实与个案中呈现的多民族的联合灌溉行动中，那种协商过水或者基于生态适应利益让渡而实现的水资源正向竞合的个案，远远多于灌溉失序所导致的冲突个案。或许，那些握持着差异与多样性导致资源竞争和文化、价值冲突的假设的人们要失望了，事实上，灌溉失序所引发的冲突和有序灌溉下的多民族互动与和谐，同样都不能把族群之间的差异和多样性抹平，只是越来越多的纵向水系上多民族协商一致，有序共构他们的支配水资源的"共识域"的个案，使我们越来越明确，在多样性并置的稻作生计空间内，差异和边界不是导致冲突的根本原因，相反，多样性在某种程度上甚至促成了动态的和谐。

三 麻栗寨河水系上的山神水源分层祭祀仪式

如果说水资源稀缺性最后影响到了灌溉社会成员联合劳动的组织原则，那么，梯田稻作民族围绕水和水资源配置活动所形成的"神山圣水"信仰系统，则与水资源的专用性密切关联了。资源（资产）专用性是一个经济学概念，威廉姆森认为资产在不牺牲生产价值的基础上，能够有不同的用途或由不同使用者利用的程度决定了资产专用性的程度。在灌溉社会中水发挥灌溉功能的资产专用性程度越高，就意味着它能够被重新配置于其他替代用途（被替代使用者重新调配使用）的程度越低，申言之，水对于梯田灌溉社会最主要的功能就是维持稻作农耕生计活动，水对于梯田灌溉社会而言是专用的，且有排他性、非替代性。

在传统梯田农耕社会中，水的这种非可替代的灌溉专用性，使得一条水系上的不同民族对自然之水和水源神山都具有集体的敬畏感，而无论是氐羌系民族还是百越系民族，水源神山的祭祀礼仪已经成为他们传统农耕生活中的一部分。当然，与空间上的立体分层分布一样，纵向水系上的多民族围绕灌溉生活开展的水崇拜、水源神山祭祀仪式也是分段分层的，尽管在"诸水之源"的东/西观音山上有多族共襄的神山祭祀仪式，但是在每种民族自身的水文化和水神信仰系统内部还维持着一套自身的农耕祭祀礼仪体系，而麻栗寨河这条水利和民族文化生态线，刚好也给我们呈现了以民族为边界的多元"神山圣水"分层祭祀仪式。"由于生活在世界的人类按照所述的族群，对于以自身为中心的环境，分别以独特的方法去确立认知系统。因此，通过其认知体系，可以探定特定族群所理解的环境。"① 本节所讨论的仪式，在外延上既包括单个族群围绕灌溉组织行动开展的水源神山祭祀礼仪，又包括多民族共襄的祭祀仪式，将对梯田核心区最重要的纵向灌溉水系——麻栗寨河水系上的多民族祭祀"神山圣水"的集体仪式，按照他们所处的生态位和仪式特征来分段讨论，立体呈现多族共襄的集体仪式与各民族的水源祭祀仪式之间的异同及关联。

1. 麻栗寨河上游的哈尼族"波玛突"祭祀山神仪式

麻栗寨河上游的大部分村落以哈尼族为主，间以部分彝族村寨。水系源头基本为哈尼族村寨，上游尚持续存留的"波玛突"山神水源祭祀仪式以麻栗寨村为代表。当前，整个麻栗寨村委会有7种姓氏：张、李、白、杨、朱、马、卢。其中李姓和卢姓是大姓，卢姓是最初来麻栗寨建寨的人家。寨子的老贝玛主要出自张、李、朱、白等姓。在麻栗寨村内，如果日常需要做仪式，一般都是各个姓氏分别请自己姓氏的老贝玛。比方说，从麻栗寨分出去其他村寨的李姓人家，如果他们寨子里没有本姓的老贝玛，他们也会回麻栗寨请李姓的老贝玛。整个麻栗寨村民又分为8个组，1～8组按照姓氏来划分居住范围：1组主要是卢、杨二姓；2组主要是白、李、卢三姓；3组主要是李、卢二姓；4组主要是张、

---

① 〔韩〕全京秀：《环境人类学》，崔海洋、杨洋译，科学出版社，2015，第18～19页。

马、李三姓（其中马姓主要是招赘进来的姑爷）；5 组主要是李、卢二姓；6 组主要是李、卢二姓；7 组主要是李、朱二姓；8 组主要是李、卢二姓。

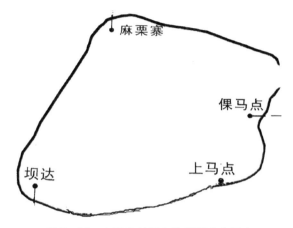

图 7 - 24　麻栗寨村委会的村落分布示意

资料来源：笔者根据 2017 年 7 月田野调查中在元阳县新街镇麻栗寨村委会所摄照片绘制而成。

【访谈 7 - 10】访谈节选：麻栗寨河上游麻栗寨村"波玛突"仪式

访谈对象： LZX，男，哈尼族，元阳县新街镇麻栗寨村委会麻栗寨村 4 组

访谈时间： 2018 年 1 月 30 日

麻栗寨村委会属于新街镇，下辖麻栗寨、倮马点、上马点、坝达四个村民小组，我们麻栗寨村民小组又分为 8 个组，属于纯哈尼族寨子，全寨有 700 余户，按照房子算有 800 余户（有的兄弟分家未分户）。旁边的上马点、倮马点、箐口、全福庄、坝达等地的部分哈尼族都是由麻栗寨迁徙过去的。

就集体的祭祀仪式来讲，麻栗寨村民小组的公祭活动有"昂玛突""普础突""矻扎扎"，还有整个麻栗寨村委会的"波玛突"仪式，也就是祭祀上马点村上面的那座水源山的献

山神仪式，传说有两个妹子（女神仙）住在上马点的山头，每年只要给她们献"牺牲"向她们求雨，她们就会给一个山头下面的人雨水，寨子就会安康，谷子就会饱满。我听我爷爷讲，历史上，整个麻栗寨村委会包括麻栗寨河水淌到南沙的那些傣族地方的傣族、汉族，都要一起上来祭祀上马点山上的那片水源山——麻栗寨河的水源，就是现在的上马点村民小组的正上方的水源山，我们麻栗寨寨脚你看得见的那些水田，有上马点的，也有倮马点的，还有坝达的、主鲁寨的。

十多年来我们这里已经没有"波玛突"神山祭祀仪式了，只有寨子自己单独进行的"普础突"仪式。我是 1962 年出生的，我记得我小的时候，什么年份记不清楚了，我们整个村委会，包括上马点、倮马点和坝达村的哈尼族，一起杀牛祭祀，在上马点上方的那个山头搞"波玛突"仪式，那个时候南沙的傣族没有上来，但是听老人说更古老的时候，有南沙傣族上山参加祭祀。历史上祭祀山头的直接目的是求雨，傣族后来渐渐不上山参加祭祀的原因，听老一辈讲是当时交通不便，道路不通，他们顺着麻栗寨河牵猪牵牛上山太不方便，以前还会在半路上遇到土匪抢钱，而且路途遥远，等到傣族走到山上时，山上的哈尼族已经走到水源山上开始祭祀活动了。所以后来南沙傣族就说以后不上山来了，光凑钱，人不上来了，新中国成立以后，尤其是改革开放以后，也不流行这些祭祀仪式了。

虽然随着社会变迁，麻栗寨河上游多民族祭祀山神的集体仪式只是存留在当地少数民族的集体历史记忆中，但是水系上游哈尼族的"波玛突"仪式有中下游的彝族、傣族参与的历史记忆，本身就是一条纵向水系上的多民族基于联合灌溉行动互动往来的象征。仪式能够互动，要基于不同民族在灌溉生活的日常交往中所建构的社会关系网络，例如，哈尼族与彝族、彝族与傣族之间的物质、经济生产资料的传输等，都是区域之间的"利益共同体"

形成的现实基础。山地和平坝稻作民族在共同应对"来自自然的限制"的过程中，都努力在资源配置方面实现各种社会关系和利益关系的平衡：人与自然、人与人、人与社会，在多元并置的生计空间内不断调适，趋于理性平衡。实际上，在维持稻作生计生存需求的"共同利益"下，文化和信仰方面的差异，在不触及各自的集体组织原则的前提下，都可以淡化。

2. 麻栗寨河中游的彝族山神祭祀仪式

麻栗寨河中游主要聚居着彝族（仆拉支系）、壮族、汉族（通常与彝族杂居）和极少部分的傣族。该水系中游地区的山神水源祭祀活动，以石头寨村委会石头寨村彝族仆拉支系的为典型。据较早迁入该区域的彝族仆拉人的迁徙口述史，石头寨村建寨逾200年。最早到石头寨村委会石头寨村的仆拉人是李姓，李家三兄弟最先搬到这里来了，后来其他姓氏也陆陆续续地搬进来，伴随着资源空间利用和再生产活动，人口数量发展到了当前规模。当前尚存留祭祀山神水源仪式集体记忆的仆拉村（石头寨村）的姓氏有7种：人口最多的李姓，李姓又分12种李，12种李的意思就是姓李的人家分别从12个地方搬迁过来，所以，都姓李但并不等同于汉族宗族社会里的那种共祖同宗的李，这种情况与哈尼族类似，他们的李分大李、小李，有很多李；第二是张姓，也分作12种张，情况与李姓相同；第三是白姓；第四是缪姓，这种姓，尼苏（彝族的另一个支系）没有，仆拉才有；第五是刘姓，整个石头寨村只有1家姓刘，是外面招进来的姑爷姓；第六是普姓；第七是马姓，马姓也少，只有几户人家。

【访谈 7-11】访谈节选：麻栗寨河中游的彝族山神祭祀仪式

访谈对象：L 某，男，彝族（仆拉支系），南沙镇石头寨村委会石头寨村人，毕摩（来自主持石头寨村祭祀山神仪式的毕摩世家）

访谈时间：2018 年 2 月 13 日

　　我们石头寨村属于石头寨村委会①。我们彝族仆拉人的祖先很早就住在这里了，最早一批先民是从江内（红河北岸）的石屏县先搬迁到了个旧，再从个旧搬到南沙，最后到石头寨定居的，至于为什么要迁过来，就说不清楚了，老一辈讲，到我这一代搬到石头寨的仆拉人就已经有200多年了。

　　祭祀山神的活动，最近十几年变化很大，我小的时候隆重得很。我们石头寨的仆拉人，单独献石头寨最高的那座山，仆拉话叫作"石老虎"，石老虎山上住着山神保佑着我们得雨水灌溉我们的水田，保佑麻栗寨河水常年不枯竭，保佑寨子安康，仆拉人样样都好。以前献山的时候，是三年献一次，"牺牲"要一头黄公牛，还有好些其他祭品呢，全村每家出一名成年男子，去山上，献完山，就分"牺牲"，按全村的家户平均分一点黄牛肉，后面大家就在山上一起吃，吃不完的可以带回家来，以前是石头寨村的人自己组织，毕摩上去念口功，我爸爸、我爷爷都是主持献山的毕摩。现在献石老虎山就是村民小组长组织，大家凑一点钱。这个献山神仪式主要是我们石头寨村的仆拉人在做，旁边的蚂蚱寨（隶属石头寨村委会）的尼苏人，还有其他几个寨子（隶属石头寨村委会）的汉族，他们都是不参加我们这个献山仪式的，不过，既然我们仆拉人的毕摩去求了山神，也给山神杀了"牺牲"，山神肯定是保佑这个村委会的所有寨子的所有人，我们都是同在

① 石头寨村委会：隶属元阳县南沙镇，世居彝族、汉族，以及一小部分傣族，哈尼梯田灌溉社会中彝族仆拉人主要聚居于该村。全村委会共有6个自然村14个村民小组，总户数900户，总人口3700余人，汉族与彝族在石头寨村委会呈现"大杂居，小聚居"的格局，其中彝族（仆拉支系）主要聚居于石头寨村，共300余户1500余人，占全村委会总人口的35%左右。石头寨村位于麻栗寨河水系的中下游交替地带，上与山地河渠灌区的哈尼族山水田阡相连，下与河谷低地的傣族水系贯通，水田相接。由于地理位置比较靠近南沙河谷地区，石头寨的基础设施和产业经济建设与发展相对较好。在饮水工程方面，1982年有自来水通村委会所在地石头寨村，1994年所有农户通自来水；在交通设施方面，2014年公路进村（村民小组），一条长达20公里的公路将村委会与南沙镇贯连；在农业经济方面，主要种植香蕉和甘蔗等热带经济作物作为农业产业支柱。

一个山头下，共用麻栗寨河水的人。

　　新中国成立前，我们石头寨仆拉人是归南沙的五亩土司（实际上是五亩掌寨）管的，我们就是"米色颇"了，就是彝族人、仆拉人的意思。献山的时候，土司和山下面的傣族、山上面的哈尼族（老虎山其实是麻栗寨河水系上游的麻栗寨、主鲁哈尼族村寨的山脚）也不来跟我们一起献，各献各的，高山的哈尼族村寨在上马点、倮马点献山的时候，南沙傣族和我们仆拉人还有石头寨的汉族也曾经去一起献，但那是我爷爷他们在的时候的事情了，我都70岁了，从我小时候记事开始好像没有上去过上马点后山献山。新中国成立前，麻栗寨河上的哈尼族、彝族、傣族，一条河上都在献山献水。我们以前归南沙傣族土司管，所以，每年要和南沙五亩寨的那些傣族一起到天生桥搞献水仪式，天生桥刚好作为分界，把麻栗寨河分成两段（事实上是麻栗寨河中下游被分为两段），一半是我们石头寨的，一半是他们傣族的，所以我们要一起献水。天生桥献水仪式估计有一两百年历史，祭祀轮流来主持，今年我们石头寨组织，明年他们五亩寨组织，现在变成政府来组织了，不管是哪一方组织，对方都要派代表参加，当然，献祭过程中能在河洞（溶洞）里念经做仪式的年年都是我们石头寨的毕摩。

　　和山上的哈尼族、山下的傣族的来往一直都很密切，新中国成立前，山上麻栗寨、主鲁、箐口的那些哈尼族会到我们石头寨来打工，就是帮着耕田犁地，那个时候土地（梯田）也不像现在划分得这么清楚，有的哈尼族在石头寨一住住了10多年，后来新中国成立了，国家开始分田分地了，哈尼族就回去山上种他们自己分到的田地去了。以前他们在的时候，我们这边的尼苏、仆拉人还会跟他们通婚，不过仆拉还是跟尼苏嫁娶得多，我们都是一个民族嘛，也有汉族嫁进来我们仆拉、尼苏寨子的，河脚（南沙）傣族跟我们就很少有嫁娶关系了。从远古到现在，我们跟山上的哈尼族、对面的土老

（壮族）还有南沙的傣族，都是有来有往的，相互帮工，借粮食，换工分……

石头寨彝族的山神祈雨祭祀仪式，是相对独立的，即仅仅以石头寨彝族仆拉支系为主。由于石头寨仆拉人在麻栗寨河纵向水系上所处的生态位上下具有相承性，他们的集体历史记忆中，有关稻作灌溉的联合劳动和多族共襄跨族群、跨地域祭祀山神水源的集体仪式的记忆也最丰富且有层次。

在关于彝族仆拉支系的这个访谈个案中，除了本章要讨论的山神水源祭祀仪式之外，"村寨主义"的传统组织原则也较凸显。从石头寨村彝族仆拉人的姓氏结构说起，在本案例中，当地世居的彝族仆拉人用汉名汉姓来命名，但这并不意味着仆拉人的同一个汉姓属于一个血缘宗族的同宗同姓，同一汉姓下的当地彝族人并没有一个血缘宗祠去祭祀他们的祖先，虽然在同一个汉姓下命名，但是他们各自保持着他们的迁徙记忆，在祭祀祖先的时候，同一种姓的人，例如12种李姓，也不会组织起来祭祀共同的祖先，因为这样同姓的"共祖"并没有血缘上的依据，事实上，梯田灌溉社会中的彝族在传统农耕礼俗和重大节日庆典中祭祀家祖的活动，是以家户为单位的独立行为，村寨意义上的公祭活动，祭祀的通常是守护整个村寨的神灵系统，而不是他们的祖先，即便在一年两次的村庙祭祀活动中，举寨祭祀的土主庙里，供奉的也不是某一家族的祖先，而是可以庇佑村寨的各种自然神灵人格化的塑身。相应地，典型的"村寨主义"组织结构中的哈尼族，也没有家族、宗族共同祭祀祖先的习俗，在梯田灌溉社会中的哈尼族，三代以上所有的祖先都称作"阿波""阿丕"，没有严格地按世系和辈分来划分祖宗牌位的传统和概念，在梯田农耕生产的重大节日庆典和寨祭活动中，都以家户为单位单独祭祀。无论是传统的彝族还是哈尼族灌溉社会，他们的稻作农耕礼俗以及基于灌溉诉求开展的祭祀活动，都是以村寨或是经由水系地缘联结而突破民族、村寨边界所组成的地缘联盟为单位，开展集体祭祀仪式的，

这时候，水系地缘联盟内的灌溉秩序、水源山神信仰体系，就是
联合劳动着的全体灌溉社会成员的行动逻辑和精神依据，"村寨
主义"的集体组织原则外扩到了以灌溉为整合基础的扩大了的地
缘联盟上，成了联盟内所有成员组织集体行动的指导性原则。

　　麻栗寨河水系中游向低地红河河谷热区过渡的地带，以彝族、
傣族、壮族等民族为主穿插散杂居，该区域至今沿袭着各世居少
数民族共同举行的一种集体祭祀仪式，即天生桥[①]祈雨仪式。天生
桥祈雨仪式，在南沙傣族地区称作"摩潭"仪式，本身是当地傣
族一年中农耕祭祀礼仪的一部分。该仪式有近300年的历史，明清
时期管理南沙傣族地区的五亩掌寨[②]要求辖境内的各个民族参加祈
雨仪式为其属地祈求风调雨顺、丰收和福泽，处在麻栗寨河垂直
水系上"共用一个山头的水"的彝族、哈尼族、汉族等，都会参
加该仪式。

3. 麻栗寨河中下游的彝族、傣族、壮族祈雨仪式

　　在前文田野点概述过程中已经简要介绍过麻栗寨河下游的少
部分彝族、大部分傣族以及极少部分壮族的分布、族源、现状，
尤其是生计变迁方面的问题。于麻栗寨河中下游地区的诸民族而
言，传统的梯田农耕垦殖方式发生了较大变化，与之相适应的那
些多族共襄的农耕礼仪也随着制度变迁而被赋予新的意涵，甚至
可以说是出现了基于传统的节日再造，麻栗寨河水系下游的"摩
潭"仪式的现代演绎可以说也是反映了"不同民族的多样性的传
统的生命也就在于多样化的生活道路的可能性"[③]。下面通过相关

---

① 天生桥：是麻栗寨河水系中下游（梯田稻作中高海拔哈尼族、彝族寨群向低海
拔傣族寨群聚居区过渡的地方）石头寨山和芭蕉岭山之间形成的一道天然溶
洞，麻栗寨河从溶洞中间穿过，灌溉南沙坝子和麻栗寨河流域的诸多农田，南
沙傣族耕种的大量农田受惠于麻栗寨河水系。

② 五亩掌寨：五亩掌寨是清代临安府辖区中著名的"十土司和十五掌寨"中的一
个，清代临安府辖区主要涉及今哈尼族的大聚居区红河南岸及北岸的部分地
区，五亩掌寨为傣族的地方首领，主要统辖今元阳县五亩、五邦、石头寨、排
沙等傣族和彝族、壮族先民居住的地区。

③ 马翀炜、张帆：《传统的保护与发明》，《云南大学学报》（社会科学版）2005
年第2期。

口述个案的形式呈现麻栗寨河水系下游以傣族为主多民族集体祈雨仪式的变迁历程。

【访谈 7 - 12】访谈节选：麻栗寨河中下游的多民族天生桥祈雨仪式

访谈对象：YZX，男，傣族，元阳县民族中学

访谈时间：2016 年 4 月 8 日

总体上来讲，天生桥祈雨（"摩潭"）仪式是以傣族为主导的古老祈雨祭祀仪式，南沙河坝属于干热河谷气候区，按照传统物候时令，每年农历二三月是南沙地区旱谷播种时节，然而这个季节正值当地枯水炎热期，降水量骤减，河川水流蒸发量巨大，垂直山地流域的麻栗寨河水系的水流量不足以供应南沙地区所有田地的灌溉用水需求，因傣族是典型的稻作民族，具有"尚水而居"的共性，故当地的"召勐主"陶氏（南沙五亩地区的掌寨）便在每年农历二三月份率领辖地范围内的乡保长和村寨的"赶"（各个村寨的伙头，相当于现在的村民小组长）到天生桥举行祭祀仪式，祈求风调雨顺、神灵庇佑、寨田满水、五谷丰登、百姓乐业、寨子安康。

南沙现在还流行着的天生桥祈雨仪式，从明朝五亩掌寨管理这片区域时就开始了，主要是在枯水期（通常是农历二三月份的春旱期）组织辖地内的群众集体到麻栗寨河向南沙河谷转折的地方求雨，新中国成立前，土司组织各个村寨（有石头寨的彝族、计且村的壮族，可能还有一部分哈尼族）的头人，长老组织本村寨的人，一起参加仪式。彝族、壮族之所以参加傣族的祭祀仪式，是因为南沙片区的石头寨在历史上就是彝族的聚居区域之一。五亩土司隶属建水临安府，石头寨又属于五亩土司所管辖的范围。说起来，天生桥祈雨仪式也有近300年的历史了，明清时期的五亩掌寨请彝族的毕摩主持祭祀，诵祷经文，主要目的是为其属地祈求风调雨顺、丰收和福泽。祭祀仪式结束后在天生桥下面进行简单的泼水仪式。我听寨子里年纪很大的老一辈给我讲，新中国成立以前，每年的农历二三月，"召勐主"陶氏先召集辖地内的各个村寨出钱买祭祀用的活猪，各保长和寨头将活猪抬到天生桥洞口，在洞口宰杀活猪，将收拾干净的猪头在临时搭建的祭台上，加上猪身上的脏器和一小块猪耳朵、猪尾、猪脖子，献上酒、白糯米饭和黄糯米饭，鸣响三声土炮，并举火药枪鸣放，石头寨彝族毕摩口念咒语，"召勐主"陶氏跪拜祈求神灵降雨，各保长、寨长逐一跪拜神灵，并在天生桥洞口与神灵共享祭品，之后所有参加人员在天生桥河洞里相互泼水，而"召勐主"陶氏必须被泼得全身湿透，意寓其辖地风调雨顺。而剩余的祭祀物品则需要平均分配到各个村寨进而分到各家各户，仪式结束后，必有雨水降临……每年举行仪式的祭祀用品包括：一头黑色的公猪，一只红公鸡、一只红母鸡、彩色糯米饭、纸钱、酒、香火、鞭炮以及其他日常祭祀用品。祭祀仪式结束后，祭品的处理方式是：猪和鸡是活物，带入祭祀现场的河流暗洞（溶洞）中宰杀，由专门的负责人——主要是陶氏家族的后人宰杀，其他参与者也会帮忙收拾。彩色糯米饭和鸡蛋则是煮熟了带入祭祀现场。祈祷经文由陶氏家族的族长来念，现在已经转换为简化的傣语，主要包括祈求风调雨顺、寨子安康等内容。

以祈雨仪式的规模来看，每年南沙五亩、五邦的傣族寨子有10~20个傣族人参加，算上石头寨的彝族、主持仪式的毕摩等，人就更多了。没有参加过的人也可参观了解（限男性）。为什么只有男性能参加这项仪式，是因为在明清时期最初的传统祭祀仪式过程中，男性在祭祀完山神之后，要赤裸着身体在天生桥下面举行泼水仪式，所以女性不能参加。我们傣族的另一个传统节日——摸鱼节也有类似的习俗和禁忌。

天生桥祈雨仪式于20世纪80年代开始恢复，主要由五亩寨的陶氏家族自发组织，20世纪90年代初，政府开始将祈雨仪式这一民间传统引入民族节日活动建设系统中。从1992年开始，元阳县开始过由政府主导、傣族学会（于 2013 年 9 月成立）组织的"泼水节"，五亩土司后人（陶氏家族）和各相关村寨村主任出面组织。自 1992 年天生桥祈雨仪式被纳入泼水节环节后，包括祈雨仪式在内的一年一度的泼水节由政府和学会（民间组织）交替组织，活动经费由政府财政支出，90 年代初每年支出 5 万元左右，2012 年前后财政专项活动经费提高到 10 万元。政府支出的全部费用包括祭祀和泼水节活动全部筹备、置办，以及相关的场地、安保等费用。每年泼水节包括天生桥祈雨仪式的经费来自政府财政支出，并由民间组织——傣族学会负责组织、管理和承办，财政经费由每年 5 万元增加到近几年的每年稳定的 10 万元，但是因为活动规模和参加人数逐年扩大和增多，经费超支现象逐渐明显，2015 年泼水节活动，经费在 10 万元财政拨款的基础上超支 3 万元，超支的经费主要由学会自筹，通常是以项目、重大活动为基础，面向全县各机关单位申请资金支持，或者找赞助商提供赞助。学会在筹办泼水节和其他节日时，主要的筹款渠道包括：通过活动策划方案找分管领导给予财政支持；本民族的经济精英赞助；向元阳县各局级单位申请拨付活动资金；州、县级的民族工作部门提供支持；赞助商赞助；民间赞助。

囿于当地传统祭祀礼俗中的性别禁忌，笔者无法直接参与观察天生桥多族共襄的"摩潭"祈雨仪式，只能通过一些零碎的访谈节选来碎片化地反映仪式的细枝末节，从来自五亩掌寨陶氏领主的直系后人的一些口述记忆中，可以管窥仪式的一个侧面。需要强调的一点是，分布在红河南岸河谷狭长地带的元阳傣族并不信仰南传上座部佛教，因此当地也没有泼水节这样的具有佛教"浴佛"功能的节日，南沙傣族泼水节活动在历史上是民间祈雨仪式中的一小部分——大家在天生桥做完仪式之后上游的民族和下游的民族相互泼水祝福"给你水"，意思是大家有水灌田、有水喝。后面因为政府征用这项传统祭祀文化，来打造"一族一节"，仪式反而变成了每年南沙泼水节活动的一部分，泼水节成为政府主导的法定民族节日之一。泼水节的时间主要是仿照西双版纳傣历年新年（泼水节）的时间，定于每年 4 月 11 ~ 12 日，这个是小傣历新年。这个小傣历的泼水节时间刚好也与元阳南沙地区天生桥祭祀的泼水仪式时间相差不多。

就麻栗寨河水系下游的各世居民族，尤其是被归并到新县城建设布局中的傣族村寨而言，尽管当前的集体历史记忆中还能呈现那些古老的农耕礼仪，但"追求原汁原味的传统只是一厢情愿的幻想。某些传统的式微或最终消失是因为其社会整合功能难以在新的历史条件下实现。而一些传统得以驻留的原因则往往在于它们在失去某些原有内涵的同时，新的形式、新的内容以及相应的新的文化功能在其中又得以发现与发明，从而形成了重新整合社会日常生活的新的模式"[1]。事实上，这也不失为传统驻留方式的一种建构与选择。

【访谈 7 - 13】访谈节选：2016 年天生桥祈雨仪式五亩寨傣族参与情况

访谈对象：T 某，男，傣族，元阳县南沙镇五亩寨人

访谈时间：2016 年 4 月 9 日

我们五亩寨的傣族属于傣保支系，今年寨子里参加祈雨仪式的共有 6 人，每年参加仪式的主要是麻栗寨河流域上的几个村落：今年土老寨（计且壮族）有 1 人参加，就是他们村的村主任；南沙寨有 2 人参加，一正一副两位村主任；石头寨有 12 人参加（因为今年轮到石头寨筹备祭祀仪式），村主任带队，有一位毕摩参加；槟榔园和南沙新寨傣族没有人参加。在传统的天生桥祭祀中，不是五亩寨陶氏（土司）后人则不

---

① 马翀炜、郑宇：《传统的驻留方式——双凤村摆手堂及摆手舞的人类学考察》，《广西民族研究》2004 年第 4 期。

能参加祭祀。

今年祈雨仪式的大致过程是这样的。由陶氏后人主持。石头寨的毕摩前来念经祈祷风调雨顺。杀猪和杀鸡由五亩寨的陶氏后人负责，杀完后将鲜血涂抹在暗河中的石头上，由毕摩念经开始祈雨，还要放三杯白酒祭献。宰杀完的猪肉和鸡肉现场吃一些，再作为圣品带回来一些，这些祭品只能由五亩寨和石头寨两个寨子平分。还要从暗河中提一桶清水回来，作为圣水，在第二天的那个泼水节开幕式上，由会长将圣水分放到广场上的五六个清水池子里，并宣布节日开始。祈雨仪式结束后，石头寨和五亩寨以及其他参加者相互泼水祝福，石头寨由上面往下泼，五亩寨等寨子的人由下面往上泼。

现在变化太大了，要不是政府组织了泼水节，每年还维持这个仪式，估计大家都不会组织这个仪式了，因为麻栗寨河流域下游的几个村落的饮用水都是不足的，在河流附近建了一座电站，加上现在从石头寨开始往下面到傣族这些区域，村民大多不再种植水稻，求雨仪式与其说是求灌溉用水，不如说是求饮用水不要枯竭。现在天生桥附近建了一个大理石厂，对流域附近的村落造成了一定的污染。（笔者注：据笔者的田野调查，2018 年 1~2 月笔者进入石头寨天生桥附近考察时，这座大理石厂已经关停。）

这项祭祀仪式的参加者包括五亩掌寨辖地范围内的傣、彝、壮等使用麻栗寨河水系的半山和河坝民族。中华人民共和国成立前，祈雨仪式主要由掌寨组织，麻栗寨河水系各村寨各民族群众在传统农业垦殖生计方式中出于对农业灌溉用水的高度依赖和对神灵系统的自然崇拜，积极地参与到仪式过程中；自中华人民共和国成立到1966 年以前，各村寨平均凑钱买祭品跟随掌寨陶氏的后人到天生桥举行"摩潭"仪式。随着麻栗寨河水系沿线各传统稻作农耕民族生计方式的现代变迁，天生桥祈雨仪式逐渐演化为一项地方性的民俗活动，并被纳入地方政府建构的南沙傣族"泼水节"节庆活动中去。若对这项传统仪式活动产生的原因进行追溯，便要与传统梯田稻作农耕活动并置思考，这种因水资源利用诉求一致而集体祭祀"圣水"源流的仪式，在前工业社会中对麻栗寨河水系中下游的不同稻作农耕民族有着相同的规约作用，仪式所映射的是多民族围绕相同的生计方式，在同一个生态位下通过协商达成一致的秩序逻辑，这种围绕水资源配置活动所形成的集体行动的寨群互动逻辑，是传统梯田农耕社会中良性寨群互动的典范形式，迄今发挥着积极作用。

红河南岸的哀牢山南段纵向灌溉水系"上满下流，天然过水"的生态机制，以及当地的土壤、生态、物候结构都为梯田稻作垦殖活动提供了优渥的自然基础，但人与自然发生物质和能量交换的关系并不单纯由自然或生态条件所决定，因为人与自然的关系总会在人与人、人与社会关系的变迁中动态地变化，因此整体的梯田农耕社会的社会文化结构也起到了重要的决定性作用，这便意味着一个长期相对稳定的、持续（生计方式）的社会（多民族之间有序、良性的互动所支撑的稳定）存在的必要性。

多民族的梯田灌溉社会围绕灌溉水资源以及土地、水源、山林等配置性资源的支配行动，是整体的梯田稻作农耕社会所应考量的各项变量因素，因此，一种能够被并置的多元主体所接纳并上升为集体组织行动逻辑和集体意志伦理、原则的，并且具有一定历史相承性的社会文化结构呼之欲出，这就是梯田稻作农耕民族传统社会结构中所遵循的"村寨主义"组织原则。

民族是具体地方的民族，在中国西南的多民族社会中，以村寨或扩大的地缘的最高利益为集体组织原则的"村寨主义"结构或许并非放之四海而皆准的，但是，它却是梯田灌溉社会中实实在在存在的，甚至是与梯田文化景观形制一样历史悠久的一种被多元文化所共同接受的社会文化逻辑，"村寨主义"组织结构可以被称为哈尼梯田农耕社会中的全体灌溉社会成员在长期的历史实践、交往交流、文化采借与互渗过程中所达成的"共识域"，尤其在村寨组织生活的经验、制度层面，规范着传统村社，以及联合劳动的方方面面。至少在哈尼梯田灌溉社会的案例中，"村寨主义"是解释多民族地区各民族空间上"大杂居，小聚居"以及"族群文化"多样性社会的一种合理、有效的理论范式和逻辑。

结　语

关于多民族如何在梯田农耕社会中组织他们的集体灌溉行动，以及在公共灌溉水资源支配活动中所形成的人与自然、人与人、人与（灌溉）社会的关系的问题，在本研究中得到了叙事观照与理论回应。作为配置性资源的灌溉用水，以及作为重要生产资料（土地）的梯田，将灌溉社会中处在不同生态集合中的异质性人群关联起来，他们在横纵向的稻作耕地和水系交织的空间中必然会发生交往交流交融与守望相助的交互联系，进而实现稻作生计空间内的跨民族、跨村寨互动。驭水与祈生的生存命题及发展诉求穿越时态、赓续千年，续写了滇南红河哈尼梯田稻作农耕文化生生不息、流动而绵延的序章。

哈尼梯田灌溉社会确立了一种复合整体观，其"山水林田河湖草"复合生态系统资源的治理之道及集体行动制度的演进提供了一个清晰逻辑镜透：首先，在"引水－储水－配水－退水"的灌溉组织活动中理解人与自然的关系，不同民族理解水、利用水的方式以及相应的水神崇拜、水知识经验系统各不相同；其次，自上而下的纵向过水秩序和跨村寨、跨"族群边界"而交错成形的土地（梯田）权属关系，又使得不同的民族被整合到"一致同意"的灌溉制度安排和组织关系中去，因而在大中型灌溉社会层面上出现了灌溉管理组织、灌溉技术、灌溉制度等的多民族的协商一致性，人与人之间包括劳动力、物质生产资料、生活资料，以及"礼物"形式的交换也在这个层面上频繁出现；再次，人与社会关系的理解基于多民族人水关系的多样性与协商一致性，以哈尼族为主的梯田稻作农耕民族，基于各自传统社会的组织结构和信仰系统中的哲学生态宇宙观，对人水关系有不同的理解和处理方式，反映在他们各自灌溉组织系统中的配水制度、水神崇拜和水知识体系以及相应的农耕祭祀礼仪中。而自上而下和纵横交错的梯田又把这些以民族为边界的传统社会关系、组织原则整合到相互联系的整体灌溉社会中去，上满下流、互为前提的灌溉水资源配置秩序，以及相应的配水、管水、用水制度是基于多民族各自的"实践意识"而共构的集体共识，它们对全体灌溉社会成员具有规束作用，相应地，以民族或村寨为边界的单独的灌溉组织原则和灌溉制度在整体灌溉社会中却没有规束"他者"（其他民族）的功能，一定是那些经由全体灌溉社会成员"一致同意"的灌溉技术和组织原则才具有集体的约束力。

梯田灌溉社会中多民族的灌溉水资源配置行动，是一种趋于正向的、积极的既竞争又合作的关系，而不是排他性的、非此即彼的零和博弈关系，从这个逻辑起点出发，可以探讨历史上梯田灌溉社会的整体和谐性。当然，灌溉有序的和谐性并不是先验的，当水资源的稀缺性随着物候以及其他外在条件的变化而不断增强并且突破临界阈值时，同一条纵向灌溉水系上的同一民族内部、同一村寨内部、不同民族之间、不同村寨之间因灌溉失序而导致的水利纷争也时有出现，因现代产权意识逐步确立而出现山水林田等自然资源纷争的"公地悲剧"偶有上演，但都在传统灌溉社会所延存的那些制度安排中得到了适度调适并趋于平衡。本书基于体量相当的历时性个案的共时性分析，得出了类似奥斯特罗姆关于"共有资源治理之道"的相关结论，即在共享相同基础资源底数的地方和社群内部相互依赖的行动者，常会以特殊的制度安排对共有资源实现成功且适度的治理，并将之化约为社会结构中长期稳定的基本内核。事实上，在本书所列举的田野个案里，水资源配置中灌溉失序所引发的纷争总会自发或基于外力作用而回归到一个平衡点，即在梯田灌溉社会中，灌溉失序的冲突会在一定范围内摆动并自我调适，质言之，一切和谐基本都可以理解为失序得到调适而达成的有序动态平衡。

流动的水与绵延的文化是世界文化景观遗产红河哈尼梯田所表征的两大基本特质，前者指向自然生成的灌溉阶序，后者指向合理控驭和高效管理水资源而形成的社会文化结果。梯田农耕民族在摆脱生态束缚、获取生存资源和拓殖生存空间的努力与实践中建构了人与自然的协同进化、人与自然交融的"民族－生态"命运共同体，究其根源，在于多民族共商共建共享和"一致同意"的制度设计和秩序逻辑，此为"流动"与"绵延"的奥义之所在：就生态机制而言，上满下流的天然过水秩序，以及纵横交织的（土地）梯田权属关系，使多民族必须克服各自的经验范畴达成地缘共识（尤其是在一条纵向灌溉水系上的多民族）共构集体灌溉秩序；就社会文化逻辑而言，在中国西南的滇南红河南岸地区的哈尼族、彝族以及傣族等民族的传统村落社会中，存在截然不同于血缘宗族组织的独特社会组织结构，即"村寨主义"组织逻辑，它以村寨利益为最高原则来组成和维系村寨社会文化关系并运行村寨日常生活的社会文化制度。被自上而下的纵向灌溉水系串联起来的多民族"梅花间竹"的"马赛克"立体居住方式表现出了村寨主义的物理空间边界，而多族共襄的水源神山民俗活动又确立了纵向灌溉水系的神圣性，上满下流的灌溉秩序再次被强化，多民族的集体灌溉行动总是遵循以水系为基础的多层级灌溉社会所建构的秩序逻辑。

尽管哈尼族人口在哈尼梯田灌溉社会中所占比重高于其他民族，但这并不意味着当地世居的彝族、傣族、壮族乃至梯田稻作生计圈之外的苗族、瑶族等民族在梯田景观形制的缔造中没有做出相应的历史贡献，相反，在哈尼梯田稻作生计空间这一"记忆之场"内，各民族都有各自开沟造田、分水管水、农耕节俗的集体历史记忆。哈尼梯田农耕社会实质上是民族多样、文化多极、生态多元的多样性社会。灌溉水资源配置的需求使得不同民族要让渡一部分利益，弱化文化特质中的某些个性来集体建构协商一致的灌溉秩序。但位于不同生态集合的不同民族，其稻作生产和灌溉技术也是存在差别的，也正因为类似的差异，以交换（生产生活资料、劳动力、礼物）为基本形式的族际交往交流交融关系才得以成为可能。事实上，无论是在"他我之别"的历史表述层面，还是在日常生活的语言、文化、节日庆典、农耕礼俗、饮食、服饰、惯习以及抽象意义上的认同和心理层面，再或是在信仰层面上哲学生态宇宙观、自然崇拜系统、宗教祭祀仪规等方面都能明确辨识到"族群边界"，多民族之间除了全体灌溉社会成员必须遵循的那些灌溉组织原则之外，在日复一日的农耕生产生活中还存有实实在在的民族、寨际的边界印记，因此，本书将多民族社会生活中的传统组织结构与灌溉社会中的灌溉组织结构进行了二分，分别呈现了不同民族两种组织结构之间的联系与区别。当然，无论"族群"与村寨的边界、神圣与物理空间的区隔如何明细，都能从他们共享的村寨主义组织原则那里找到一个聚合点，从而使多族共构的灌溉组织原则找到逻辑起点，申言之，在多样性并置的梯田灌溉社会，以村寨主义范式来审视哈尼梯田灌溉社会，更有助于深入理解世界文化景观遗产区多民族互嵌"马赛克"式的分布格局，以及守望相助、睦邻和合的社会共生观。

在驭水与祈生的千年赓续中，红河哈尼梯田灌溉社会的行动者将肥力输送、温度控制、尾水处理这三大智慧命题贡献给全人类，其有益提示在于：要保证人与自然和谐共生，也即重视人及人的合类劳动在灌溉水资源精细化微观管理过程中的作用与担当。因而，从国家的视角来看，提炼这些散落在地方社群的行动者的传统智识系统里的非文字记录甚至某种意义上是"非正式"的但在历时生产实践中代际传承的农耕技术、生态经验，是"共有精神家园"动员叙事的意义之选。承认多样性，激发内源动力并促进世界文化景观遗产区各民族社会的同频发展与持续共振，这不仅是维护边疆地区稳定与民族团结的有效途径，在某种程度上也是国家边疆民族地区繁荣发展、边疆生态安全屏障建设等重要战略布局的有益实践路径。国家通过不断建构遗产、文化、生态符号标识的价值赋能行为，让哈尼梯田"稻作－灌溉"系统中那些日复一日被实践却日用而不查的地方性知识合法化、谱系化、窗口化，并以不断下沉的经济资源与政策红利为推手，促进边疆多民族社会的开发，使得在地的多民族对国家的认知更直观、理解更深刻、感受更具体，多民族地区诸少数民族的国家认同也在不断强化。

在人群相互联系和交染更加紧密的全球化进程中，要求人们持续思考个人命运和国家生活、容器国家和全人类命运共同体之间的交互与控制关系。新的挑战和现实问题催生出新的"共同体"和"超共同体"文化，势必将对个体生活质变和整体社会未来提出新的要求。因而，哈尼梯田灌溉社会也面临着变迁与发展的问题。灌溉水资源配置中人与人、人与社会的关系并不能按照传统逻辑固化地理解，需要在变迁的语境中不断探寻世界文化景观遗产多样性保护，以及文化实践主体发展红利及机遇的持续共享的可得性应对路径，并基于新的视点，深入思考哈尼梯田文化生态复合系统的具体实践者的发展走向，人类对梯田文化、梯田灌溉系统的未来抱怀何种信心与态度，将决定一种文明的消亡或衍存。

参考文献

一　中文文献

（一）著作

〔英〕埃里克·霍布斯鲍姆：《民族与民族主义》，李金梅译，上海人民出版社，2000。

〔挪威〕埃里克森·托马斯：《小地方·大论题——社会文化人类学导论》，董薇译，商务印书馆，2008。

〔美〕安德森·本尼迪克特：《想象的共同体》，吴叡人译，上海人民出版社，2003。

〔英〕安东尼·史密斯：《全球化时代的民族与民族主义》，龚维斌、良警宇译，中央编译出版社，2002。

白玉宝、王学慧：《哈尼族天道人生与文化源流》，云南民族出版社，1998。

〔英〕鲍曼·齐格蒙特：《共同体》，欧阳景根译，江苏人民出版社，2007。

〔英〕鲍曼·齐格蒙特：《全球化——人类的后果》，郭国良等译，商务印书馆，2001。

〔英〕鲍曼·齐格蒙特：《现代性与矛盾性》，邵迎生译，商务印书馆，2003。

〔美〕本尼迪克特·鲁思：《文化模式》，何锡章、黄欢译，华夏出版社，1987。

陈超、史月梅、尚群昌：《中外水文化研究：国外水文化动态研究报告》，水利水电出版社，2017。

陈嘉映：《海德格尔哲学概论》，生活·读书·新知三联书店，1995。

陈庆德：《资源配置与制度变迁——人类学视野中的多民族经济共生形态》，云南大学出版社，2007。

〔日〕大贯惠美子：《作为自我的稻米——日本人穿越时间的身份认同》，石峰译，浙江大学出版社，2015。

《傣族简史》编写组、《傣族简史》修订本编写组编《傣族简史》，民族出版社，2009。

〔法〕多斯·弗朗索瓦：《从结构到解构》（上），季光茂译，中央编译出版社，2004。

樊绰：《云南志校释》，赵吕甫校释，中国社会科学出版社，1985。

费孝通：《论文化与文化自觉》，群言出版社，2007。

费孝通：《乡土中国》，人民出版社，2008。

〔挪威〕弗雷德里克·巴斯主编《族群与边界——文化差异下的社会组织》，李丽琴译，马成俊校，商务印书馆，2014。

〔挪威〕弗雷德里克·巴特：《斯瓦特巴坦人的政治过程——一个社会人类学研究的范例》，黄建生译，上海人民出版社，2005。

〔英〕盖尔纳·厄内斯特：《民族与民族主义》，韩红译，中央编译出版社，2002。

〔丹〕盖尔·杨：《交往与空间》，何人可译，中国建筑工业出版社，1992。

高兆明：《心灵秩序与生活秩序：黑格尔〈法哲学原理〉释义》，商务印书馆，2016。

〔美〕戈夫曼·欧文：《日常生活中的自我呈现》，冯钢译，北京大学出版社，2008。

〔德〕格奥尔格·齐美尔：《社会是如何可能的》，林荣远编译，广西师范大学出版社，2002。

〔美〕克利福德·吉尔兹：《地方性知识——阐释人类学论文集》，

杨德睿译，商务印书馆，2014。

〔美〕克利福德·格尔兹：《尼加拉：十九世纪巴厘剧场国家》，赵
　　丙祥译，上海人民出版社，1999。

〔美〕克利福德·格尔兹：《文化的解释》，纳日碧力戈等译，上海
　　人民出版社，1999。

管彦波：《中国西南民族社会生活史》，黑龙江人民出版社，2006。

郭纯礼、黄世荣、涅努巴西编著《红河土司七百年》，民族出版
　　社，2006。

〔德〕哈贝马斯·于尔根：《后形而上学思想》，曹卫东、付德根
　　译，译林出版社，2001。

《哈尼族简史》编写组、《哈尼族简史》修订本编写组编《哈尼族
　　简史》，民族出版社，2008。

〔英〕哈维·大卫：《地理学中的解释》，石峰译，商务印书
　　馆，2017。

〔德〕海德格尔：《林中路》，孙周兴译，上海译文出版社，2008。

〔德〕海德格尔：《形而上学导论》，熊伟、王庆节译，商务印书
　　馆，1996。

〔美〕郝瑞·斯蒂文：《田野中的族群关系与民族认同》，巴莫阿
　　依、曲木铁西译，广西人民出版社，2000。

〔美〕赫兹菲尔德·麦克尔：《什么是人类常识：社会和文化领域
　　中的人类学理论实践》，刘衍、石毅、李昌银译，华夏出版
　　社，2005。

〔法〕亨利·奥尔良：《云南游记——从东京湾到印度》，龙云译，
　　云南人民出版社，2001。

〔美〕亨廷顿·塞缪尔：《文明的冲突与世界秩序的重建》（修订
　　版），周琪、刘绯、张立平、王圆译，新华出版社，2010。

红河哈尼族彝族自治州哈尼族辞典编撰委员会编《红河哈尼族彝
　　族自治州哈尼族辞典》，民族出版社，2006。

胡兴东：《治理与认同：民族国家语境下社会秩序形成问题研究》，
　　知识产权出版社，2013。

黄绍文、廖国强、关磊：《云南哈尼族传统生态文化研究》，中国社会科学出版社，2013。

黄淑娉主编《广东族群与区域文化研究调查报告集》，广东高等教育出版社，1999。

〔美〕J. 古德·威廉：《家庭》，魏章玲译，社会科学文献出版社，1986。

冀朝鼎：《中国历史上的基本经济区》，岳玉庆译，浙江人民出版社，2016。

金炳镐：《民族理论通论》，中央民族大学出版社，2007。

〔美〕卡尔·A. 魏特夫：《东方专制主义：对于极权力量的比较研究》，徐式谷、奚瑞森、邹如山等译，邹如山校订，中国社会科学出版社，1989。

〔美〕卡斯特·曼纽尔：《认同的力量》，夏铸九、黄丽玲等译，社会科学文献出版社，2003。

〔美〕柯林斯·兰德尔、马科夫斯基·迈克尔：《发现社会——西方社会学思想述评》（第八版），李霞译，商务印书馆，2014。

〔美〕库恩·托马斯：《科学革命的结构》，金吾伦、胡新和译，北京大学出版社，2012。

〔美〕库利：《人类本性与社会秩序》，包凡一、王湲译，华夏出版社，1999。

〔英〕拉波特·奈杰尔、奥弗林·乔安娜：《社会文化人类学的关键概念》，鲍雯妍、张亚辉译，华夏出版社，2005。

〔美〕拉铁摩尔：《中国的亚洲内陆边疆》，唐晓峰译，江苏人民出版社，2005。

〔美〕莱文森·戴维编《世界各国的族群》，葛公尚、于红译，中央民族大学出版社，2009。

〔德〕李峻石：《何故为敌——族群与宗教冲突论纲》，吴秀杰译，社会科学文献出版社，2017。

梁聪：《清代清水江下游村寨社会的契约规范与秩序——一文斗苗寨契约文书为中心的研究》，人民出版社，2008。

〔法〕列维－斯特劳斯·克洛德：《种族历史·种族与文化》，于秀英译，中国人民大学出版社，2006。

卢朝贵：《哈尼农耕文化》，德宏民族出版社，2011。

〔美〕罗伊·A. 拉帕波特：《献给祖先的猪——新几内亚人生态中的仪式》（第二版），赵玉燕译，商务印书馆，2016。

马翀炜、陈庆德：《民族文化资本化》，人民出版社，2004。

马翀炜主编《云海梯田里的寨子：云南省元阳县箐口村调查》，民族出版社，2009。

马翀炜主编《中国民族地区经济社会调查报告——元阳县卷》，北京大学出版社，2015。

马翀炜：《最后的蘑菇房：元阳县新街镇箐口村哈尼族村民日记》，中国社会科学出版社，2009。

〔德〕马克思：《1844 年经济学哲学手稿》，中共中央马克思恩格斯列宁斯大林著作编译局编译，人民出版社，2014。

《马克思恩格斯选集》（第一卷），人民出版社，2012。

〔德〕马克斯·韦伯：《经济、诸社会领域及权力》，李强译，生活·读书·新知三联书店，1998。

马戎编著《民族社会学导论》，北京大学出版社，2005。

马戎：《民族社会学——社会学的族群关系研究》，北京大学出版社，2004。

马戎、周星：《二十一世纪——文化自觉与跨文化对话》，北京大学出版社，2001。

〔美〕米尔斯·C. 赖特：《社会学的想象力》，陈强、张永强译，生活·读书·新知三联书店，2005。

〔英〕米森·史蒂文、米森·休：《流动的权力：水如何塑造文明?》，岳玉庆译，北京联合出版公司，2014。

《民族问题五种丛书》云南省编辑委员会、《中国少数民族社会历史调查资料丛刊》修订编辑委员会编《哈尼族社会历史调查》，民族出版社，2009。

〔英〕莫里斯·弗里德曼：《中国东南的宗族组织》，刘晓春译，王铭铭校，上海人民出版社，2000。

纳日碧力戈：《现代背景下的族群建构》，云南教育出版社，2000。

〔日〕森田明：《清代水利与区域社会》，雷国山译，山东画报出版社，2008。

〔法〕涂尔干·埃米尔：《社会分工论》，渠敬东译，生活·读书·新知三联书店，2017。

王明珂：《华夏边缘：历史记忆与族群认同》，社会科学文献出版社，2006。

王清华：《被雕塑的群山——走入哈尼族的云山梯田》，台湾：大地出版社，2002。

王清华：《凝视山神的脸谱——红河哈尼族梯田文化》，民族出版社，2006。

王清华：《梯田文化论——哈尼族生态农业》，云南人民出版社，2010。

〔英〕王斯福：《帝国的隐喻：中国民间宗教》，赵旭东译，江苏人民出版社，2008。

王文光：《中国民族史研究论稿》，云南大学出版社，2013。

王希恩：《全球化中的民族过程》，社会科学文献出版社，2009。

王晓：《三江并流核心区社会秩序的建构与维持机制研究》，中山大学出版社，2016。

吴和培：《族群岛：浪平高山汉探秘》，广西民族出版社，1999。

吴明飞：《历史水文地理学的理论与实践——基于東水河流域的个案研究》，科学出版社，2017。

〔美〕伍兹·克莱德：《文化变迁》，施惟达等译，云南教育出版社，1989。

徐杰舜主编《族群与族群文化》，黑龙江人民出版社，2006。

杨国安：《国家权力与民间秩序：多元视野下的明清两湖乡村社会史研究》，武汉大学出版社，2012。

《彝族简史》编写组、《彝族简史》修订本编写组编《彝族简史》，民族出版社，2009。

云南省红河县志编纂委员会编《红河县志》，云南人民出版社，
　　1991。

云南省民间文化集成办公室编《哈尼族神话传说集成》，中国民间
　　文艺出版社，1990。

云南省元阳县志编纂委员会编纂《元阳县志》，贵州民族出版社，
　　1990。

张德胜：《儒家伦理与社会秩序——社会学的诠释》，上海人民出
　　版社，2008。

张海洋：《中国的多元文化与中国人的认同》，民族出版社，2006。

张俊峰：《水利社会的类型——明清以来洪洞水利与乡村社会变
　　迁》，北京大学出版社，2012。

张世英：《黑格尔〈小逻辑〉译注》，吉林人民出版社，1982。

张亚辉：《水德配天：一个晋中水利社会的历史与道德》，民族出
　　版社，2008。

赵官禄、郭纯礼、黄世荣、梁福生搜集整理《十二奴局》，云南人
　　民出版社，2009。

郑晓云：《水文化与水利史探索》，中国社会科学出版社，2015。

郑晓云、熊晶主编《中国水利史与水文化研究——国际水利史学
　　会与昆明国际会议论文集》，中国书籍出版社，2015。

郑宇：《箐口村哈尼族社会生活中的仪式与交换》，云南人民出版
　　社，2009。

中共红河州委宣传部编《红河哈尼族文化史》，云南人民出版
　　社，2006。

《马克思恩格斯全集》（第三卷），人民出版社，1957。

周大鸣、吕俊彪：《珠江流域的族群与区域文化研究》，中山大学
　　出版社，2007。

周大鸣主编《中国的族群与族群关系》，广西民族出版社，2002。

周平：《民族政治学》，高等教育出版社，2003。

〔英〕朱迪·丽丝：《自然资源：分配、经济学与政策》，蔡运龙、
　　杨友孝、秦建新等译，商务印书馆，2002。

朱小和演唱，史军超、芦朝贵、段贶乐、杨叔孔译《哈尼阿培聪坡坡》，中国国际广播出版社，2016。

庄孔韶主编《人类学通论》，山西教育出版社，2002。

（二）期刊

艾菊红：《傣族水井及其文化意蕴浅探》，《内蒙古大学艺术学院学报》2005 年第 2 期。

陈东旭、唐莉：《民族旅游、民族认同与民族性的构建——基于人类学的视角》，《贵州民族研究》2014 年第 6 期。

程森：《自下而上：元以来沁河下游地区之用水秩序与社会互动》，《中国历史地理论丛》2013 年第 1 期。

邓启耀：《民俗现场的物象表达及其视觉"修辞"方式》，《民族艺术》2015 年第 4 期。

关凯：《文化秩序中的国家与族群》，《文化纵横》2011 年第 6 期。

管彦波：《西南民族村落水文环境的生态分析——以水井、水塘、水口为考察重点》，《贵州社会科学》2016 年第 1 期。

郭家骥：《西双版纳傣族的水文化：传统与变迁——景洪市勐罕镇曼远村案例研究》，《民族研究》2006 年第 2 期。

郝时远：《在差异中求和谐、求统一的思考——以多民族国家族际关系和谐为例》，《国际经济评论》2005 年第 6 期。

何明、陶琳：《村落权威再生产的人类学分析——以边疆民族地区城中村老龄协会成立仪式为中心的讨论》，《思想战线》2008 年第 3 期。

何明：《中国少数民族农村的社会文化变迁综论》，《思想战线》2009 年第 1 期。

黄少华：《网络空间中的族群认同：一个分析架构》，《淮阴师范学院学报》（哲学社会科学版）2011 年第 2 期。

黄淑娉：《文化变迁与文化接触——以黔东南苗族与美国西北岸玛卡印第安人为例》，《民族研究》1993 年第 6 期。

菅志翔：《"族群"：社会群体研究的基础性概念工具》，《北京大学学报》（哲学社会科学版）2007 年第 5 期。

江杰英：《论历史记忆与族群认同》，《广州大学学报》（社会科学版）2012 年第 4 期。

角媛梅、程国栋、肖笃宁：《哈尼梯田文化景观及其保护研究》，《地理研究》2002 年第 6 期。

角媛梅：《哈尼族文化区的特质——哈尼梯田文化景观》，《云南地理环境研究》2003 年第 1 期。

角媛梅、杨有洁、胡文英、速少华：《哈尼梯田景观空间格局与美学特征分析》，《地理研究》2006 年第 4 期。

兰林友：《论族群与族群认同理论》，《广西民族学院学报》（哲学社会科学版）2003 年第 3 期。

李菲：《水资源、水政治与水知识：当代国外人类学江河流域研究的三个面向》，《思想战线》2017 年第 5 期。

李技文、王灿：《我国历史记忆与族群认同问题研究述评》，《贵州师范大学学报》（社会科学版）2012 年第 6 期。

李继利：《族群认同及其研究现状》，《青海民族研究》2006 年第 1 期。

李祥福：《族群性研究的相关概念与基本理论》，《广西民族学院学报》（哲学社会科学版）2000 年第 5 期。

罗柳宁：《族群研究综述》，《西南民族大学学报》（人文社科版）2004 年第 4 期。

麻国庆：《全球化：文化的生产与文化认同——族群、地方社会与跨国文化圈》，《北京大学学报》（哲学社会科学版）2000 年第 4 期。

马成俊：《"许乎"与"达尼希"：撒拉族与藏族关系研究》，《西北民族研究》2012 年第 2 期。

马翀炜：《村寨歌舞展演的路径选择——元阳县箐口村哈尼族歌舞展演的经济人类学考察》，《广西民族研究》2008 年第 4 期。

马翀炜：《村寨主义的实证及意义——哈尼族的个案研究》，《开放时代》2016 年第 1 期。

马翀炜：《当前中国民族关系的特点与构建和谐民族关系的途径》，《学术探索》2009 年第 6 期。

马翀炜：《福寿来自何方——箐口村哈尼族"博热博扎"宗教仪式的人类学分析》，《宗教与民族》2007 年第 5 期。

马翀炜、李晶晶：《混搭：箐口村哈尼族服饰及其时尚》，《学术探索》2012 年第 2 期。

马翀炜、刘金成：《祭龙：哈尼族"昂玛突"文化图式的跨界转喻》，《西南边疆民族研究》2015 年第 1 期。

马翀炜：《民族文化的资本化运用》，《民族研究》2001 年第 1 期。

马翀炜、潘春梅：《仪式嬗变与妇女角色——元阳县箐口村哈尼族"苦扎扎"仪式的人类学考察》，《民族研究》2007 年第 5 期。

马翀炜：《世界遗产与民族国家认同》，《云南师范大学学报》（哲学社会科学版）2010 年第 4 期。

马翀炜、孙东波：《公地何以"悲剧"——以普高老寨水资源争夺为中心的人类学讨论》，《开放时代》2019 年第 2 期。

马翀炜、王永锋：《哀牢山区哈尼族鱼塘的生态人类学分析——以元阳县全福庄为例》，《西南边疆民族研究》2012 年第 1 期。

马翀炜：《文化符号的建构与解读——关于哈尼族民俗旅游开发的人类学考察》，《民族研究》2006 年第 5 期。

马翀炜：《遭遇石头：民俗旅游村的纯然物、使用物与消费符号》，《思想战线》2017 年第 5 期。

马翀炜：《制度要素与社会发展》，《云南民族学院学报》（哲学社会科学版）2003 年第 3 期。

马翀炜：《作为敞开多元生活世界方法的民族志》，《思想战线》2014 年第 6 期。

马戎：《试论"族群"意识》，《西北民族研究》2003 年第 3 期。

明跃玲：《神话传说与族群认同——以五溪地区苗族盘瓠信仰为例》，《广西民族学院学报》（哲学社会科学版）2005 年第 3 期。

纳日碧力戈：《心智生态、民族生态与国家共和》，《中国民族》2013 年第 8 期。

纳日碧力戈：《以名辅实和以实正名：中国民族问题的"非问题处
　　理"》，《探索与争鸣》2013 年第 3 期。

钱雪梅：《从认同的基本特性看族群认同与国家认同的关系》，《民
　　族研究》2006 年第 6 期。

阮星云：《文化遗产的再生产：杭州西湖文化景观世界遗产保护的
　　市民参与》，《文化遗产》2016 年第 2 期。

石峰：《"水利"的社会文化关联——学术史检阅》，《贵州大学学
　　报》（社会科学版）2005 年第 3 期。

史军超：《读哈尼族迁徙史诗断想》，《思想战线》1985 年第 6 期。

史军超：《哈尼族神话中的不死药与不死观》，《民族文学研究》
　　1989 年第 2 期。

史军超：《哈尼族与"氐羌系统"》，《民族文化》1987 年第 5 期。

史军超：《红河哈尼梯田：申遗中保护与发展的困惑》，《学术探
　　索》2009 年第 3 期。

史军超：《迥异有别的"诗史"——哈尼族迁徙史诗〈哈尼阿培聪
　　坡坡〉与荷马史诗》，《华夏地理》1987 年第 4 期。

史军超：《中国湿地景点——红河哈尼梯田》，《云南民族大学学
　　报》（哲学社会科学版）2004 年第 5 期。

孙九霞：《试论族群与族群认同》，《中山大学学报》（社会科学
　　版）1998 年第 2 期。

孙九霞：《族群文化的移植："旅游者凝视"视角下的解读》，《思
　　想战线》2009 年第 4 期。

孙信茹：《传媒人类学视角下的媒介和时间建构》，《当代传播》
　　（中国传媒大学学报）2015 年第 4 期。

孙信茹：《手机和箐口哈尼族村寨生活——关于手机使用的传播人
　　类学考察》，《现代传播》2010 年第 1 期。

万明钢、王舟：《族群认同、族群认同的发展及测定与研究方法》，
　　《世界民族》2007 年第 3 期。

王灿、李技文：《近十年我国族群认同与历史记忆研究综述》，《内
　　蒙古民族大学学报》（社会科学版）2012 年第 3 期。

王东明：《关于"民族"与"族群"概念之争的综述》，《广西民族学院学报》（哲学社会科学版）2005 年第 3 期。

王铭铭：《"水利社会"的类型》，《读书》2004 年第 11 期。

王琪瑛：《西方族群认同理论及其经验研究》，《新疆社会科学》2014 年第 1 期。

王清华：《哀牢山哈尼族妇女梯田养鱼调查》，《民族研究》2005 年第 4 期。

王清华：《哀牢山自然生态与哈尼族生存空间格局》，《云南社会科学》1998 年第 2 期。

王清华：《哈尼族传统家庭养老方式的现代恢复与发展》，《云南社会科学》2016 年第 6 期。

王清华：《哈尼族的迁徙与社会发展——哈尼族迁徙史诗研究》，《云南社会科学》1995 年第 5 期。

王清华：《哈尼族非物质文化遗产〈斯批黑遮〉研究》，《云南民族大学学报》（哲学社会科学版）2007 年第 1 期。

王清华：《哈尼族父子连名制谱系试探》，《云南社会科学》1987 年第 2 期。

王清华：《哈尼族火文化的现代启示》，《西南边疆民族研究》2008 年第 1 期。

王清华：《哈尼族社会中的摩匹》，《学术探索》2008 年第 6 期。

王清华：《哈尼族梯田农耕社会中的女性角色》，《西南边疆民族研究》2009 年第 1 期。

王清华：《红河哈尼梯田生态及景观的现代修复》，《思想战线》2016 年第 2 期。

王清华：《元阳哈尼族"地名连名制"试探》，《云南社会科学》1984 年第 5 期。

王清华：《云南亚热带山区哈尼族的梯田文化》，《农业考古》1991 年第 3 期。

王清华、曾豪杰：《试论云南哈尼族如何应对经济全球化》，《学术探索》2006 年第 3 期。

行龙：《从"治水社会"到"水利社会"》，《读书》2005 年第
　　8 期。

徐黎丽、孟永强：《多民族村落族群认同的原生特点与现代构
　　建——以甘肃甘南夏河县桑曲塘村为例》，《广西民族大学学
　　报》（哲学社会科学版）2011 年第 2 期。

晏俊杰：《协商性秩序：田间过水的治理及机制研究——基于重庆
　　河村的形态调查》，《学习与探索》2017 年第 11 期。

杨柳：《跨文化交流中的普遍价值追求和民族个性独立》，《贵州社
　　会科学》2011 年第 3 期。

俞金尧、洪庆明：《全球化进程中的时间标准化》，《中国社会科
　　学》2016 年第 7 期。

袁爱莉、黄绍文：《云南哈尼族梯田稻禽鱼共生系统与生物多样性
　　调查》，《学术探索》2011 年第 2 期。

张爱平、侯兵、马楠：《农业文化遗产地社区居民旅游影响感知与
　　态度——哈尼梯田的生计影响探讨》，《人文地理》2017 年第
　　1 期。

张剑峰：《族群认同探析》，《学术探索》2007 年第 1 期。

张永红、刘德一：《试论族群认同和国族认同》，《广西民族学院学
　　报》（哲学社会科学版）2005 年第 1 期。

郑佳佳：《基于交往需要的民族符号人类学考察——以世界遗产红
　　河哈尼梯田为个案》，《昆明理工大学学报》（人文社科版）
　　2016 年第 3 期。

郑佳佳：《世界文化遗产哈尼梯田景观标识的人类学考察》，《云南
　　师范大学学报》（哲学社会科学版）2017 年第 4 期。

郑佳佳：《通往文化消费空间的地名——云南红河哈尼梯田核心区
　　地名标识的人类学考察》，《北方民族大学学报》（哲学社会科
　　学版）2017 年第 3 期。

郑晓云：《水文化的理论与前景》，《思想战线》2013 年第 4 期。

郑宇、杜朝光：《哈尼族长街宴饮食的人类学阐释——以云南省元
　　阳县哈播村为例》，《西南边疆民族研究》2014 年第 15 期。

郑宇:《仪式、经济与再生产——以云南省红河州元阳县箐口村哈尼族"昂玛突"仪式为例》,《中南民族大学学报》(人文社会科学版) 2011 年第 1 期。

郑宇、曾静:《民族文化资源向文化产品的转化——以箐口民俗文化生态旅游村为例》,《民族艺术研究》2006 年第 5 期。

郑振满:《明清福建沿海农田水利制度与乡族组织》,《中国社会经济史研究》1987 年第 4 期。

周大鸣:《论族群与族群关系》,《广西民族学院学报》(哲学社会科学版) 2001 年第 2 期。

周平:《关注西部大开发中的民族关系变动》,《今日民族》2002 年第 10 期。

周宪:《现代性与视觉文化中的旅游凝视》,《天津社会科学》2008 年第 1 期。

朱良文:《从箐口村旅游开发谈传统村落的发展与保护》,《新建筑》2006 年第 4 期。

朱凌飞、曹瑀:《基于交往需要的民族符号人类学考察——以世界遗产红河哈尼梯田为个案》,《昆明理工大学学报》(人文社科版) 2016 年第 3 期。

宗晓莲:《布迪厄文化再生产理论对文化变迁研究的意义——以旅游开发背景下的民族文化变迁研究为例》,《广西民族学院学报》(哲学社会科学版) 2002 年第 2 期。

（三） 论文集论文

龚佩华:《我国各民族文化的相互交流及整体中华文化的形成》,载龚佩华编《人类学民族学论文集》,民族出版社,2003。

黄龙光:《"因水而治"——西南少数民族传统管水制度研究》,载何明主编《西南边疆民族研究》第 15 辑,云南大学出版社,2014。

金少萍:《白族的龙崇拜与水环境的保护和利用》,载熊晶、郑晓云主编《水文化与水环境保护研究文集》,中国书籍出版社，2008。

王清华：《哀牢山哈尼族地区自然生态功能、生态服务系统及林权的演变》，载云南大学西南边疆少数民族研究中心编《云龙学术会议论文集》，云南大学西南边疆少数民族研究中心，2003。

王清华：《哀牢山哈尼族梯田农业的水资源利用》，载林超民主编《民族学评论》第二辑，云南大学出版社，2005。

王清华：《哈尼族梯田农业的水资源利用与管理》，载中央民族大学民族学与社会学学院、民族学系、中央民族大学中国少数民族研究中心、中国社会科学院民族学人类学研究所编《民族学人类学的中国经验——人类学高级论坛 2003 卷》，中央民族大学民族学与社会学学院、民族学系、中央民族大学中国少数民族研究中心、中国社会科学院民族学人类学研究所、人类学高级论坛秘书处，2003。

邢莉：《成吉思汗祭祀仪式的传承与族群认同——以 2000 年 10 月龙年大祭为个案》，载《论草原文化》（第五辑），2008。

熊迅：《作为展演的认同：边缘场域与族群表征》，载《族群迁徙与文化认同——人类学高级论坛 2011 卷》，2011。

周建新、柴可：《族群认同的人类学研究——理论与经验的双重视野》，载《族群迁徙与文化认同——人类学高级论坛 2011卷》，2011。

（四）学位论文

巢译方：《云南哈尼族水井的生态人类学解读——以元阳县全福庄村为例》，云南大学，2015。

樊莹：《族群如何记忆——六盘山泾河上游"陕回"族群的民族学研究》，兰州大学，2010。

李婷婷：《哈尼族梯田祭祀变迁的民族生态学研究——以元阳县果期村为例》，云南大学，2013。

韦贶春：《广西龙脊廖家古壮寨梯田水利文化研究》，广西民族大学，2007。

（五）报纸

范宏贵：《善造梯田的越南哈尼族》，《中国民族报》2004 年 4 月 27 日，第 4 版。

黄兴球：《迁自我国云南的老挝哈尼族》，《中国民族报》2004 年 7 月 6 日，第 4 版。

沙平：《哈尼族的寨宴》，《中国教育报》2000 年 7 月 25 日，第 7 版。

田学春：《红河政协调研哈尼族语言现状》，《云南政协报》2005 年 8 月 17 日，第 2 版。

汪致敏：《多姿多彩的哈尼族服饰》，《云南政协报》2000 年 7 月 15 日，第 3 版。

王清华：《哈尼族的宗教信仰》，《中国社会科学报》2014 年 4 月 16 日，第 A8 版。

王清华：《哈尼族文学艺术的现代修复与发展》，《云南日报》2016 年 3 月 26 日，第 7 版。

吴楚克、李飒：《哈尼族：联系中国与老越泰缅四国的纽带》，《中国民族报》2016 年 6 月 24 日，第 8 版。

张世辉：《哈尼族：山坡上的民族》，《中国民族报》2005 年 3 月 25 日，第 6 版。

二　外文文献

（一）著作

Auge Marc, *Non-places: Introductionto an Anthropology of Supermodernity*, trans. by John Howe (London: Verso, 1995).

Barthes Roland, *Empire of Signs*, trans. by Richard Howard. (New York: Noonday Press, 1983).

Blommaert Jan, *Ethnography, Superdiversity and Linguistic Landscapes: Chronicles of Complexity* (Bristol: Multilingual Matters, 2013).

Classen Constance, *Worlds of Sense: Exploring the Senses in History and Across Cultures* (London and New York: Routledge, 1993).

Colline Randall and Michael Mako, *The Discoverry of Society* (Beijing: Peking University Press, 2008).

Dewey John, *Reconstruction in Philosophy* (New York: Henry Holt and Company, 1920).

Durkheim Emile, *The Elementary Forms of the Religious Life*, trans. by K. E. Fields (New York: The Free Press, 1995).

E. F. Schumacher, *Small Is Beautiful: Economics as if People Mattered* (New York: Harper & Row, 1989).

Eriksen Thomas Hylland, *Globalization: The Key Concepts* (New York: Berg, 2007).

Eriksen Thomas Hylland, *Tyranny of the Moment: Fast and Slow Time in the Information Age* (London: Pluto Press, 2001).

Featherstone Mike ed., *Global Culture: Nationalism, Globalization and Modernity—A Theory, Culture and Society Special Issue* (London: Sage Publications, 1990).

Featherstone Mike, S. Lash, & R. Robertson, *Global Modeinities* (Newbury Parl. and London: Sage, 1995).

Featherstone Mike, *Undoing Culture: Globalization, Postmodernism and Identity* (London: Sage Publications, 1995).

G. Reid Donald, *Tourism, Globalization and Development: Responsible Tourism Planning* (London: Pluto Press, 2003).

Harris Marvin, *Theories of Culture in Postmodern Iimes* (London: Sage, 1998).

Harris Roy, *Rethinking Writing* (Bloomington: Indiana University Press, 2000).

Hymes Dell, *Ethnography, Linguistics, Narrative Inequality: Toward an Understanding of Voice* (London & Bristol: Taylor & Francis, 2004).

J. Lewis and Lowell, *The Anthropology of Cultural Performance* (New York: Palgrave Macmillan, 2013).

J. Stephen Lansing, *Priests and Programmers: Technologies of Power in the Engineered Landscape of Bali* (Princeton: Princeton University Press, 1991).

Kaplan Rachel and Stephen Kaplan, *The Experience of Nature: A Psychological Perspective* (Cambridge: Cambridge University Press, 1989).

Kottak Conrad Phillip, *Cultural Anthropology: Appreciating Cultural Diversity* (Columbus: McGraw-Hill Education, 2011).

Lefebvre Henri, *Everyday Life in the Modern World*, trans. by Sacha Rabinovitch (New York: Harper & Row Publishers, 1971).

Murakami Daisuke, *National Imaginings and Ethnic Tourism in Lhasa, Tibet: Postcolonial Identities Amongst Contemporary Tibetans* (Kathmandu: Vajra Publications, 2011).

Rabinow Paul, *Reflection on Fieldwork in Morocco: With a New Preface by the Author* (Berkeley and Los Angeles: University of California Press, 1977).

R. Barry Posen, The Security Dilemma and Ethnic Conflict, in E. Michael Brown ed. , *Ethnic Conflict and International Security* (New Jersey: Princeton University Press, 1993).

Rodolfo Stavenhagen, *The Ethnic Question: Conflicts, Development, and Human Rights* (New York: United Nations University Press, 1990).

Singer Milton, *When a Great Tradition Modernizes: An Anthropology Approach to Indian Civilization* (New York: Praeger Publishers, 1972).

Wallerstein Immanuel, *The End of the World as We KnowIt: Social Science for the Twenty-first Century* (Minneapolis: University of Minnesota Press, 2001).

W. Rebert Cox, *Production, Power, and World Order Social Forces in the Making of History* (Princeton: By Arrangement with Columbia University Press, 1978).

（二）期刊

Chaim Kaufmann, "Possible and Impossible Solutions to Ethnic Civil Wars," *International Security* (1996).

Eriksen Thomas Hylland, "In Which Sense Do Cultural Islands Exist?" *Social Anthropology* (2010): 133 – 147.

K. Ewa, "Constructing a Monument of National History and Culture in Poland: The Case of the Royal Castle in Warsaw," *International Journal of Heritage Studies* (2018): 459 – 478.

Landry Rodrigue and Bourhis Richard, "Linguistic Landscape and Ethnolinguistic Vitality: An Empirical Study," *Journal of Language and Social Psychology* (1997): 23 – 25.

William Easterly, "Can Institutions Resolve Ethnic Conflict?" *World Bank Policy Research Working Paper* (November, No. 15, 2000).

Z. P. Mabulla, Audax, "Strategy for Cultural Heritage Management in Africa: A Case Study," *The African Archaeological Review* (2000): 211 – 233.

后 记

　　本书聚焦的论题源自我在云南大学攻读法学（民族学专业）博士学位期间的研究，全书的主要框架及核心内容也是在我博士学位论文的基础上修改完成的。自 2019 年顺利毕业获得博士学位，至 2021 年底欣闻博士毕业论文经数轮严格评审后，获评云南省优秀博士学位论文，倍感幸甚之余，亦觉无愧于四年博士学术训练生涯以及三年笔耕成书过程中的全部际遇，所有忧怖，一切喜乐。

　　能在云南大学这所"双一流大学"的"一流学科"民族学专业攻读博士学位，师从我的博士导师马翀炜教授，是我的荣幸。这项研究萌端于我的博士导师马翀炜教授对世界文化景观遗产红河哈尼梯田"森林－村寨－梯田－水系"复合生态系统之内蕴所进行的十数年的纵深观察、持续探索与学理反思。诚然，哈尼族的族别身份并非我能做该选题研究的唯一考量因素，但却不能不说是一个使然的助力：一个来自滇西南哈尼族碧卡方言区、世袭的血液里涌动着古老迁徙民族沸腾的热忱因子的哈尼族学子，在面对先民为世界所贡献的这一具有突出普遍价值意义的文化事象时，那种血缘驱动的文化亲昵性、文化自信力、价值自觉感油然而生。每每想到先民历时 1300 年坚持田耕不辍的努力，才获得了"世界文化景观遗产"这一符号身份，通过价值赋能走上了比肩世界同质文化事象的诗意赛道，再想到先民以智慧之结晶许予我们这样一座学研富矿，那笔耕不辍的使命感亦涓涓潺潺而生。当年授业恩师在元江水系南岸哀牢山麓指着层峦叠嶂的云上梯田，启发和引导我观察穿梭于田阡结错的纵向灌溉水系并思考其背后的结构与逻辑时，我就下定决心要用自己的双脚去丈量被先民"雕刻"的群山，用饱含深情的笔触去刻画心中的辉煌，做好具有开篇意义的哈尼梯田灌溉社会之研究。

博士研究和本书的写作过程中，在马翀炜教授的指导下形成了若干专题的探寻，并基于"问题预设—田野实践—深入讨论—学理反思—再实践—再认知"的逻辑导向，进行了反复打磨和修改，成书之后的框架相较最初的预设有所变动也有所保留，一些思路得以明确，一些预设得以验证，一些观点得以确立。在厘清基本主题与核心内容的基础上，笔者与导师一起确立了"水善利与人相和"的研究命题，历时四年又三载，终成此书，虽有颇多缺漏谬误，但也算是阶段性的思考成果。

从拟定选题、开展研究到写作成文一直是一个愉悦的过程。首先要向我的授业恩师马翀炜教授表达最诚挚的谢意。马翀炜师在研究专长领域的丰硕成果与他严谨治学、笃实善思的学术态度分不开，在学术殿堂里，在田野阡陌间，导师的学理授业与技能规训让我们切身体会到了业精于勤的学者做学问严谨缜密、一丝不苟、求真务实的专业素养，其术业精神的滋养也潜移默化，令我们受益终生；感谢国际知名水文化研究专家、湖北大学郑晓云教授的悉心相授，郑晓云教授在云南省社会科学院工作期间是我的领导和良师，他在本书的田野切入等方面都给出许多宝贵建议，甚为感念；感谢我的博士后合作导师，云南大学的何俊教授在本书完善期间给出的宝贵建议，何俊教授作为生态民族学研究领域异军突起的研究新锐，在前沿理论阅见方面具有较强的前瞻洞觉力，本书后两章颇受何俊教授启发，寄望在与何俊教授的后续合作中基于本选题能量产更多科研成果。

感谢云南省社会科学院的王清华、郭家骥、杨福泉、李永祥、郑成军老师，在此书的立论、田野调查、写作过程中都给予了诸多建设性的意见和建议；感谢博士学位论文开题、预答辩、答辩过程中给了宝贵意见和建议的诸位专家学者、前辈师长。同时感谢我的工作单位云南省社会科学院民族学研究所的领导和同事们，在该项选题研究期间对我学研工作的理解和支持，多年来，单位的领导和同事们都给予了我莫大的鼓励和支持，使我持续数年有余的田野计划和调研工作得以顺利推进，感谢那些在我遭遇学研矛盾时主动帮忙的同事们、朋友们。

感谢我的家人一如既往、温良如初的关爱、理解、付出和支持，尤其要感谢在本书的诸多田野调查点上那些无条件给我提供帮助，给我予家庭和家人般温暖的领导、师友和哈尼族、彝族、傣族同胞，以及许许多多田野调查对象、关键报道人。冗长的田野生活里，有太多感动的瞬间，细细回味、铭感五内。田野里结识的很多秉性淳良的各族同胞，带我跋山涉水，帮我做哈雅方言区当地哈尼语、彝语、傣语翻译的同胞们，还有那些在田间地头时常给我"一饭之恩"的大哥大姐们，他们的笑靥如早春的初阳般和煦、温暖，时常在我的脑海里闪现。感谢我的同门师兄姐弟妹：郑佳佳、姜似海、康潇艺、普富香、姜月、李成华，一起在云海梯田阡陌之上摸爬滚打；一起在密林沟壑纵深中披荆斩棘；一起到水源山林纠纷地遭遇"风险"；一起蹭百家饭，尝百家酒，彼此扶持，相互守望的种种细节历历在目，同门厚谊莫能相忘，祝愿他们在各自的阵地和领域康健研祺。

感谢社会科学文献出版社编辑团队的辛苦付出与持续努力，为确保本书顺利付梓，他们不辞辛劳，严谨核校、反复编审，祝愿他们身笔两健，硕果累累。

每每回想这项研究过程的细节种种，尤感慨与感念，我"问过鸿儒，问过刍荛"，踏过河川，流连山海，眼眸发光……那些给过我积极的建设性意见和建议的良师益友，以及更多隐藏在本书背后的名字未能一一道谢。总之，一路走来，无论是在精神上还是行动上，支持过我、帮助过我、关心过我、批评过我、勉励过我、理解过我的师友同人们，都在此一并致谢。

作为尚在学研道路上摸索前行的青年科研人员，画上本书的最后一个句号并不意味着我与这个学科的关联就此终了。毕竟，民族学及民族问题相关研究是我的"术业"和"专攻"之道。无论是从事民族学研究工作的风雨十载，还是四年间在云南大学接受民族学专业学术训练的历程，都承蒙诸多良师益友的提点、关照与眷顾，为学与做人都受益颇多。对民族学和人类学最直观的感触就是，虽然它不可能通约一切，却能够度化自己，在观察事实、描绘现象、思考问题、运用理论抽象文化事象背后的"本真"的过程中，不知不觉开启了面对这个世界的一扇新视窗，应该说，在攻读博士学位和论著写作期间我重塑了识别事物和理解世界的一些新的辩证心态，这样一个关乎"全人类更美好福祉"的学科，在学习过程中，能够使人由衷喜悦、内心祥和、获得平静、享受自由。

最后，诚如诸君垂阅所见，本书还存在许多谬误纰漏和不足之处，一部分原因在于本人学艺不精、理论分析和逻辑思维能力不足；另一部分则出自客观原因，在专题研究和写作成书过程中，本人民族学田野工作的深度、广度、精度和连续性尚有欠缺，因而产生了一些客观疏漏，譬如书中的很多地名的写法、专有名词的称谓等，会与哈尼梯田稻作空间的现行写法和称谓出现对应偏差的问题，因为这些专有名词大多由哈雅方言区哈尼语音译过来，汉语标注过程中本身就存在标准不一、随时变化的问题，故产生了注解疏谬和偏差的问题。余有其他诸多谬误及词不达意、言不尽意之问题，还望业内学人批评，指正。

罗 丹

2022 年 2 月于昆明

图书在版编目（CIP）数据

水善利与人相和：哈尼梯田灌溉社会中的族群与秩
序 / 罗丹著. -- 北京：社会科学文献出版社，2022.5
　（云南大学西南边疆少数民族研究中心文库. 生态人
类学研究系列）
　ISBN 978 - 7 - 5201 - 9966 - 7

　Ⅰ. ①水…　Ⅱ. ①罗…　Ⅲ. ①哈尼族 - 梯田 - 农田灌
溉 - 研究　Ⅳ. ①S343.3

　中国版本图书馆 CIP 数据核字（2022）第 054951 号

云南大学西南边疆少数民族研究中心文库·生态人类学研究系列
水善利与人相和：哈尼梯田灌溉社会中的族群与秩序

著　　者 / 罗　丹

出 版 人 / 王利民
责任编辑 / 胡庆英
文稿编辑 / 张真真
责任印制 / 王京美

出　　　版 / 社会科学文献出版社·群学出版分社（010）59366453
　　　　　　地址：北京市北三环中路甲29号院华龙大厦　邮编：100029
　　　　　　网址：www.ssap.com.cn
发　　　行 / 社会科学文献出版社（010）59367028
印　　　装 / 三河市尚艺印装有限公司

规　　　格 / 开　本：787mm×1092mm　1/16
　　　　　　印　张：26.25　字　数：361千字
版　　　次 / 2022年5月第1版　2022年5月第1次印刷
书　　　号 / ISBN 978 - 7 - 5201 - 9966 - 7
定　　　价 / 168.00元

读者服务电话：4008918866